JN138096

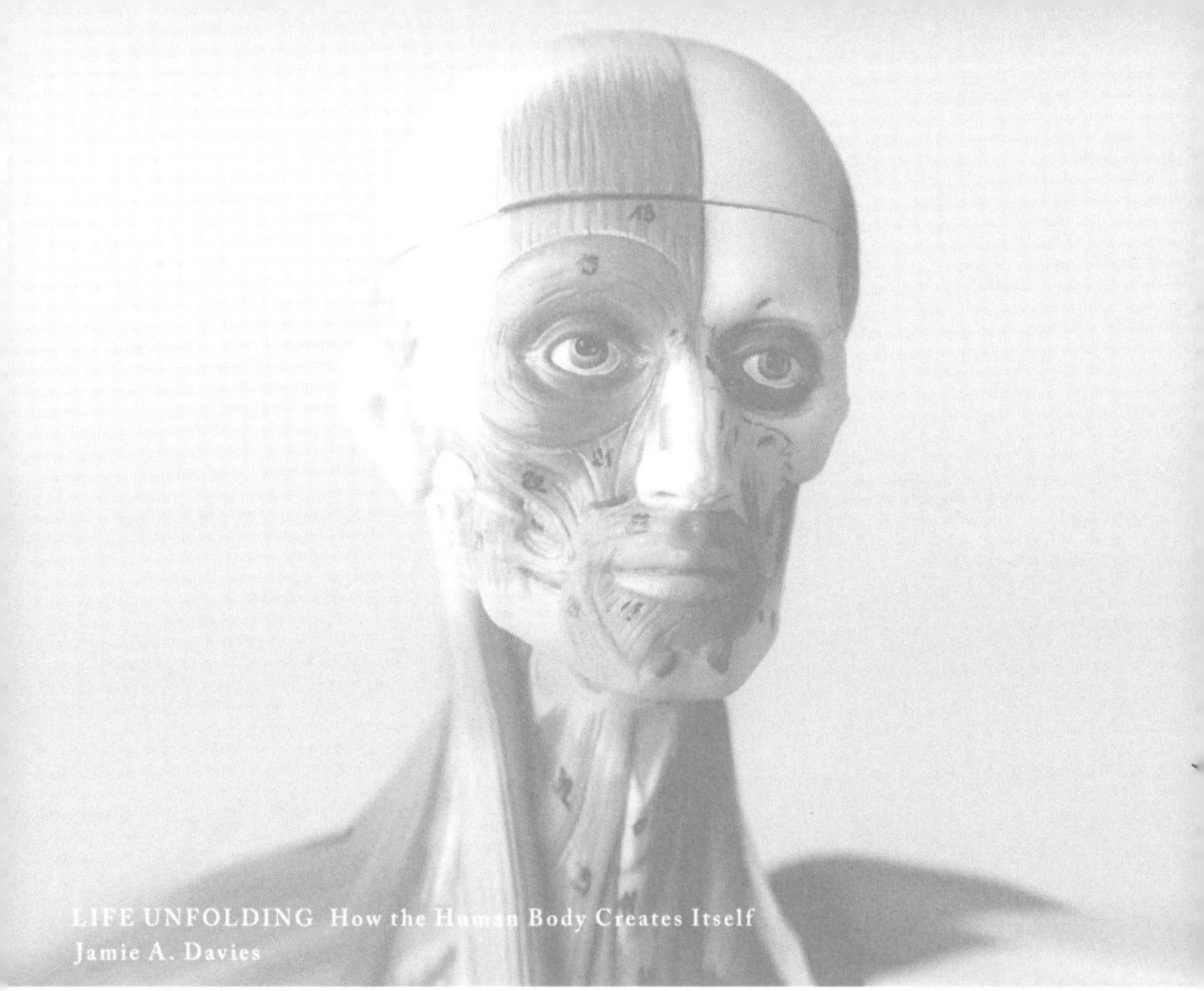

人体は
こうしてつくられる

ひとつの細胞から始まったわたしたち

ジェイミー・A.デイヴィス
橘 明美［訳］

紀伊國屋書店

人体はこうしてつくられる——ひとつの細胞から始まったわたしたち

© Jamie A. Davies 2014

Life Unfolding: How the Human Body Creates Itself, First Edition

was originally published in English in 2014.

This translation is published by arrangement with Oxford University Press.

Kinokuniya Company Limited is solely responsible for this translation from the original work and Oxford University Press shall have no liability for any errors, omissions or inaccuracies or ambiguities in such translation or for any losses caused by reliance thereon.

ケイティへ

目次

第Ⅳ部　全体像

◎――本文中の〔 〕で括られた数字は著者による注の番号を示す。章ごとに通し番号を振り、巻末「原注」に記す。
◎――＊は著者による脚注を示し、直近の見開きページ左端に記す。
◎――〔 〕は訳者による注を示す。
◎――本文中にゴシック体太字で示されている語は、巻末の「用語解説」に収録されている。

謝辞

Acknowledgements

いつも励ましてくれるケイティ・ブルックスに感謝する。わたしがこの本を書くのに夢中になり、例によって時間を忘れても怒らず、また草稿を読んで貴重な意見をくれた。

発生生物学と関連分野の研究に携わる次の方々にも感謝を伝えたい。ジェイムズ・ブリスコー、マイク・クリントン、キム・デール、ミーガン・デイヴィ、ピーター・カインド、ヴァル・ウィルソン、ジョージア・ペローナ=ライト、トーマス・タイル、そしてシェリル・ティクル。いずれも各分野で世界をリードする科学者で、この本のために労をいとわず、専門にかかわる章に目を通してくれた。それでもなお間違いがあるとすれば、すべてわたしの責任である。オックスフォード大学出版局のラザ・メノンとそのチームにも礼を述べたい。数々の編集上の助言に大いに助けられた。

この本のタイトル Life Unfolding は、ジリアン・K・ファーガソンの生物学的な詩、Not in charge からヒントを得たものである。

倫理声明
Ethical Statement

本書はヒトの発生メカニズムに関するものであり、ヒト胚および胎児の試料の研究と動物実験によって得られた公開済みの知識が盛り込まれている。学術出版社や研究資金提供者は、関連する独立倫理委員会の承認を得た研究しか受け入れないので、わたしが参照した公開済みの実験内容も今日の基準に従って行われたものと考えている。ただし倫理基準は時とともに変わるので、かなり前の研究のなかには今日では行えないものもある。いうまでもないことだが、本書におけるいかなる実験結果への言及も、その実験方法に対する著者あるいは出版社による是認を意味するわけではない。

参考文献と脚注

A Note on References and Footnotes

この本は一般読者を対象としているので、細かい分子情報には極力触れずにヒトの発生メカニズムを説明しようと試みた。舌を嚙みそうなタンパク質名がぞろぞろ出てくる文章は、専門家でさえうんざりすることがあるのだから、専門外の方々に要点だけを伝えようとするこの本にふさわしいはずがない。ところどころに付した脚注も本文に直接関係する補足ではないので、読み飛ばしていただいてかまわない。ごく一部の読者、たとえば生物学や医学を志す学生が、この本の内容と分子発生学を結びつける一助になればと思ったまでのことである。

本文中に巻末の原注の番号を振ったのも同じ意図によるもので、基本的には従来と異なる新説が出てきたところで文献を挙げるようにしたつもりだが、それも最小限にとどめている。また慣例通りに元の実験論文をすべて挙げるのではなく、多くの論文の結果をまとめたガイドブック的な総説を挙げたところも少なくない。教科書に必ず載っているような内容については文献を挙げるまでもないので割愛した。引用番号だらけでは研究論文のようになってしまって、これまたこの本にそぐわないだろう。

一部の興味深いテーマについては、専門外の読者の方々にも読みやすい参考図書を巻末に挙げてある。

序

Introduction

何かがわかったからといって、
驚きや不思議がなくなるわけではない。
謎が尽きることなどないのだから。

アナイス・ニン

第1章

異質の方法と向き合う

Confronting an Alien Technology

人が生まれるまでの九か月の物語は、
その後の七〇年に及ぶ人生よりはるかに面白いだろう。
サミュエル・テイラー・コールリッジ

イギリスの詩人で哲学者でもあったコールリッジがこの洒落た文章で表現しようとしたのは、「ぼくはどうやって生まれてきたの?」と両親に問う子供たちが感じている驚きのことである。こう訊かれると多くの親はどきりとし、さてどうしよう、性についていつ、どこまで教えたらいいものかと頭を抱える。しかし子供のほうはそんなややこしい話など知る由もなく、ただもう単純な、だがある意味では非常に深い疑問をぶつけているだけだ。つまり、新しい人間はどうやってできるのかという疑問である。

どれほど賢い親でも、この質問に対して完璧な答えを披露することはできない。なにしろまだ誰も正確なところを知らないのだから。コールリッジがこの文章を書いたころには、子宮内の新しい命がどのような形状変化を見せながら成長するかについて若干の事実が知られていただけで、その変化がなぜ、どのようにして起きるのかは謎だった。その後約二世紀かけて、幾世代もの科学者たちが奮闘し、「受精卵はどうやって胎児になるのか」という問題を少しずつ紐解いてきた。特にこの一〇年の進歩はめざましく、複雑なメカニズムが解明され、謎も少し減ってきた。しかしながら、わたしたち研究者が今感じているのは達成感というよりむしろ驚嘆である。発生について知れば知るほど、生命に対する畏怖の念が増すばかりなのだ。今少しずつ解読されつつある胚発生の物語はまさに驚くべきものである。それにもかかわらず、発表の場は主として学術誌に限られている。発生の物語はわたしたち一人一人が経てきた道であり、わたしたち自身の物語だというのに、無味乾燥な論文でしか読めないというのはなんとも残念だ。そこで、どうにかして平易な本にまとめられないかと考えた。つまりこの本は、幸運にもこの分野で仕事をしている一科学者が、「わたしはどうやって生まれてきたのか」という子供じみた、しかし深淵なる問いに答えて、最新研究のハイライトをまとめようとした試みの書である。

発生にかかわる研究分野

今日わたしたちがヒトの発生について理解している内容は、一学問のアプローチによるものではなく、さまざまな領域の研究成果を総合して得られたものである。発生に直接かかわるのは「発生学」

と「新生児学」で、この二つの学問は胚および胎児の体の構造や機能について膨大な知識をもたらしてくれた。より広い範囲にかかわる「遺伝学」と「毒物学」は、先天異常の原因究明という側面から発生の理解を助けている。原因がわかれば、正常な発生に必要な分子経路を特定できるからである。一方、分子経路が実際どのように働くかを明らかにするには「生化学」と「分子生物学」が欠かせない。この二学問があるからこそ、発生のしくみを生体分子の原子間相互作用のレベルにまで分解することができる。また、分子経路がどのように個々の細胞の振る舞いにつながるかは「細胞生物学」が解き明かしてくれる。さらに空間スケールを広げ、多数の細胞が情報交換しながらどう連動しているかを紐解いてくれるのは「生理学」「免疫学」、そして「神経生物学」である。

以上の学問領域は大学では生物学部か医学部に属し、この二学部が発生研究の中心になっている。しかし最近では「数学」「物理学」「情報科学」、さらには「哲学」といった、胚発生とは一見なんの関係もない研究分野からも貴重な見識がもたらされるようになってきた。こうした分野の研究者たちはどの細胞がいつ、どうしたといった細部のしくみに目を向けるのではなく、胚発生が提起する根源的で抽象的なテーマに取り組んでいる。たとえば、「なぜ単純なものが複雑になりうるのか」とか、「なぜエラーが生じやすいメカニズムがこれほど緻密なものを構築しうるのか」、あるいは「ヒトの発生を、その結果であるヒトが完全に理解するのは無理なのではないか」といったテーマである。三つ目のテーマは「完全に」が何を意味するかで揉めていて進んでいないが、ほかの二つについては大きな進展が見られ、創発と**適応的自己組織化**という関連概念のなかに答えがあることがわかってきた。この二つはコインの裏表のようなもので、基本的には同じことを意味している。前者が上から、後者が下から見ているといえばいいだろうか。「創発」は上位から見下ろす視点で使われることが多く、上位の複雑な構造や様態が、実は下位の単純な要素やルールから生じていることをいう。一方「適応的自己組織化」は下位から見上げ、下位要素の単純な振る舞いが、全体としてスケールの大きな、複雑で知的な挙動を生み出すことをいう。* ではその適応的自己組織化によって、無生物の分子がどのようにして生物の細胞を構築するのだろうか。また限定的な能力しかもたない個々の細胞が、どのようにして能力の高い多細胞体を構築するのだろうか。実はそれこそが発生を理解する鍵であり、この本全体の基調をなすテーマでもある。なお、創発も適応的自己組織化も生物学をはるかに超えた広い意味合いをもっており、それについては巻末にわかりやすい参考書を挙げてあるので、興味をもたれた方はご参照いただきたい。

生体の構築と人工物の構築の違い

胚発生のしくみは少しずつ読み解かれつつあるという段階でしかないが、すでに断言できることもあり、その一つは、人体の「構築」が、わたしたちが普通に思い浮かべる「構築」、すなわち建築や工業生産における構築とはまったく異なるということである。皮肉にも、わたしたちの体はわたしたち

＊──「適応的自己組織化」の同義語ないし下位分類に「群知能」や「ハイブマインド」がある。これらは社会性昆虫の研究でよく使われる言葉で、ヒト集団についても使うことがあるが、化学物質や細胞に応用するにはあまりにも感覚的だと思われる。そこでわたしは、これまでの著書でも本書でも「適応的自己組織化」を使っているが、これは一般的には、物理や数学の世界で同様の現象を指して用いられる言葉である。

にまったく馴染みのない方法で構築されている。これは重要なポイントなので、ここで生体の構築と人工物の構築を比べておきたい。両者の違いを押さえておけば、次章以降の内容が理解しやすくなるはずである。

機関車の製造やビルの建設など、ほとんどの工学プロジェクトには同じ特徴がある。まず、事前に具体的な計画が存在し、設計図その他の形で明確にされている。それはプロジェクトが意図する最終結果、つまり完成構造を図式化したものだが、図面自体が完成構造の物理的な一部になることは決してない。次に、どのプロジェクトにも全体を指揮監督する人間がいて（建築家やチーフエンジニアなど）、その人間が指揮系統を通じて具体的な作業（切削、レンガ積み、溶接、塗装等々）を行う現場の人々に指示を出す。また、構築に使われる部品は勝手に組み上がるわけではなく、完成構造物とは別の存在である人間が組み上げる（セメントで接着したり、ボルト留めしたり、溶接したりする）。さらに、監督者も作業者も膨大な「外部」情報（はんだ付けの技術やアーチを作る工法等々）をもっていて、それをプロジェクトに注ぎ込む。つまり必要な情報はあくまでも外から来るのであり、徐々に作り上げられていく構造物そのもののなかにあるわけではない。そして最後に、ほとんどの構造物や工業製品は、完成しなければ機能しない。

では生物構造はどうかというと、以上の特徴はまったく見られない。そこに気づきさえすれば、胚発生がいわゆる機械工学や土木工学とどれほど違うかもわかるはずである。工学プロジェクトとは異なり、生物構造には設計図のように完成構造を表したものがない。もちろん受精卵のなかに（遺伝子、分子構造、特定の化学物質の空間的濃度勾配といった形で）ある種の情報が蓄えられているが、そうした情報は人体の完成構造と直接関係しているわけではなく、その情報によって引き起こされる一連の出来事を制御しているにすぎない。制御していることがわかるのは、情報を変えると（遺伝子を変異させたり、特定の化学物質の場所を変えたりすると）それに続く出来事が変わり、発生に異常を来《きた》すからである。

しかし設計図がなくても一式の指示があれば完成形に導けるし、生物情報もその類のものではないかと思う人も多いだろう。確かに工学や、とりわけ数学においては、最終形態を一式の簡単な指示で書き表せる場合がある。たとえば小さいクロップサークル（イギリスで見られるミステリーサークルのこと）を作りたいなら、「麦畑の中央に杭を打ち込む。そこにロープを結びつけ、逆の端を持ってロープがぴんと張るまで杭から離れる。ロープが十分張ったら右を向き、そのままロープが張った状態を保ち、麦を踏みつけながら歩く」といった指示で円を描くことができる。実はある種の構造を表すには、詳細な設計図を引くよりこのような指示を使うほうがはるかに経済的である。今あなたの手元に鉛筆と紙があるなら、さっそく試してみていただきたい。

1. 水平線を下にして、できるだけ大きな正三角形を描く。これを「対象の三角形」とする。
2. 対象の三角形のなかに、各辺の中心点と隣接辺の中心点を結ぶ線を三本引く。すると下向きの正三角形ができて、その面積は対象の三角形の四分の一になる。
3. できたばかりの下向きの正三角形を塗りつぶす。
4. ここまでで、対象の三角形のなかに塗りつぶされていない上向きの三角形が三つできている。今度はその三つの三角形を「対象の三角形」とし、それぞれについて2に戻って作業を続ける。

あとは飽きるまで続けるだけである。先の細い鉛筆を使えばかなり長く続けられる。その結果出来上がるのは「シェルピンスキーの三角形」と呼ばれるフラクタル図形、すなわち自己相似構造をもつ図形の一つである。フラクタル図形としてもう一つよく知られているものに「カントール・ダスト」があり、これは黒板のように簡単に消すことのできる場所で試すといい。まず一本の長い線を引き、中央の三分の一を消す。続いて残った線について、それぞれ中央の三分の一を消す。これを続けていくと面白い具合に間隔のあいた点線ができるが、その間隔の統計的特性は自然界に広く見られる。たとえば砂丘の砂の崩れ方や、蛇口の水漏れの水がしたたり落ちる間隔、大地震や伝染病や大量絶滅の発生の間隔などが当てはまる。

数学に限らず、一式の指示で完成構造を示す方法はわたしたちの身の回りでも広く使われている。料理のレシピも、織物の組織図や編物の編み図もその例である。それも「一目表編み、一目裏編み」といった単純な指示から、一八〇一年のパリ産業博覧会に出展されたジャカード織機（世界初のプログラム可能な製造ロボット）のパンチカードのような複雑なものまでいろいろある。音楽も同じで、五線譜の上の音符が指示であり、演奏者がそこに書かれたタイミング、時間、音程通りに音を奏でることによって音楽が成立する。

このように、わたしたちは長い文化的体験のなかで、意図した結果を一式の指示で表すという便利な方法に慣れ親しんできたので、生物情報も同じようなものだと思い込んでしまう。生物情報を人体という完成構造の指示書のようなものだと勘違いしてしまうのである。だがそれは大きな誤解であり、そこには決定的な違いがある。人工物は外部の知性が一連の指示を読み取り、それに基づいて行動することによって構築される。自動で動くものも例外ではない。自動織機や自動演奏ピアノにしても、織機やピアノを動かしている機械は、やはり外部の知性がなんらかの図面や指示書に基づいて作ったものだ。わかりやすくいえば、カーディガンも交響曲《シンフォニー》も自動車も大聖堂も、それ自体が自らを構築したりはしない。これらを作るための指示書も、材料も、必要な技術も、作業そのものも、すべて外部から提供される。これに対して生物の構築の場合、発生に必要な情報は胚のなかにあり、それを胚自身が読み取って自らを作り上げていく。外部の何かが代わりに考えてくれたり行動してくれたりするわけではない。また、人工物の場合は誰かが全体に対して責任をもつが、生物構造の場合は構築にかかわる全要素が責任を共有する（これについてはあとでまた述べる）。つまり人体の構築をコントロールするのは少数の特別な要素ではなく、システム全体である。

生物の材料

さて、どのようなものであれ、その構築プロセスを理解するには多少なりとも材料のことを知らなければならない（もちろんそれだけでは足りないが）。エディンバラ大学のわたしの研究所の近くには有名な橋が三本架かっている。同じ町内にある優雅な橋はトーマス・テルフォードが設計したディーン橋。フォース湾に架かっているのはベンジャミン・ベイカーが設計し、当時の技術の粋を集めたフォース鉄道橋。そして三本目はその横に新たに架けられたフォース道路橋である。いちばん古いディーン橋〔一八三一年完成〕は石材でできている。石は重く、かさばる材料だが、圧力には強い。そこでテルフォードはまず土台となる柱を建て、次に木材を組んでアーチ形の支えを作り、その上に形を整えた石を並べていって石自体の重さでアーチを安定させ、最後に木組みの支えをはずすという伝統的工法を用いた。フォース鉄道橋（一八九〇年完成）は鋼鉄でできている。鋼鉄は当時の画期的な新素材で、張力にも圧力にも強い。そこでベイカーは複数の橋脚から橋桁を左右に伸ばしていき、その橋桁同士を吊支《つりし》保工《ほこう》でつなぐカンチレバー工法を採用した。比較的軽い鋼材をクレーンで吊り上げて配置し、それらをリベットでつないでいく作業である。いちばん新しいフォース道路橋（一九六四年完成）は張力に強い鋼のケーブルを使った吊り橋で、まずケーブルを支えるための左右の塔を両岸から一定の距離に建て、その外側にケーブルの両端を固定する台（アンカレイジ）を造り、それからケーブルをかけ、橋桁を吊り下げられるまで張っていくという工法で造られた。いずれの橋も材料に合わせて工法が決められたのであり、材料と工法の組み合わせを変えることはできない。このように構成要素の性質と構築法には密接な関係があり、その点は生物構造も同じである。

では生物の材料は何だろうか。主要なものは**タンパク質**、**メッセンジャーRNA（mRNA）**、**DNA**の三つである。このあと繰り返し登場することになる構成要素なので、ここで少し説明しておこう。

生物構造にとってなんといっても重要なのはタンパク質である。タンパク質が物理的構造のほとんどを支えていて、それが細胞に形を与え、管やポンプとなって細胞に出入りするものを制御している。またタンパク質は触媒となって化学反応を促進・抑制し、その化学反応には細胞を構成する他の要素（DNA、脂質、糖質など）を作るための代謝経路も含まれる。タンパク質がいかに重要かは、次の事実からもおわかりいただけるのではないだろうか。赤血球細胞は成熟の過程で核を、つまり**遺伝**

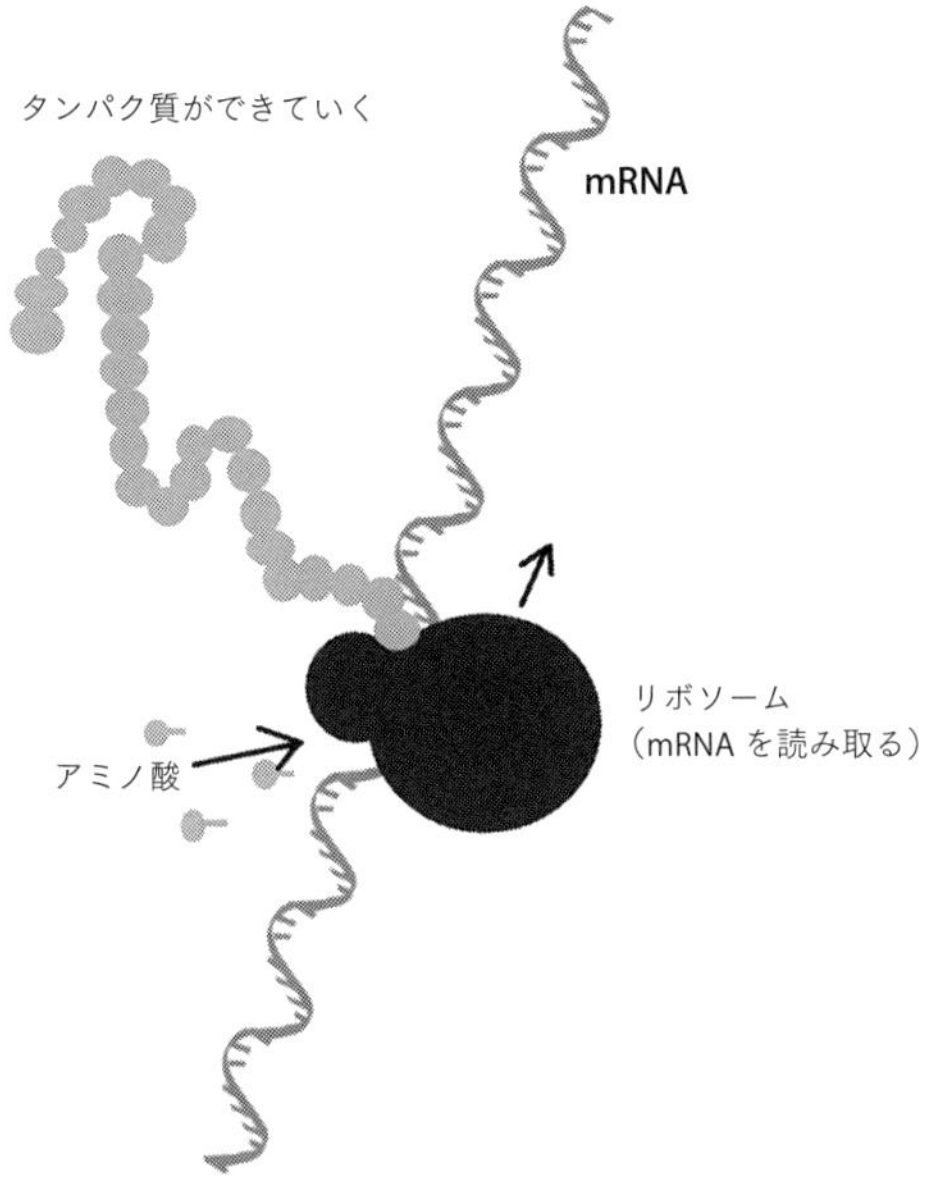

図1　mRNA はリボソームによってタンパク質に「翻訳」される。リボソームは mRNA の塩基配列に従ってアミノ酸をつなげ、タンパク質を作っていく。

子をすべて捨てるのだが、それでも一二〇日ほど生きつづける。一方、タンパク質が機能しなくなると、たとえ遺伝子をもっていても細胞は数秒で死んでしまう。

タンパク質は鎖状の**アミノ酸**でできている。アミノ酸は二〇種類あり、それぞれに形と化学的性質が異なる。そのアミノ酸が鎖のようにつながるのだが、ただまっすぐにつながるのではなく、相互作用によって自然に、あるいは他のタンパク質の助けを借りて折り畳まれ、複雑な立体構造になる。この折り畳みの過程はあまりにもややこしいので、現時点ではたとえアミノ酸配列がわかっても、それがどのような形状に折り畳まれるかを数学的に予測することはできない（予測のためのコンピューター・プログラムは存在するが、それは他のタンパク質の既知の構造――X線結晶学により解明されたもの――とアミノ酸配列の関係を基に、確率的推論と計算を組み合わせたもので、気象予報のプログラムよりわずかに信頼性が高いというレベルでしかない）。

異なるタンパク質は異なるアミノ酸配列をもつ。アミノ酸は一つずつつながって鎖状に伸びていくが、その並び方を決めるのは別の分子、mRNAである（図1）。mRNAも鎖状で、こちらはA（アデニン）、C（シトシン）、G（グアニン）、U（ウラシル）という四種類の**塩基**が並んでいる。四種類は互いに構造が似ていて、アミノ酸に比べると化学反応がやや鈍い。また細胞内のmRNAはタンパク質のアミノ酸配列を決める以外にほとんど何もしていない。合成されていくタンパク質のアミノ酸配列はmRNAの塩基配列に対応し、三つの塩基で一つのアミノ酸が決まるしくみになっている。

循環型のしくみ

ではmRNAの塩基配列はどう決まるのかというと、こちらはDNAの塩基配列から一対一で決まる。DNAはこれまたA（アデニン）、C（シトシン）、G（グアニン）、T（チミン）という四種類の塩基が鎖状に並んだものだが、非常に長い分子なので、配列は無数にありうる。わたしたちの一つ一つの**体細胞**の核のなかには四六本の**染色体**があり、染色体を構成するDNAの一本一本は何千万個もの塩基からなる。そしてその塩基配列のなかに個々の遺伝情報が組み込まれている。DNAからある遺伝子を読み取る必要が生じると、その遺伝情報が組み込まれた部分の塩基配列を写し取る形で**RNA**が合成される。その際、DNAの塩基配列（A、C、G、Tからなる）がRNAの塩基配列（A、C、G、Uからなる）に置き換えられるので、RNAは遺伝子を異なる媒介物にコピーないし転写したものということになる。しかしながら、実際にDNAを読み取ってRNAを合成していくのは一群のタンパク質である。転写の対象となる遺伝子配列の少し前には、「このすぐあとから転写を始めてくださいよ」と合図する塩基配列（ATAATとかTCACGCTTGAといった短い塩基配列）があり、一部のタンパク質がまずそこに結合する（そのためDNA結合タンパク質と呼ばれる）。そして転写開始点を認識してそこからRNAを合成していく。遺伝子の直前にあるこの短い配列は遺伝子ごとに異なり、またそれぞれ特定のタンパク質群としか結合しない。つまり、ある特定の遺伝情報の転写は、ある特定のDNA結合タンパク質群によってスイッチが入って開始される。

細胞は種類によって必要なタンパク質が異なるので、特定の遺伝子の転写に特定のDNA結合タンパク質が働くという点は重要である。たとえば消化器官の細胞は食物を消化するタンパク質を作り、卵巣の細胞は性ホルモンとして働くタンパク質を作り、白血球は感染と戦うタンパク質を作る。一つ一つの細胞はどれも全遺伝情報をもっているが、そのなかのほんの一部、自分が必要とする遺伝情報しか使わない。そして必要な遺伝情報だけを使うことができるのは、一群のDNA結合タンパク質が必要な遺伝子の場所を正確に認識するからである。

生物構造の主要な構成要素であるタンパク質、mRNA、DNAの概略を述べたが、ここでわたしたちは先ほどの問題に戻らざるをえなくなる。果たしてこれらの構成要素のどれかが細胞全体に責任を負っているといえるだろうか。もう一度要点をまとめると、まず、タンパク質は活性化した遺伝子

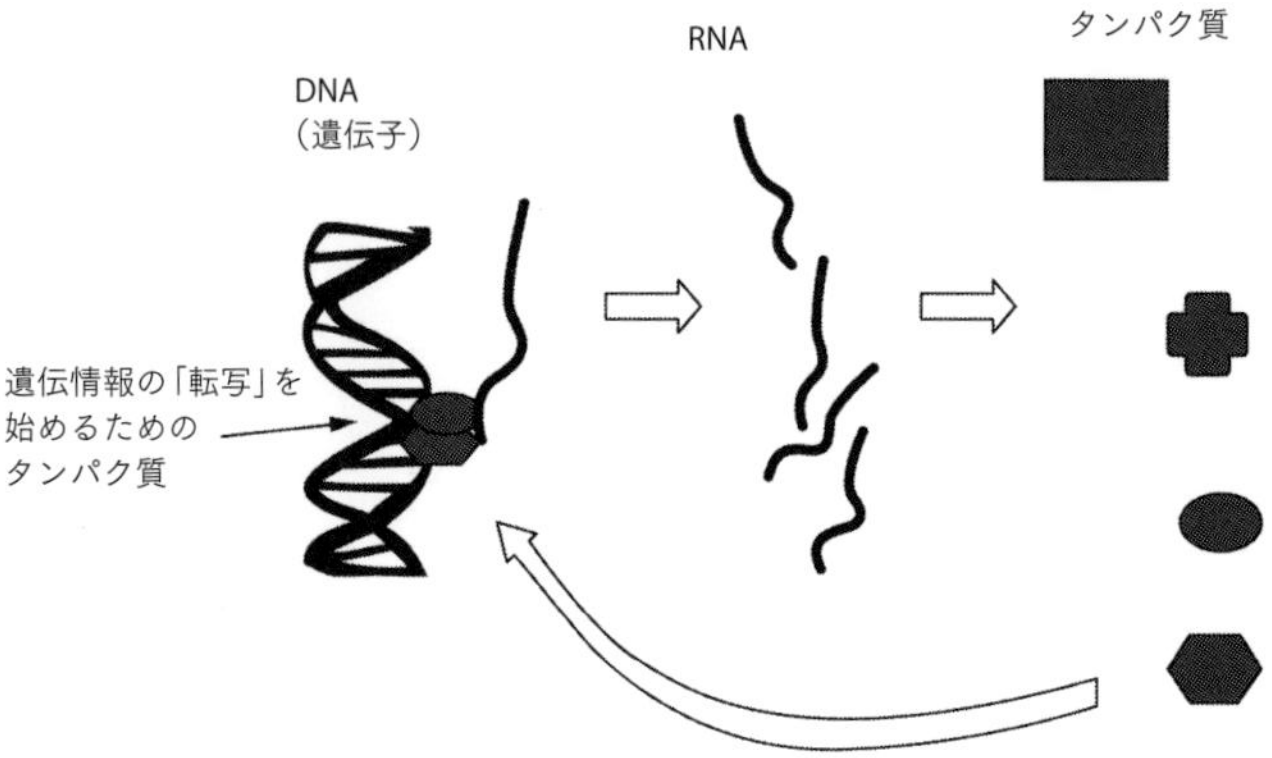

図２　循環型の生物のしくみ。タンパク質がどの遺伝子を読み取るかを決め、その遺伝子がタンパク質の合成を指定し、そうしてできたタンパク質の一部がどの遺伝子を読み取るかを決め……と続いていく。

が（mRNAを介して）アミノ酸配列を決めることによって合成される。しかしそれらの遺伝子は、すでに存在するタンパク質によって初めて活性化する。つまりループになっていて、特定のものが全体をコントロールしているわけではないし、逆にいえばすべてがコントロールに関与している（図２）。したがって答えはノーである。

よく考えてみると、図２の一種の堂々巡りは興味深い問題を提起する。細胞が安定した状態を保つためには次の条件が揃わなければならないという問題である。

1. その細胞が必要とするタンパク質を作るための一群の遺伝子が活性化していなければならない。
2. その一群の活性遺伝子のなかに、「必要な遺伝情報のＤＮＡ上の位置を認識するためのタンパク質」を作る遺伝子も含まれていなければならない。

3. その一群の活性遺伝子のなかに、「現在活性化されていない遺伝子を活性化するようなタンパク質」を作る遺伝子が含まれていてはいけない。

これらの条件が崩れると、ある時点の遺伝子の活性状態がタンパク質によって維持されなくなり、次の時点で活性状態が変化してしまう。つまり遺伝子のどれかが発現〔遺伝情報が具体的に現れること〕しなくなり、代わりに別の遺伝子が発現し、その時点で作られる一群のタンパク質が変わり、その結果また発現する遺伝子が変わり……という不安定な状態になり、再び条件が揃うまでそれが続く。胚発生の過程で一部の細胞が変化して新しい種類の細胞になるときも、実はこのメカニズムが働いている。また、そうした変化は細胞外からの何らかの影響によって促されることが多い。それがいわゆるシグナルであり、シグナルによって特定のタンパク質の遺伝子発現能力が変化し、それまで安定していた遺伝子の活性状態が崩れ、新たな状態へと移行する。その具体例は次章以降にいくつも出てくる。

あと二つの特異性

細胞のコントロールが分散された循環型になっているというのは、生物構造の特異性のほんの一例でしかない。工学に馴染んだわたしたちの目に奇異に映るものをあと二つ挙げておこう。一つは、生体分子が自然発生的により大きな構造物にまとまりうるという点である。そんなことはレンガやボル

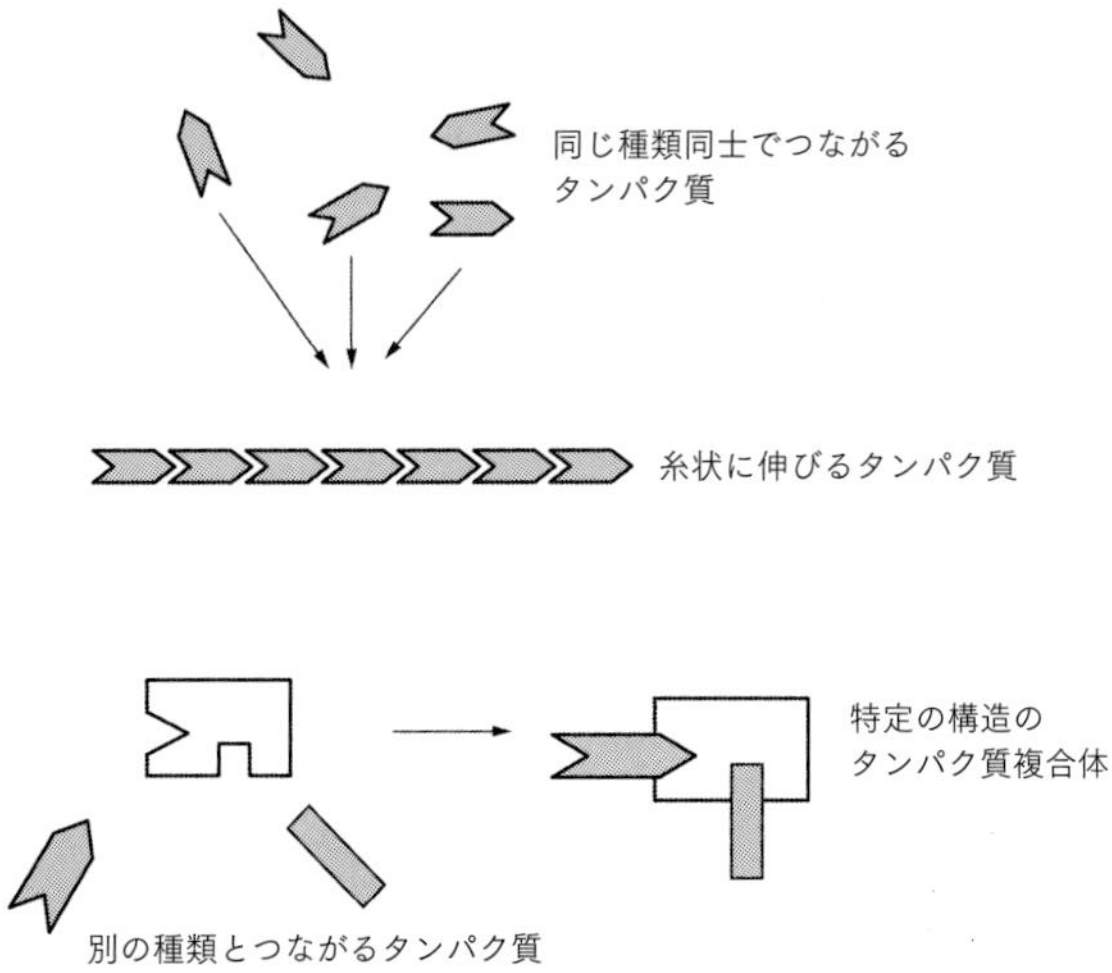

図3　タンパク質は電荷や凹凸形状をもつことが多く、それらによって他のタンパク質と結合する。たとえば正面と背面の形状がぴたりと合うタンパク質の場合は、同じタンパク質同士で次々と結合して糸状になり、個々は鎖の一部のように振る舞う。一方、別の種類としか結合しないタンパク質もあり、その場合は複数種のタンパク質が結合して特定の形と大きさのタンパク質複合体になる。DNA結合タンパク質もその一つである。

トでは決して起こらない。この現象は生存には欠かせないもので、プロセスとしては結晶の形成に少し似ている。子供用の実験用具でも作れるような一般的な結晶は、構成分子が微弱な部分的電荷に引っぱられて互いに結合することで形成される。タンパク質も部分的に電荷を帯びている(多くは「くぼみ」や「でっぱり」部分に)。そうした凹凸形状や電荷パターンはアミノ酸配列に由来する特性で、タンパク質の種類によって異なる。たとえば、正面に一種類のくぼみがあり、背面にそれにぴったりと合う形状のでっぱりがある、レゴのブロックのようなタンパク質もある。するとこのタンパク質は互いに次々とつながり、糸状になる（図3）。だが多くのタンパク質はもっと複雑な形をしていて、同じ種類のタンパク質ではなく、別の特定のタンパク質（あるいは分子）の結合部位のみを認識する。つまり同じタンパク質と糸状につながるのではなく、特定の数の他のタンパク質（あるいは分子）と結合し、特定の構造のタンパク質複合体を形成する。複合体は細胞のなかで小さな機械となって大活躍し、複雑な化学反応を促したり、さらに大きな構造――あまりにも複雑でタンパク質が自然発生的に作ることができない構造――を形成する際の推進役を務めたりもする。先ほど出てきたDNA結合タンパク質もその例である。

しかしながら、タンパク質複合体に代表される前述の自己組織化には、生物ならではの限界がある。タンパク質複合体の形成はタンパク質自体の情報に依存するもので（ここでいう「情報」は「構造」と同義）、化学の領域に属し、常に同じ結果になる。したがって確実で、再現可能だが、柔軟性に欠けるという欠点がある。一方、大きなスケールでながめてみると、実際の生物構造はかなり柔軟で、環境に適応して構造の配置を変えている。たとえば細胞の形は組織のなかでそれが埋めるべき空間に見合ったものになるし、周囲の細胞との結合の配置も実際の細胞の位置に見合ったものになる。ということは、スケールの大きい構造はその構成要素の化学構造情報だけに依存するわけではなく、それ以外にも情報を取り込んでいることになる。生物は内部情報だけで決定される構造から、外部情報によっても調節されうる構造へと移行するのであり、その移行がわたしたちを純粋な化学の世界から生物の世界へと連れていく。つまり生体系は、化学的自己組織化に何層もの調整を加えることで、環境に適応できるシステムを構築している。ここで少し前に述べた、適応的自己組織化という概念が重要になってくる。何万という数の遺伝子とタンパク質のどれ一つをとってみても、何らかの形で人体全体の構造と機能を把握しているものなどない。それにもかかわらず、それらが自律的により複雑な構造を、ひいては人体を構築しうるのはなぜか、それを説明する鍵になるのが適応的自己組織化だからである。そのしくみは人工物が外部の手（作業員でもロボットでも）によって組み上げられる様子とはまったく異なる。次章以降で適応的自己組織化がヒトの発生にどれほど重要かを具体的に述べていくが、実際それは細胞内の分子からはるかにスケールの大きい複合組織まで、あらゆる段階で見られる。

生物構造の特異性としてもう一つ挙げておきたいのは、生命体ならではの厳しい制約に由来するもので、構築の途中で必要に応じて中断することができないという点である。人工物は、コンピューターでも飛行機でも、完成したときに初めて機能すればいいのであって、未完成の状態で何か意味のある役割を果たすことなど期待されていない。しかし胚の発生はそうではない。どの段階でも中断することは許されず、発生と生存が常に両立していなければならない。ビルの配管工事で本管に枝管を接合するとき、配管工はいったん水を止め、本管を切断し、そのあいだにT字管を取りつけ、作業が終わってからまた水を流す。しかし発生中の胚が**大動脈**から枝分れした血管を作るときに、同じように血流を止めたら胚は死んでしまうし、血流を止めずに血管を切断したら仕事が終わる前に出血多量で死んでしまう。人体のすべての基本システムについて同じことがいえる。発生過程でどれほど変化があろうとも、生存能力を妨げてはならないというのが絶対条件であり、当然のことながら、この厳しい条件は人体の構築方法に影響を与える。だからこそ、わたしたちの目には異質なもの、時にはあまりにも複雑なものに映るのである。

あなたがあなた自身の始まりを知りたいなら、人が物を作るやり方から類推するのではなく、まったく違う世界へ足を踏み出さなければならない。胚を胚そのものの理屈で見る柔軟性をもたなければならない。それはあなたがまだ足を踏み入れたことのない領域への旅であり、既成概念を捨て、新しい考え方を受け入れていく旅になる。なにしろわたしたちが胚を作るわけではなく、胚がわたしたちを作るのだから。

第Ⅰ部

ラフスケッチ

First Sketch

第2章

一から多へ《卵割》

From One Cell to Many

わたしは大きく、多くのものを包含する。
ウォルト・ホイットマン

人体は既知の宇宙でもっとも複雑な単一体だと考えられるが、*それほど複雑なものが極めて単純なものから発生するというのは、生物学の大いなる皮肉の一つである。成人の細胞数は数十兆の単位で〔六〇兆個という説も流布しているが、ボローニャ大学のビアンコーニらが二〇一三年に発表した論文では、三七兆個と算出されている〕、これは銀河系の星の数の一〇倍以上である。あるいはもっと身近な例で、ビーチバレーコートの砂粒の数の一〇倍以上といえば少しは想像しやすいだろうか。その膨大な細胞は無造作に積み上がっているのではなく、驚くほど緻密に並んでいて、配置も結合もあまりにも複雑なので、二〇〇〇年に及ぶ解剖学的研究をもってしてもなお全容解明に至っていない。またヒトの体細胞には数百という種類があり、それぞれが独自の機能と性質をもち、それぞれが必要な場所に必要な分量だけ作り出され、再生される。そういう複雑極まりない生命体である人体が、たった一つの、それもごく単純で、これといった特徴のない細胞——受精卵——から始まるのである。そしてそこから人体へと、つまり単純から複雑へと這い上がる長い道のりを、ヒトは文字通り自力で歩まなければならない。

細胞分裂

人体発生という長い道のりの第一歩は何かというと、一つの細胞を複数の細胞に増やすことなのだが、ではなぜ複数にする必要があるかというと、複雑な生物である以上、たくさんのことを同時にこなさなければならないからである。あなたも今まさに、そんな離れ業をやってのけている。空気を吸いながら、食べ物を消化し、化学物質を分解している。髪を伸ばし、新しい皮膚細胞を作り、血液を濾過《ろか》し、体内に異物が侵入すればそれを排除し、体温を調節し、耳で聞き、目で読み、頭で考え、そしてこの段落にさしかかっておそらくは自らを省みて「ふうむ」と感心している。これ以上は書ききれないので挙げないが、ほかにも何百という活動が同時に進行している。そうした活動はすべて何らかのタンパク質と生化学的経路（細胞内で起きる一連の化学反応のこと）の組み合わせで行われていて、その多くは同じ場所では両立しない。乳児を育てている母親がミルクティーを飲むところを想像して

*——ヒトがもっとも複雑な単一体だというのは、わたしたちの脳の配線が他の哺乳類より複雑である（基本的なニューロン複雑度が高い）という前提に立っての記述であって、今後の研究でこの前提が覆される可能性もある。

みてほしい。母親は体内で赤ん坊のために母乳を作り、同時に紅茶に入れたミルクを消化している。ほかにも相矛盾する体内活動は山ほどあり、両立しえない理由もさまざまで、多くの場合、タンパク質や遺伝子のもっと微妙な機能が関係している。

複雑な生物は区画化――活動ごとに場所を分けるという原則――によってこの問題を解決している。体は異なる機能を果たす器官に分かれているし、器官は異なる機能を果たす組織に分かれている。さらに組織も細胞に分かれていて、異なる種類の細胞は異なる仕事をしている。だがそこから先は厄介で、細胞内ではほとんどの分子が自由に動き回れるため、異なる仕事をいくつも同時にこなすのは難しい。細胞内にも区画がないわけではなく、それぞれがいくつかの機能を果たしてはいるものの（第8章では、細胞が胚のなかを動き回るしくみとの関連で、細胞内の様子も出てくる）、複数の仕事を同時にこなす能力は限られている。つまり、細胞は生体の機能単位――同時に一つか二つのことしかしない基本的な単位――と考えることができる。だからこそ、複雑な体を作るためには数多くの種類の細胞が必要で、そのためにもまずは細胞の数を増やさなければならない。

一つの細胞が二つに分裂するメカニズム、またそれを繰り返すことによって大いに数を増やすことができるメカニズムは、胚発生の基本中の基本であるとともに、発生の本質的な特徴がわかるという意味でも重要である。細胞分裂という現象のしくみがわかれば、単純な小分子がどうやって自分たちを組織し、分子をはるかに超える規模の仕事をするかがわかるし、事前に図面が引いてあるわけでもないのに驚くほど緻密な構造をどうやって作り上げるのかもわかる。細胞分裂に見られる特徴は胚全体を理解する鍵になる。そこで、この章では細胞分裂を取り上げ、この先への足がかりにしようと思う。

次章以降では細胞分裂を自明の理とし、あえて触れずに話を進めていく。

卵割

ヒトの発生の出発点である受精卵は他の細胞よりはるかに大きく、直径およそ〇・一ミリで、肉眼でもどうにか見えるほどである。成人の体細胞のほとんどはもっと小さく、直径およそ〇・〇一ミリ、体積でいうと受精卵のおよそ一〇〇〇分の一でしかない。受精卵はこのように大きいので、途中で成長のために休むことなく、ただ自分自身を二つ、四つ、八つと相次いで分裂するだけで多細胞の胚になれる〔普通の体細胞は分裂と成長を交互に繰り返す〕。卵割と呼ばれるこの細胞分裂は胚にとって実に都合がいい。成長のための栄養補給という問題を、細胞数が増えて一部を栄養補給に充てられるまで先送りできるからである。

成長を考慮しなくていいなら、細胞分裂は概ね、細胞内の分子を娘《じょう》細胞〔分裂後の細胞〕のあいだで等しく分け合う作業と考えることができる。つまり総容量は変わらず、内部のタンパク質や栄養素の濃度も変わらない。ただしこれにはＤＮＡという大きな例外がある。分裂前の母細胞は四六本の染色体をもつが〔胚の母親からの二三本と父親からの二三本〕、分裂後の娘細胞にもそれぞれ四六本の染色体が必要なので、細胞分裂の前に染色体を複製しなければならないからだ。また複製された染色体が娘細胞に等しく割り当てられなければならず、そのためのしくみも必要になる。しかも、ただ本数がそれぞれ四六本になればいいのではなく、各娘細胞が、母親から受け継いだ一式の染色体の正確な複製と、父親から受け継いだ一式の染色体の正確な複製を、すべてきちんと受け取らなければならない。この精緻な染色体分配機構は動植物の主要な特徴で、およそ二五億年前に生み出されたものだ（その機構を理解しようとする動物が現れたのはわずか二〇〇万年前である）。

DNAの複製

染色体分配の一連のプロセスのなかでいうと、いろいろな意味でもっとも単純なのがDNAの複製である。成立順からいってももっとも古く、少なくとも三五億年前には基本形ができていた。DNA分子は、**ヌクレオチド**がつながった鎖が二本で一組となり、その二本が螺旋状に絡み合った構造をしている（「二重螺旋」とも呼ばれる）。DNAの複製はこの「二本で一組」を利用して行われる。二本の鎖の向かい合わせのヌクレオチドには厳格な組み合わせ法則があり、片方にAのヌクレオチドがあれば、向かいには必ずTのヌクレオチドがあり、片方にCがあれば、向かいには必ずGがある。これはごく単純にA、C、G、Tの化学構造から導き出される法則なのだが、この法則によって片方の鎖がもう片方の鎖の情報ももつことになり、要するに片方の鎖があればもう片方の鎖の塩基配列も決まる。したがって次のようなステップでDNAを複製することができる。細胞がDNAをコピーする必要が生じたら、まず一群の酵素が絡み合った二本の鎖をほどく。続いて、同じく一群の酵素がそれぞれの鎖のために新たなパートナーを作る。つまり前述の組み合わせ法則に従って元の鎖のヌクレオチドの向かいにパートナーとなるヌクレオチドを並べ、新しい鎖を作っていく。新しい鎖はその配列を決めるのに使われた元の鎖と対になってとどまる。こうして、最初は一組だった二本鎖が二組になり（一つだったDNA分子が二つになり）、DNAが複製されたことになる。DNAが複製されると、DNAが巻きつく軸になるタンパク質も新たに追加される。

単細胞の胚の四六本の染色体がすべて複製されたら（つまり九二本になる）、次にそれらを移動して、娘細胞がそれぞれ母親からの染色体二三本と父親からの染色体二三本を受け取れるようにする（合わせて四六本で、娘細胞が二つなので合計九二本）。この作業は次のようなステップに分解できる。

1. 分裂後にできる二つの娘細胞の中心点がどこになるかを見極める。
2. 二つの中心点の中点に、複製されて二揃いになった染色体を並べる。
3. 並べられた染色体を両側から引っぱって二つに分け、それぞれ一揃いが各娘細胞のなかにきちんと入るようにする。
4. 細胞を分離する。

いずれのステップも、実際に個々の分子がしている作業より、はるかにスケールの大きい協調行動を必要とする。またどのステップも、その直前の各要素（染色体など）の位置にかなりのばらつきがあったとしても、正確に進められなければならない。つまりこのプロセスは第1章で触れた適応的自己組織化に大いに依存しているのであり、逆にいえば適応的自己組織化を理解する助けになるはずである。

チューブリンと微小管

第一ステップの課題は、分裂後にできる娘細胞の中心点(二点)を見極めることである。だがいきなり二点というのはハードルが高いので、その前に普通の成体の体細胞、それも細胞分裂中ではない細胞がどうやってその中心点(一点)を見極めるかを考えてみよう。とはいえ、「細胞の中心点を見つける」という一見単純に思える作業でさえ一筋縄ではいかず、考えれば考えるほど難問だとわかってくる。なにしろ細胞には厳密に定められた形がない。ほとんどの細胞は周囲の環境に応じて形が決まるので、正確な予測ができない。あらかじめ図面を引いて中心点を計算しておくことなど不可能である。ヒトの典型的な体細胞は直径およそ〇・〇一ミリで、数十兆の細胞からなる人体全体から見るととても小さいが、細胞のなかにいるタンパク質から見るととてつもなく大きい。典型的なタンパク質分子の直径の一〇〇〇倍以上にもなる。それでもタンパク質複合体はどうにかして細胞の中心点を見つけるのである。タンパク質を人間に置き換えて説明すると、わたしたちが目隠しをされ、話すことも禁じられ、互いに触れる以外にコミュニケーション手段がない状態でロイヤル・アルバート・ホール〔ロンドンにある劇場で、収容数七〇〇〇人〕に入れられ、そこで協力し合ってホールの中心を探すようなものである。

ではどういうしくみで中心点が見つかるのだろうか。その答えは実に独創的であり、また細胞にとって生化学反応がいかに重要かを教えてもくれる。舞台の主役は**チューブリン**というタンパク質——主役といっても大勢いるのだが——で、互いに結びついて**微小管**と呼ばれる長い管を形成する。チューブリンには変わった特徴が二つある。一つは、チューブリン同士が自然にくっついて新たに微小管を作ることはまれだが、すでにできている微小管にチューブリンがくっついて管を伸ばすのは比較的容易だという点である。したがって、微小管が新たにどんどん作られることはないものの、いったん作られると伸びていく傾向にある。もう一つは、チューブリンが生化学的に「元気がある」か「元気がない」かのどちらかの状態でしか存在せず（以後「活性型」と「不活性型」と呼ぶ）*、活性型チューブリンは徐々に衰えて（分解されて）不活性型チューブリンになるという点である。活性型チューブリンだけが既存の微小管の先端にくっつくことができ、微小管の先端はそこにあるチューブリンが活性型であるあいだは安定している[1]（先端が活性型であるかぎり、それ以外の部分が不活性型であっても微小管は維持される）。一方、先端が不活性型になると微小管はほどけはじめ、どこかで活性型チューブリンに達するまでほどけつづける。だが既存の微小管を形成しているチューブリンはすべて先端のチューブリンより長く微小管のなかにいるので、先端のチューブリンより先に不活性化しているはずである。ということは、先端が不活性化した時点でそれ以前に結合したチューブリンはすべて不活性化していることになり、いったんほぐれはじめたら途中で止まることはなく、他の分子の特別な助けがないかぎり微小管はどんどんほどけていく。したがって、微小管が他の分子の助けを借りずに自分を維持するには、先端のチューブリンが衰える前に元気なチューブリンを追加していくしかなく、つまり素早く伸長するしかない。ということは、他の分子の助けがない場合、微小管は素早く伸長するかどんどん短縮す

*――ここでいう「活性型」はGTP（グアノシン三リン酸）結合型のチューブリンで、「不活性型」はGTPが加水分解されたあとのGDP（グアノシン二リン酸）結合型のチューブリンである。

るかのどちらかなのだが、チューブリンが不活性化する確率から、長い微小管より短い微小管のほうが多い状況が常態化する。これは細胞が中心点を見つけるしくみにとって、非常に重要なポイントである。

押すのか引くのか

前述のように、チューブリンが集まって自発的に新しい微小管を作ることはまれなので、細胞内には微小管形成を促す特別なタンパク質複合体が用意されている。この複合体は細胞内の重要な小器官である**中心体**に存在し、微小管はそこを起点として四方八方に伸びる。[2] 微小管が十分速く成長し、その先端が活性型チューブリンでありつづければ、微小管は細胞の端のほうへ、つまり細胞膜のほうへと伸びていく。その結果として中心体が細胞の中心点に移動するのだが、その具体的なしくみについては二通りの説があり、どちらもそれぞれ異なる生物の実験によって裏づけられている。ヒトの胚にどちらの説が当てはまるかは（両方ということもありうるが）まだはっきりしていない。端的にいえば、一つは中心体が押される〈押しモデル〉で、もう一つは中心体が引っぱられる〈引きモデル〉である。

〈押しモデル〉[3]は、伸長する微小管が細胞膜の内側を直接押す力によって、中心体の移動を説明する。中心体が細胞のどこかの面の近くにいる場合、短い微小管でもその面に達しうるので、多くの微小管がそこの細胞膜を外側に向かって押すことになる。すると中心体はその面から強く押し返される。一方、細胞の逆側の面には非常に長い微小管しか届かず、微小管がほどけやすいことを考えると、そこまで届く確率は低い。つまりそちら側の細胞膜を押す微小管は少なく、中心体が膜から押し返される力も弱くなる。この力のアンバランスによって中心体は近くにある細胞膜の面から離れていき、力のバランスがとれたところで安定する。力のバランスがとれるのは、中心体が細胞膜のすべての面から等距離になったときだけ、つまり中心体が細胞の中心点に来たときだけである（図4a）。これまでの実験で、人工の箱のなかに置かれた中心体が、〈押しモデル〉のメカニズムで箱の中心点を見つけることが確認されている。[4]

〈引きモデル〉[5-7]のほうは、小さいモータータンパク質の動きによって中心体の移動を説明する。モータータンパク質は細胞中に遍在していることが知られていて、微小管を足場にして中心体のほうへ「歩こう」とする。そうすることによって、一つ一つのモータータンパク質がほんのわずかながら微小管を外側へ（中心体の逆側へ）引っぱることになる。船上で人が前に歩くと、船が後ろに押されるのと同じ原理である。このとき、微小管が長ければ長いほど、その上を歩くモータータンパク質も多くなるので、微小管を外側へ引っぱる力が強くなる。[8] したがって、中心体が細胞のどこかの面の近くにいる場合、逆側の微小管のほうが長くなり、そちら側の引く力のほうが強くなって、中心体は細胞の中心へと引っぱられる（図4b）。このモデルについてはタコノマクラ（ウニの一種）や回虫のような単純な動物の受精卵を使った緻密な実験が行われていて、こうした動物の細胞では引っぱるメカニズムが重要な役割を果たしていることが確認されている。たとえば、微小管の一部をレーザーで切断すると中心体が跳ね返り、それまで微小管の張力によってつなぎとめられていたことがわかる。[9] 細胞の種類によっては、押すほうと引くほうの両方のメカニズムが同時に働いていることも考えられる。その場合、

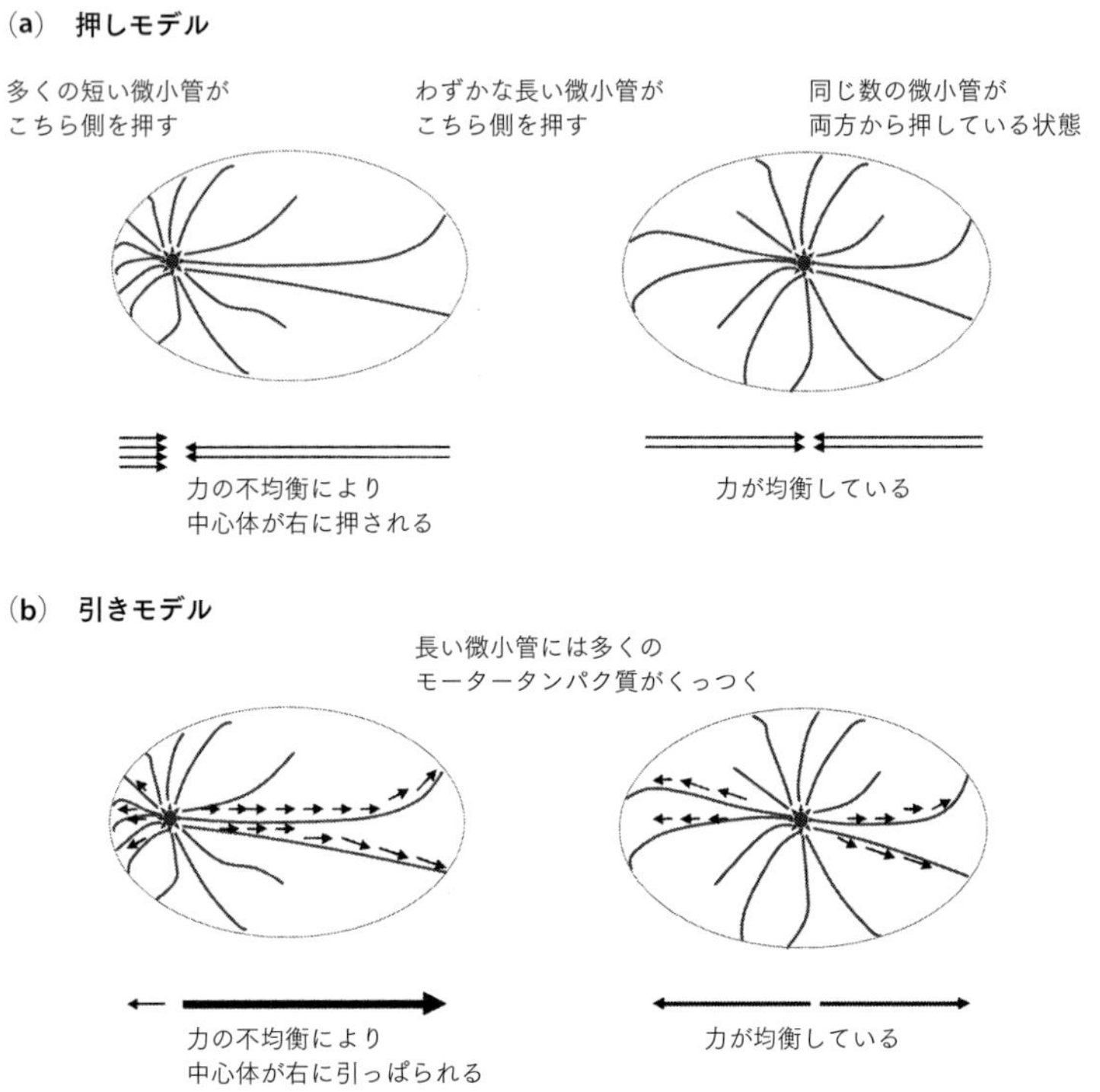
(a)　押しモデル
多くの短い微小管が
こちら側を押す
わずかな長い微小管が
こちら側を押す
同じ数の微小管が
両方から押している状態
力の不均衡により
中心体が右に押される
力が均衡している
(b)　引きモデル
長い微小管には多くの
モータータンパク質がくっつく
力の不均衡により
中心体が右に引っぱられる
力が均衡している

図4　中心体が細胞の中心へ移動する様子。中心体はそこから伸びる微小管を使って細胞の中心点を見つけるが、そのしくみについては2説ある。押しモデル(a)では微小管が細胞膜に達することによって中心体を中央へと押す。短い微小管のほうが長い微小管より多いため、もっとも近い細胞膜から押し戻す力がもっとも強くなる。引きモデル(b)では細胞に遍在するモータータンパク質が中心体を外側へ引っぱる。微小管が長いほど多くのモータータンパク質がくっつき、引っぱる力が強くなる。中心体の周囲には数多くの微小管が存在しうるが、微小管が長く伸びる可能性があるのは細胞膜に遠い側だけなので、中心体は近い細胞膜から引き離され、中心へと向かう。

長い側の微小管は押す力が弱いうえに引く力が強くなり、短い側の微小管は押す力が強いうえに引く力が弱くなるので、両者の力の差はますます大きくなる。

ヒトの胚が押す力を使っているのか引く力を使っているのか、あるいは両方を組み合わせて使っているのかはわからないが、いずれにしても結果は同じである。つまり、この作業に参加するどの要素も細胞の形を知らないし、細胞の中心点を示す座標軸さえ存在しないにもかかわらず、中心体は自動的に中心に移動する。つまりシステムそのものが自らを組織する。この自動システムは、初期条件がどうであろうとも、ほとんどの場合その条件に適応できる。それにかかるコストは、新しい微小管を作りつづけたり、微小管を引っぱりつづけたりするエネルギーということになるが、このようにエネルギーコストが高くつくのが適応型自己組織化の特徴である。

二つの中心点を見つける

ここまでに述べたのは細胞の中心点一点を見つける方法だが、この章の主題である細胞分裂のためには、二つに分かれていく娘細胞の各々の中心に染色体を一揃いずつ移動させる必要があるので、分裂後の娘細胞を想定して、その中心点二点を見極めなければならない。幸いなことに、細胞は一つの中心を見つけるときと同じメカニズムで二つの中心を見つけることができる。違うのは中心体の数だけだ。

中心体は、短いシリンダー状の構造物が二つ結合したものと、それを取り囲むタンパク質の「雲」

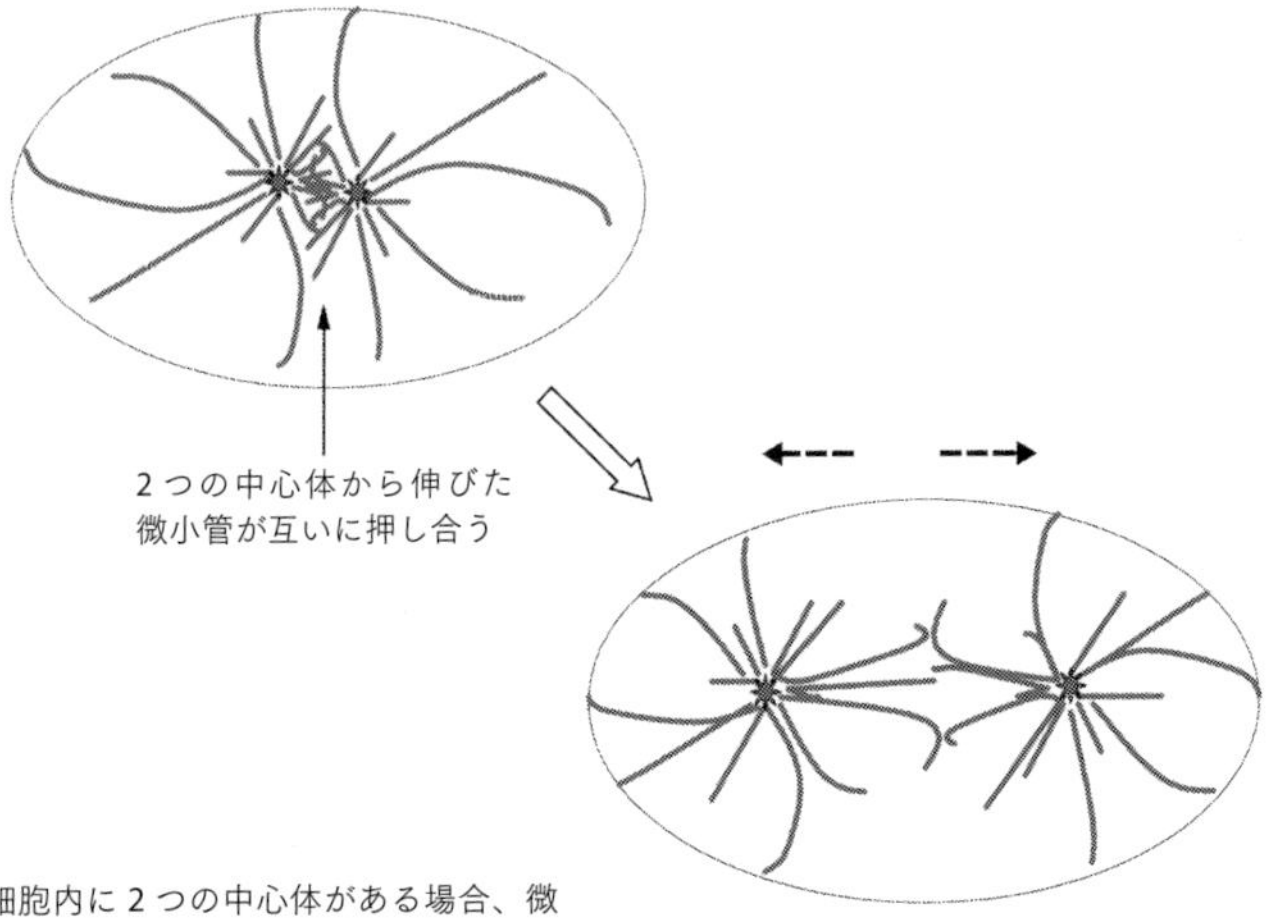
すると力の不均衡により

図5　細胞内に2つの中心体がある場合、微小管同士の干渉によって中心体同士が離れることになる。

からできていて、[10] これらが残りの関連物質を組織する。細胞分裂の準備段階に入ると、結合した二つのシリンダーが分離し、それぞれ新しいパートナーが作られるので、じきに二組の結合したシリンダーが並ぶことになる。二組はそれぞれ周囲に「雲」を組織し、微小管形成の中心となる。微小管は前述のように中心体から四方八方へ伸びていくが、細胞内に二つ中心体がある場合、片方の系統（中心体とそこから伸びる微小管）がもう片方の系統と干渉する。〈押しモデル〉でいえば、片方の中心体から出た微小管は、細胞膜を押すだけではなく、もう片方の中心体から出た微小管とぶつかってこちらとも押し合う。したがって一方の系統は、他方の系統があることによって、そちら側に細胞膜が迫っているかのような「誤った印象」を受け、結果的に一方の系統の中心体は細胞の中心に向かうのではなく、他方の系統の中心体から離れるように動く（図5）。同じことを〈引きモデル〉で説明すると、どちらの系統も、本来なら遠いほうの細胞膜へと引っぱられるところが、そこにもう片方の系統があることによって、そちら側へ引く力が封じられる。そして、いずれのメカニズムでも――ヒトの場合は両方働いているかもしれないが――結果は同じで、二つの中心体は細胞の中心に集まるのではなく、細胞の中心と細胞膜との中間に離れて位置するよう移動することになる（図5下）。こうして、二つの中心体によって、元の単細胞（母細胞）が分裂したあとの二つの新しい細胞（娘細胞）の中心が決まる。今回もまた自然にそうなるのであって、中心体は細胞の形の詳細などまったく知らない。

染色体分配

二つの中心体から放射線状に伸びる微小管は、娘細胞の中心を決める役に立つだけではなく、複製された染色体を娘細胞に正確に一揃いずつ分配するという役割も担っている。分配するためにはまず微小管が染色体とつながらなければならないが、その際に起きることもまた、参加者の誰一人として何がどこにいるといった情報を知らないのに、全体としてはうまくいくようになっている。鍵になるのは、ここでもやはり、微小管が伸長したり短縮したりする不安定な構造物だという点である。微小管の先端はそのままの状態ではひどくほどけやすいが、ある種の微小管結合タンパク質が結合するといくぶん安定する。一方、個々の染色体にはその種の微小管結合タンパク質を含む部分が必ずあるため、伸びていく微小管の先端が偶然染色体のその部分に触れると結合して安定し、守られる。[11] つまりこの系統においては、放射線状にランダムに伸びていく微小管は基本的に不安定で、先端が染色体を見つけないかぎり、やがてほどけて消滅してしまう。逆に、先端が染色体を見つければ安定するので、最終的にはすべての染色体がかなり安定的に微小管と結合した状態が生み出される。

ただし、微小管と染色体が単に結合するだけでは足りない。染色体を片方の娘細胞の中心だけに移動させるのならそれで十分かもしれないが、細胞分裂ははるかに難しい課題を突きつけてくる。この段階で、各染色体――たとえば父親から受け継いだ9番染色体――はすでに複製されて二本あるわけだが、細胞分裂のためには、そのうちの一本が片方の中心体から伸びた微小管と結合し、もう一本がもう片方の中心体から伸びた微小管と結合しなければならない。そうなって初めて、両方の娘細胞が同じ染色体をもつことができる。いったいどうすればそうなるのだろうか。ここで、胚はまたしても微小管の不安定性を利用してこの難問をクリアする。DNAが複製されて出来上がった同じ染色体の二つの分体――姉妹染色分体――は、互いに特別なタンパク質複合体によって結びついている。そこに機械的張力がかかると、その複合体が信号を発し、その信号によって微小管が安定するしくみになっている[12]。ここでいう機械的張力とは、両側から伸びてきた微小管が染色体をはさんでつながったときに生じる張力、つまり微小管にくっついているモータータンパク質が染色体をはさんで「綱引き」をする格好になることで生じる張力のことである。ある姉妹染色分体がどちらも同じ中心体から伸びてきた微小管と結合した場合には、この張力は生じず、信号も出ないので、微小管は安定せず、長くはもたない。だが姉妹染色分体が異なる中心体から伸びてきた微小管と結合した場合には、両方向へ引っぱられるので張力が生じ、信号が出て微小管は安定し、比較的長くもつ。これらのしくみを総合するとどうなるかというと、この系統は姉妹染色分体がすべて反対方向から引っぱられるようになるまで変わりつづけ、「探り」つづけることになる。[13] エネルギーの観点からいえば非常に高くつく作業だが、自動で成し遂げられるし、たとえ新たな染色体が加えられたとしても（実験なら人の手で、自然界なら進化的変化によって）メカニズムに影響はないので対応できる。

細胞の分離

すべての染色体が両側から引っぱられた状態で並ぶと、細胞分裂は次の段階に進み、姉妹染色分体の接着が解除されて姉妹が分離する。このステップで注意しなければならないのはフライングである。すべての染色体が正しく並びおえる前に分離が始まってしまうと、娘細胞が受け取る染色体の数が揃わず、重要な遺伝子を欠くことにもなりかねない。したがって、フライングを防ぐ工夫が必要になる。ここで再び注目したいのが、姉妹染色分体をつないでいるタンパク質複合体である。前述のように、このタンパク質複合体には機械的張力を感知する能力があり、張力がかかると信号を出して微小管を安定させるのだった。だがそれだけではなく、張力がかかっていないときには別の信号を出す。信号というのは特殊な小分子のことで、それが細胞中に広がって細胞分裂の次の段階への移行を阻止する。つまりこのタンパク質複合体は、張力がかからないかぎり、生化学の言語で「まだだ！」と叫びつづける。微小管に正しくつながれていない染色体が一つでも残っているかぎり、「まだだ！」の叫びは発せられつづけ、細胞はじっと待つ。すべての染色体が正しく微小管につながって張力がかかったとき、初めてその叫びがやんで静かになり、次のステップへの準備が整う。このしくみもよくできていて、染色体の数に関係なく使えるので、細胞は染色体の数が変わっても対応できる。

すべての染色体が紡錘体〔微小管の束が集まった構造のことで、この段階では二つの中心体を対頂点とする紡錘形（断面でいえば菱形）を形成している〕の中央にきれいに並び、「まだだ！」という信号もすべて消えたら、細胞は次のステップに進むことができる。姉妹染色分体をつないでいたタンパク質複合体が接着を解除し、モータータンパク質の動きで染色分体がそれぞれの中心体のほうへと引っぱられていく。[14]染色体の移動が完了すると、また別の自動システムが作動して、細胞の「赤道」――二つの中心体を「極」としたときに決まる赤道――に収縮性タンパク質の環〔収縮環〕ができる。そしてこのタンパク質が互いにスライドする（すべり込む）ことによって赤道に「くびれ」ができ、それがどんどん縮まって、やがて母細胞は二つの娘細胞に完全に分かれる。

この章で紹介したいくつもの機構は、全体としてはひどく手の込んだ複雑なものに見えるかもしれない。しかし機構を支えている個々の構成要素を見ると、どれも簡単な仕事しかしていない。機構が複雑な仕事を――染色体が細胞内のどこにいようとすべて見つけてきちんと分離するといった仕事を――成し遂げられるのは、機構を支える要素そのものが複雑だからではなく、あくまでも単純な要素の相互作用に助けられてのことである。なかでも、直前の結果の情報――染色体がすべてきれいに並んだといった情報――がフィードバックされ、それによって個々の要素の次の挙動が決まるというやり方に負うところが大きい。数多くの単純な要素を、豊富なフィードバックで互いに関連づけることによって利用する、それこそが生命体の特徴である。この章で細かい話をしたのも、単独では何もできない生体分子がどのように組織されて難問を解決していくのか、どのように単純から複雑が生じうるのかを、感覚的につかんでほしいからにほかならない。

一卵性双生児

胚の卵割に話を戻すが、単細胞が二つの細胞になる最初の細胞分裂で使われたしくみは、その後も繰り返し再利用されるので、ここからはもう当然のこととしてあえて触れない。何かがうまくいったらそれを繰り返し使うというのも生命体の特徴で、胚発生が進むにつれて時々微調整をしながらも、基本的には同じステップが繰り返されていく。最初の細胞分裂が終わるやいなや〔二細胞期〕、二つの細胞それぞれが染色体の複製を始め、同じやり方で分裂し、四つの細胞になり〔四細胞期〕、その四つの細胞が……と続く。この調子で最初のうちは同じリズムで分裂が繰り返されるが、厳密にいえば細胞ごとに分裂速度が微妙に異なり、だいたい一六細胞期あたりから倍々分裂の同調性が失われはじめる。

卵割段階の胚においては、一般的には増えた細胞同士がゆるく結合して一つの塊になっている。だが時折、およそ一二〇〇出生に一例の割合で、細胞が二つの塊に分かれることがある。どちらもそれ自体が完全な胚となっていき、それぞれに胎盤をもち、膜で包まれる。これは一卵性双生児になる三つのケースのうちの一つで、一卵性双生児妊娠のおよそ三分の一がこのケースに当たる。このようにごく初期の胚が分かれて二人の子供になりうるという事実から、初期発生の極めて重要なポイントがわかる。この段階の細胞はどれも同じ能力をもっていて、人体のどの部分にでもなりうるというポイントである。ある部分（たとえば頭部など）になると決められた細胞が最初からあるわけではないし、ある部分を作るための司令塔のような細胞が最初からあるわけでもない。細胞が最初から互いに異なっていて、役割の決まった細胞や司令塔細胞が存在するというのなら、この段階の胚が二つの塊に分かれた時点で、少なくともどちらかはそうした細胞の一部を欠くことになり、その後の発生がうまくいくはずはない。つまり卵割段階の細胞はいずれも同じ可能性をもっている。イギリスでは年に数千人の一卵性双生児が生まれるが、その一人一人がこのことの雄弁な証である。

さて、一六細胞期のあたりまできたら、細胞の数もある程度増えたので、胚は新しい形を作っていくことができる。そしてそれは、異なる種類の細胞を作っていくという意味でもある。ここまでで胚発生の序曲は終わりだ。いよいよ幕が上がり、本格的な仕事が始まる。

第3章

違いをつくる《胚盤胞の形成》

Making a Difference

率直な意見の相違は健全な進歩のしるしである。

マハトマ・ガンディー

前章では発生初期の卵割を取り上げたが、その段階で何が成し遂げられたかというと、要するに「同じものが増えた」だけである。卵割期には細胞の数が倍々ゲームで増えるが、作られる細胞はすべて同じで、差異がない。初期の数回の細胞分裂においては、細胞は自分の遺伝子を使って分子を作ることもせず、母親によって卵子に蓄えられた豊富な分子に頼り、それらの分子が分裂後の細胞に均等に分配されていく。[1] このように初期の胚を細胞分裂に専念させるのは理にかなったことで、いよいよ体を作りはじめるという時点で細胞数が多ければ多いほど、仕事は楽になる。とはいえ卵割による細胞増加には限界があり、いくらでも増やせるわけではない。分裂のたびに個々の細胞の容量が半分になっていくので、じきに細胞の大きさが実質的な最小限度に達し、細胞分裂の合間に細胞の成長も必要になるからである。そして細胞の成長には栄養が必要なので、どうにかして手に入れなければならず、そのためには一部の細胞が特殊化して他の細胞に栄養を届ける役を担うしかない。多くの動物の胚は卵のなかに蓄えられた卵黄から栄養分を得る。哺乳類の場合は母体から直接栄養補給を受ける。だがいずれの場合も「栄養補給係」が必要なことに変わりはない。したがって、どこかの段階で卵割を終え、細胞の分化を始めなければならない。

細胞の分化

細胞の分化とは、それまで同じだった一群の細胞が、特殊化することによって均一性を失い、一部の細胞はある仕事を、他の細胞は別の仕事をするようになっていくことをいう。だがそのために、胚はまず根本的な問題を解決しなければならない。そもそもどうやって「違い」をつくるのかという問題である。違いをつくるには新しい秩序と新しい情報が必要になる。なぜ新しい情報が必要かは、形を表現するときの言葉や記号の量を考えてみればわかるだろう。たとえば対称物体と非対称物体を比べると、後者のほうが多くの言葉や記号を必要とする。取っ手のあるカップの形を伝えようと思ったら、取っ手のないカップより説明が長くなる。つまり情報量を増やさなければ「違い」はつくれないのだが、ではどうやって情報量を増やせばいいのだろうか。昆虫などの下等動物の場合は、母親が情報を提供する。必要な空間情報が特定分子の**濃度勾配**という形で母体から卵にコピーされていて、卵割で分子が分配されるとき、各細胞がその特定分子を受け取る量に差が生じる。細胞はその差を手がかりにしてどの発生経路をたどるかを決める。この非遺伝的な方法を使えば、重要な情報を効率よく次世代へ伝えることができる。だが哺乳類にそうした例は見つかっておらず、ヒトはこの方法を使っていないといわざるをえない。つまりヒトの卵子の右と左に差はない。[2] ということは、ヒトの胚は差異、つまり情報を文字通り自分で生み出さなければならず、これはかなりの論理的難問である。いったいどうすれば、何もないところに新たなパターンを生み出せるのだろうか。胚は実にスマートなやり方でこの難問をクリアする。幾何学的な特性を利用するのである。

栄養外胚葉と内部細胞塊

胚に数個の細胞しかない段階では、胚全体に対して各細胞が比較的大きいので、どの細胞も一部が外に面している。しかし卵割によって細胞数が三二、あるいは六四に達すると、胚全体に対して各細胞が比較的小さくなり、一部の細胞は胚の内側に、つまり完全に囲まれた状態に置かれる。それ以外の細胞はまだ外側にいて、細胞膜の六分の一程度が外に面している。細胞はこの違いを感知する。つまり自分が他の細胞に完全に囲まれているのか、あるいは一部が外側の体液に接しているかを識別し、その情報を使って次に何をするかを決める。自分が自由表面をもつと判断した細胞は、ここで初めて一連の遺伝子のスイッチをオンにし（遺伝子の発現を活性化し）、胚の最初の「特殊化した組織」である**栄養外胚葉**になる。一方、自由表面をもたない細胞は内部細胞塊と呼ばれ、こちらはスイッチをオン

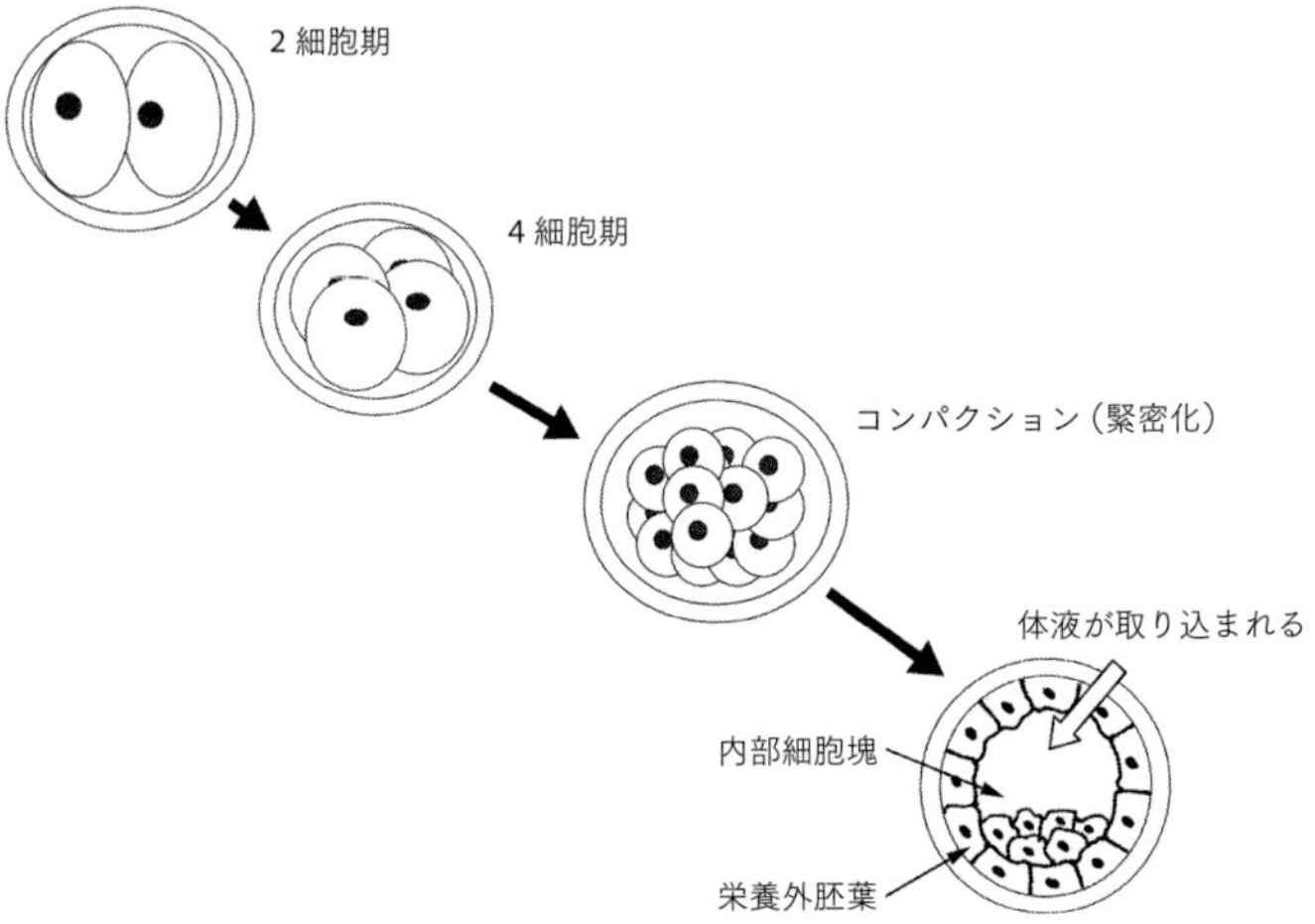

図6　2細胞期からコンパクションを経て細胞に差異が生じ、栄養外胚葉と内部細胞塊と液体で満たされた内腔ができるまで。胚を包むカプセルのようなものは「透明帯」と呼ばれる丈夫なゼリー状の膜で、もとは卵膜である。

にしない。胚の細胞はこのように単純で物理的な手がかりを「情報」として利用するので、親から事前に空間情報を受け継いでおく必要がない。また、自由表面の有無さえわかればいいので、自分の位置を正確に知る必要もない。

栄養外胚葉は胚のそれ以外の部分を支えたり、栄養を補給したりする構造を作ることに集中し、それ自体が胎児の一部になることはない。[3] 栄養外胚葉の最初の仕事は胚のなかに体液を送り込むことである。体液がたまると、液体で満たされた大きな腔ができる（図6）。この内腔ができることで、内部細胞塊は完全に栄養外胚葉に囲まれた状態ではなく、栄養外胚葉のある面に張りついた状態となる。栄養外胚葉の細胞は体液を送り込むポンプの働きをしたり、子宮壁に食い込んでいく「指」になったり、胚のために栄養を手に入れたりと大活躍する。それに比べると内部細胞塊はずいぶん地味に見えるが、実際に胎児になっていくのは内部細胞塊のほうである。

時には内部細胞塊が一つではなく二つの塊に分かれ、それぞれが胎児へと育つことがある。これが一卵性双生児になる三つのケースのうちの二つ目で、第2章で紹介したケースと同様に、同じ遺伝子情報をもつ双子になる。第2章のケースと異なるのは同じ栄養外胚葉のなかで育つという点だが、「卵《らん》黄嚢《おうのう》」と「**羊膜腔**《ようまくこう》」（後述）はそれぞれ別に形成されるので、胚ははっきり二つに分かれ、安全な状態に置かれる。一卵性双生児のケースとしてはこれがもっとも多く、およそ三分の二がこれに当たる（三つ目のケースは非常にまれで、これについては次章で触れる）。

着床

栄養外胚葉が体液をなかに取り込んで、内腔のある膨らんだ構造ができるころには、胚は受精が行われた卵管を離れて子宮に入っている。子宮は通常しぼんでいて、手を入れていないときのゴム手袋のように子宮壁が互いに接近している。特に排卵後の一週間は子宮内膜が厚くなって隙間がいっそう狭くなっているため、子宮に入った胚はすぐ子宮内膜に出合う。すると胚は特別な接着タンパク質群[4]を使って子宮内膜にくっつく。その後新たなタンパク質を作りながら子宮細胞のあいだに進入しはじめ、やがて胚細胞の一部が指のように突出して子宮壁に食い込み、胎盤が形成されはじめる。この過程で子宮細胞の多くが破壊され、待望の栄養として胚に取り込まれる。また進入に対する母体側の反応によってさらに多くの子宮細胞が死滅するため、受精後一〇日目までには子宮に大きな潰瘍状の腔ができ、そこに胚がすっぽり収まる形となる。ヒトと一部の動物の場合、そのあと子宮内膜が胚を包むように修復され、穴がふさがれる。

ヒトの胚は基本的には寄生性だが、それは前述のような意味においてであって、それ以上ではない。胚がある種の寄生生物だとしても、それは子をはらむために、種の生存に欠かせない過程として、母体が許容するからこそ成立する寄生である。実際、母体は胚の寄生を許容するばかりか、積極的に促しさえする。つまり子宮と胚がシグナル分子を介して対話することによって胎盤の形成が進んでいくのであって、その対話が何らかの理由で妨げられると、胚はそれ以上子宮にもぐり込むことができず、妊娠は失敗に終わる。[5]

時には、胚の移動速度――受精した位置から、輸卵管（ファロピウス管）を通って子宮へと移動する速度――が遅すぎて、子宮に達しないうちに着床の準備ができてしまうこともある。移動が遅くなる主な原因の一つとして、近年若年層に多いクラミジア感染による輸卵管内壁の損傷が挙げられる。[6]* 胚のほうは移動しながら発達し、着床可能な段階に達した時点で、それがどこであろうと着床を試みる。したがってまだ輸卵管内であっても内壁に接着し、そこで足場を固めようとする。これが「異所性（子宮外）妊娠」である。だが輸卵管は物理的にも（大きさと伸縮性の問題）生理学的にも（栄養と血液の供給

＊――もちろん異所性（子宮外）妊娠の原因はクラミジア感染だけにとどまらない。原因がわからない事例も少なくない。

の問題）胎児の成長を支えるようにできていないため、流産に至る。もしくは母体を守るために流産を促さざるをえないこともある。

幹細胞

内部細胞塊の細胞はこのあとそれ自体が分化を始め、やがて胎児を形成することになるのだが、分化が始まる前の段階では、体のどの細胞にでもなれる可能性をもっている（少なくともマウスの場合はそうである。倫理上の理由からヒトで実験することはできない）。そうした分化の可能性を示すときに研究者はよく樹形図を用い、ある細胞がどの順番で何に分化していくかを

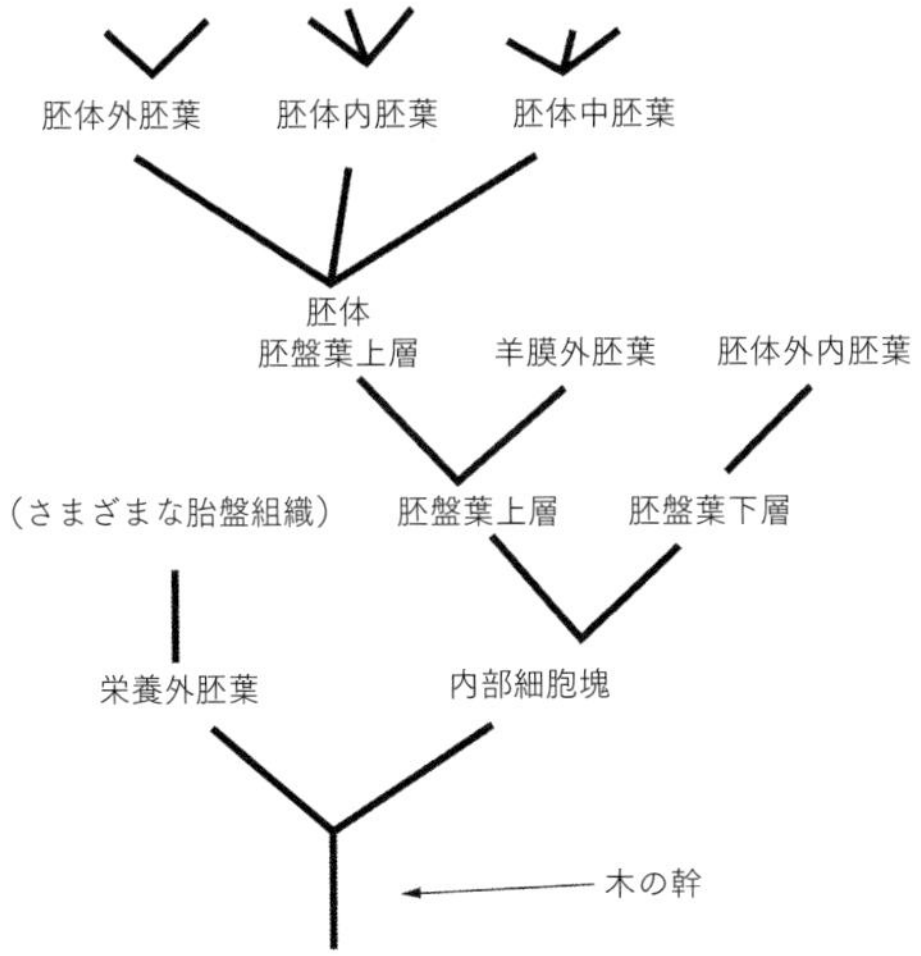

図7　発生初期の細胞がたどる分化の道筋（どの細胞がどの段階でどういう細胞に分化していくか）を表した樹形図。下から上へと発生が進む。この図はこの章と次章しかカバーしていないが、「ヒトの発生の木」はそのあとも上へ上へと伸びていき、最終的には何百という枝を広げることになる。このような樹形図は、胚発生の第一歩からでも、途中の細胞からでも描くことができる。どの範囲の図でも、その木の幹に当たる細胞が「幹細胞」である。「幹細胞」の定義については本文を参照のこと。

枝分かれの形で描き表す。図7はその簡単な例である。一つの細胞が複数の細胞に分化する可能性をもつとき、その細胞は樹形図では幹に当たるため、幹細胞（stem cells）と呼ばれる（一九〇九年に組織学者、発生学者のアレクサンドル・マクシモフが、**造血幹細胞**を「血液細胞の木の幹」に当たるとしてドイツ語でStammzelle［幹細胞］と名づけたことに由来する）。この言葉は樹形図の対象範囲にかかわりなく使えるので、広範囲に分化可能な細胞を指すこともあれば、ほんの数種類にしか分化しない細胞を指すこともある。

最近になってこの言葉の使い方にちょっとした制限が加えられた。それは、分化能（別の種類の細胞に分化する能力）と自己複製能（自分と同じ細胞を複製する能力）を併せもつ細胞だけに使うべきだというもので、多くの人々がこの定義を支持している（マクシモフが提唱した時点ではそのあたりがはっきりしていなかった）[7]。幸いなことに、定義の微調整後でも、図7の右下近くに位置する内部細胞塊の細胞を「幹細胞」と呼ぶことには何の支障もない。内部細胞塊は体を構成するあらゆる種類の細胞に分化できるし［この場合は「多能性（pluripotency）」と呼ぶ］、同時に自己複製能力をもち、たとえ胚から取り出して培養フラスコに入れても同じ細胞集団を維持できる。そこで、内部細胞塊の細胞、なかでもそれを胚から取り出して培養したものを特別に**胚性幹細胞**（embryonic stem cell）、あるいは頭文字をとって**ES細胞**と呼ぶことがある[8]。

ES細胞とiPS細胞

ES細胞は一〇年ほど前から生物医学研究に多大な影響を与えてきた。マウスのES細胞に遺伝子操作を加え、それをマウス胚の内部細胞塊に移植するといった実験が、今では日常的に行われている。その結果生まれるマウスは、通常の細胞と遺伝子操作された細胞が混ざった体をもつ。通常この混合は充分行き届いているので、雄マウスの精子の一部は遺伝子操作された細胞から発生したものとなる。そして、そのマウスを自然交配させてできる二代目のマウスのなかには、その精子（遺伝子操作された細胞から発生した精子）に由来する個体が含まれる。つまりその個体の細胞は、すべて操作された遺伝子をもつことになる。この技術を使えばヒトの遺伝的疾患の動物モデルを作ることができるので、動物実験を介して疾患の理解を深め、治療法を探ることが可能になる。[9] そうした遺伝子操作マウスはすでに数万種類も作られていて、この本の内容にも、特定の遺伝子を変異させたり取り除いたりしたマウスで妊娠と胚発生への影響を観察し、その結果立証されたものが数多く含まれている。

ヒトのES細胞も存在する。[10] それを特定の種類の細胞に分化誘導する制御方法が見つかれば、損傷したヒトの組織の修復や、移植可能なヒト臓器の作成に利用できるかもしれない。しかしながら、ヒトES細胞の存在を誰もが歓迎しているわけではない。ヒトES細胞は初期のヒト胚から細胞を取り出して作られるもので、つまりヒト胚の滅失を意味するからである。ある人々は、初期のヒト胚が人間になる可能性をもつ以上、あくまでも人間として扱うべきだと考える。したがってヒト胚の滅失は殺人にほかならず、どのようなメリットがあろうとも、決して受け入れるべきではないと主張する。またある人々は、初期の胚は思考や感情といった人間の特性をもつにはほど遠く、特別扱いするには及ばないと考える。残りの人々は両者の中間の立場で、合意された原則に従って扱うのであれば、ヒト胚を研究に利用してもいいのではないかと考える。この件はいずれにしても、わたしたちを生命倫理上のジレンマに陥れる。

ところが最近、このジレンマを回避する鍵になるかもしれない発見があった。日本のある研究チームが、マウスの普通の体細胞をES細胞様の多能性幹細胞に変える方法を発見し、それを**iPS細胞**（induced pluripotent stem cell　人工多能性幹細胞）と名づけたのである。[11] iPS細胞がES細胞に似ていることは、これを通常の内部細胞塊と入れ替えてもマウスが誕生することで実証されている。この技術は比較的容易で、すでに世界各地の研究所で使われているし、多くの研究者がヒトの体細胞にも応用し、ヒトのiPS細胞と思われるものを作っている（倫理上の理由により、実際にヒトiPS細胞から完全な人間を作るという究極の実験はできないので、「と思われるもの」としかいえない）。ヒトiPS細胞が、今いわれているように本当にヒトES細胞と同じであれば、ヒトES細胞の代わりにあらゆる用途に使えるので、ヒト胚を破壊しなくても同様の医学の進歩が望める。だが前述のように「初期のヒト胚が人間になりうるかぎりは人間として扱うべきだ」と考える人々にとっては、これでもまだ問題解決にはならないだろう。わたしたちの細胞がすべてiPS細胞になりえて、しかもそれが人間になりうるとしたら、細胞すべてを人間として扱うべきだ、という理屈も出てきてしまうのだから。

胚盤葉上層と胚盤葉下層

さて、通常の胚では、内部細胞塊の細胞が多能性をもつのはほんのわずかな時間でしかなく、すぐに分化が始まり、互いに異なる細胞になっていく。この段階ですでに胚のなかには体液で満たされた大きな腔ができているので、内部細胞塊（あまり大きくならない）の細胞の一部は仲間に囲まれているものの、残りは自由表面をもつことになる。この自由表面によって再び細胞同士の対称性が破られ、内腔に接している細胞だけが変化して、**胚盤葉下層***と呼ばれる密封シートのような層になる。このステップについて、従来は内腔に接した細胞がそのまま胚盤葉下層になると考えられていたが、最近のマウスの実験で別の可能性が出てきた。実験結果を見るかぎり、内部細胞塊の細胞の一部がランダムに胚盤葉下層になる傾向を帯び、内腔ができるとそれらの細胞が自由表面に移動してそこに落ち着き、他の細胞は内側へ後退すると考えられるのである[12]。いずれにせよ、ここでもまた、胚は空間秩序を決めるのに自由表面を使う。胚盤葉下層の細胞の一部はその場所にとどまるが、多くは栄養外胚葉に沿って広がり、卵黄嚢と呼ばれる袋を形成する（胎生哺乳類には卵黄がないので、この袋も本来の卵黄嚢ではないが、他の脊椎動物に合わせて「卵黄嚢」と呼ばれている）（図8）。

その後、内部細胞塊の残りの細胞はさらに二つの層に分かれる。胚盤葉下層に隣接する細胞はそのままそこにとどまり、**胚盤葉上層**と呼ばれる層になる。その上にある細胞群は胚盤葉上層から離れていき、あいだに新しい内腔、羊膜腔ができる。こうして、羊膜腔と卵黄嚢のあいだに二層の円盤（胚盤葉上層と胚盤葉下層）がはさまれた、ギリシャ文字のθのような形ができあがる（図8左下）。そしてこのなかの胚盤葉上層（羊膜腔に面した層）こそが、胎児のすべての細胞の元となる[13][14]。

＊――「胚盤葉下層」は、一般的には哺乳類全般に使われる「原内胚葉」という言葉で呼ばれる。だがこの本では、他の内胚葉との混同を避けるため、あえて「胚盤葉下層」と呼ぶことにする。

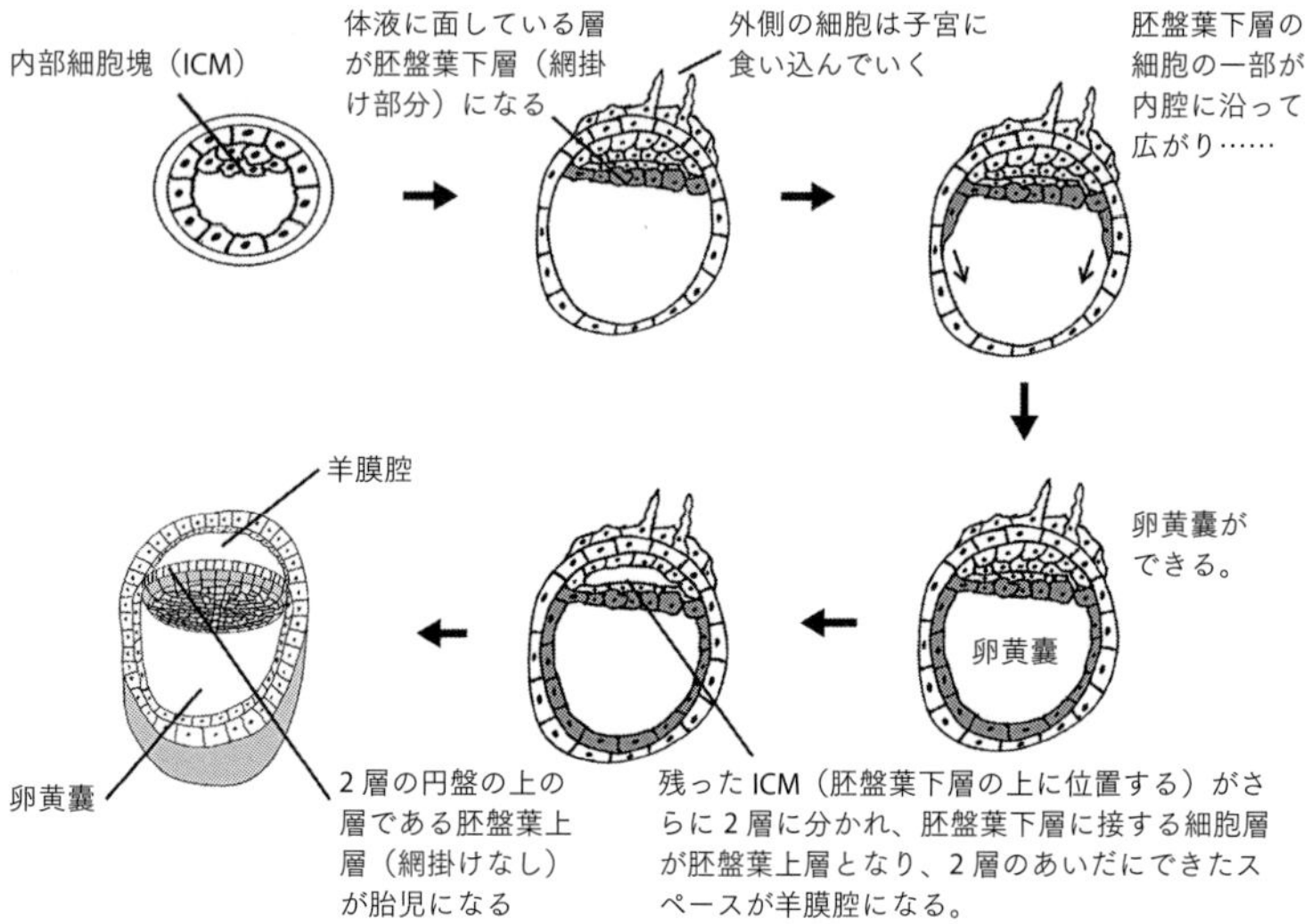

図8　ここでも自由表面をきっかけにして内部細胞塊が異なる細胞に分化していく。まず体液に面している細胞層が「胚盤葉下層」となり、続いてその胚盤葉下層に接する細胞層が「胚盤葉上層」となる。さらに上の細胞は分離し、新たな内腔ができる。胎児になるのは胚盤葉上層であり（まだ目立たない存在だが）、それ以外はすべて子宮内の生命を維持するための組織になる。

この章の大半は、「均一性が失われて差異が生じる」という内容だったが、その過程で胚は何度も幾何学的な特性を新しい「情報」として利用した。そしてそのたびに、自由表面の有無というごく局所的な情報が、はるかに大きなスケールの変化を引き起こした。胚の全体像を描いたり認識したりするための細胞など必要なかった。

いったん異なる組織ができると、次はもっと簡単に差異をつくれるようになる。たとえば、Aという種類の細胞とBという種類の細胞があれば、AとBが接するところにCという新しい細胞を作ることができる。すると今度はAとBの接着面に加えて、AとCの接着面、

BとCの接着面もできるので、これらを使ってさらに新しい種類の細胞を作ることができる。最初は自由表面のような「外的」影響に頼っている胚も、もっとあとの段階になると「内的」差異を利用できるようになり、新たなメカニズムで分化が進んでいく。次章ではその最初のステップを取り上げるが、それは最初であると同時に、もっとも驚くべきステップともいえるだろう。

第4章

体の基本構造をつくる《原腸形成》

Laying Down a Body Plan

出生でも結婚でも死でもなく、
原腸形成こそが、
人生で真実もっとも大事な時である。
ルイス・ウォルパート

　年をとってから人生を振り返ると、大方の人は、平凡な日常の連続のところどころに大きな変化があったと感じるのではないだろうか。そうした変化は、実は何か月、あるいは何年もかかって少しずつ準備された結果なのかもしれないが、わたしたちにはそうは感じられない。たとえば、赤ん坊のおしゃべりは少しずつ複雑になっていくが、変化がゆっくりなので周囲にはわからない。明確な言葉になったとき初めて親は感動し、それが記憶に残る。夫婦や恋人同士の絆も、信頼やビジョンの共有が少しずつ積み重なってできるものであって、そのときはわからない。互いが特別な存在だと気づいてから振り返ってみて、ようやく思い当たるような微妙な変化である。職業スキルも徐々に身について

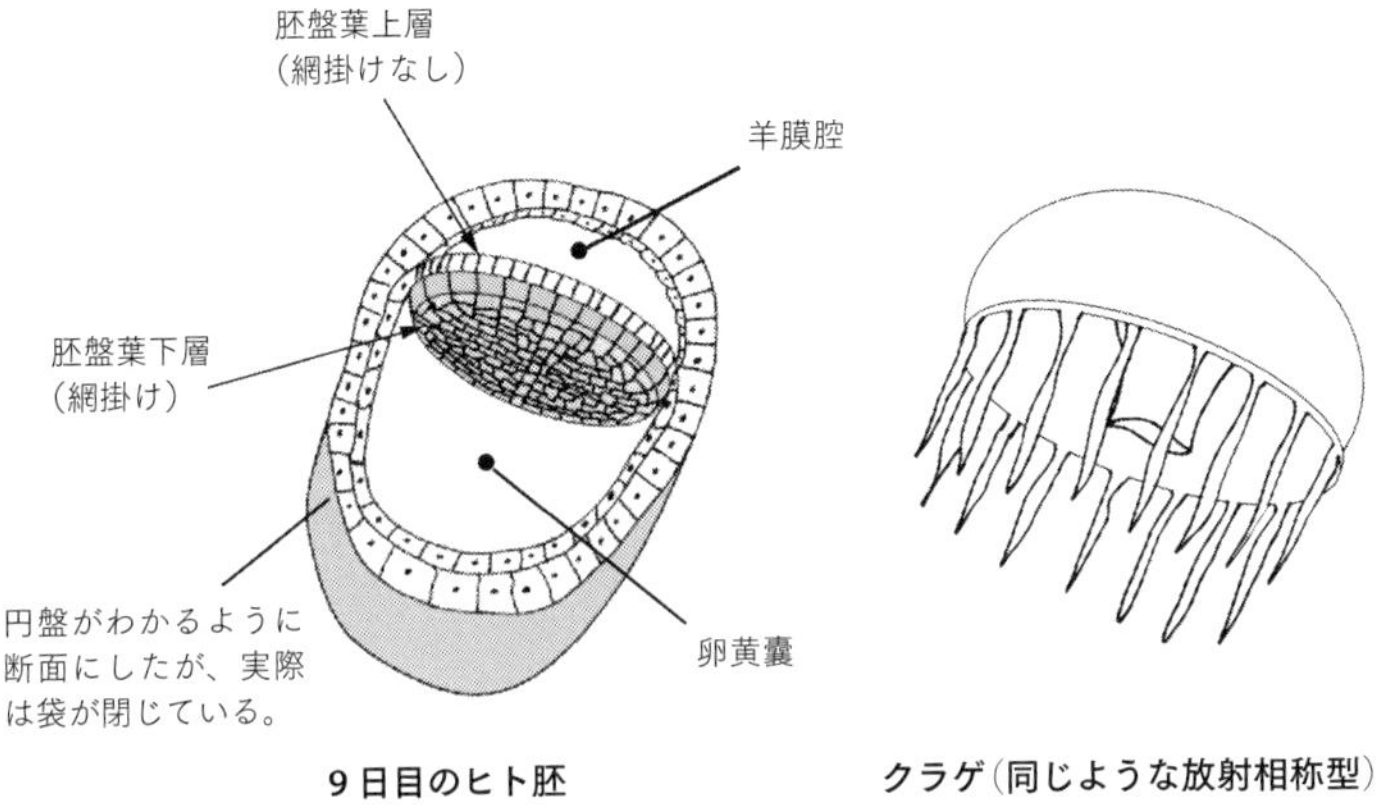

図9　初期のヒト胚の2層の円盤（胚盤葉上層と胚盤葉下層）は単純な放射相称型で、クラゲに似ている。

いくのだが、その過程は新しい仕事や昇進といった結果に比べてわかりにくい。これらのようなうれしい事例ばかりではなく、疾病も徐々に進む。細胞レベルの損傷が少しずつ蓄積していく過程は本人にもわからず、それが健常者と病人を分かつ微妙な線を越え、何かしらの病名がつく段階になって初めて認識される。

原腸形成

このように人生というのは単調な時期と急激な変化が交互にやってくるものだが、胚発生も同じである。第2章と第3章で述べた胚発生のごく初期の段階も、まずは単純な細胞分裂だけの地味な段階があり、それから不意に別種の活動が始まって大きな変化が起き、互いに異なる細胞の層が作られたかのように見えた。だが実際は、地味な段階で準備ができていたからこそ、次の急な変化が可能になったというべきだろう。ただし大きな変化といっても、第3章末までに出来上がった構造は、体液が満たされた球体を二層の円盤状の細胞層が二分しているというものでしかなく（図9）、これのどこがヒトなんだと問われても答えようがない。「この二層の円盤がやがて動物になるんですよ」といわれたら、普通はクラゲのようなものを想像するだろう。少なくともクラゲのかさの部分は、この段階の胚と同じように円盤状の放射相称の構造をしていて、上下方向はあるが、それ以外の方向には明確な**体軸**がない。しかし胚の変化はここで終わりではない。この段階の胚は次の大がかりな改造のための準備を済ませていて、このあと二日程度で一気に「体らしきもの」へと変身する。それが**原腸形成**と呼ばれるプロセスである。

原腸形成を説明するには、まず結果として生じる「体らしきもの」の構造を示し、その構造の形成に各プロセスがどう関与するかを見ていくという方法もあり、おそらくはそれがいちばんわかりやすいだろう。だがそれでは個々の細胞が胚全体の最終形を知っていて、それに向かって仕事をするかのような印象を与えてしまう。実際には、個々の細胞はプロセスの全体像を把握しているわけではなく——そもそも億単位の脳細胞をもつわたしたちでさえ理解するのは大変なのだから——ただそれぞれが周囲の環境に単純かつ自動的に反応するだけである。そこで、ここではやはり時系列で、個々の細胞がどう行動し、それによって形がどう変わっていくかを追っていき、最終形についてはそのあとで考えることにしたい。

その前に一点注意を促しておきたいのだが、原腸形成の過程をヒト胚で研究するのは極めて難しいため、この章の内容のほとんどは近縁動物の原腸形成からの類推である。研究目的でヒト胚を体外で育てることについては法律上厳しい制限があり、原腸形成の段階はその制限を超えている（その理由についてはもう少し先で触れる）。ヒト胚の原腸形成が基本的にどういうステップを踏むかはわかっているが、それは女性の死体解剖や子宮摘出手術の際に、ごくまれにこの段階の胚が見つかることがあり（原腸形成が始まるのは受精後およそ一五日目で、次の月経の予定日より前なので、母親は妊娠に気づいていないことが多い）、そうした貴重なサンプルによって解明されてきたからである。なかには一〇〇年以上前から博物館で大事に保管されているものもあるのだから、いかに入手困難かがわかるだろう。マウスやニワトリの胚ではさまざまなことがわかって注目を集めているが、どちらも原腸形成時の構造がヒト胚とまったく同じというわけではない。ニワトリ胚は子宮ではなく卵のなかで育つし、マウスの胚盤葉上層・下層は円盤状ではなくカップ状（断面がカップ状で全体は円筒状）で、そこからも違いが生じると考えられる。したがって、動物実験で得られた知見をヒトに当てはめるのは通常以上にリスクが高く、憶測によって細部が歪みかねない。

場所を決める

原腸形成の出発点は前章末の状態の胚である。すでに胎盤をはじめとする支持組織が形成され、羊膜腔と卵黄嚢という体液で満たされた二つの腔もできていて、そのあいだに二層の円盤——胚盤葉上層と胚盤葉下層——がある。このあと胚盤葉上層が胎児になっていき、胚盤葉下層はさらなる支持組織になっていくのだが、この段階ではまだどちらもシンプルな細胞層で、部位による明らかな差異は

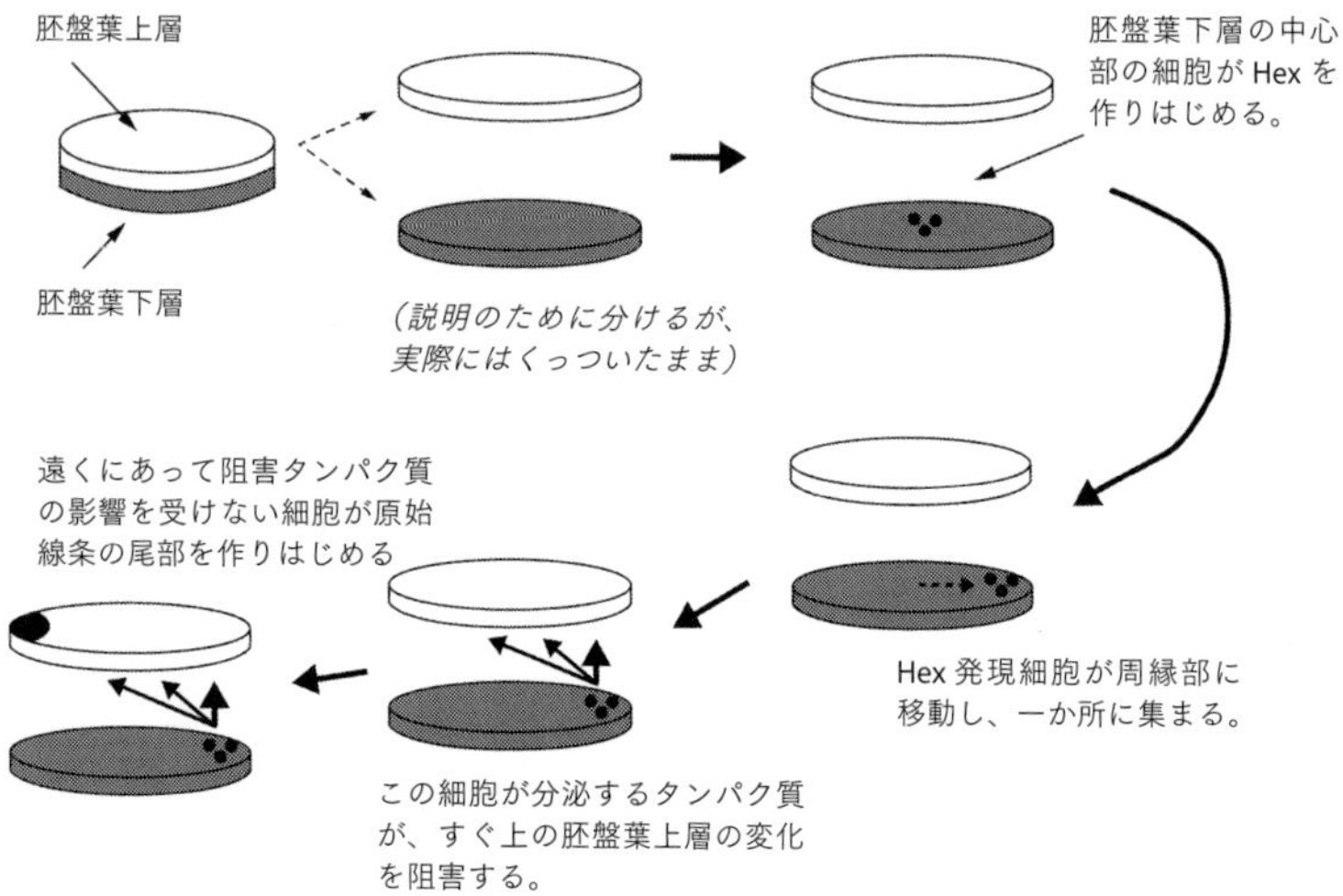

図 10　放射相称性の破れ。胚盤葉下層の中心部の細胞群が Hex 遺伝子のスイッチを入れ、端のほうに移動して一か所に集まる。これによって胚盤葉下層の放射相称性が破れる。また、これらの細胞が分泌するタンパク質が、近くの胚盤葉上層のシグナル伝達事象に干渉するため、胚盤葉上層の相称性も破れる。

ない（図9）。

　これまでに（動物実験で）わかっているかぎりでは、まず胚盤葉下層で変化が起きる。円盤の中心部の細胞*が新たな遺伝子のスイッチを入れはじめるのだが、そのなかにHex《ヘックス》と呼ばれるDNA結合タンパク質の合成を指示する遺伝子も含まれている[1]（遺伝子とそれによって合成されるタンパク質は同じ名前で呼ばれるので、遺伝子は斜体にするといったルールがあるが、本書では斜体を使わず、代わりになるべく「Hex遺伝子」「Hexタンパク質」と語を補うことにする。ただし文脈から明らかな場合はこの限りではない）。この変化がなぜ起きるのか、またなぜこの場所で起きるのかはわかっていない。一つの可能性としては、胚盤葉下層の細胞は基本的に変化する状態になっているが、周囲の支持組織が作るシグナル伝達タンパク質によってその変化が阻害されていると考えることができる[2]。その場合、阻害タンパク質からもっとも遠いのが円盤の中心部なので、そこだけは影響を受けずにHex遺伝子のスイッチが入る。この説は推測の域を出ないが、Hex遺伝子にスイッチが入ることは確かで、続いてHexタンパク質を作りはじめた細胞は周囲の細胞を押し分けて移動し、胚盤葉下層の周縁部の一点に集まる[3-5](図10)。どういう理由があって細胞がこの一点に集まるのかは、マウス胚においてもまったくわかっていない。もっと下等な動物の場合はそれ以前の出来事によって集まる場所が決まる。たとえば、母体から卵に非対称な情報がコピーされていて、胚にも非対称が生じ、それが手がかりとなる種がある。卵を作るときの細胞分裂ではじき出される「極体」――いわば廃棄物――によって場所が決まる種もある。精子が卵子のどこにたどりついたかによって決まる種もあるようだ。こうした方法が哺乳類でも機能する可能性はあり、現にマウスのごく初期の、コンパクション(緊密化)の段階の胚に、若干の非対称の証拠が見られる[6]。だが残念ながらヒトについては説得力のある説が提唱されておらず、かなりもどかしい状況といわざるをえない。というのは、Hex遺伝子を発現する細胞が一点に集まることによって、極めて重要な変化が起きるからである。これによって胚盤葉下層の周縁部の一か所がほかとは違う場所になる。つまり、それまでの単純な放射相称の構造がここで初めてはっきりと崩れる(図10)。

＊――マウスの場合は胚盤葉下層(カップ状)の頂点で起きるので、そこから類推してヒトは胚盤葉下層(円盤状)の中心からとしているが、これは現時点で最有力の説だというだけで、今後覆る可能性もある。

AVEと原始線条

Hex遺伝子を発現する細胞群は、いったん胚盤葉下層の周縁部に集まるとAVE*と呼ばれるようになり、独自のシグナル伝達タンパク質を分泌しはじめる。このタンパク質は近距離に広がるので、すぐ上に接している胚盤葉上層の一部に達する。[7] この時点で、胚盤葉上層の細胞は周囲の支持組織から来る別のシグナルに応答していて、体の尾方の構造を作る準備を整えている。そのままなら胚盤葉上層全体が尾部を作りはじめ、発生は失敗に終わってしまうところだが、そこへAVEからのシグナルが届き、届いた部分では逆のことが起きる。シグナルが胚盤葉上層の細胞を誘導して、頭部組織を作るための遺伝子の発現を活性化するのである。[8] つまり、ここでAVEがシグナルを出さなければ胚はちゃんとした頭部を作れない。こうしてAVEの位置——円盤の周縁部の一か所——がその上の胚盤葉上層の極性を決め、AVEに近い側が頭部に、遠い側が尾部になっていく。では実際に目に見える変化はどこから始まるかというと、AVEのシグナルから十分に遠く、その影響を受けないところ、すなわち胚盤葉上層のAVEからもっとも遠い場所から始まる。その場所の胚盤葉上層細胞が、あるシグナル伝達タンパク質を合成しはじめ、それによって周囲の細胞を引き寄せるのである。[9] そしてこの引き寄せと周囲の細胞の移動によって、**原始線条**と呼ばれる構造ができていく。地味な名前だが、原始線条は極めて重要な役割を担う。

*——この略語の正式名称は Anterior Visceral Endoderm（前方内臓性内胚葉）だが、誤解を招く名称で（VとEの部分）、助けになるどころか混乱を招くばかりだと思われるため、略語のみで通すことにする。

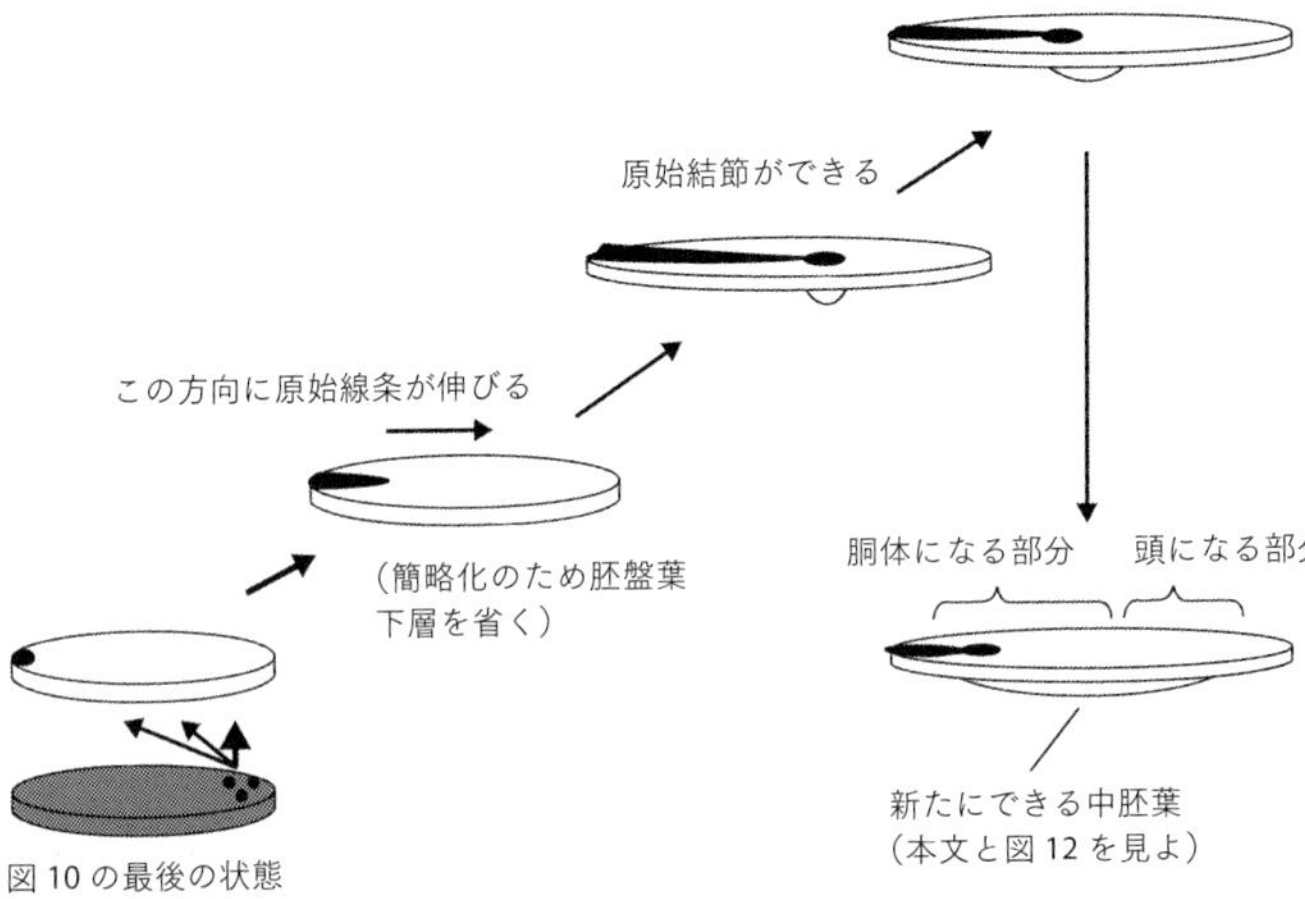

図11　原始線条の伸長と原始結節の形成（原始結節についてはこの章のあとのほうで述べる）

原始線条を形成する位置を決めるうえで胚盤葉下層のAVE細胞が重要な役割を果たしていることは、ニワトリ胚の実験で証明されている[10]。対称性の破れが始まってから胚盤葉下層を回転させて位置をずらすという実験なのだが、するとそれに合わせて胚盤葉上層の原始線条形成の位置も調整されることから、胚盤葉下層が原始線条の位置を制御しているとわかる。

変化が始まった場所――胚盤葉上層の周縁部の一点――には多くの細胞が引き寄せられ、ぶつかり合い、折り重なって隆起する。そしてその隆起が少しずつ、円盤の半径に沿って中心部へと線状に伸びていく（図11）。原始線条を作るこの動きに多くの細胞が加わるにつれ、円盤の両端の細胞が少なくなるため、原始線条が伸びるとともに円盤は卵形〔図は便宜上楕円になっている〕になっていき、胚盤葉上層の放射相称性が失われる（図11）。この卵形の長軸が体の頭尾を決める方向になり、やがて頭頂部から背骨のいちばん下まで（尻尾の先までといいたいところだが、人間の場合はどうもしっくりしない）伸びる体軸――頭尾軸――になる。最初に原始線条ができはじめる部分、つまり円盤の外側寄りが尾部になり、その逆側の原始線条が伸びる先に、もっとあとの段階で頭部ができる。発生学に携わっていると、人間の尊厳を過大視してはいけないと思わされることが多いのだが、原始線条について知ることもそうした機会の一つである。なにしろ、胚が体を作っていくとき、最初に目に見える形で徴候が表れるのは尾部であって、頭ができるのはずっとあとなのだから。

結合双生児

前述のように、AVEによって胚盤葉上層のどこに原始線条ができるかが決まるわけだが、このしくみから思わぬ結果が生じることもある。ごくまれに、Hex遺伝子を発現する細胞が一か所に集まれず、二か所に分かれることがあり、すると胚盤葉上層の細胞に働きかけるシグナルセンター（シグナルの発信源となる領域）が二つになり、原始線条も二本できてしまう。これが一卵性双生児になる第三のケースで、一卵性双生児妊娠全体の一パーセントにも満たないまれなケースである。

独立した完全な原始線条が二本できた場合、まったく別の頭尾軸が二本できることになり、二つの体になる。この双子は羊膜腔が形成されてから時間が経った段階で、同じ胚盤葉上層からできるので、絨毛膜《じゅうもう》はもちろん、羊膜も共有する（簡単にいえば、胚を包む胚膜のうち内側が羊膜、外側が絨毛膜）。したがって、第2章のケース（絨毛膜も羊膜も共有しない）とも、第3章のケース（絨毛膜は共有するが羊膜は共有しない）とも異なる。このように、いくつの膜を共有しているかを見ればどのタイプの双子かわかる。

同じ胚盤葉上層から二本の原始線条ができる第三のケースはリスクが高い。はっきり分ける膜がないので、二つの体が完全には分離されない恐れがある。そうなると双子は結合したまま、少なくとも体の一部を共有した状態で生まれることになり（結合双生児）、時には主要な器官などの重要部分を共有することもある。とはいえ共有状態によっては二人とも健康に生きることができる（いささかややこしい人生になることは否めないが）。もっとも有名な例はチャンとエンのブンカー兄弟[11][12]（一八一一〜一八七四年）で、二人は長年P・T・バーナムなどのサーカスの呼び物として各地を回った。一九世紀のサーカスでは、ひげの生えた女性や低身長症、巨人症、肥満症の人々が見世物にされ、興味津々の観客が舞台にかぶりつく光景が珍しくなかった。ブンカー兄弟はタイ出身だったので「シャム双生児」と宣伝され、それが結合双生児の通称として世界中に広まった。この二人が共有していたのは肝臓だけだったので、現代に生まれていたら手術で分離できたかもしれない。だが一般的には結合双生児の共有状況は極めて複雑で、分離手術ができないことが多く、できるとしてもどちらかの命を犠牲にしなければならない。したがって、外科技術上はもちろん、倫理上も難題が生じる。

さらに深刻なのは、原始線条が完全に二本できるのではなく（二本できれば、結合があったとしても体軸は別々になる）、不完全に分かれてY字型になった場合である。すると頭（おそらくは首まで）は二つできるが、胴体は一つになる。ややこしいことに、この現象は「体軸重複」と呼ばれている（軸が完全に二本にならない――重複しない――ことが問題なので、わかりにくいと思うのだが）。ヒトではあまり例がなく、あっても流産か死産、あるいは短命に終わる。歴史のある解剖学博物館や外科博物館なら、ガラス瓶に入った標本があるかもしれない。だが無事に生き延びている例もあり、なかでも有名なのは現在二〇代のアビゲイルとブリタニーのヘンゼル姉妹〔米・ミネソタ州〕で、それぞれに頭と首をもつが、体は一つである。この姉妹の頭の機能（考える、読むなど）は完全に独立しているものの、行動（歩く、ピアノを弾く、運転するなど）は一つにならざるをえないので、二人で協力する（州当局はどうやって二人それぞれの運転能力を測ればいいのかと、頭を悩ませたようだ）。体の構造を除けば、ヘンゼル姉妹はまったく正常であり、知的で社交的な女性たちである。

一方、他の動物種、特に爬虫類や両生類では体軸重複はそれほど珍しい現象ではなく、生存率ももう少し高い。今世紀初頭にセントルイスのシティーミュージアムにいた双頭のヘビは「We《ウィー》」と名づけられ、八年間生きた。姿が独特で、しかも時折二つの頭がけんかするのが――なにしろどちらも独自の意思をもつのだから――評判となり、大変な人気者だった。また、成長した双頭のトカゲが化石で発見されたこともある[13]。前述の胚盤葉上層・下層間のシグナル伝達のしくみは哺乳類のものだが、両生類にも同等のメカニズムがあり、それを操作すると意図的に体軸重複を起こすことができる。まさにそうした実験が、このシグナル伝達メカニズム解明の一つのきっかけになった。たとえば、哺乳類のAVEによって作られるあるタンパク質をカエルの胚に注入すると、複数の頭が形成されうることがわかり、頭部形成に必要なタンパク質だと確認されている。このタンパク質はハデスの冥界の門を守る多頭の犬にちなんでセルベルス（Cerberus）と名づけられた〔日本ではケルベロスとも〕。

どこからが人間か

一本の原始線条から一人の人間が形成されることから、生命倫理学の世界には、原始線条の形成こそがヒト発生の決定的な倫理的境界だと考える人もいる。原始線条ができるまでは一つの胚から何人の胎児が育つかわからないのだから、一つの胚すなわち一人の人間と考えるわけにはいかないという理屈である。この考え方を推し進めると、一個人と見なされないかぎり、その存在には人権が与えられないことになり、さらに進めると、この段階までの胚なら操作してもいいが、それ以後は許されないことになる。逆からいえば、少なくとも原始線条ができれば個人と識別できる人数が確定するので、人権があることになり、したがってそれ以後の胚を実験に用いることはできない、となる。こうした考え方の根本的問題は、法の制定者と同じように「いまだ人ならざるもの」と「すでに人であるもの」のあいだに明確な線を引こうとしているところにある。原始線条形成に限らず、発生のどこかの段階（受精そのものを含む）に境界線を設けようとする考え方は、すべてこの問題に足をとられている。この章の冒頭で述べたように、発生のいくつかの側面には確かに段階的な変化が見られるが、他の側面（たとえば大きさなど）には漸進的変化しか見られない。胚がどこかの段階で「人になる」のではなく、何か月――出生後も脳の神経回路の形成が続くことを考えれば何年――という時間をかけて、「人になりうる可能性」が徐々に「真の人間性」へと変わっていくのだと考えることもできるのではないだろうか。実のところ、わたしたちは人間性、すなわち「人であること」の生物学的基盤についてまだ十分理解しておらず、それが突然現れるものなのか徐々に育っていくものなのかを問うレベルに達していない。

したがって、現状では、刻一刻と変化していく発生のどこかに線を引こうとする議論は、詭弁の域を出ないというべきだろう。

三層構造の形成

細胞が集まる動きは原始線条ができただけでは終わらない。細胞が集まるにつれて原始線条の中央部分がくぼんで細い谷になり、また原始線条のいちばん先——胚盤葉上層の中心部に近いところ——には**原始結節**と呼ばれる少し大きな平たいくぼみができる。この原始結節の細胞は何種類ものシグナル伝達タンパク質を作り、それによってさらに多くの細胞を呼び寄せるとともに、それらの細胞間結合を弱め、必要な遺伝子のスイッチを入れさせて他の種類の細胞になるように誘導する。また結合がゆるみ、移動が促されるので、シグナルに応答する細胞は自由に動けるようになり、それまで自分がいた胚盤葉上層を離れ、層の下へともぐり込んでいく。[14-16] シグナルの発信源に近い細胞ほど多くのシグナルを受け取り、強く反応するので、このもぐり込む運動——陥入——は原始結節付近から始まり、原始線条をたどって尾方へと伸びていく。つまり体の後ろのほうは前のほうに比べてかなり陥入が遅くなる。細胞が下へもぐり込むと、その隙間を埋めるように近くの細胞が寄ってきて、今度はその細胞がもぐり込む。こうして陥入が続いていく。

ここからは原始線条の断面図を頭に描いて読んでいただきたい（図12）。最初のころ原始線条を通って下へもぐり込んでいく細胞群は、胚盤葉下層に達してそこの細胞を押しのける。これによって胚盤葉下層の中央部に新しい細胞の層ができる。そこにいったん落ち着くと、この細胞層は**内胚葉**と呼ばれる（内胚葉 endoderm は語源的に「内部の皮膚」という意味で、やがてこの部分から腸管と、その随伴器官である肝臓や脾臓《ひぞう》などが作られるのでこう呼ばれる）。あとからもぐり込んでいく細胞群はしっかりした層を作らず、互いにゆるく結びついた状態で二層のあいだに広がる。これを**中胚葉**と呼ぶ（中胚葉 mesoderm は語源的に「中間の皮膚」という意味で、まだ残っている胚盤葉上層と内胚葉の中間にあるのでこう呼ばれる）。そして、最後までもぐり込まずにいる細胞群は原始結節がなくなったあとも上の層にとどまり、**外胚葉**と

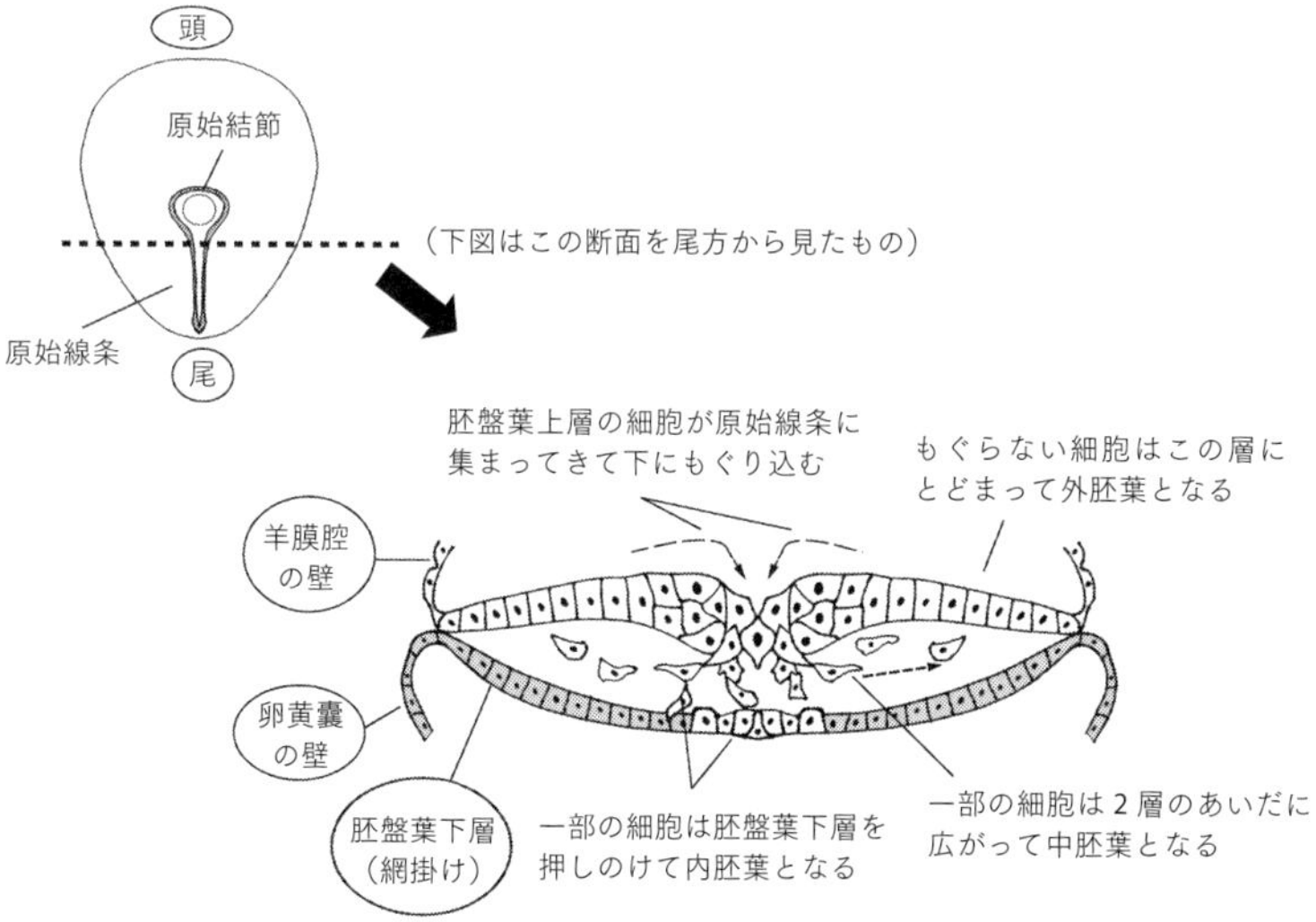

図12　体の3つの基本層（内胚葉、中胚葉、外胚葉）の形成。左上は原始結節ができた状態の胚盤葉上層を羊膜腔の側から見下ろした図。右下は左上の図の点線位置での断面図。胚盤葉上層の細胞が谷状になった原始線条へと集まり、そこから下へもぐり込む。一部は胚盤葉下層の細胞を両脇に押しのけて内胚葉を形成し、一部は中間に新しい層を作って中胚葉となり、最上層に残った細胞は外胚葉となる。

呼ばれるようになる[17]（外胚葉 ectoderm は語源的に「外部の皮膚」の意味）。つまり、原始線条と原始結節は単に頭尾軸を示すだけではなく、胚盤葉上層という一層の組織を三層――内胚葉、中胚葉、外胚葉――に変える役割も果たしている（図12）。この三層はとても重要で、ほとんどすべての動物種がこの三層構造から体を作っていく＊。

個々の細胞は原始線条まで移動してから陥入するので、陥入のタイミングは最初にいた場所から原始線条までの距離とも密接に関係する。原始線条の近くにいた細胞は移動距離が短いので早く陥入し、遠くにいた細胞は移動距離が長いので陥入が遅くなる。このように場所と時間に密接な関係が見られるだけに、原腸形成において細胞の運命を決める最大の要因は何なのかがいっそう見極めにくくなっている。個々の細胞の運命は細胞移動が始まる前から決まっているのだろうか。それとも原始線条から陥入するときに初めて決まるのだろうか。もちろん、移動が始まる前から決まっていることが明らかな部分もある[18-22]。たとえば、前述のように、AVEからのシグナルを受けた段階で、ある細胞群（AVEに近いほう）は頭部になることが決まるし、別の細胞群（AVEからいちばん遠いところ）は原始線条を形成することが決まる。しかしながら、この初期の段階で、細胞の未来がそれ以上どこまで細かく決まっているかはよくわかっていない。さらにややこしいことに、「事前に決まっている運命」のように見えながら、実は「結果的にそうなることが多いという傾向」でしかないものがある。現に、原腸形成の途中で細胞が道に迷ったり、別の流れに巻き込まれたりしたらどうなるかを、実験で細胞を異なる環

＊――クラゲなどごく少数の原始的動物は、内胚葉と外胚葉しかもたない。

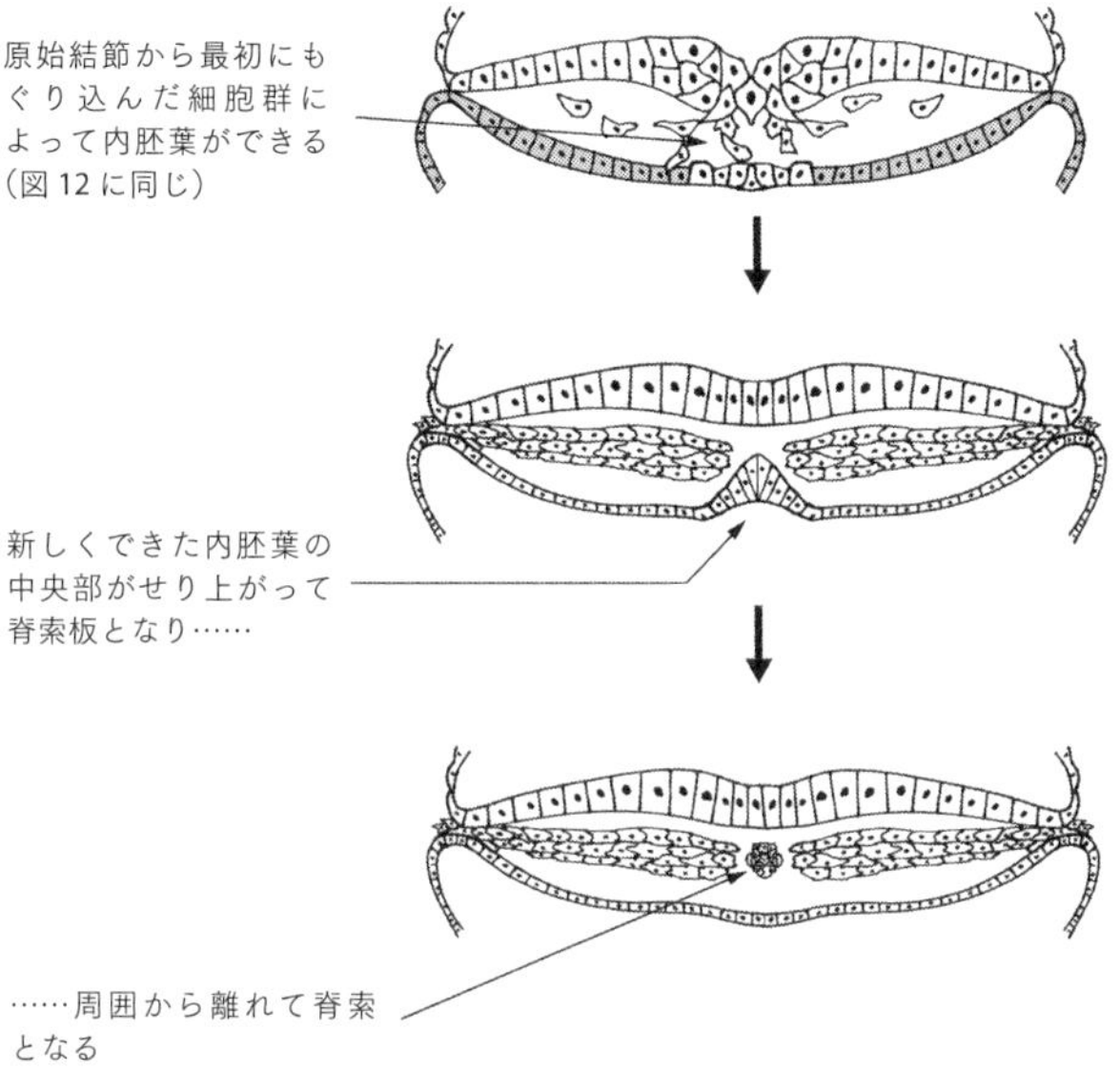
原始結節から最初にもぐり込んだ細胞群によって内胚葉ができる（図12に同じ）
新しくできた内胚葉の中央部がせり上がって脊索板となり……
……周囲から離れて脊索となる

図13　原始結節から陥入した細胞によって内胚葉ができ、その正中線上にある細胞から脊索ができる。

境に置いてシミュレーションしてみると、細胞は周囲の新たなシグナルに反応して「方針変更」できるのだとわかる。要するに、このあたりの領域はまだわからないことだらけということだ。

脊索

内胚葉が形成されるとすぐ、その中央（正中線上）の細胞群が周囲の細胞から離れて上に移動する（図13）。この動きを始めるのは原始結節からもぐり込んだ細胞群で、原始結節が作るシグナル分子をもっとも高い濃度で受けている。つまりそれらのシグナルによって、内胚葉から離れるように「事前にプログラムされていた」細胞群ということになる[23-25]〔この細胞群は原始結節からもぐり込んだときに頭方に向かう。したがって、図13は図12の左上の図の原始結節より少し上の部分の断面図である。ただしこの段階では同時進行で多くのことが起きていて、胚の形も刻々と変わっていくので、すでに図12のままではない〕。内胚葉を離れた細胞群は頭尾軸沿いに並び、細胞が詰まった円柱状の脊索になる。* 脊索は初期の胚が作る構造のなかでもっとも重要なものの一つである。なぜ早く作られるのかという問いの答えは、そもそもなぜこれが作られるのかという問いの答えと同じなのだが、それは進化から考えたほうがわかりやすい。

動物学者は動物界を階層的に分類する。基礎単位は種（たとえばホモサピエンス）、類似の種をまとめたのが属（たとえばヒト属）、類似の属をまとめたのが目（たとえば霊長目）、類似の目をまとめたのが綱（たとえば哺乳綱）、類似の綱をまとめたのが亜門（たとえば脊椎動物亜門）、そして類似の亜門をまとめたのが門（たとえば脊索動物門）である。生物の分類体系はもとは類似性に基づいたもので、共通の祖先を考慮したものではなかったが、ダーウィンやウォレスが進化論を唱え、さまざまな類似の群が存在する理由を変異と自然淘汰によって説明してからは、進化の系譜も示す分類体系が一般的となった。脊椎動物亜門を含む門が脊索動物門で、ここには生涯のどこかで脊索を作る動物がすべて入る。数からいえば大半を脊椎動物が占め、無脊椎動物はわずかしか残っていないが、カンブリア紀初期にははるかに多様な種が生息していたと思われる。ほとんどは馴染みの薄い動物だが、ナメクジウオなら知っている人もいるだろう。魚のような形をした体長五センチほどの動物で、アジアの一部では食用になっている。体幹骨はもたないが、体を強固にするため、また筋肉の動きを支えるために、成長してから生涯にわたって脊索をもちつづける。つまり脊索は「泳ぐオタマジャクシ」状態になるには欠かせないもので、その先の段階まで進む無脊椎動物にとっても、オタマジャクシ状態の段階で必要とされる。

しかしながら、脊索はただ体を支えるためにあるのではない。脊索は特殊なタンパク質を分泌する細胞で構成されていて、しかも体の中心線に沿ってずっと伸びているので、体内を組織するためのシグナルセンターになりうる。実際、脊椎動物亜門を含む脊索動物門は、脊索が発するシグナルを大いに利用して体の内部組織を作っていく（たとえば、脊髄内にできるニューロンの種類や、体の側面を構成する結合組織や筋肉の種類を決めるなど）。このあと三つの章（5、7、9章）でも脊索のシグナルが登場し、大事な役回りを演じるので、その重要性はおわかりいただけるだろう。脊椎動物は進化の過程で脊索動物よりはるかに複雑なボディプラン〔体の構造の基本形式〕を作り上げてきたが、それも結局のところ、発生の初期段階で脊索がシグナルを出し、それを他の細胞が読み取れるようになったからこそ可能だったのであり、ヒト胚が今なお脊索を必要とするのもそのためである。わたしたちの体のなかでは脊索はほとんど脊椎に置き換えられてしまったが、発生段階で脊索のシグナルがなければ体を作ることはできない。脊索は今や体を支えるという役割を失った生きた化石ではあるが、ヒトの発生の重要要素であることに変わりはなく、シグナルセンターとして必要なあいだ維持される。そして必要がなくなると壊され、残骸は椎骨《ついこつ》のあいだのクッションである椎間板の材料になる[26]（損傷を受けると「椎間板ヘルニア」になってひどく痛い思いをする、あのクッションのことだ）。

＊――多くの動物の場合、脊索は中胚葉から分離してできる。マウスでは（おそらくはヒトもそうだと思われるが）脊索が内胚葉の中央部分から分離してできることがわかったのは比較的最近のことで、驚きの発見だった。

左右対称性の破れ

　さて、原始線条と原始結節のシステムによって体の頭尾軸ができ、最初の組織層もできたが、このシステムはそれだけでは満足せず、もう一つ大事なことをやってのける。放射相称が破られたあとも維持されていた胚の左右対称を、ここで破るのである。[27] どうやって破るかというと、これが非効率なようで実は効率的な方法で、体液の流れを利用する。動物細胞には**線毛**と呼ばれる微細な、剛毛状だが柔軟な突起をもつものが数多くある。線毛のなかには小さい分子モーター——化学反応から得たエネルギーで他の分子に機械的な力を及ぼすモータータンパク質——がたくさんあり、その働きによって線毛は鞭打つように動く〔第2章で出てきた微小管の上を歩くモータータンパク質と同じもの。線毛のなかにも複数の微小管があり、その上でモータータンパク質が運動することによって、結果的に線毛が動くしくみになっている〕。原始的な単細胞生物は線毛を動かすことで推進力を得て液体のなかを遊泳する。ヒトの固定細胞の場合は、同じように線毛を使うことで体液のほうを動かす。たとえば、気管の上皮細胞は線毛を動かして**粘液**とともに異物を排除するし、輸卵管の上皮細胞は線毛を動かして卵子や初期の胚を子宮へと運ぶ。原始結節の細胞もそうした線毛を作り、それを下方の体液のなかへと伸ばす。

　原始結節が作る線毛には変わった特徴が二つある。第一に、この線毛は細胞から四五度の角度で後ろ斜め下方に突き出る。どちらが後方かは、胚の頭尾極性に敏感な細胞が関与することによって決まる。[28] 第二に、この線毛は「鞭打つ」というより、カウボーイが投げ縄を回すときのように円を描いて動く。旋回は速く、一分間におよそ六〇〇回転で〔自動車のアイドリング時のエンジン回転数に近い〕、回転方向

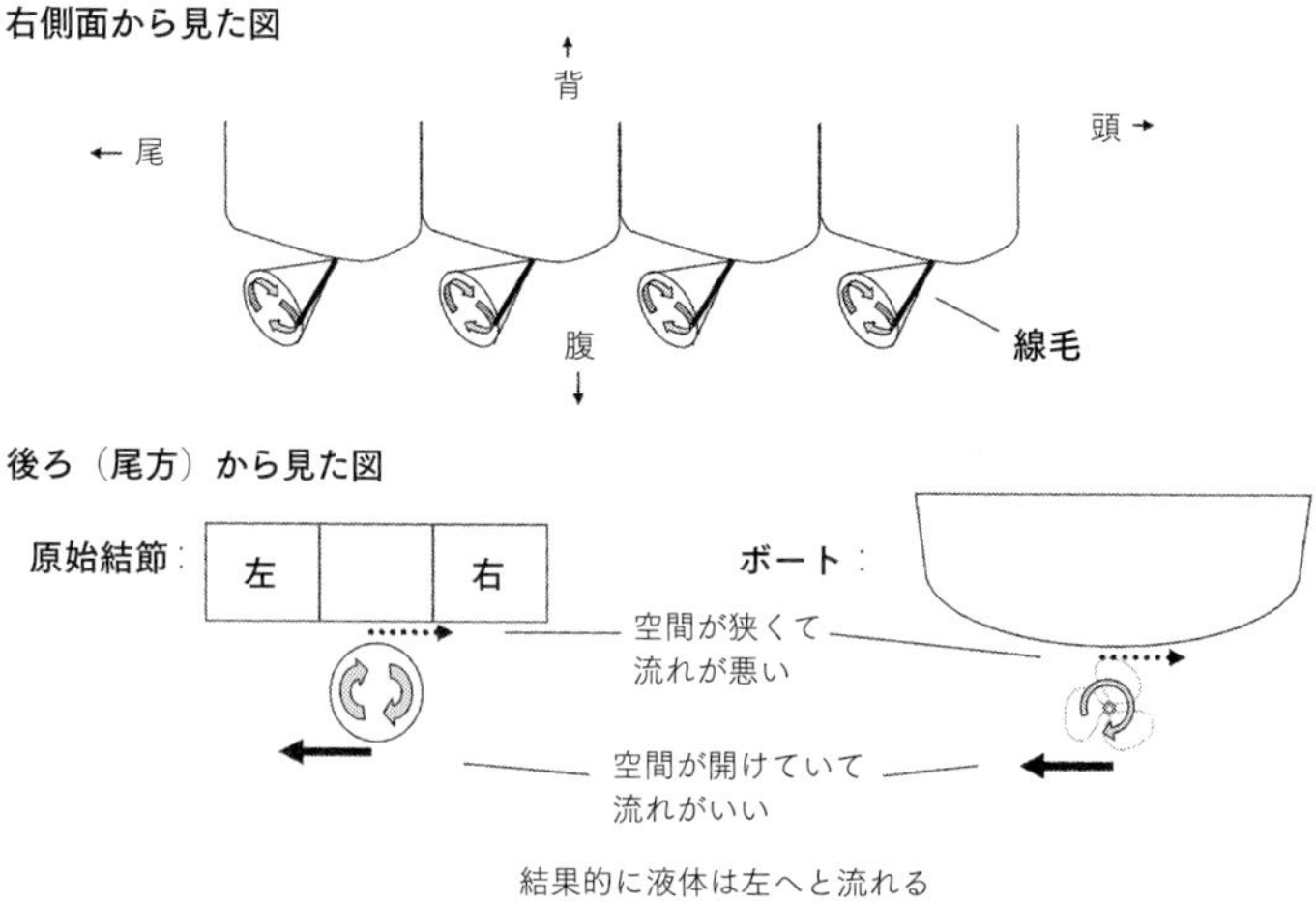

図14　細胞の表面近くで回転する線毛によって、左方向に偏った流れが生じる。上の図は原始結節を胚の側面から見た図で、線毛がおよそ45度で後ろ斜め下方（後ろが尾方で、下は将来の腹部）に出ている。この線毛は時計回りに円錐形を描いて旋回する。下の図（左）は胚を尾方から見た図。線毛の位置と回転によって流量にアンバランスが生じるため、左方向により効率的に液体が送られる。下の図（右）はボートを後ろから見た図。プロペラの位置と回転によって、モーターボートに乗る人には馴染みの現象が起きる。

は常に時計回り（細胞を下から見上げたとき）である。なぜ回転方向が一定かというと、モータータンパク質が一方向にしか動けないからだ[29]。この二つの特徴から、原始結節細胞の線毛は下がったときに胚の左方向へ、上がったときに胚の右方向へ動くことになる（図14）。これだけのことで左右対称を崩すことができるのだが、それはなぜだろうか。まず、線毛が上がって右方向に動くときは細胞に近づくので、線毛が体液を押しても、その流れは細胞表面の粘性抵抗によって失速する。逆に、線毛が下がって左方向に動くときは、細胞から離れているので粘性抵抗の影響をほとんど受けず、効率的に体液を押すことができる。こうして体液が右方向に押される量と左方向に押される量に差が生じる。この現象はモーターボートの「プロップウォーク」に似ている。ボートの場合もプロペラと船体が近いために推進力が左右非対称になるのだが、その状態のボートを込み合った港で操るのはなかなか難しく、面白い体験ができる。

左右の水流に差が出た結果、原始結節の左側には常に新鮮な体液が供給されるようになる。原始結節の下には体液が広がっていて、線毛の回転によりそれが左側に流れていくからである。[29] したがって、原始結節の左側の細胞は流れてきた体液からカルシウム等の栄養素をどんどん取り込めるが、右側の細胞にはその残り、つまり栄養素に乏しい体液しか運ばれない。

また、原始結節細胞が分泌するタンパク質も左へ流される。原始結節はさまざまなタンパク質を下方の体液中に放出し、そのなかにはノーダルという強力なシグナル分子も含まれている（結節 nodeから放出されるので nodal と命名された）。ノーダルは原始結節の右の細胞でも左の細胞でも作られるが、いったん放出されると左へ流される。またノーダルの合成量はカルシウムによって増加するので、カルシウムの多い体液が流れてくる左側の細胞は、右側より多くのノーダルを作ることになる。このノーダルは他のタンパク質の合成に影響し、その一部は遺伝子発現にもかかわるため、胚の左側にノーダルが増えることで、左側では右側とは異なる遺伝子群が活性化する。こうして、胚の左右対称が破られる。

左右非対称のメリット

胚が完全な左右対称でなくなることは、体を作るためには有益である。わたしたちの体は外から見るかぎりほぼ左右対称だが、内部構造は非対称になっている。循環器系は左右非対称で、脾臓と膵臓《すいぞう》は左寄り、肝臓と盲腸は右寄りにあり、脳にも左右に微妙な違いが多々ある。外から見てわかる非対称もあり、たとえば男性の睾丸の一方は他方より低い位置にある（男性の三分の二は左側が低い）*。非対称性の獲得は、脊椎動物の進化にとって必須条件ではなかったかもしれないが、進化を容易にしたことは間違いない。左右対称のままだったとしたら、正中線上に作られる消化管、中枢神経系、陰茎、膣《ちつ》、膀胱はいいとして、他の器官をすべて二つずつもたなければならなかっただろう。そうなれば、どうやって体に納めるのかという問題も生じる。魚のように体を細長くできるなら、ペアの器官を次々と並べられるかもしれないが、陸上で体重を支えながら走ったり跳んだりする大型動物にはそれも難しい。

左右対称の破れのメカニズムで注目すべき点は、線毛を動かすモータータンパク質の分子レベルの非対称から、胚全体の大規模な非対称が生じることである。分子の特性がここまでダイレクトに体全

＊――ギリシャ彫刻に見られる陰嚢の非対称について微に入り細に入り研究した人物もいる。I・C・マクマナスは一九七九年に「人間と古代の彫刻における陰嚢の非対称性」という論文を発表し、その内容で大いに「人々を笑わせ、また考えさせた」ことが評価され、二〇〇二年にサイエンス・ユーモア雑誌『風変わりな研究の年報』からイグノーベル医学賞を授与された。

体の特性に置き換えられる例は珍しい。このメカニズムは一風変わっているが、すでに数多くの証拠によって裏づけられている。線毛の旋回は今では直接観察できるし、線毛の旋回によって生じる体液の流れもモデル化されている――最初は数理モデルだったが、その後実際に動く微小な人工線毛が作られ、それを並べることによって確認された。[30] また、人工線毛のモデルでも実際の胚でも、微粒子を落としてその動きを追うことで液体の流れを視覚化した例があるし、ノーダルの産生と蓄積の測定例も山ほどある。さらに**突然変異体**でも確認されている。線毛を作れない、あるいは線毛を動かせない突然変異体は、内臓の左右性がランダムになる。左右が必ず逆転する例もあり、それがｉｎｖと名づけられた変異マウスである。このマウスは線毛の向きが逆で、四五度ではあるものの、尾方ではなく頭方を向いているため、右方向への流量が多くなる。理論上、この突然変異を保有する動物は通常とはまったく逆の左右性をもつと考えられるわけだが、実際ｉｎｖ変異マウスはその通りになった。ヒトにも類似の内臓の逆位が見られることがあり、原因も同じではないかと考えられている。

この章で紹介した出来事はわずか数日のあいだに起きるのだが（受精後一五日目から一七日目）、それによって胚の様相はがらりと変わる。前章末ではこれといった特徴のない円盤状の層で、複雑な動物になることなど想像もできなかったものが、今や細長く、明らかに頭尾と左右の方向性がある体になり、しかも断面を見ると三つの異なる層が形成されていて、中心には脊索が走っている。これが動物の基本形であり、ここまで来れば、次は内部構造を作り込んでいくことができる。

第5章

脳の始まり《神経管の形成》

Beginning a Brain

脳——我々が自分は考えていると考えるための器官。
アンブローズ・ビアス

成人の神経系はとても複雑で、体のほとんどの部分とつながっている。中心を成すのは直径一センチほどの長い円柱状の器官——脊髄——で、これが背骨に囲まれて背中の中央を通っている（図15）。頭部の神経系は脊髄とは形が異なり、複数のこぶ状になっていて、その全体が脳と呼ばれる。脊髄からは体の各所へ神経が伸び、筋肉にシグナルを送り、触覚、伸縮、痛みといった感覚情報を受け取っている。また胃腸や心臓といった、意思とほぼ無関係に動く内臓を制御するためのある程度独立した系統もあるが、それもやはり脊髄から何らかの制御を受けている。

成体においては、神経系は生体制御のために重要な役割を果たしている。多くの国で「脳死」が法

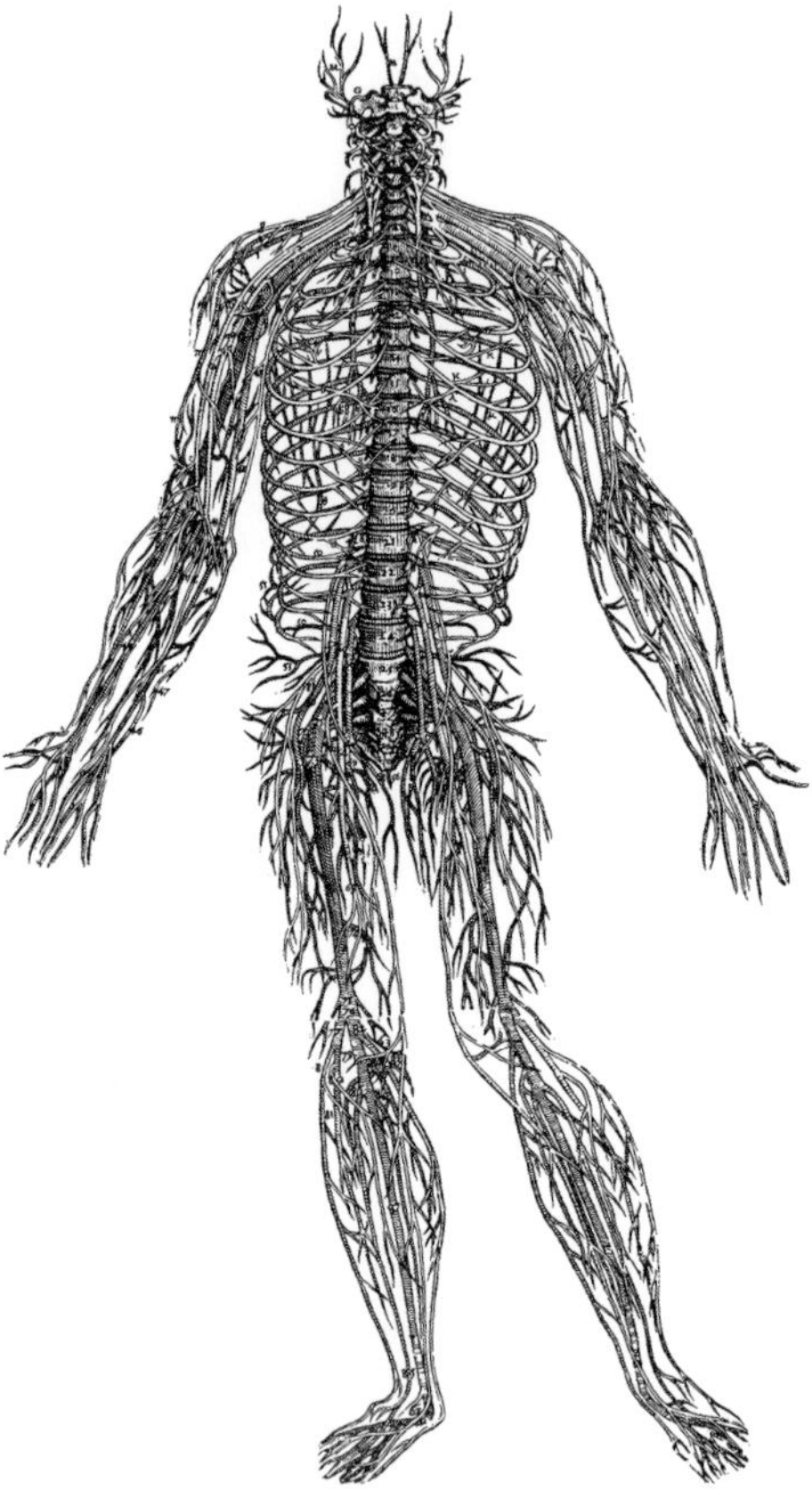

図 15　ルネサンス期の解剖学者アンドレアス・ウェサリウスによる神経系の図。脊髄から神経が出て体の各部につながっているが、脳は描かれていない。脳から直接出ている神経は限られていて（目や鼻とは直接つながっているが、これらは発生上そもそも脳の一部といってもいい）、それ以外については、脳は脊髄を介して信号を送ったり受けたりしている。
The Granger Collection/Topfoto

律上の個体死と見なされていることからもわかるだろう。つまり神経系が死んでしまうと、たとえ他の部分が人工的に維持されていても、もはや生きているとはいえないと考えられている。一方、成熟した胎児になる前の胚においては、神経系は生体制御にこれといった役割を果たしていない。それにもかかわらず神経系は他の器官より早く発生しはじめるのだが、それはなぜだろうか。理由はいくつか考えられる。たとえば、神経系の基本構造は体全体に及ぶので、他の組織に邪魔される前に作る必要があるからかもしれない。あるいは、神経系が進化的に体のなかでもっとも古い部位の一つだからかもしれない（神経系は魚より古い祖先にもみられる）。多々ある例外を無視して大ざっぱにいえば、胚発生の過程で新しい構造が現れる順序は、進化の過程と同じである。なぜそうなのかをきちんと説明できる人はいないものの、一般的には次のように考えられている。発生メカニズムに何らかの変更が加えられる場合、ボディプランを決める基本的な発生メカニズムと、細部を追加していくだけの発生メカニズムを比べると、前者のほうが胚へのダメージが大きくなる可能性が高い。したがって、ボディプランに影響するような変異がランダムに起きると、そもそも体を作れずに胚が死滅する率が高いが、細部のメカニズムだけにかかわる変異であれば、胚の生存率が少しは高くなる。その「少し」の可能性によって、ある生物種が新しい生態的地位《ニッチ》を獲得できるかもしれず、ひいては新しい種が生まれるかもしれない。長い進化の道のりを振り返ってみると、新種はだいたい、発生初期ではなく発生後期に加えられた変更から派生しているようだ。だから、成体の姿がまったく異なる生物種でも、胚の段階ではよく似ていることが多いのだろう。一方、興味深いことに、第2章と第3章で紹介した発生のごくごく初期の段階は、逆に進化的変化の影響を受けやすいことがわかっている。この段階はボディプランができる前なので、変更が加えられても致命的な影響が出にくいからかもしれない（この主題に関する参考文献も巻末に挙げてある）。

神経管形成の準備

理由はどうあれ、神経系の発生は原腸形成の直後に始まる。正確には、原腸形成がまだ胚の尾方で進行しているあいだに、頭方に向かって発生しはじめる。神経系はすべて外胚葉（図13の一番上の層、つまり胚の表面）から、厳密にいえば胚の背側の中央を頭尾軸上に伸びる細長い細胞層から作られる。この細胞層が大変化を遂げ、胚の外に面する外胚葉であることをやめ、胚の内部の管──**神経管**──となり、やがて脊髄と脳になっていく。しかしながら、この大工事の際に胚の表面に裂け目ができるようなことがあってはならない。第1章で述べた生体の構築の特徴を思い出していただきたいのだが、胚の発生においては、水道工事のようにいったん水を止めることができない。あくまでも生命を維持しながら構造を変えなければならない。ではどうするかというと、胚は細胞の位置を入れ換えたり、細胞を伸ばしたり、部分的に変形させたりして、細長い細胞層を折り紙のように折りたたむことによって神経管を作り上げる。

神経管形成の最初の兆候は胚の形の変化に表れる。原腸形成によって、それまで単純な円盤状だった胚が頭尾軸方向に長い卵形に変わったが、その変化は原腸形成後もさらに進む。細胞が中央まで移動してきて陥入するのに加えて、隣接する細胞同士が相対的な位置を変える動きもあり、胚はますます頭尾方向に伸びていく。図16は、ショウジョウバエの類似のプロセスから一部の細胞の動きを拾って図示したもので、細胞が隣同士を入れ換えることによって組織全体の形を変えていく方法の一例である。[1][2] L1とR1のように離れていた細胞がどちらも動いて隣同士になったり、M1、M2、M3のように並んでいた細胞が互いに離れて隣同士ではなくなったりして、太く短い組織が細長い組織になっていく。

隣同士の入れ換えだけではなく、直接中央に向かう動きもあると思われるが、いずれにしても、細胞が頭尾方向、左右方向を告げるシグナルを読み取っているからこそできることである（このシグナルはまだ一部しか同定されていないが、手がかりはいくつか見つかっている[3]）。個々の細胞はこのコンパス*を頼りに細胞層のなかを動いていき、その結果

*――ここでいうコンパスは「平面内細胞極性」のことである。

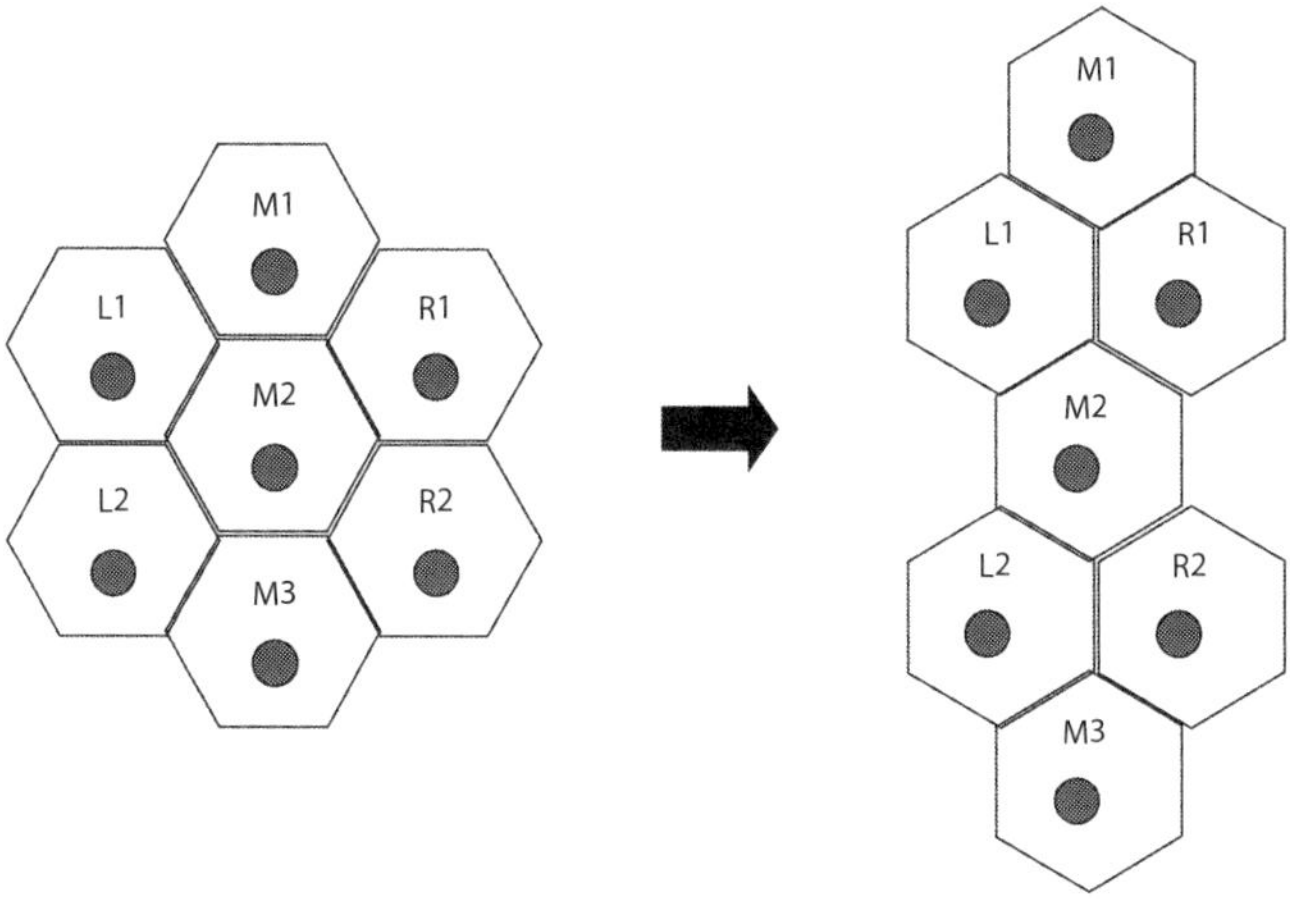

図16　細胞の隣同士の入れ換えによって組織の形が変わる。

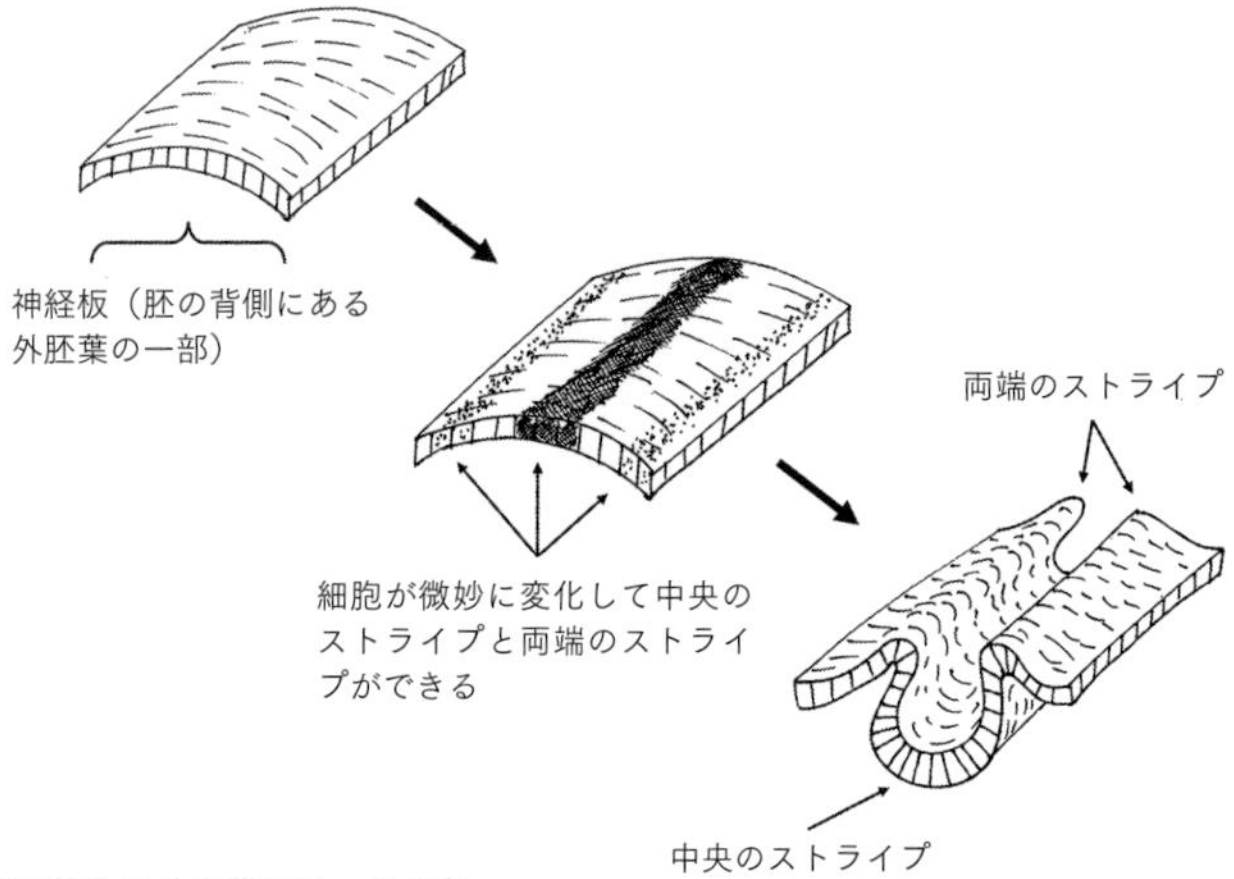

図 17　胚の背の部分の外胚葉に沿って 3 本のストライプ（縞）が形成され、そこを折り目にして谷が作られる。

「左右収斂」と「頭尾伸長」が起きて胚は細長くなり、成体の形状にまた一歩近づく。なかでも目立つ変化は、それまで比較的幅広で短かった背側の中央領域が細長い形状になることで、これに対してその先のやがて頭になる部分はさほど細くならないので、全体としては鍵穴に近い形になる。

神経板の形成

充分縦長に伸びると、いよいよ神経系の発生が始まる。まず、すでに胚の正中線に伸びている脊索（第4章）がシグナル伝達タンパク質を分泌する。すると、このタンパク質が届く範囲にある外胚葉――脊索の真上に位置する細長い領域――の細胞が外胚葉であることをやめ、神経組織を作る準備を始める。これらの細胞は新たに一式の遺伝子のスイッチを入れ、また少し

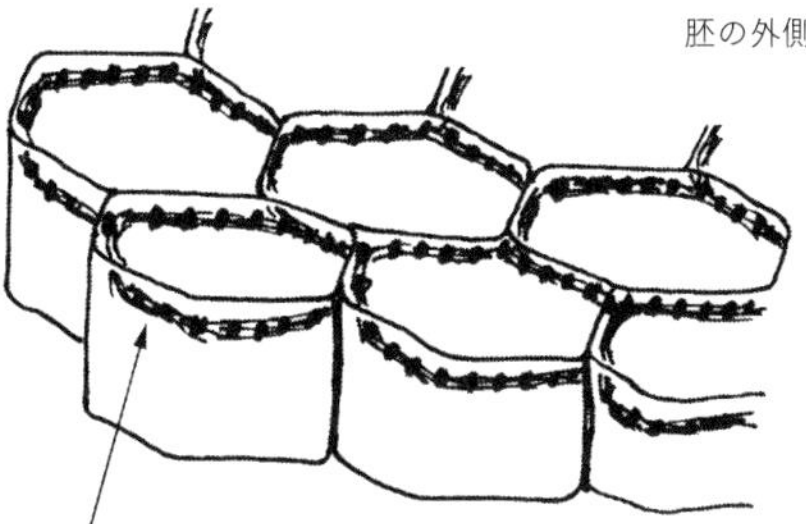
微小線維がベルト状に細胞を取り巻き、それが細胞間結合によって隣の細胞のベルトとつながっている。
胚の内側

図18　細胞間結合と微小線維の組み合わせによる力学ネットワークが、外胚葉と神経板に張り巡らされている。しかも微小線維は、胚の外側に面する細胞表面の近くを走っている。

厚みを増して形状変化に備える。準備が整った段階で、この領域全体は**神経板**と呼ばれるようになる。続いて、神経板の細胞がその位置によって微妙に変化し、三本のストライプ状の細胞群ができる。脊索の真上の部分が中央のストライプになり、その両側の神経板の両端に近い部分は、外胚葉からのシグナルに反応して別種の二本のストライプになる。この段階では見た目が同じで違いはわからないが、このあと深い谷が形成される際に、真ん中のストライプは谷底に、両側のストライプは崖の縁になっていく（図17）。

神経板の細胞は、初期の胚の細胞が塊になっていたとき（第3章）と同じ種類の細胞間結合によって互いにつながっている。個々の細胞を見ると、タンパク質でできた**微小線維**が隣の細胞との結合部をたどるようにベルト状に取り巻いていて、これが細胞同士をつなぎ、全体として切れ目のない網目状のネットワークを形成している（図18）。ここで重要なのは、結合部が細胞の中ほどではなく、概ね体外の自由空間と接する表面近くにあることだ。

このネットワークがあるため、一つの細胞が形を変えると周囲の細胞の形にも影響が出る。つまり個々の細胞が動くことで細胞層全体を曲げることもできる。先程の三本のストライプだが、中央のストライプの細胞はあるタンパク質（Shroom《シュルーム》）を大量に作り、そのタンパク質が微小線維とやりとりして、結合部が互いに近づくように線維を再編成する。[4] 細胞の横断面を見ると、個々の細胞の形が長方形から楔形に変わる（図19a→b）。だが細胞間結合はゆるまないので、

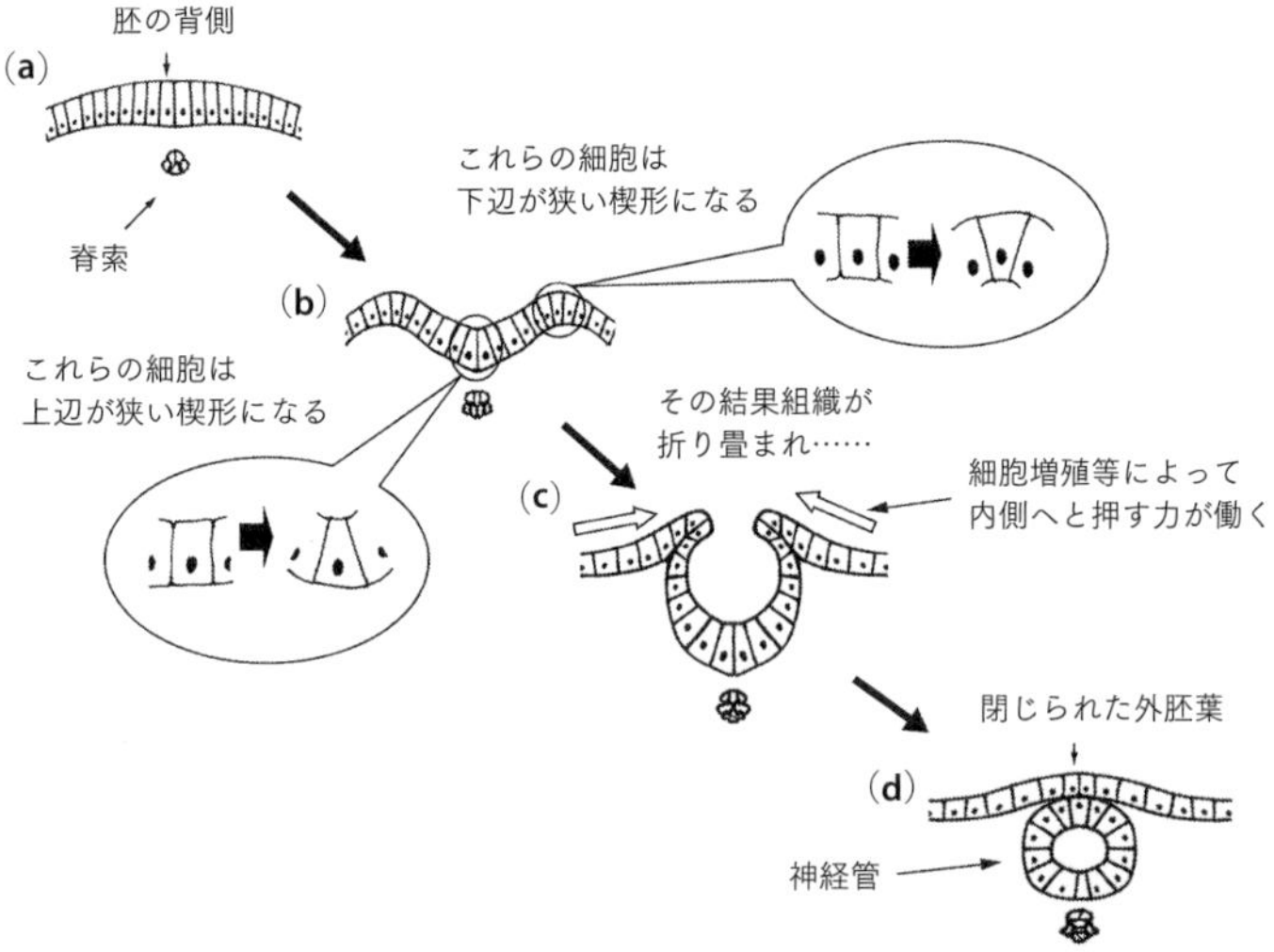

図 19　神経管の形成。いずれも胚の背の部分の断面図。平らに並んでいた細胞 (a) が、それぞれ楔形になることで谷を形成し (b-c)、やがて両脇がくっついて、谷が管になる (d)。

個々の細胞が楔形になっても細胞間にスペースができるわけではなく、必然的に、細胞層全体が曲がることになる[5]（図19b）。その結果、胚の正中線に沿って伸びている神経板の中央部分がくぼんで谷になる（図19c）。一方、両側のストライプの細胞は逆向きの楔形になり（そのメカニズムはまだよくわかっていない）、細胞層が反るように曲がって山になる。こうして谷になる動きと山になる動きが同時に起きることで、神経板が深い谷を形成して胚の内部に落ち込み、神経板の両端に接している外胚葉が互いに近づく。

この谷の形成も、小さいスケールの動きが大規模な組織編成につながる例である。また、動物の胚からこのプロセスにかかわる細胞だけを取り出して培養しても、滞りなく谷ができることから、いったん始まればそれ以外の部分は事実上不要になること、つまりこれが局部的なプロセスであることがわかる。だが培養の場合、変化は谷ができたところで止まる。なぜなら、次の段階に進むにはそれ以外の細胞――神経組織にはならない両脇の外胚葉の細胞――の活動が必要だからである。両脇の外胚葉の細胞は三つの活動をする。（1）少し平べったくなり、（2）増殖し、（3）胚の正中線方向に集まりつづける[6]（前述の胚が細長くなる動きの一環として）。この三つの活動が総合して横方向の圧力を生み、谷の縁が両側から押され、やがて出合う（図19c→d）。

神経管閉鎖

左右の外胚葉が出合うと、谷の両側の上部がつながって管になり、神経管ができる。だがこの段階では神経管はまだその上の外胚葉ともつながっている。左右がつながった部分はしっかり結合し、それが隣接部位の結合を助けるため、谷が管になる動きはファスナーを閉じる要領で胚の正中線に沿って続いていく。ファスナーが閉じた個所では、その後細胞群が自ら配置を変えながら、胚に穴を開けることなく神経管を外胚葉から切り離していく。このメカニズムはまだ十分解明されていないが、すでに知られている細胞接着分子を基にすればこう考えることができるだろう。まず、神経管細胞同士は**N－カドヘリン**などのタンパク質の介在で接着するが、その接着は神経管細胞とそれに接する外胚葉細胞のあいだの接着よりずっと強いのではないだろうか。だとすれば、境界にある神経管細胞は他の神経管細胞との接着を最大化しようとし、そのために隣接する外胚葉細胞との接着を犠牲にせざるをえない。一方、それまで神経管の左右にあった外胚葉同士が出合うと、こちらは**E－カドヘリン**と呼ばれる分子の介在で接着するが、その接着が神経管細胞との接着よりも強いとすれば、外胚葉細胞は神経管細胞とのつながりを犠牲にして外胚葉細胞同士の接着を強めるだろう。「類は友を呼ぶ」のような説明だが、単純な生物物理学が導く結果であって、これなら特別なメカニズムを必要としない。いずれにせよ、外胚葉と神経管は切り離され、つながった外胚葉は皮膚のように胚の背を覆う。外胚葉はその後もこの場所にとどまり、やがて胎児の表皮になっていく。ただしこの説明はあくまでも推測で、同じ細胞同士の接着のほうが異なる細胞同士の接着より強いという点さえ定かではない。

神経管閉鎖障害

ヒトの場合、神経管閉鎖はエラーが発生しやすいプロセスの一つで、うまくいかずに脊髄の一部、あるいは脳に神経管閉鎖障害が起きることがある。脊髄の一部で閉鎖がうまくいかないと**二分脊椎**《にぶんせきつい》という障害になる。わたしはスコットランドでこの本を書いているが、かつてこの国では二分脊椎が多く見られ、発生頻度がおよそ一〇〇出生に一例という高率に達する地域もあった。そのうちの少なくとも四分の一は、両脇の外胚葉が中央へと押す力が足りないために、谷ができたまま閉じないのが原因と考えられる。神経管閉鎖のプロセスは組織内の葉酸《ようさん》（ビタミンB_9）の量に敏感であることがわかっていて、葉酸が不足すると細胞が十分増殖せず、二分脊椎になるリスクが高くなる。葉酸の主な供給源は青野菜（「葉」の一字からわかるように）、豆類、一部の果物と木の実などだが、残念ながら多くの工業国でこれらの食品が食卓から事実上姿を消しつつあり、特にスコットランド都市部の貧困地域はこの点で評判が悪い。こうした事情から、妊娠を希望する女性を対象に、受精前から神経管形成のあとまで葉酸のサプリメントを飲んでもらい、効果を調べるといった研究がいくつもの研究グループによって実施されてきた。その論文を見ると、ほぼすべての事例で二分脊椎の発生数が大幅に減少している[7][8]（概ね半分から三分の一まで減少）。

こうして葉酸サプリで障害発生率を大幅に下げられるかもしれないとわかったため、その後、妊娠を希望する女性には葉酸サプリの摂取が推奨されるようになった。しかしながら、この方法は計画外妊娠には効果がない。神経管閉鎖は受精後わずか三、四週間、つまり多くの母親が妊娠に気づかないうちに起きるからである。そのうえ、計画外妊娠の率や、妊娠に気づくのが遅れる可能性がもっとも高いのは経済的・教育的弱者層だが、困ったことに新鮮な野菜の摂取量がもっとも少ないのもこの層である。今日、アメリカをはじめとする数か国で、国民全体が予防対策の対象となるように、パンやシリアルといった日常食品に葉酸を混ぜるべきだという声が上がっているのにはこうした背景がある。しかし誰もが口にする食べ物への添加は、たとえ安全だとされている天然由来の分子であっても倫理上の議論を招かざるをえない。現にEUでは、食品への葉酸添加を求めている国はまだない（本書の執筆時点で）。ただし葉酸を添加した朝食用シリアルなどの食品はすでに販売されている。

二分脊椎は一般的に生存可能だが、子供は何らかの障害を負い、損傷の部位と程度によっては重度になる。症状としては下肢の麻痺と膀胱制御不能が多い。一方、神経管上部（つまり脳の領域）で閉鎖がうまくいかないと、**無脳症**というはるかに深刻な事態になる。後頭部が成長せず、脳の大部分が欠如したままとなる致死性の異常で、多くの場合死産となり、生まれても長くは生きられない。注意してほしいのだが、二分脊椎や無脳症はここで説明した葉酸不足だけが原因ではない。遺伝子要因や環境の影響もあり、母親が食事や生活に十分気を配っていて、何の落ち度もなくても、胎児にこうした障害が生じることがある。[9]

神経管閉鎖の過程ではもう一つ、ごくまれにだが、特筆すべき異常が起こりうる。双子は、種類によっては二つの胚がかなり接近して育つことになるが、その二つの大きさが異なる場合があり、非常にめずらしいケースだが、小さいほうの胚が大きいほうの胚の神経管の谷にはまり込み、そのまま神経管が閉鎖されて内部に閉じ込められてしまうことがある。[10] 閉じ込められた胚はそこでそのまま発生を続け、胎児としての形をなさない腫瘍、あるいは小さい胎児（大きさ以外は通常）になる。参考文献に挙げた臨床報告には、頭が著しく膨らんだ生後六週間の乳児の例が紹介されている。[11] この乳児の場合、脳の正常な空洞の一つに双子の片方の小さい体が入っていて、それは手足、胴、頭が識別できる状態だった。これは「胎児内胎児」（文字どおり、胎児のなかに別の胎児が入っているという意味）と呼ばれる現象の一例である。頭部ではなく、腹部で見つかる例はもう少し多い（多いといっても一〇〇万出生に二例程度）。発生のもう少しあとの段階で腹部でも閉鎖現象が起きるが、その際に片方がもう片方に封入されてしまうケースである。腹部の胎児内胎児の場合、だいたいは生後数週間から数か月以内に発見される。だが時には長いあいだ気づかれないこともあり、ある報告[12]によれば、ある男性の腹部に双子の相手がいたことが三九年も経ってからわかったそうだ。

神経管閉鎖障害はいずれも、少なくとも部分的には、胚自体ではなく外的要因によって引き起こされる。二分脊椎は母親の栄養不足が一因であり（少なくとも発生率が高くなる）、胎児内胎児は胚の片方がもう片方の神経管が閉じようとする場所にたまたまいたことが原因である。こうした事例からもわかるように、胚発生は遺伝子ですべてが決まるのではなく、あくまでも遺伝子と環境の相互作用の結果である。子宮の奥深くで進行する出来事であってもその点は変わらない。

腸管の形成

神経管の形成に焦点を当てて述べてきたが、この段階の神経管にはまだ神経細胞もなければ神経連

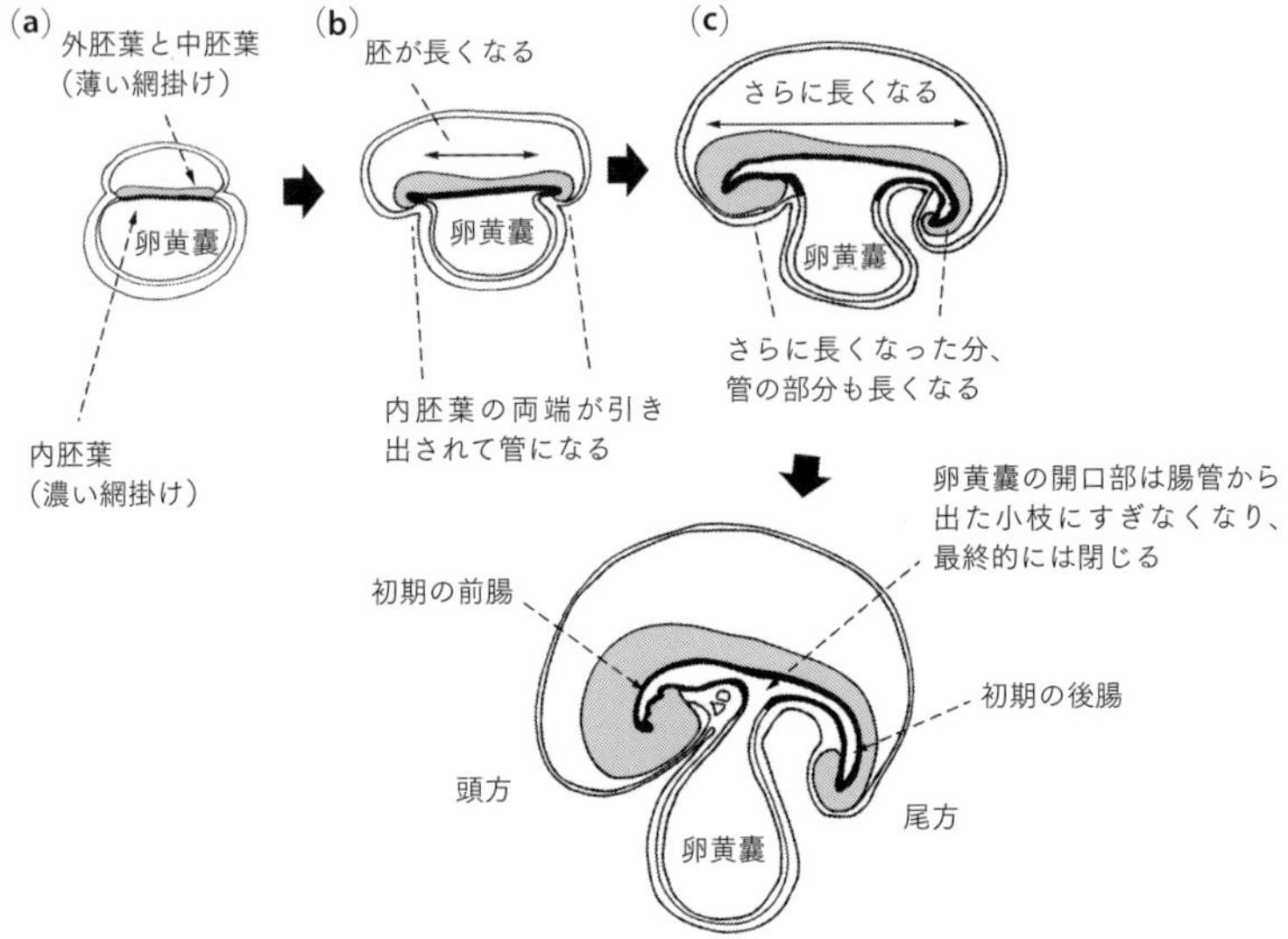

図 20　神経管形成と同時に進行する体の伸長は、腸管の形成にとっても重要である。腸管は平板な内胚葉から作られる。胚が長くなるにつれ内胚葉が前後に引っぱられ、両端（頭側端と尾側端）が管状になる。さらに胚が成長すると、内胚葉のうちの卵黄嚢に面している部分が相対的に小さくなりやがて腸のほぼ全体が管状になる。最後の図に至るまでに腸管にはいくつか新しい枝ができるのだが、ここでは省略している。

絡もない。つまり感覚も、反射作用も、意識も、意思も、思考も生まれていない。そうしたものはすべてもっとあとで誕生するので、若い神経管はのちに脳と脊髄が担うような指揮・管理の役割を果たすことができない。しかしそのための基本計画はもうできているし、神経管の外に分布することになる神経系（末梢神経系）を作るための細胞を送り出す用意もできている。そのあたりについては第7章で取り上げる。

　神経系形成は胚全体が伸長するからこそできたことだが、胚の伸長はもう一つの管――腸管――の形成にとっても重要な意味をもつ。腸管は原腸形成（第4章）でできた内胚葉から作られるが、この段階の内胚葉はまだ胚の前面（腹側）にあって卵黄嚢に開口しているただの平板でしかない（図20a）。しかし体が伸長して内胚葉が引っぱられると、頭部と尾部が卵黄嚢の開口部からはみ出て、その部分が管状に引き出される。さらに伸長が続くと、この前後の管が長くなり、やがて初期の前腸と後腸になる。前腸からは食道、胃、腸上部が、後腸からは腸下部が作られることになる（図20b）。一方、原腸形成直後には胚の大きさに対して卵黄嚢への開口部がかなり大きかったが、その後胚全体が成長・伸長しても開口部は大きくならない。そのため、胚がどんどん大きく・長くなり、腸管も長くなるにつれて、開口部は相対的に小さくなっていき、やがて腸管から出た小さい枝のようになる（図20c）。この枝は最終的には閉じられ、腸管は体内に完全に封入された管となる（ただし腸管の両端――口と肛門に当たる部分――には新たに外部への開口部ができる）。

この章末の段階で胚がどういう状態になっているかをまとめると、三つの主要な組織層からなる細長い体になっていて、背側に神経管、そのすぐ下に脊索、腹側には腸管（まだ卵黄嚢とつながってはいるが）が伸び、脊索動物の基本構造がほぼ出来上がっている。発生の終わりまではまだ長い道のりだが、少なくとも「始まりの終わり」には達したといっていいだろう。受精後四週間足らずで、単細胞から出発した胚は自らを組織し、何千という細胞からなる体の基本形を作り上げた。しかも胚はそれを自力で成し遂げた。まずは単純な幾何学的情報を利用して差異を作り、その後は新たにできた差異を次々に情報として利用し、さらに多くの差異を、多くの情報を、多くの組織を生み出した。そのすべてにおいて、使われた機構《メカニズム》は比較的単純なものであり、またどのメカニズムも比較的単純かつ局所的な法則に従うものだった。胚全体を見れば、ここまでかなり複雑になっていて、すでにそれなりの内部情報をもっている。つまり、次の段階でははるかに複雑なものを短期間で作り上げる準備がすでにできている。そして実際、このあと胚の解剖学的形態は大きく変化する。しかしながら、次の段階でも胚の仕事のやり方はまったく変わらず、簡単なルールと局所的な相互作用を利用しつづけるだけなのである。

第6章

長いお分かれ《体節の形成》

Long Division

小さい仕事に分けてしまえば、
取り立てて難しいことなど一つもない。
ヘンリー・フォード

体の基本的な特徴の一つで、前章までに明記していなかったものがある。それは、体軸に沿ってずっと同じわけではないという点である。体の特徴の一部――たとえば神経管の存在――は、頭部から尾部までずっと続いている。しかし特徴の多くは、軸上の特定の位置だけに現れる。たとえば、上肢は成人の体の頭尾軸上の、上からおよそ八分の三の位置から突き出ているし、下肢は頭尾軸のほぼ末端から突き出ている。そして上肢と下肢のあいだの胴体には肢がない。体の内部も同様で、器官にはそれぞれ固有の場所がある。たとえば、目は頭尾軸の上からおよそ八分の一のところにあり、肝臓はおよそ八分の六のところにある。* こうした特別な構造もすべて胚の細胞から発生するのだから、異なる構造が頭尾軸上の異なる位置に現れるということは、胚の細胞そのものがすでに頭尾軸上の位置によって異なっているはずである。そこで、この章ではどうやってその違いが生まれるのかを見ていきたい。まずは、重要だが見た目にはわかりにくい人体のある特徴について説明し、それを足がかりに頭尾軸上の違いができるメカニズムを紐解いていきたいと思う。

分節構造

ミミズ、ムカデ、ハチなど、わたしたちの身近にいる単純な無脊椎動物を見ると、ブロック状の「節」に分かれているのがひと目でわかる。たとえば、ミミズは一本の細長い円筒状で、そこにたくさん円周線が入っているが、その一本一本がブロックの区切りになっている（図21a）。ブロックはどれも同じようだが、よく見ると頭と尾、そして生殖器のあたりは少し違っている。ムカデも似たような構造で、各ブロックに一対の足がついている。そしてやはり頭と尾は少し違っている。ハチの腹部もブロックに分かれていて、こちらは縞模様になっているので目立つ。虫眼鏡を使えば、腹部の前の小さい胸部も三つのブロックに分かれているのが見えるが、この三つは形がばらばらだ。三つそれぞれに一対の足がついていて、二つには一対の羽もついている（ハチの羽が四枚なのは注意しないとわからない。後ろの一対は小さく、しかも前の一対ときれいにつながるように生えている）。

＊――美術関係者はこれらの比率に驚くかもしれないので書いておくが、ここでは動物学の慣例に従い、頭尾長を体長とし、足の長さを加えていない。

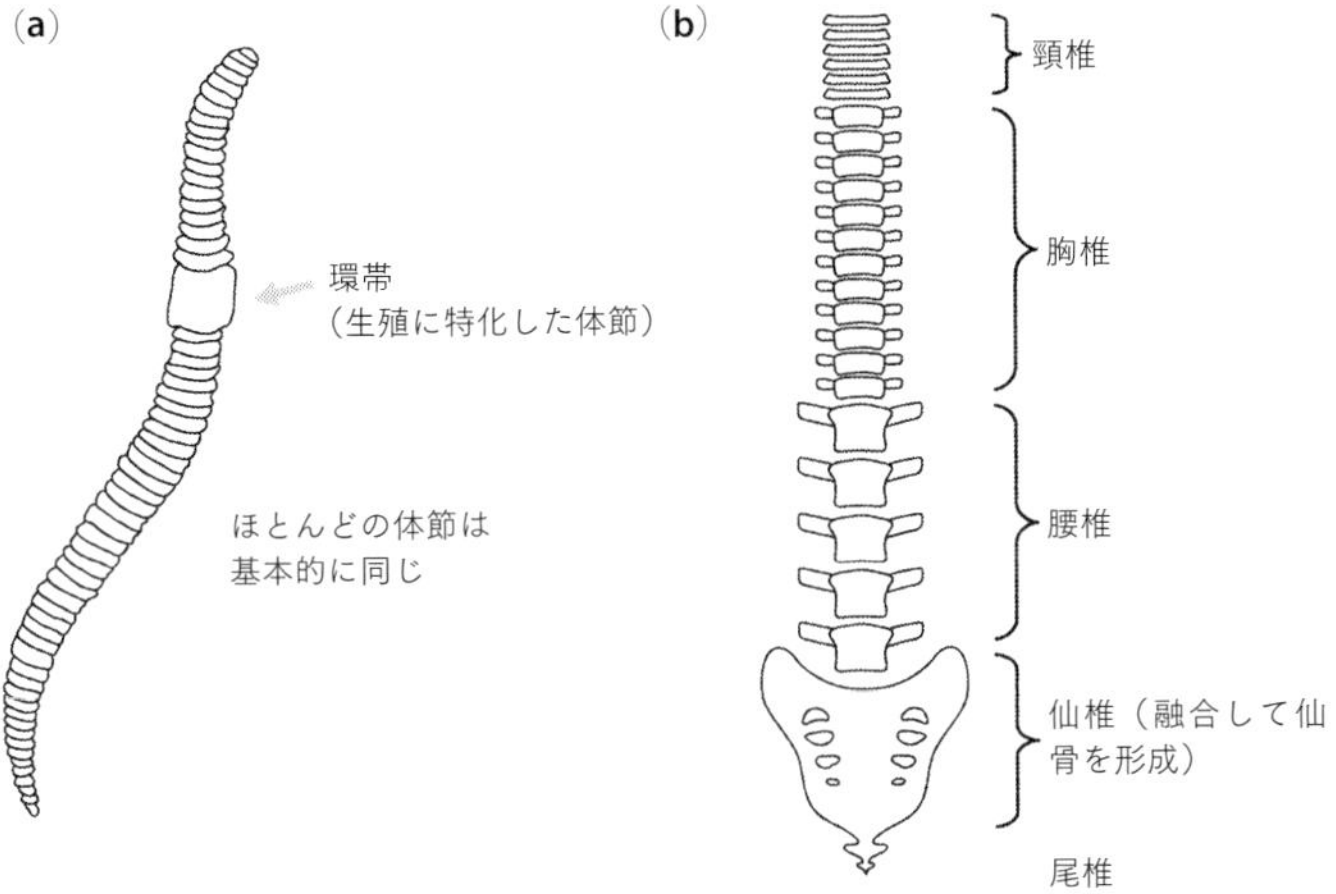

ミミズ（全体）　　ヒト（脊柱）

図 21　ミミズ (a) はひと目で体節の繰り返し構造がわかるが、ヒトは外観ではわからない。(b) はヒトの脊柱で、体節構造がよくわかるように、体肢骨や肋骨などの付属器官も、頭蓋骨とその関節（いちばん上の 2 つの椎骨を含む）も省いている。また椎骨そのものも若干簡略化していて、実際は同じ種類の椎骨でも互いに少し異なっている。

ブロックの繰り返し構造をもつ動物種は少なくない（繰り返しといっても基本的に同じというだけで、体のどこにあるかによっていくぶん特殊化する）。ミミズのような原始的な種の場合、各ブロックが生理的にかなり自立していて、それぞれ原始的な肺、腎臓、神経系等々をもっている。もちろん消化器系のような一部の系はすべての、あるいはほとんどのブロックを貫くことになるし、その動物が統一体として行動できるように各体節の神経系は連結されていなければならない。だがそれを考慮してもなお、基本モジュールの繰り返しによる体の構築には大きなメリットがあると考えられ、それはおそらく同じ遺伝や細胞というシステムを繰り返し使えるからだろう。これは有効な節約で、この段階の動物が根本的に異なる部位から構築されていたら、その後の進化は難しかったと思われる。ブロックの均一性はもっとも原始的な——ボディプランが単純だという意味でも原始的な——動物ほど高く、その後の進化の過程で少しずつ低くなった。化石の出現が古いという意味でも原始的な——動物ほど高く、その後の進化の過程で少しずつ低くなった。特定のブロックを特殊化して特定の目的——羽を動かすとか、歩くといった目的——に充てる例が少しずつ増えたからである。そして、特殊化すればするほど、ブロック同士が生理的に依存し合うようになり、それぞれが個別に腎臓や呼吸器官をもつのをやめ、集中型のサービスを共有するようになった。

脊椎動物もブロックに分かれているが、一見してわかる例はまれである。たとえば魚などはシルエットが滑らかで、外見だけでは分節構造を想像しにくい。しかし魚を食べたことがある人なら誰でも、魚の体のほとんどが椎骨と細い肋骨の繰り返しと、それに沿って並んだ筋肉（というより魚肉）の繰り返しでできていることを知っている。人体も同じようにブロックに分かれているが（ヒトの進化系統には魚のような祖先も含まれている）、魚よりもいっそうわかりにくい。いちばんはっきりしているのは骨格、特に背骨である（図21b）。ヒトの背骨は三三の椎骨からできていて、その一つ一つは「同じ主題の変奏」のようなものである。首の椎骨（頸椎）は七つあり、そのうち上の二つはうなずいたり首を振ったりできるように特殊化している。胸部の椎骨（胸椎）は一二個あり、それぞれ肋骨とつながっている。その下の腰部の椎骨（腰椎）は五つで、体を支えるためにしっかりしたつくりになっている。その下にもさらに小さい椎骨が九つあり、融合して仙骨と尾骨を形成している。またこれらの骨とつながっている軟組織——肋骨をつなぐ筋肉や、体と脊髄をつなぐ神経など——にも区分があるように見える。だが

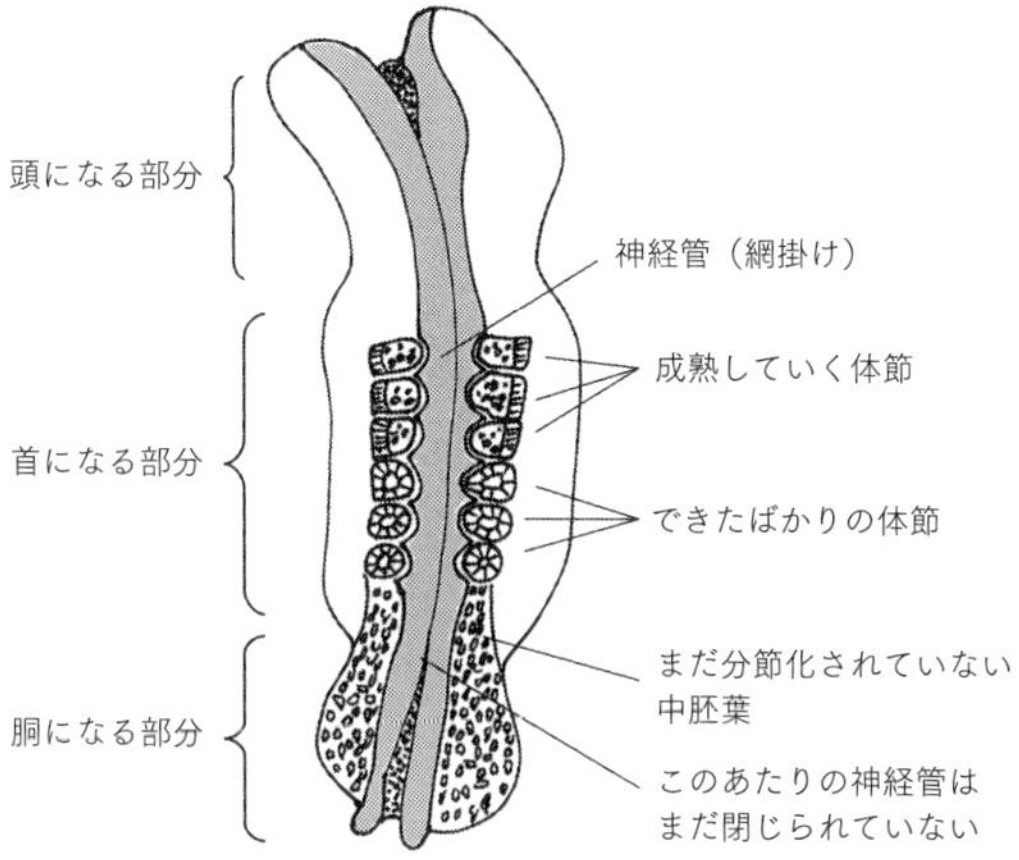

図22　およそ5週目のヒト胚の体節形成の様子。すでに6つの体節ができていて、これらが後頭骨の一部と第1頸椎になっていく。発生が進むにつれ、胚は図の下向へとさらに伸びていく。

その他の部分になると、区分らしきものがないわけではないが、もっと微妙でわかりにくい。

体節の形成

ヒト胚の発生過程で明らかな分節化が始まるのは、神経管の左右の中胚葉においてである。中胚葉は原腸形成でできた三層のうちの中間層だったが（第4章）、当初は細胞がゆるく結びついた状態で、特に組織化されていなかった。だが分節化の段階に入ると、この中胚葉の一部がブロック状に分かれはじめる。体節と呼ばれるこのブロックは、やがては椎骨、体幹部の筋肉その他の部位になっていく。体節はすべて一度に形成されるのではなく、胚の首のあたりから始まり、尾方に向かって順に一対ずつできていく（神経管の左右に同時に形成されるので「一対」となる）。ヒトの場合、およそ六時間ごとに新しい体節が一対形成される（図22）。

ではどうやって組織の一部が分節され、新しい体節ができるのかというと、個々の細胞が接着特性を変えることによってこの仕事を成し遂げている。体節形成にかかわる細胞集団は、原腸形成前は外胚葉の一部として非常に粘着性が高かったが、原腸形成で中胚葉の一部になってからは、互いにゆいつながりしかもたなかった。その接着機構にここで再びスイッチが入る[1]。そして体節形成に加わらない細胞から離れ、自分たちだけで集まって嚢胞様の閉じた球体、つまり体節を作る。

しかし、当然のことながら、これらの細胞がいっせいに接着機構を切り替えるわけにはいかない。そんなことをしたら、本来必要な複数の小さい体節ではなく、一つの長い「巨大体節」ができて、胚は分節化されずに終わってしまう。したがって、一度に一ブロック分の細胞だけ接着特性が変わり、そのブロックが体節になってから、次のブロックの接着特性が変わるようなしくみが必要になる。そしてそのためには、自分が体節を作るべき場所にいるのかどうかを、個々の細胞が極めて正確に感知できなければならない。

発生のもっと前の段階では、胚が小さかったので、個々の細胞が自分のいる場所に応じて異なる反応をするのも容易だった。たとえば原始線条を作るときも、胚がそれほど大きくなかったので、AVEが出すシグナルの濃度勾配で頭尾軸の予定線を引くことができた。だが胚が大きくなるにつれ、単純な濃度勾配で大きなパターンを描くのは難しくなる。長い組織にパターン形成するとき、これを一つの濃度勾配でやろうとすると、細胞の大きさに対して勾配がゆるくなってしまうからである（図23）。勾配がゆるいということは、隣接する細胞同士の濃度差が小さいということで、細胞にとって

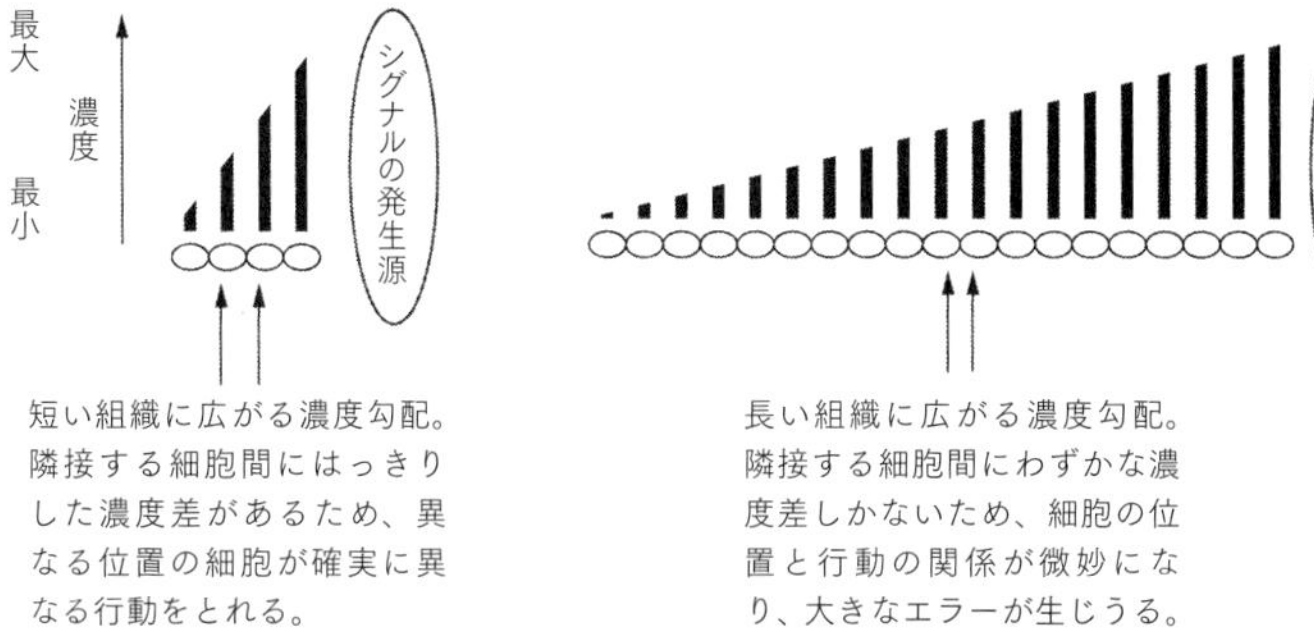
最大
濃度
最小
シグナルの発生源
短い組織に広がる濃度勾配。隣接する細胞間にはっきりした濃度差があるため、異なる位置の細胞が確実に異なる行動をとれる。
シグナルの発生源
長い組織に広がる濃度勾配。隣接する細胞間にわずかな濃度差しかないため、細胞の位置と行動の関係が微妙になり、大きなエラーが生じうる。

図23　発生源から広がる濃度勾配は、比較的短距離の位置の特定に適している。距離が長くなると、隣接する細胞間の濃度差が小さくなり、また生体内にはノイズもあるため、細胞は自分が行動を変えるべき空間内にいるのかどうか判断しにくくなる。したがって、こうした固定勾配は大きな組織に複雑なパターンを描く場合（つまり細胞にとって行動の選択肢が多い場合）にはふさわしくないし、これを使ってずらりと並んだ体節を一度にパターニングすることもできない。

は自分の位置を割り出すのが難しくなり、それに基づいて正確な判断を下すことも難しくなる。つまり濃度勾配は、初期の短い胚で細胞の行動を変えさせるには便利だが（細胞にとっての選択肢も少ないので）、それよりも大きく、しかも長くなった胚で、長軸沿いに細かい違いを作っていくときは役に立たない。

そこで胚は工夫する。勾配そのものを捨てるのではなく、短距離の勾配をずらしながら使うのである。短い勾配で一つの体節の位置を決め、次に勾配を一体節分ずらして次の体節の位置を決めるというプロセスを繰り返していく。この工夫を具体的なしくみに落とし込もうとすると非常に複雑で、胚が本当にそんなことをしているのかと首をかしげたくなる。だがすでに数多くの、それも広範な種の実験で確認されていて、まだわからないことが多々あるとはいえ、このしくみが現実のものであることはもはや疑いようがない。

窓

体節形成の過程で、まだ体節になっていない中胚葉細胞――すでにできた体節より尾方にある中胚葉細胞――は、一貫して**FGF**というシグナル伝達タンパク質を作りつづける。[2] これが体節形成に参加する細胞の初期状態で、何かに止められるまでFGFを作りつづける。細胞が体節を作るには接着機構の変更が必要だが、FGFはその変更を妨げる。細胞は自分が作ったFGFを自分で感知することができるので、FGFを作りつづけているかぎり接着機構を変更しない。つまり、まだ分節されていない中胚葉は、FGFという〝言語〟を使って自分自身に「まだだよ」と声をかけつづけている。[3]

一方、すでに体節を作りはじめている細胞は、FGFではなく**レチノイン酸**という別のシグナル分子を作る（胚の頭部の細胞もレチノイン酸を作る）。レチノイン酸はできたばかりの体節からまだ分節されていない中胚葉へと広がっていく。ただし中胚葉はこれを破壊する分子も作っているので、あまり遠くまで広がることはできず、十分な濃度で浸透するのは〇・一ミリ程度である。[4] このレチノイン酸が中胚葉細胞のFGFの生産を止める。その結果、まだ分節されていない中胚葉に、体節形成を妨げていたFGFが少ない領域ができる。要するに「体節を作ってもいいよ」という許容域であり、小さい「窓」が開いたようなものである（図24）。

体節を一つずつ作っていくメカニズムにとって、空間的な「窓」が開くことは重要なポイントだが、それだけでは問題は解決しない。窓ができて、そこに入った細胞がすぐ体節を作りはじめられるとし

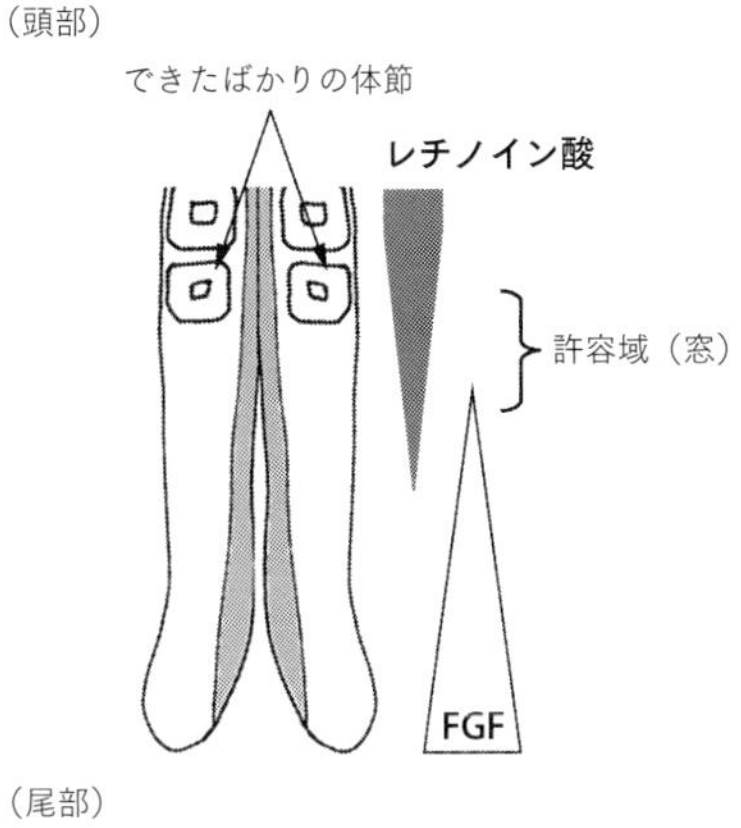

図24　頭方（形成されつつある体節を含む）から来るレチノイン酸の濃度勾配と、尾方から来るFGFの濃度勾配が重なるあたりに狭い「許容域」ができ、そこに入った細胞が体節を作りはじめる。

たら、窓が伸びるにつれてそういう細胞が増えるばかりで、いつまでたっても「ぼくも！　わたしも！」という細胞が跡を絶たず、体節の切れ目ができない。それではブロック分けができず、結局のところ一つの長い「巨大体節」になってしまう。だがそこでもし、窓枠のなかに入った細胞も、窓が体節一つ分の大きさになるまでは体節を作りはじめない、というルールがあったらどうだろう。それなら問題は解決する。[5] つまり、窓が体節一つ分まで伸びた時点で、そのなかにいる細胞のスイッチがいっせいにオンになるが、その先のさらに窓が伸びつつあるところはまだスイッチが入らない。これが繰り返されていくという考え方である。胚はまさにそういう手順を踏んでいるようだ。そしてこのスイッチのオン・オフを調節しているのが、分節時計と呼ばれる分子メカニズムである。

時計

分節時計は、合成を互いに制御し合うタンパク質のネットワークでできている。場合によっては、タンパク質が自分自身の合成も、直接ないし間接的に抑制することがある。なぜそのようなネットワークが「時計」になるのだろうか。それを説明するには、実際の分節時計よりはるかに単純な「おもちゃの時計」を使ったほうがよさそうだ。このおもちゃ時計はたった一つの遺伝子でできていて、その遺伝子が活性化されるとあるタンパク質が合成されるが、合成されたタンパク質は逆にその遺伝子を不活性化する。つまりこのタンパク質は自分自身の合成を抑制する。このおもちゃを何らかの細胞のなかに置いたと仮定し、タンパク質合成のメカニズムは通常通りに働くとしよう。覚えておいでだろうか。まず活性遺伝子が転写されてコピーであるRNAが作られ、次いでそのRNAが翻訳されて、実際のタンパク質が作られるのだった（第1章）。

ではこのおもちゃ時計に前提条件を与えよう。まずは、転写と翻訳のプロセスにかかる時間より、それによって作られるRNAやタンパク質分子の寿命がずっと長いことにする（つまりタンパク質の合成やその抑制に大きなタイムラグがない）。するとおもちゃ時計のタンパク質濃度はある一定のレベルに落ち着く。少し詳しく説明すると、タンパク質が少ない状態からスタートした場合、最初は遺伝子の活動にあまり抑制がかからない。したがって、RNAがどんどん作られて翻訳され、タンパク質の量が増えていく。するとより多くのタンパク質が遺伝子の活動を抑制するようになり、新たなタンパク質の合成にブレーキがかかり、タンパク質の産生量が減っていき、やがて産生量と喪失量が釣り合う

タンパク質が自分自身を作るための RNA の合成を抑制しているシステムで、
抑制にかかる時間が無視できるほど短い場合

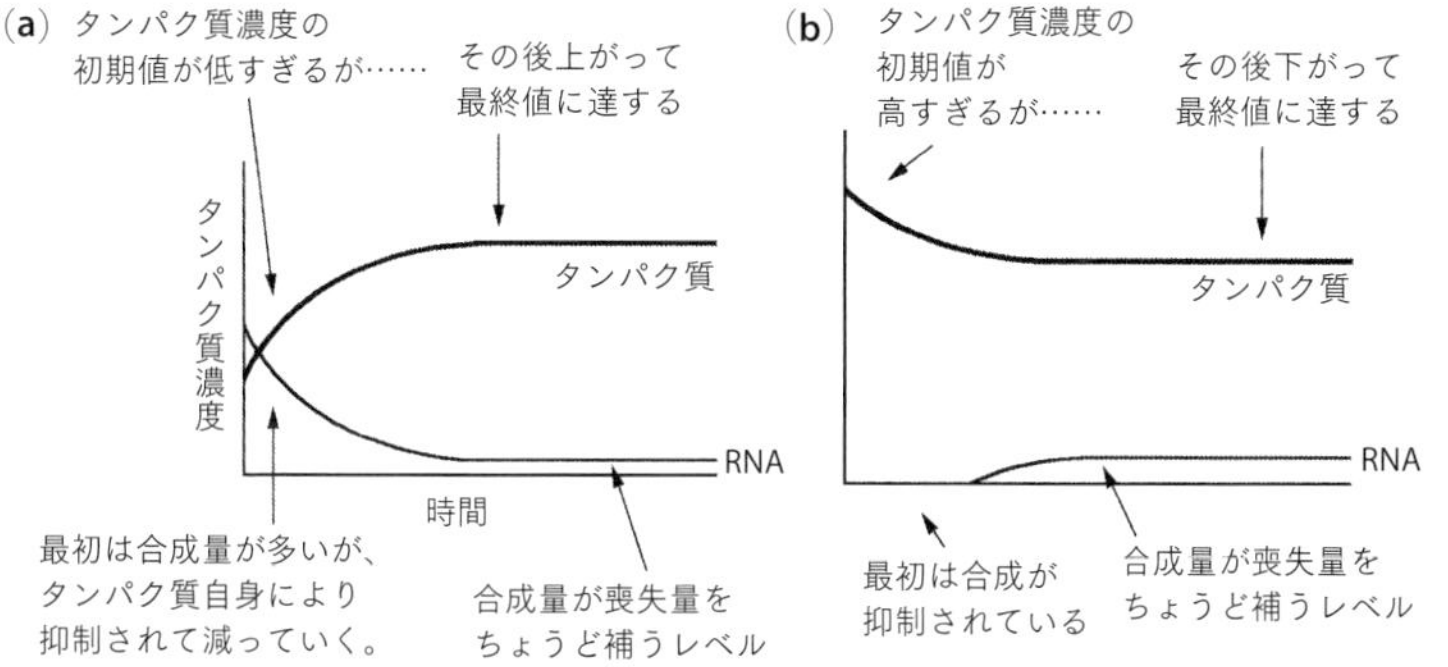

図 25　タンパク質（太線）が自分自身を作るための RNA（細線）の合成を抑制しているシステムで、タンパク質の寿命に対して合成（およびその抑制）にかかる時間が無視できる場合。タンパク質濃度が低すぎる (a) ところから始まっても、高すぎる (b) ところから始まっても、やがて最終値に落ち着く。次の図 26 と比べるとわかりやすい。

ところで安定する（図25a）。逆にタンパク質が多い状態からスタートした場合は、遺伝子の活動が大いに抑制され、新たなタンパク質はしばらく合成されない。そしてタンパク質が徐々に老化して分解され、ある程度量が減ってくると、ようやく合成されるようになり、やはり産生量と喪失量が釣り合うところで安定する（図25b）。したがって、このようなシステムではタンパク質濃度がある狭い範囲で安定的に維持される。実際にも、転写と翻訳にかかる時間（分単位）に対して寿命がかなり長い（何時間、何日という単位）タンパク質については、細胞はその量をこうしたシステムを使ってある範囲内に保っている。

次は前提条件を変えて、タンパク質の寿命が短いことにする。つまり、タンパク質合成にかかる時間が相対的に長くなり、タイムラグが無視できなくなるわけだが、するとシステム

タンパク質が自分自身を作るためのRNAの合成を抑制しているシステムで、
抑制にかかる時間がシステムに影響するほど長い場合

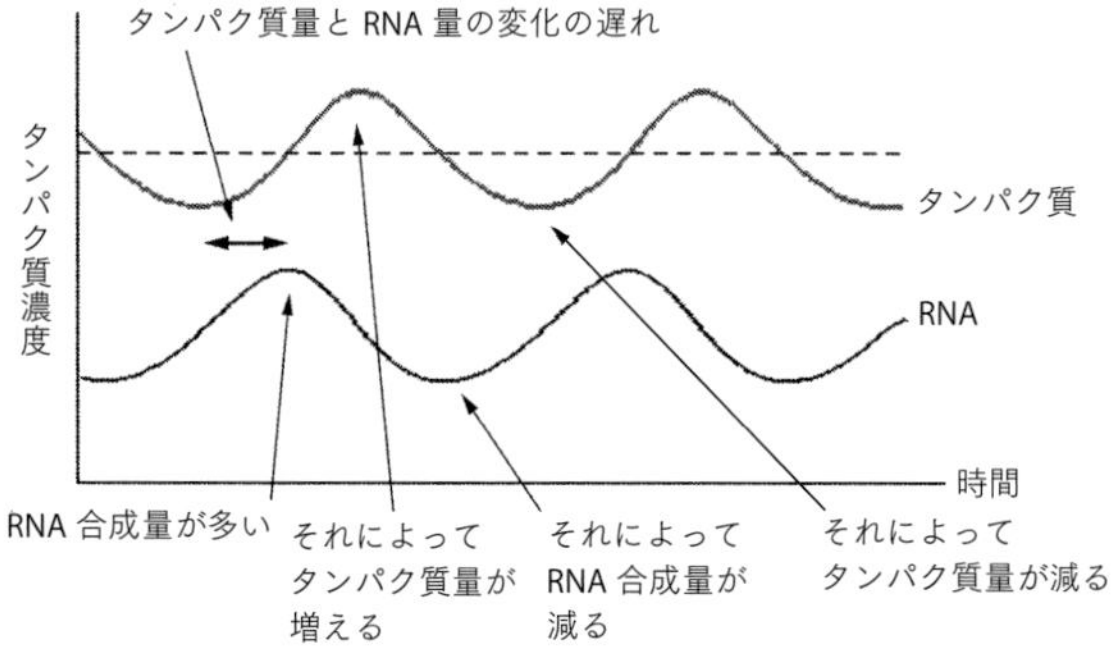

図26　タンパク質が自分自身を作るためのRNAの合成を抑制しているシステムで、タンパク質の寿命に対して合成（およびその抑制）にかかる時間が無視できないほど長い場合。グラフはタンパク質濃度が低下しつつあり、RNA濃度が低いところ（左端）から始まる。このタンパク質は比較的寿命が短いので濃度は下がりつづけ、やがてRNAの合成を抑制しきれなくなってRNAが増えはじめるが、そうなるまでに少し時間がかかる。抑制に時間がかかっているあいだにタンパク質量が減りすぎて、平均値を下回る。タンパク質が減りすぎたことでRNA合成に拍車がかかり、ぐっと量が増える。すると少し遅れてタンパク質量も増えるが、RNAが増えすぎたため、タンパク質も増えすぎてしまい、新たにRNA合成が抑制されるまでに時間がかかる。こうして「増えすぎ」「減りすぎ」が繰り返され、システムは単純な発振器ないし「時計」となる。

はまったく別の動きを見せる。タンパク質の量が少ない状態からスタートしてみよう。合成を抑制するタンパク質が少ないので、遺伝子の転写がどんどん進み、少し遅れてRNAの量が増え、さらに少し遅れてRNAが翻訳されてタンパク質の量も増えてくる。タンパク質の量が増えるにつれて転写は抑えられるが、まだRNAがたくさん残っているので、それらが分解されるまでは翻訳によってタンパク質が作られつづける。その結果タンパク質の量が増えすぎてしまう（図26）。増えすぎたところで転写がほぼ止まり、その後残りのRNAとタンパク質が分解して、ようやくタンパク質の量が減りはじめる。そして転写が再開されるが、転写と翻訳に時間がかかることでタンパク質の量はなかなか増えず、そのあいだにもタンパク質はどんどん分解されるので、今度はタンパク質の量が減りすぎてしまう。こうしてシステムはタンパク質が少ない状態に戻り、再び同じことが繰り返される。タイムラグがあることによってシステムはタンパク質量の増減を繰り返し、安定しない。時計の振り子のように「増えすぎ」と「減りすぎ」がいつまでも交互にやってきて、それがチックタックと時を刻む。

チックタックと分節

実際の分節時計を構成するネットワークはおもちゃ時計よりはるかに複雑だが[6]、時を刻むしくみの基本は、ここで説明したような短寿命のタンパク質――合成のための転写・翻訳にかかる時間に対して、寿命そのものが比較的短いタンパク質――に依存した自己抑制ループにあると思われる。もちろんそれ以外にも数多くのタンパク質が関与するが、それらは時計が規則正しく動くように助けたり、隣接する細胞の時計のリズムを合わせたりする働きをしているようだ。マウス胚の場合、分節時計が一サイクル刻むのにおよそ二時間かかる。一サイクルは短い「チック」と長い「タック」から成り、短い「チック」のとき、未分節の許容域（FGFが少ない領域、前述の「窓」）に入っているすべての細胞に対して体節を作る許可が出る。長い「タック」のあいだは、たとえ許容域に細胞があっても、体節を作る許可は出ない。この「チック」と「タック」が交互に刻まれることで、許容域のなかの細胞が体節形成に着手する前に、許容域の範囲が体節一つ分だけ尾方に伸びる。こうして許容域が伸びる速

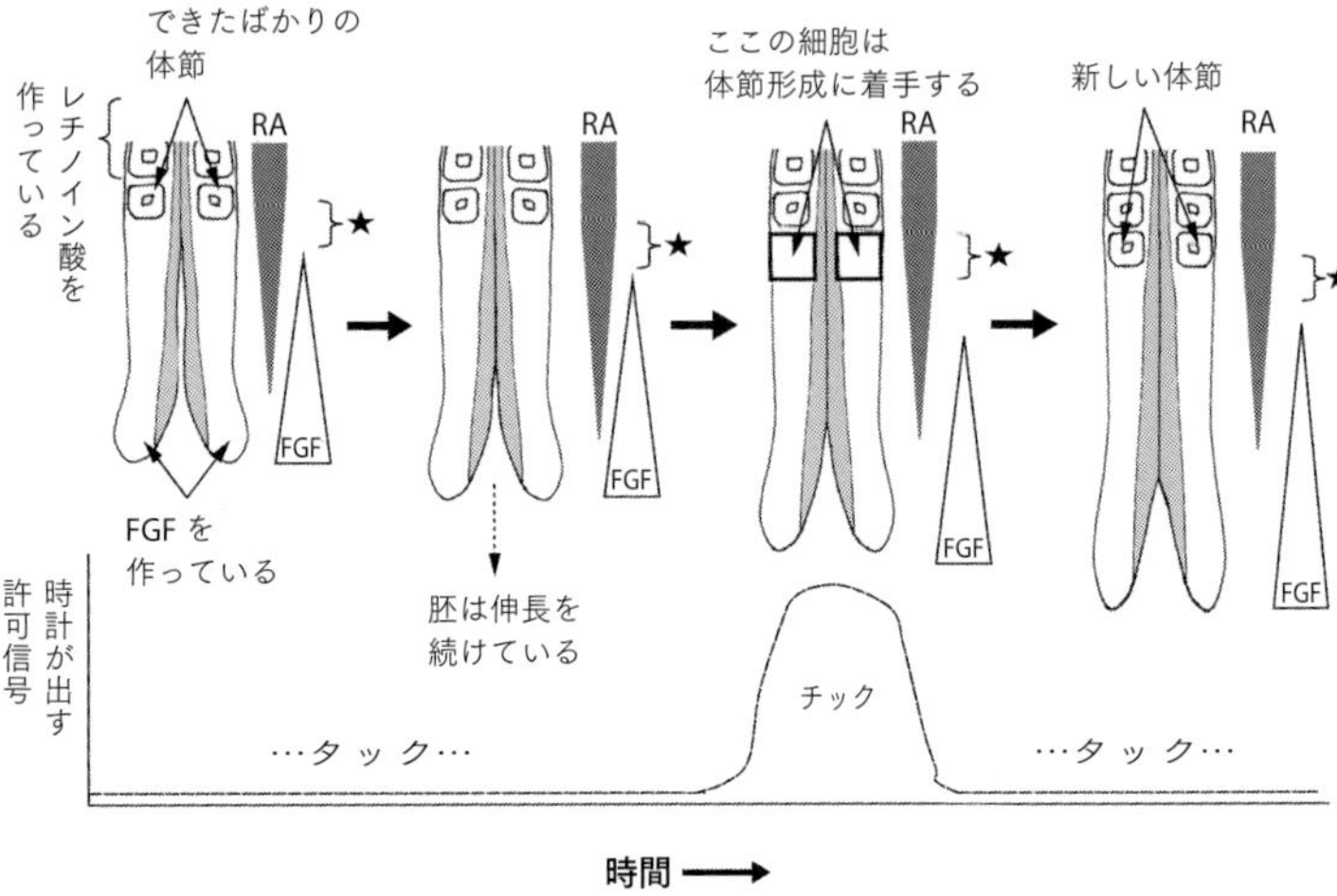

図 27　連続する組織を分節化するのに、時間と空間がどのように使われているかを表したモデル（今考えられているモデルであって、今後の研究によって変わる可能性がある）。左端は図 24 と同じで、新たに一対の体節ができたばかりの胚の尾側部を示している。形成済みの体節が作るレチノイン酸 (RA) が尾方に広がりつつ徐々に濃度が低下する（網掛けの三角形）。尾方の胚域が作る FGF は頭方へと広がるが、こちらも徐々に濃度が低下する（網掛けなしの三角形）。したがって、頭尾軸上の位置によって、細胞が受け取る RA と FGF の濃度比が異なる。濃度比が RA に偏った場所——★で示された許容域、いわば窓——は、新しい体節を作る可能性のある領域である。時とともに胚が尾方に伸びつづけ、また成熟しつつある体節が RA を作りはじめると、体節形成の可能性の「窓」も徐々に尾方にずれていく。だが窓枠内の細胞が実際に体節を作りはじめられるのは、時計が「チック」を刻んでからである。「チック」によって、それまで可能性だけ与えられていた細胞が、ようやく実際に体節形成に参加することになるので、その前の体節と新しい体節のあいだには明確な区切りができる。このプロセスが繰り返され、下のほうまで体節ができる。

度と時計の速度によってブロックの大きさが決まり、それが次々と繰り返されていく（図27）。

このしくみの興味深いところは、時計の動きが速いと、許容域が尾方にあまり伸びないうちに区切られるので、小さい体節がたくさんできるという点である。ヘビなどは多くの椎骨をもつが、それはヘビの胚がヒト胚より多くの体節を作るからだ。そこで最近研究者たちがヘビ胚の分節時計を調べたところ、案の定、マウスやヒトの分節時計よりずっと速く動いていることがわかった。[7]

以上のように、局所的かつ細胞レベルで起こる四つの現象――FGFタンパク質の合成、レチノイン酸の合成、分節時計、胚の尾方への伸長〔同時に進行している〕――が空間と時間を結びつけることによって、個々の細胞が体節形成に参加するかどうかを判断できるようになっている。細胞が胚全体の地図をもっていなくても、またそのとき胚のなかのどこにいようとも、これらのしくみはきちんと働く。ここでもまた、細胞は局所的なルールを頼りに自分たちを組織することで、はるかに大きい規則的なパターンを作り上げることに成功している。

HOXクラスター

ここまでで、中胚葉の一部を体節に分ける方法は概ね明らかになった。だがそれだけでは同じ体節ができるだけで、たとえばヒトの椎骨の種類が異なる理由がわからない。いったいどのようにして個々の体節に固有の構造が生じるのだろうか。胸部の体節は肋骨を伴う中くらいの大きさの椎骨になるし、腰部の体節は肋骨を伴わない大きい椎骨になるし、その下の体節は小さい椎骨になって互いに融合し、

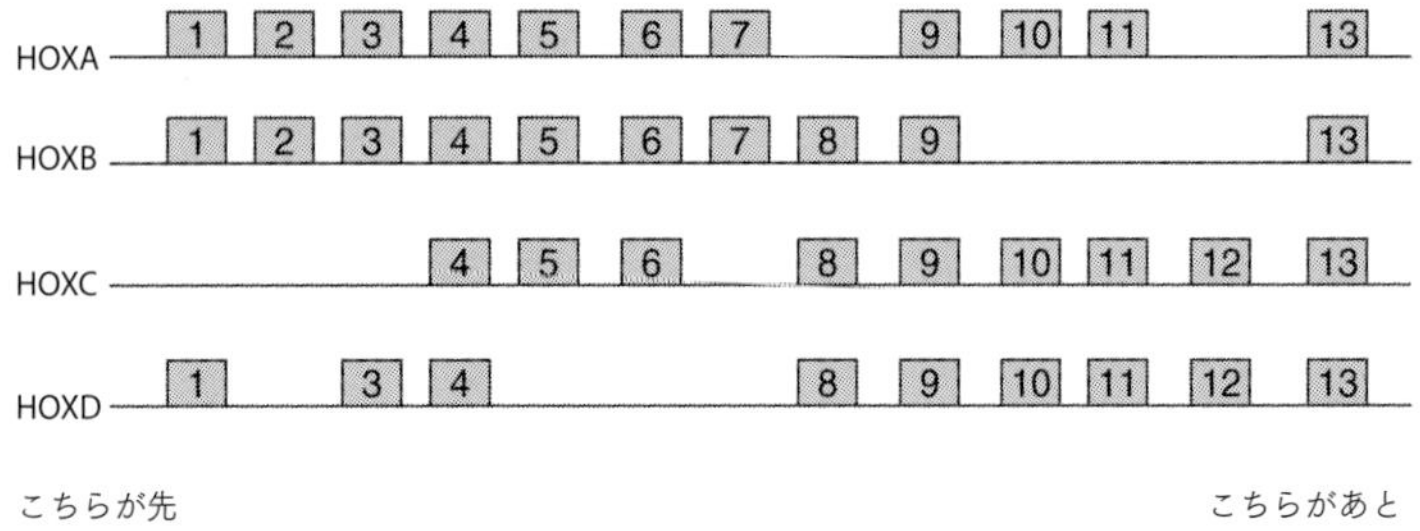

図 28　ヒトの 4 つの HOX クラスターの遺伝子構造。横線は染色体上の連続領域を、番号が振られた箱は HOX 遺伝子を意味する（たとえば、HOXA クラスターの 1 番の箱は HOXA1 遺伝子）。

骨盤の背側の中心にある仙骨と尾骨を形成する。ということは、個々の体節細胞は自分が体のどのあたりにいるかを知っているはずである。これについては何十年にもわたって精力的な遺伝子研究が行われたおかげで、ようやくそのシステムが解明されつつある。今わかっているかぎりでは（分節時計のしくみと同様に、今後の研究によって変わるかもしれないが）、このシステムもまた「時間」を利用して、分子スケールから胚のスケールへ「空間（位置）」情報を伝えていると考えられる。

システムに必要な空間情報は四つの遺伝子群（クラスター）として、DNA上に分子スケールで保存されている。クラスターを構成するのはHOX《ホックス》遺伝子で、一三のタイプがあり、1から13まで番号が振られている。四つのクラスターはHOXA、HOXB、HOXC、HOXDと呼ばれ、いずれも一群のHOX遺伝子を含み、番号が若いほうから順に並んでいる（図28）。HOXAに含まれるタイプ1の遺伝子は「HOXA1」、HOXBに含まれるタイプ1の遺伝子は「HOXB1」と呼ばれる。つまりHOXAクラスターにはHOXA1、HOXA2、HOXA3……という順番でHOX遺伝子が並んでいる。ただし、各クラスターは1から13までのすべてのタイプを含んでいるわけではなく、欠失しているものがある（図28で空白になっているところ）。わたしたちの遠い祖先はHOXクラスターを一つしかもたなかったが（コクヌストモドキ〔甲虫の一種の食品害虫〕のような昆虫は今でも一つしかもたない）、その後、脊椎動物に進化する過程で二回コピーされたことが、他の動物の遺伝子研究からわかっている。最初のコピーで二つになり（無顎脊椎動物は二つ）、二度目のコピーで四つになった[8]（有顎脊椎動物は四つ）。たとえばHOXA1とHOXB1、HOXA2とHOXB2がよく似ている理由はこの経緯で説明できそうだ。その後どのクラスターも遺伝子の一部を失ったが、これもコピーで説明が可能で、コピー後しばらくは同じ番号の遺伝子同士にほとんど差がなかったため、互いに代用可能だったと考えることができる。たとえば、かつてのHOXD6の役割のすべてをHOXA6、HOXB6、またはHOXC6で代用できたとすれば、HOXD6が失われても問題はなかった。だがやがて、同じ番号の遺伝子もそれぞれ変異しはじめ、さらに長い時間をかけて分化し、微妙に異なる役割を果たすようになったため、それ以上遺伝子を失うわけにはいかなくなった。いささかとってつけたようなこの説明が通るかどうかは別として、とにかくヒトのHOXクラスターは図28のような構造になっている。

注目すべきは、有顎脊椎動物はおよそ四億六〇〇〇万年も前からこの地球の海を泳ぎ、陸を歩き、空を飛んできたのに、そのあいだどの種においても、クラスター内のHOX遺伝子の並び順が変わらなかったという点である。ほかの遺伝子はだいたい何度も位置を変えていて、今では種が異なると遺伝子の並びも異なっている。それなのになぜHOX遺伝子の並び順は変わらなかったのか。それは、この遺伝子の場合は並び順そのものが重要で、体節の分化の並び順とほぼ直接関係しているからである。

HOXクラスターによる体のパターン形成は、実は原腸形成のときに始まっている。体節は首から尾方へと順に形成されていくが、頭尾軸上のそれぞれの位置で、体節形成より少し前に、遺伝子がパターン形成に必要な活動を行っているのである。首のあたりになる細胞は、原腸形成時に原始結節から陥入するとき、HOXクラスターの左端（図28の左端）のほうの一式の遺伝子を活性化する。少し遅れて、首よりもっと下のほうになる細胞は、原始線条から陥入するときHOXクラスターの少し右寄りの遺伝子を活性化する。さらに遅れて、胚の尾部になる細胞が陥入するときには、HOXクラスターの右端（図28の右端）のほうの遺伝子が活性化する。いずれの場合も、細胞は陥入時に自分がスイッチを入れたHOX遺伝子群を覚えていて、その後も長期的にスイッチ・オンの状態を保つ（かなり思い切って簡略化しているが、この章の目的にはかなうだろう）。

要するに、早く陥入する細胞は図28の左のほうの一式の遺伝子のスイッチを入れ、遅く陥入する細胞は右のほうの一式の遺伝子のスイッチを入れる。どう制御すればこういう結果が得られるだろうか。考えられる答えの一つは、細胞が陥入を待つあいだに、HOXクラスター内の遺伝子の「今ここが活性可能です」という部分がゆっくりと左から右へ、波が伝わるようにずれていくというものである。この考え方からすれば、ある細胞が原始結節ないし原始線条から下へもぐり込むとき、細胞はその時点で活性可能になっているHOX遺伝子群を実際に活性化し、あとはその一式を覚えておけばいいことになる。したがって、陥入が遅くなればなるほど、細胞がもぐり込む位置が尾方に近づけば近づくほど、波の移動時間が長くなるので活性可能域が右にずれ、発現するHOX遺伝子群は図28の右寄りになる。このメカニズムによって、HOXクラスターの遺伝子の並び順が胚の頭尾方向の構造の並び順に置き換えられる。前者は分子スケールの極めて微小なものだが、後者はすでにミリ単位になっている。これもまた、遺伝子構造が胚の構造に直接結びつく数少ない例の一つである。

DNAをほどく

頭尾軸上の異なる位置で異なるHOX遺伝子が発現することはおわかりいただけたと思うが、その結果胚がどうなるかに話を進める前に、「活性可能な遺伝子が波のようにずれていく」という興味深い現象についてもう少し説明しておきたい。このメカニズムは研究途上で、細部はまだ解明されていないが、緻密な実験が山ほど積み重ねられてきたおかげで大まかなところは見えてきている。

染色体を構成するDNAはタンパク質に巻きつき、さらに小さく折りたたまれてコンパクトにまとまっている。これは場所をとらないという意味では便利だが、遺伝子の転写には不便である。一方、DNAはゆるんだ状態になることもあり、こうなれば転写しやすい。通常、ほとんどの染色体にはDNAが凝縮した部分と、そこからループ状にほどけ出たゆるんだ部分の両方がある。DNAの領域によって常に凝縮したままという部分もあれば、逆に凝縮することがほとんどない部分もある。また、どのDNA結合タンパク質が存在するかによってどちらの状態にもなれる、という部分もある。マウス胚の実験で最近得られたデータによれば、Hoxクラスターの少なくとも一つ（Hoxb）は、どちらの状態にもなれる。

Ｈｏｘｂクラスターは、Ｈｏｘｂ遺伝子が活性化しないかぎり全体が凝縮している。正確にいうと、Ｈｏｘｂ13（図28の右端の遺伝子）がいちばん奥にしまい込まれ、Ｈｏｘｂ1（図28の左端の遺伝子）がいちばんほどけやすい——つまり外側からアクセスしやすい——位置にくるように凝縮している。Ｈｏｘｂ遺伝子が発現するかどうかは、その遺伝子が凝縮状態から解放されるかどうかにかかっていて、それを可能にするのが前述のＤＮＡ結合タンパク質である。Ｈｏｘｂクラスターは凝縮していてガードが堅いのだが、ＤＮＡ結合タンパク質はアクセスしやすい端を見つけて結合する。するとクラスターはもっと楽な、ゆるんだ状態に移行できるようになる。「解放」の鍵を握るこのタンパク質はレチノイン酸によって活性化する。活性化効果は抜群で、培養したマウス胚の幹細胞でもわかるほどである。[9] シャーレ（培養皿）にごく微量のレチノイン酸を加えると、ぎゅっと凝縮したＨｏｘｂクラスターが端のほうから少しずつほどけはじめ、まずＨｏｘｂ1、続いてＨｏｘｂ2、それからＨｏｘｂ3と番号順にアクセス可能になる（図29）。これには時間がかかるが、Ｈｏｘｂクラスターがおよそ一五万塩基分の配列からなることを考えればむしろ当然である。こうしてＨｏｘｂ遺伝子の解放プロセスはゆるやかに、かつクラスター上の並び順通りに進んでいく。おそらくＨｏｘｂのみならず、マウスのＨｏｘａ、Ｈｏｘｃ、Ｈｏｘｄでも同じことが起きていると思われ[10]、そこからの類推で、ヒトのＨＯＸクラスター

＊——ヒトの遺伝子はすべて大文字で（ＨＯＸ）、マウスの遺伝子は頭文字のみ大文字で（Ｈｏｘ）書かれることが多い〔マウス以外の生物も種類によって表記法が異なる。また、タンパク質はすべて大文字で書かれることが多い。いずれにせよ、遺伝子とタンパク質の表記法・命名法は複雑で、その説明は本書の範疇を超える〕

も同様と考えることができそうだ。

Ｈｏｘｂクラスターがこのようにループ状にほどけて発現可能になることは、マウス胚そのものでも観察されている。そのおかげでクラスターがほどけていく速度、すなわち遺伝子の活性可能域の「波」が移動していく速度と、原腸陥入が尾方へと移動していく速度がうまく合っていることもわかった[11]。ということは、前述のメカニズムの考え方は正しいかもしれないと希望がわいてくるが、同時に細かい疑問点も次々と出てきている。細胞は自分が発現したものをどうやって正確に覚えているのか、「波」がずれていく過程で隣接する細胞間に混乱は生じないのか、2

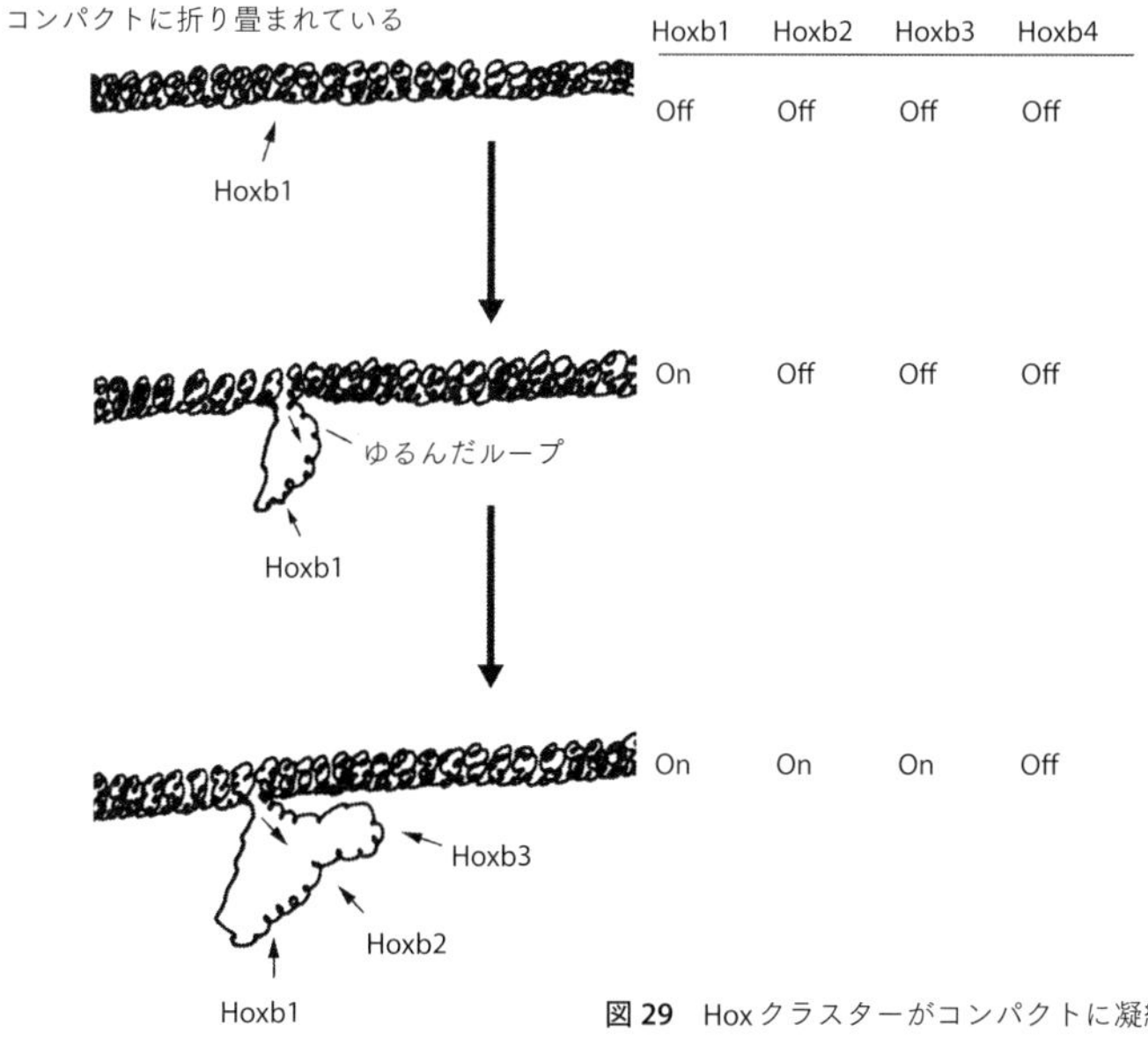

図 29　Hox クラスターがコンパクトに凝縮した状態からゆるんだ状態へと徐々に変わるにつれ、クラスター内の並び順で転写可能になる遺伝子が増えていく。

番の遺伝子が発現したときにどうやって1番の遺伝子の発現を止めるのかなど、さらに掘り下げるべき細部が数多く残されている。すべてが解明されるまでには、なお多くの研究者がこうしたテーマの研究にキャリアを捧げなければならないだろう。

HOX遺伝子と椎骨の種類

ヒトの体節細胞が発現するHOX遺伝子群（マウスならHox遺伝子群）と、その体節が作ることになる椎骨の種類のあいだには密接な関係があり、その意味でHOX遺伝子は非常に重要である。[12] たとえば、首の第三頸椎、第四頸椎、第五頸椎は非常によく似ているが、実際これらを作る細胞は同じ組み合わせのHOX遺伝子を発現する。それに続く第六頸椎、第七頸椎はその前の三つと少し違うが、細胞が発現するHOX遺伝子も微妙に異なる組み合わせになっている。動物の種が異なれば椎骨の数も変わり、ニワトリには頸椎が一四、マウスには七つ（ヒトと同じ）ある。だがニワトリもマウスも、HOX6タイプの遺伝子（Hoxa6、Hoxb6など）が発現するようになると、頸椎を作る体節が終わり、胸椎を作る体節が始まる。つまりHOX遺伝子は椎骨の数ではなく、椎骨の種類と関係している。同様に、HOX10タイプの遺伝子が発現するようになると、胸椎を作る体節が終わって腰椎を作る体節が始まるし、HOX11タイプは腰椎から仙骨への切り替えに関係している。これらの事実はすべて、HOX遺伝子が何番のタイプかによって、体節がどの椎骨になるかが決まることを示している。

この考え方は遺伝子操作したマウス胚の実験でも検証されてきた。一つないし複数のHox遺伝子を欠いたマウス胚を作り、発生への影響を調べる実験である。通常のマウスの首には第一頸椎（環椎）と第二頸椎（軸椎）が一つずつあり、いずれも変わった形をしていて、そのおかげで首を振ったり回したりできる。続いて第三、第四、第五頸椎があるが、これらはごく普通の頸椎の形で、互いに似通っている。ところが実験でHoxa4遺伝子を取り除くと、第三頸椎になるはずの体節が第二頸椎のように特殊化し、変わった形になってしまう。その部分の細胞が、自分たちは実際より頭に近いところにいると「思い込んだ」かのような結果である。同様に、Hoxa7とHoxb7を取り除くと、第一胸椎（肋骨をもつ）になるはずの体節が頸椎（肋骨をもたない）のようになり、これもやはり細胞が実際より頭に近いところにいると「思い込んだ」かのようだ。一方、Hoxa5とHoxa6を取り除くと、同じ場所の細胞が実際より頭から遠いところ、つまり本来これらの遺伝子のスイッチがオフであるべき場所にいると「思い込み」、第七頸椎になるべきものが第一胸椎のように肋骨をもってしまう。もっと（図28の）右のほうの遺伝子を取り除けば、同じようなことが腰に近い部分で起きる。

この章では、体の分節化のための二つのシステムを説明した。一つは濃度勾配と分節時計によって体節が形成されるシステム、もう一つはその体節が何になるかを決めるHOX遺伝子のシステムで、どちらも単純で局所的なプロセスによって胚全体にかかわるパターンが作り出された。またいずれの場合も、時間の経過を利用して空間パターンを形成するところに特徴があった。時間情報を空間情報に置き換えるというのもまた、発生中の胚の細胞が単純な数学によって自分たちよりはるかに大きい構造を作り上げる手法の一つである。

第Ⅱ部

細部を描き込む

Adding Details

第7章 運命は会話で決まる《情報伝達とパターン形成》

Fatefull Conversations

初めに言《ことば》があった。*
ヨハネによる福音書

第2章から第6章までのプロセスで、胚はすでに多くのことを成し遂げた。これといった特徴のない細胞群だったものが、今では頭尾軸をもち、その方向に長くなり、軸に沿って背側に神経管、腹側に腸管が通っていて、神経管の両側にはブロック状の組織があり、その全体を外胚葉が包んでいる。また**HOXコード**により、頭尾軸上の位置に応じて細胞はその場所にふさわしい振る舞いをすることを約束させられている。とはいえ、成体に比べるとこの段階の胚はまだラフスケッチのようなもので、完成作品にはほど遠い。だいたいの構図はできているが、細部はまだ描き込まれていない。

体節ができはじめた段階では、体内の細胞の種類はまだ限られている。外胚葉細胞、神経管細胞、腸管細胞、体節細胞、その他いくつかで、成体細胞に数百の種類があるのに比べるとまだまだ少ない。このあと骨、腱、筋肉、血管といったさまざまな構造を作っていくためには、各組織の細胞集団は自分たちをさらに多くのグループに分割し、それぞれを異なるものにしなければならない。しかもそれを組織的に行わなければならない。均一の細胞集団を異なる種類に分けるという問題に初めて直面したとき、胚は個々の細胞が置かれた環境の非対称性を利用した。そして自由表面をもつ細胞が栄養外胚葉に、もたない細胞が内部細胞塊になったのだった（第3章）。神経管細胞や体節細胞も同様で、次の段階のグループ分けのために環境の非対称性を利用する。だが発生もこの段階になると、自由表面といった幾何学的特性だけでは情報が足りず、むしろ必要な情報のほとんどを他の組織が分泌するシグナル分子に頼るようになる。つまり隣接する組織同士がシグナル分子を使ってさかんに会話することで、組織内の細胞集団が複数の種類に分かれていき、すべてが細かく配置されていくのである。

神経管の分化

組織間の会話について知るには、神経管の例がわかりやすい。神経管の内部がいくつかの領域に分かれて異なる機能を担うようになっていく過程は、分子のやりとりに満ちている[1]。神経管はすでに形

*――In principio erat verbum.《イン・プリンキピオー・エラト・ウェルブム》　新約聖書の「ヨハネによる福音書」のウルガタ訳（ラテン語）より（和文は日本聖書協会『新共同訳　新約聖書』ヨハネによる福音書一章一節）。

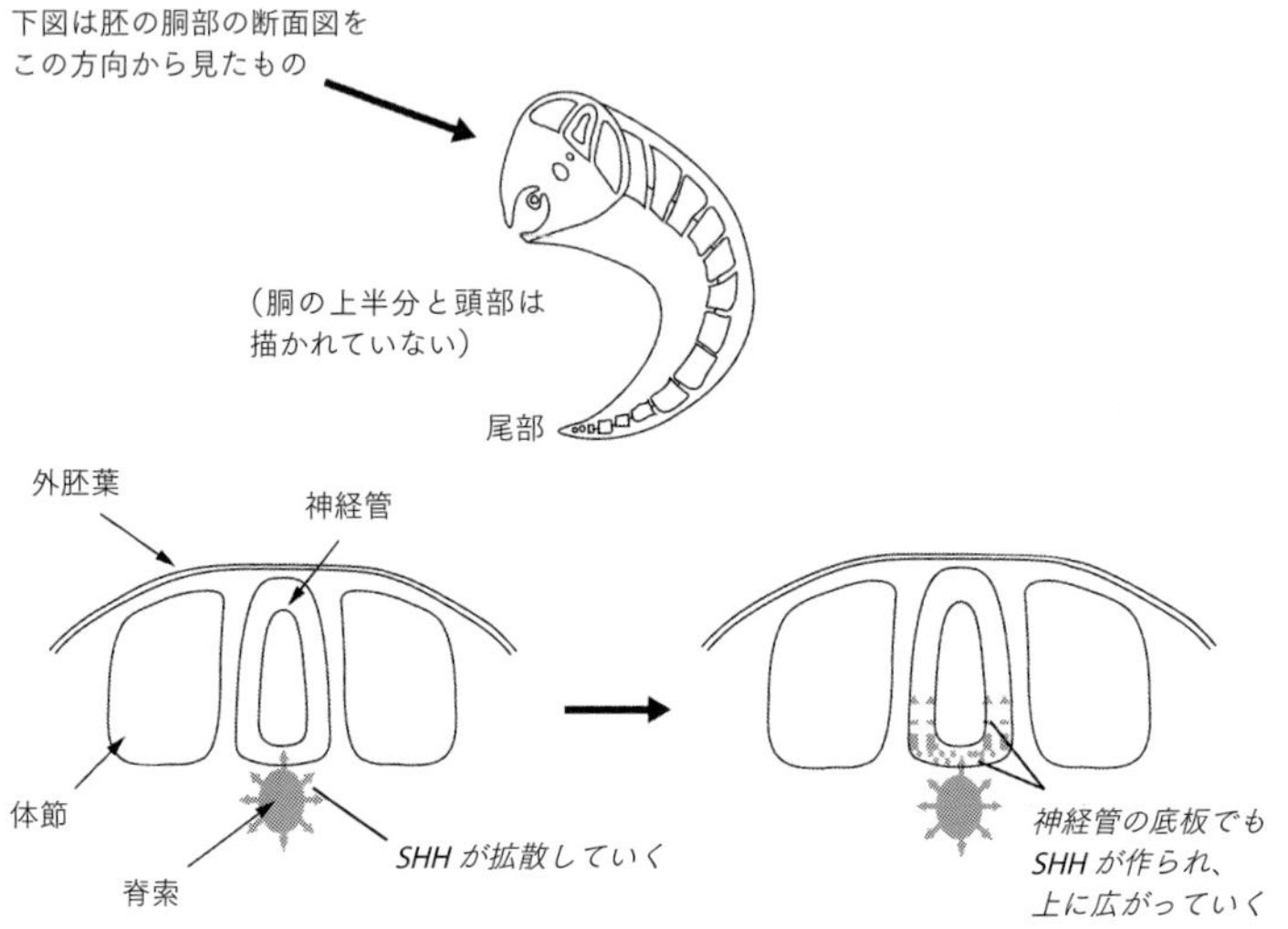

図 30　脊索は SHH を産生し、それが隣接する神経管のほうへ広がっていく。するとその部分の組織が特殊化して「底板」となり、今度は底板自身が SHH を産生しはじめる。

成され（第5章）、この段階では外胚葉（後に主として表皮になる）と棒状の脊索のあいだにはさまれた状態で、胚の中心線に沿って伸びている。つまり背側*に外胚葉があり、腹側に脊索があるという非対称が自然に生じている。まず重要なのは、神経管が脊索に近接していることである。脊索は**ソニックヘッジホッグ**（Sonic Hedgehog **SHH****）というタンパク質を分泌し、それが周囲に拡散して濃度勾配をつくる。脊索のすぐそばがもっとも高く、離れるに従って低くなる勾配である。[2] 神経管細胞はSHHに敏感で、十分なSHHが届く脊索側の細胞は強い刺激を受ける（図30）。するとその部分の細胞群が新たに一式のタンパク質を作りはじめ、神経管の残りの部分とは異なる細胞になっていく。そのときから、この部分は**底板**《ていばん》と呼ばれるようになる（なぜなら、地面と平行に這ったり飛んだり泳いだりするすべての動物にとって、この部分が神経管の「底」に当たるからである。直立するヒトに用いると紛らわしいので、この言葉が出てきたら立って歩く大人ではなく、ハイハイする赤ん坊を思い浮かべてほしい）。

脊索と底板の位置関係が重要であることは次の二つの実験でも確認されている。[3] 一つはニワトリ胚の神経管の側面に第二の脊索を移植する実験で、この胚の神経管には正常な位置（本来の脊索のすぐ上）と側面（移植された脊索のすぐ横）の二か所に底板ができた。脊索が底板の位置を決めているという考え方に合致する結果である。もう一つは脊索を取り除く実験で、この場合は底板がどこにもできなかった。〔この章の「上」「下」「横」などは、基本的に図30、31、32の断面図における位置関係を示している〕

底板の細胞が作りはじめる一式のタンパク質にはＳＨＨそのものも含まれている。したがって、脊

*　「背側」は胚の背中になる側で、「腹側」は胚の腹になる側（いうまでもないが、念のため）。

**　遺伝学者は遺伝子におかしな名前をつけることが多い。「ソニックヘッジホッグ」はショウジョウバエの突然変異体の一つが「ヘッジホッグ」（ハリネズミの意）と呼ばれるところから来ている（この突然変異によって、本来なら縞状に少し生えるだけの剛毛が、ハリネズミのように全身に生えた幼虫が生まれたため）。その後、脊椎動物にもショウジョウバエのヘッジホッグと同一起源の遺伝子がいくつか確認されて、「何々ヘッジホッグ」という形で命名することになり、最初は「インディアンヘッジホッグ」といった分別のある名前だったが、やがてビデオゲームの『ソニック・ザ・ヘッジホッグ』まで引っぱり出されて「ソニックヘッジホッグ」という名が誕生した。ショウジョウバエのほかの突然変異体も変わった名前ばかりで、「ブリキ職人」（『オズの魔法使い』からとった名前で、心臓がないから）、「チープデート」（「すぐ酔う人」の意味で、アルコールに極度に敏感だから）、「ハムレット」（ⅡB細胞の場所にいる細胞が想定と違う振る舞いをするので、研究者がⅡB or not ⅡB〈To be or not to be〉と悩むから）などがある。なかでも「ハムレット」は不評だ。

索に続いて底板もSHHの産生基地となり、SHHはそこから背側へと広がっていく。ただしSHHタンパク質は寿命が短いため遠くまでは広がらず、距離とともに濃度が急低下する。SHHに対して神経管の残りの部分がどう反応するかはSHHを受け取る量によるので、底板からの距離によって変わる。

反応とは何かというと、要するに**神経細胞**（**ニューロン**）の基本的な種類のうちのどれを（最終的に）作るかを決めることである。ニューロンには筋肉に直接シグナルを送る**運動ニューロン**や、他のニューロンからシグナルを集め、処理して次へ伝える介在ニューロンがあるが、この二種類は脊髄の背腹軸上の異なる領域に作られる。[4] ニューロンは種類ごとにまったく異なっていて、逆にそうでなければ正常に機能しない。細胞は運動ニューロンになるか介在ニューロンになるかをはっきり決めなければならず、両方の中間のようなハイブリッドになってはならない。となると、ここで問題が生じる。物理化学の法則で決まるSHHの濃度勾配はなだらかで漸進的だが、これに対する細胞側の反応はAかBかといった明確な選択でなければならない。いうなれば前者がスロープで後者が階段なので、胚はどうにかしてスロープ状の情報を階段状の反応に置き換えなければならない。それをやってのけるのが、互いに作用し合う遺伝子とタンパク質である。

SHHの主な作用は特定の遺伝子を活性化することだが、これに対する感度は遺伝子によって異なる。発生中の神経管には、SHHが低濃度でも反応する敏感な遺伝子と、高濃度でなければ反応しない鈍感な遺伝子の両方がある。* SHHが広がってくるとまず敏感なほうが反応し、神経管の腹側の半分

＊——敏感なほうは Olig2 で、鈍感なほうは Nkx2.2 という遺伝子。

くらいまで一気にスイッチが入る。遅れて鈍感なほうも反応するが、こちらは濃度が十分高い腹側四分の一程度までしかスイッチが入らない。しかも、ここがポイントなのだが、活性化した鈍感な遺伝子が細胞内で作るタンパク質によって、その細胞内の敏感な遺伝子のスイッチが切られる。このしくみによって、底板のすぐ上には鈍感な遺伝子を発現する細胞群が、そのまた上には敏感な遺伝子を発現する細胞群が形成され、この二つは重なることがない[5]。つまり帯状にはっきり分かれた二つの領域ができる（図31）。

このように、底板と脊索は主として神経管の下半分（腹側）のパターン形成にかかわっている。同様に、神経管の上半分（背側）のパターン形成もすぐ近くにある組織がきっかけを作る[6]。神経管の背側にもっとも近い組織といえば外胚葉で、そもそも神経管は外胚葉から作られ、そこから分離したばかりだった（第5章）。その外胚

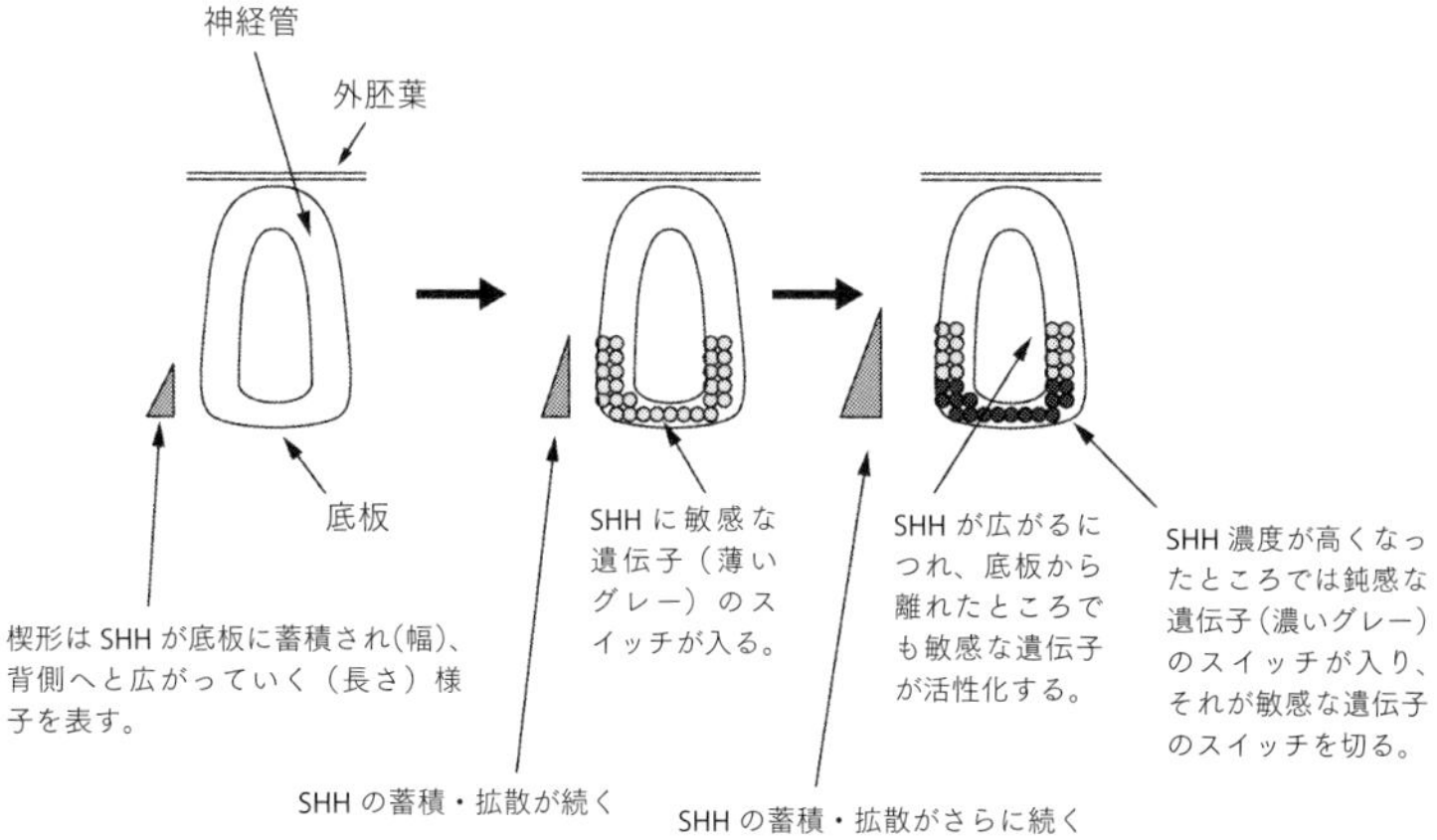

図31　底板がソニック・ヘッジホッグ（SHH）を合成し、それが広がって濃度勾配を形成することで、神経管の腹側にはっきり分かれた領域ができていく。

葉もまた別のシグナルタンパク質を分泌し、こちらは比較的容易に神経管のなかに広がっていく。このタンパク質には主な作用が二つある。一つはSHHシグナルを（もし上のほうまで広がってきていたら）すべて無効にすることで、もう一つは神経管の背側それ自体をシグナルセンターにすることである。後者は底板で起きたこととよく似ている。脊索が分泌したSHHによって神経管の底部もシグナルセンターになったのだった。だが背側ではもっと複雑なことが起きる。底板の細胞は脊索から受け取ったのと同じ分子、SHHを産生したが、背側の神経管細胞は外胚葉からのシグナルと同じものではなく、別のシグナルタンパク質——**WNT**《ウィント》と**BMP**——を産生する[7]ようになる。

WNTもBMPも、細胞から分泌されると拡散して濃度勾配をつくる。その勾配が、腹側のSHHと同じように、背側をいくつかの領域に分けるのに使われる（分子の詳細は異なるが、基本的なしくみは同じである）。次いで神経管は外胚葉以外の組織から来るシグナルも利用する。周囲にはいくつかの組織が非対称に並んでいるので、上や下から来るシグナル、おそらくは横の体節から来るシグナルも利用して、大きく分けた領域をさらに細かい領域に分けていく。そうしてできた小領域のそれぞれが、その後脊髄が成熟するにつれて、異なる種類の神経組織になっていく。

一方、神経管細胞は周囲からのシグナルを受けるだけではなく、自らもシグナルを発しているので、逆のことも起きている。つまり周囲の組織もまた、神経管由来のシグナルをパターン形成に利用する。シグナル伝達というのは一方通行の指令ではなく、送って受ける、受けて送るという双方向のやりとりであり、まさにタンパク生化学の言語による「会話」になっている。

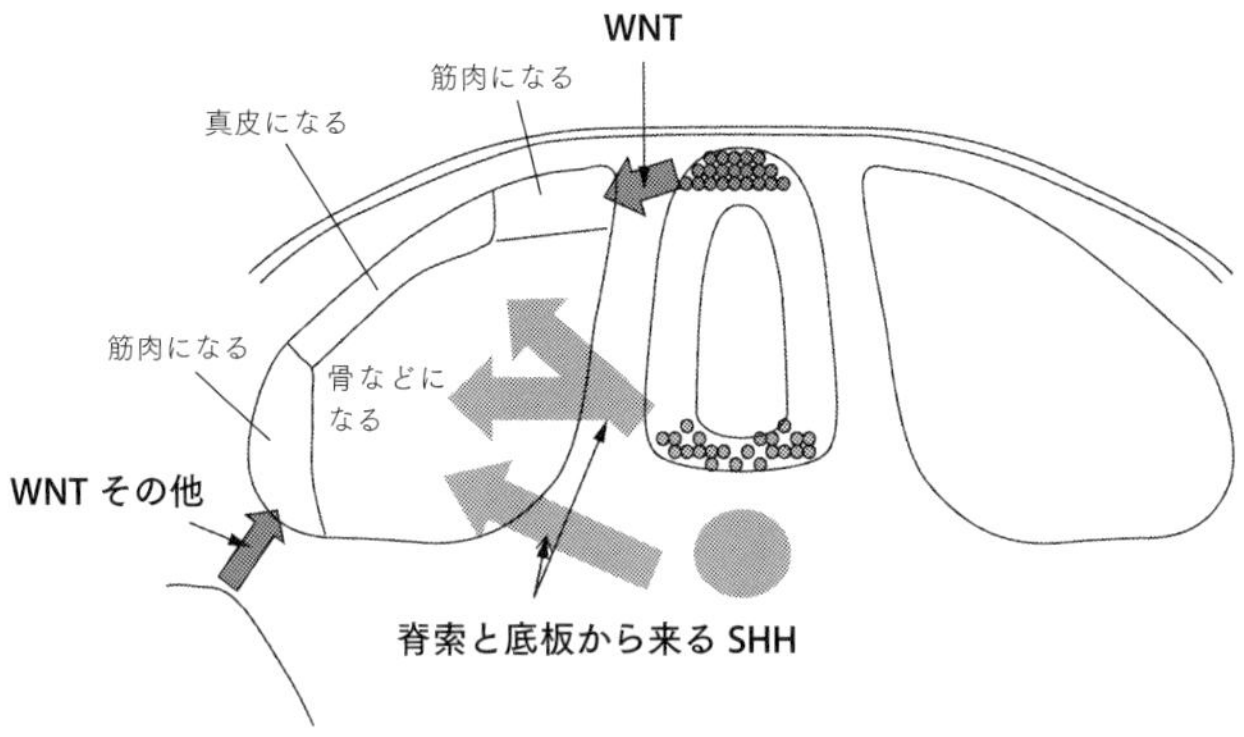

図32　周囲からのシグナルによって体節にパターンが形成される。

体節の分化

神経管の両脇にある体節も、最初は一種類の細胞からなる単純な構造にすぎないが（第6章）、やがてそこから骨、筋肉、腱、皮膚の真皮と皮下組織など、体幹部の数多くの組織が作られていく。したがって体節も、神経管と同じように、内部を異なる領域に分けていかなければならず、そのために隣接組織から来るシグナルを利用する。

神経管の背側がWNTタンパク質を分泌しているので、体節の背側の神経管寄りの領域はWNTシグナルをたくさん受ける（図32）。一方、体節細胞そのものは神経管細胞とはまったく異なる種類の遺伝子を発現している（だからこそ神経管細胞ではなく体節細胞なのだから、これは当然のことである）。したがって、WNTシグナルを受けた体節細胞は神経管細胞とはまったく異なる反応をする。一つのシグナルが受け手によって異なる意味をもつというのは、珍しいことでも何でもない。たとえば「ぼくがサスペンダーをしたらどうだろうね」と訊かれたとき、アメリカ人とイギリス人ではまったく違うイメージを思い浮かべるだろう（「サスペンダー」はアメリカではズボン吊り、イギリスではガーターベルトを意味する）。*あるいは何かの会合で「この件をテーブルにのせましょう（I propose we table this motion.）」といったら、イギリスでは「話し合いましょう」の意味だが、アメリカでは「棚上げしましょう」の意味になる。アメリカ人にとってもイギリス人にとっても英語は母国語なのに、大西洋を越えると数多くの言葉――それも日常用語――が原因で決まりの悪い思いをさせられる。このように、意味というのはメッセージそのものではなく、受け手の状況や状態によって決まる。生物でもそれは変わらず、同じシグナルが受け手の細胞によって異なる意味（効果）をもちうる。**

というわけで、体節細胞はWNTシグナルを受け取ると神経管細胞とは異なる反応を示し、筋肉の形成に必要なタンパク質を作りはじめる。ただしWNTの拡散範囲は比較的狭いので、筋発生のスイッチが入るのは体節のごく一部、神経管の背側に近い部分に限られる。一方、体節の下方の体側部寄りの一部も別の発生源からWNTシグナルを受けていて、筋発生の第二の拠点となる（図32）。その後発生が進むにつれ、この二つの領域で異なる種類の筋――神経管に近いほうでは体の背部の筋、下方側面では腹壁の筋――が作られていく。[8] そして両者のあいだの、どちらのWNT発生源からも遠い部分は、皮膚の結合組織（真皮）〔表皮の下の組織〕になっていく。

ここまでで体節は三つの領域に分化し、筋肉になる領域二つが皮膚（真皮）になる領域をはさんだサンドイッチ構造ができているが、これで終わりではない。体節細胞は脊索と神経管の底板から来るシグナルにも敏感で、しかも体節のなかの神経管腹側や脊索に近い部分では、そのシグナルの濃度が他のシグナル（筋肉や皮膚への分化を誘導するシグナルなど）より高くなる。するとこの領域の細胞は前者に反応し、骨や結合組織に分化していく[9][10]（図32）。

会話と柔軟性

以上を短くまとめると、神経管は周囲の組織から来るシグナルによって分化するが、その神経管も反応の一部としてシグナルを出し、それによって周囲の組織も分化する、となる。比較的単調だった胚に細かい模様が描かれていくプロセスは、このように細胞間の豊かな会話によって支えられている。

念のためにいっておくが、この章で取り上げた組織が特別に「おしゃべり」だというわけではない。胚のどこを見ても、ほぼ例外なく、隣接する組織同士がさかんに会話を繰り広げている。胚全体にわたって、組織は互いにシグナルを送り合い、シグナルに近いか遠いかといった差を利用して自らを種類の異なる細胞群に分割していく。元の均一な組織がいくつかの領域に分割されると、今度はその境界線が会話の場になり、そこが異なるシグナルを出すようになれば、同じ方法でさらに細かい領域へ

*――わたしの友人（アメリカ男性）はこの違いを知らなかったために、エジンバラの有名なデパートでとんでもない目にあった。

**――人間の言語活動における能記《シニフィアン》（記号表現）と所記《シニフィエ》（記号内容）の関係を研究するのは「記号学」だが、その生物版ともいうべきシグナル分子とその意味の関係の研究は、通常「生物記号学」と呼ばれる。

の分割が可能になり、この繰り返しはいくらでも続く。これは画期的なメカニズムであり、そのために多くの遺伝子が使われていても当然だと思える。実際、ヒトの遺伝子のおよそ五分の一が、シグナル伝達に関連するタンパク質合成のために割り当てられている。

このメカニズムには組織をいくらでも細分化できるという強みに加えて、誤差に強いという強みもある。胚がこうした会話を利用しないとしたらどうなるかを考えてみてほしい。各組織が単独で、周囲の組織の位置とは無関係に分化していく胚、たとえば細胞が設計図から指示を読み取るような胚のことである。その場合、各細胞の位置がほんの少しでもずれると、時間の経過や胚の成長とともに誤差がどんどん蓄積され、隣り合っているべき組織や近くにいるべき細胞群同士が離れてしまい、発生は失敗する。体がとても小さくて、構造もシンプルで、組織の種類も少なく、重要な接合部も少ない生物なら「会話」がなくてもなんとかなるかもしれない（少なくとも理論上は）。だが細胞の種類が数百あり、しかもそれらが正確に作用し合わなければならない生物となればもう論外である。これに対して、組織同士がシグナルをやりとりするシステムなら、組織内の特殊化する領域の位置は、シグナルを出す隣接組織からの距離によって自動的に決まるので、組織の位置が少々ずれても問題ない。システムは自らを環境に合わせることができ、誤差も蓄積されず、むしろその都度修正されていく。つまり「どうでなければならないか」ではなく、「実際にどうなっているか」に基づいて調整していく発生メカニズムであり、誤差が生じても、それが極端に大きなものでないかぎり、胚は十分に対処できる。

タンパク質という言語での「会話」を組織の細分化に利用するやり方は、動物の発生方法そのものにも影響を及ぼしている。タンパク質がある程度の濃度で広がる範囲は生物物理、生物化学の法則によって決まり、ほとんどの場合二〇分の一ミリ（五〇ミクロン）程度である。ということは、ある細胞群を濃度勾配を使ってパターン形成するには、その時点での細胞群の広がりが二〇分の一ミリ程度にとどまっていなければならない。胚の発生過程では実際にそうなっていて、神経管の背側と腹側の間隔も、発生する歯根の間隔も、発生する毛髪の間隔も、皆そうである。

会話成立の条件

このことから、発生には次の二つの条件が課せられていることがわかる。第一に、胚全体を一度にパターン形成することはできない。胚がまだ小さいうちに大まかなパターニングを済ませ、そこである役割を担った部分が少し大きくなるのを待ってもう少し細かいパターニングをし、そこで新たにある役割を担った部分が大きくなるのを待ってさらに細かいパターニングを……というステップを繰り返していくしかない。ヒトの発生も例外ではなく、最初の週で小さいながらも完全な胎児を作ってしまって、あとはそれを大きくしていくだけ、というわけにいかない理由の一つがこれである。あくまでもパターニングと成長を交互に繰り返していくしかない。少々乱暴にいえば、まず頭と胴体に分け、頭が少し大きくなったらその一部が顎になるようにし、顎が少し大きくなったら歯の配置を決める、といった具合である。

第二に、特定のパターン形成をする時点での胚の大きさは、概ね一定でなければならない。たとえば、神経管をいくつかの領域に分ける段階の胚の大きさは、トガリネズミでもヒトでもシロナガスクジラでも概ね同じである。馬とクジラとコウモリの成体が跳ねたり泳いだり飛んだりしているのを見てもその類似性はわからないが、子宮内の胚の状態で比べると類似性がよくわかる。それにはこうした理由もあったのだ。

第8章

体内の旅《細胞の遊走》

Inner Journeys

その道が美しいなら、どこへ向かう道かは問うまい。
アナトール・フランス

あなたの顔のほとんどは後頭部からやってきた。あなたの感覚神経と皮膚の色素細胞は脊椎の後ろからやってきた。あなたの精子あるいは卵子を作り出す細胞はすべて体外（胚外）からやってきた。こうした例を挙げればきりがない。つまりわたしたちの発生は、初期の胚における細胞の遊走能——細胞があるところから別のところへ自力で移動する能力——に大いに依存している。動物学者たちは鳥の渡りや魚の回遊にずっと魅了されてきたが、ミクロの世界で起きる細胞の遊走も負けず劣らず魅力的で、驚きを禁じえない。しかも鳥や魚と違って、細胞は絶えず形を変えつづける環境のなかを進んでいかなければならないし、細胞には目も脳もなく、親から学ぶ機会も与えられない。それにもかかわらず正確に移動するのだから、なおさら驚かされる。

細胞がどうやって遊走するのかというテーマは、二つの問題に分けて考えることができる。そもそも細胞はどのように這うのかという問題と、なぜ特定の方向に進めるのかという問題である。

細胞が這うようになったのははるかに昔のことで、多細胞動物の出現からさらに何億年もさかのぼる。動物細胞が餌になる**細菌**を追いかけて原始の地球の泥の上を移動できるようになったときに、這い進む動きの基本ができ、それが大きく変わることなく今日まで受け継がれてきた。その動きは次の三つのしくみの連携で成り立っている。

1. 細胞の先導端を内側から進行方向〔以後「前」とする〕に押す。
2. 細胞が土台となる面と新たに接着して足場をつくる。
3. 足場を利用して細胞の残りの部分を前へと引っぱり上げる。

これらのしくみもまた、単純な構成要素が集まって自分たちよりはるかに複雑で高度なシステムを作り上げている好例なので、少し詳しく見ていこう。

微小線維

先導端を内側から前に押すのはタンパク質の微小線維である。第5章で細胞層全体を曲げるのに使

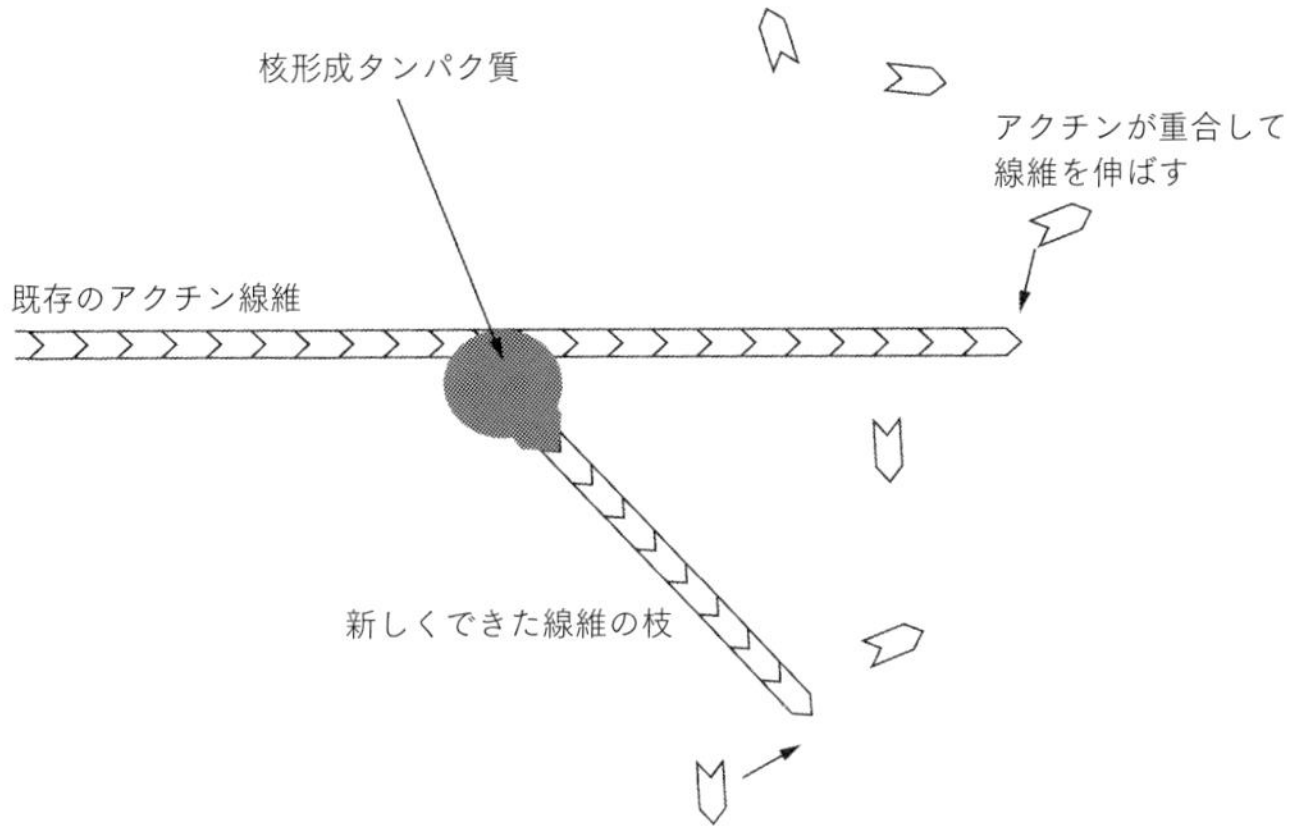

図33　重合核を形成するタンパク質複合体によって、既存のアクチン線維から枝のように新しいアクチン線維が伸びる。

われたネットワークも微小線維でできていたが、ここも同じ線維で、主に**アクチン**というタンパク質でできている。単体のアクチン分子は小さい球の形をしているが、それが互いにつながると糸状の線維になる（第1章、図3）。ただし、アクチン分子が集まって新たな線維を作りはじめるのはかなり非効率な作業で、それより新しいアクチン分子が既存の鎖の先端にくっつくほうがはるかに効率がいい。したがって、何かの助けがないかぎり、細胞内で新しい線維ができはじめることはまずないが、すでにできている線維は比較的容易に伸びる。一方、細胞は新しい線維の形成を可能にする「フィラメント核形成タンパク質（filament-nucleating proteins）」を数種類もっていて〔著者はこう呼んでいるが、「重合核形成タンパク質」などの呼び方もある。以後、便宜上「核形成タンパク質」と略す〕、目的に合わせて使い分けている。そのなかの一つで、細胞が這うために重要な核形成タンパク質は「既存の線維に結合できるときだけ機能する」という特性をもっている。したがって新しい線維は既存の線維の「枝」として形成されることになり、同じことが繰り返されて枝にもまた枝ができていく[1](図33)。

さて、ここで核形成タンパク質が常に活性状態だとしたら、線維の枝が際限なく増え、細胞は交錯した微小線維でいっぱいになってしまう。だが実際はそうならない。なぜなら、核形成タンパク質は通常は不活性で、活性化するには他の分子の助けを必要とするからである。しかも助けとなる分子の一部は先導端の細胞膜の内側につながれているため、核形成タンパク質が活性化する場所もその付近に限られる。また、ここが大事なポイントなのだが、このタンパク質が活性状態でいられるのは短いあいだだけで、すぐに「衰えて」不活性状態に戻ってしまう。つまり細胞膜付近から離れて細胞の中心方向へ移動したとしても、それほど行かないうちに不活性になる。したがって活性状態の核形成タンパク質がいるのは主として細胞膜のすぐ内側だけであり、アクチン線維が増えるのもその領域だけという結果になる。

細胞膜のほうに伸びていくアクチン線維は、やがて細胞膜にぶつかって外側に押す。細胞の先端が前に進むのは無数のアクチン線維がそうやって内側から外へ押すからである[2]。しかし、核形成タンパク質はどちらに細胞膜があるかを知らない。大きいとはいえただの分子で、地図などももっていないので、間違った方向に、つまり細胞の内側のほうに向けて枝を伸ばすこともある。そのため細胞はこれを阻止するしくみを用意している。細胞内にはキャッピングタンパク質がたくさんあり、それが無駄な方向に伸びる枝の先に蓋《キャップ》をして、それ以上伸びないようにするのである。前述のように、核形成タ

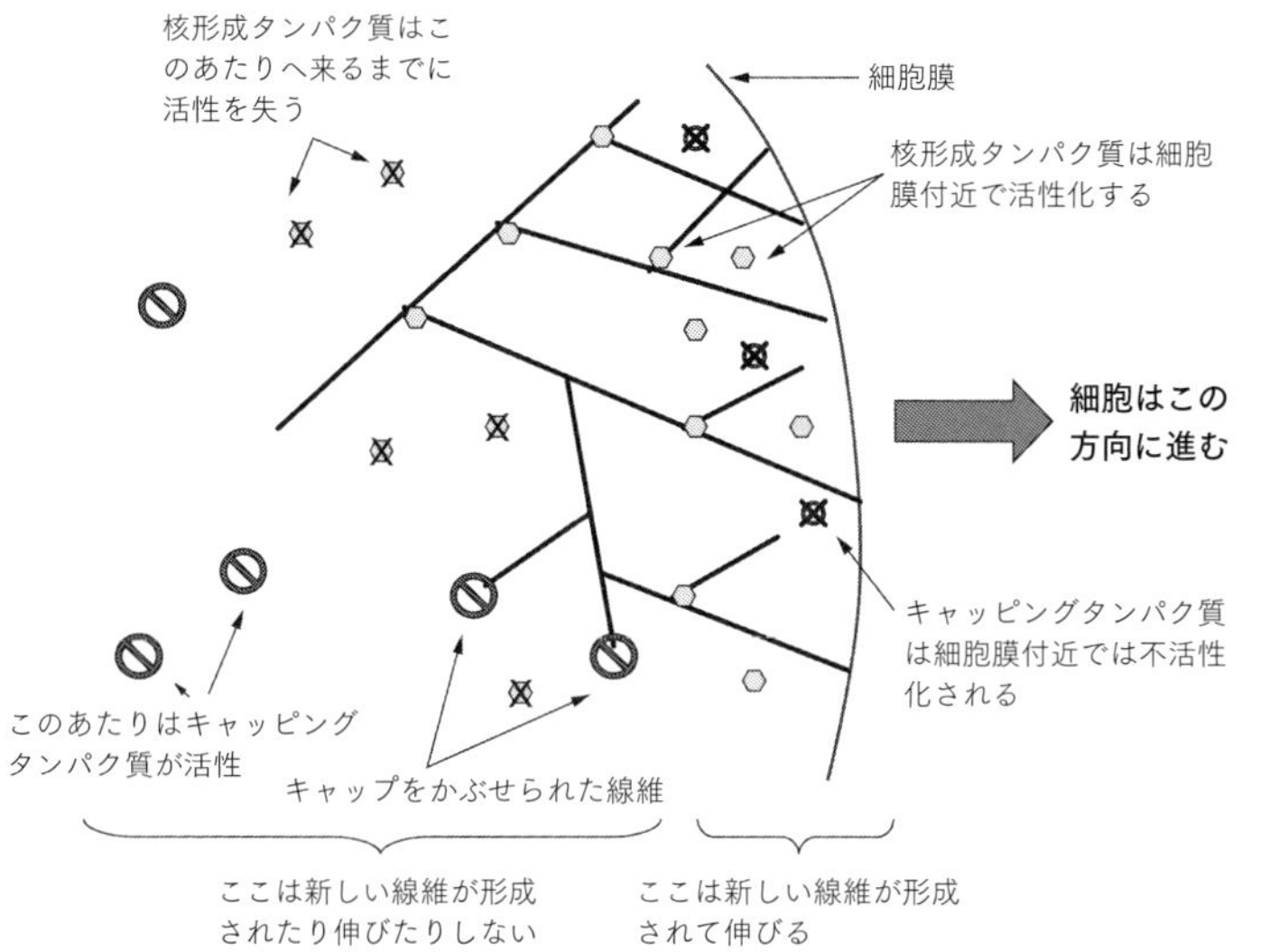

図34　細胞膜付近では核形成タンパク質が活性化し、キャッピングタンパク質が不活性化するので、環境の非対称性が生じる。その結果、新しい線維のほとんどが細胞膜のほうへ伸びていくことになる（そうでない線維はすぐにキャップをかぶせられてしまう）。

ンパク質は通常不活性で、細胞膜付近の分子が関与するプロセスによって活性化するのだが、キャッピングタンパク質はその逆で、通常は活性で、細胞膜に関係する分子によって不活性になる。したがって、細胞膜のほうに伸びる線維は不活性状態のキャッピングタンパク質と出合うだけで、そのまま伸びつづけることができるが、それ以外の方向に伸びようとする線維はすぐに蓋をされてしまう。つまりこのシステムは、先導端の「片方には細胞膜があるが、もう片方にはない」という単純な環境の非対称性を利用して、アクチン線維の伸長を細胞膜のほうへと導いている[3]（図34）。

接着タンパク質

先導端のタンパク質の共同作業によって、伸びていくアクチン線維が細胞膜を前へ前へと押す。すると、ニュートンの運動の第三法則「作用と反作用は向きが逆で大きさが等しい」により、線維が細胞膜を押した分だけ細胞膜も線維を押し返す。線維システムが細胞のなかを漂っているだけだとしたら、細胞膜を前に押そうとしたことによって、線維システム自体が押し返されて後ろに下がってしまう。そうならないためには、下にある面（基質）に対して線維の末端が固定されていなければならない。そこで登場するのが、細胞を基質に付着させることができる接着タンパク質の複合体で、この接着分子がアクチン線維の末端を固定する。[4]

接着分子は微小線維に足場を提供するだけではなく、細胞の残りの部分を引っぱり上げるためにも欠かせない。先導端の線維網から離れたところでは、アクチンは**ミオシン**というタンパク質と結合する傾向にある。平行する何本ものアクチン線維をミオシンが束ね、太いケーブル状にするのだが、ミオシンが線維を「引く」ことによりケーブルがぴんと張る構造になっている。これは細胞間の結合部を縫うように走っていたあのネットワーク（第5章、図18）に似たもので、先導端ではミオシンが不活性化するため、形成されない。それ以外の場所ではミオシンが自由に活動し、アクチンを組織してケーブルをつないでいくので、ケーブルは先導端の少し後ろあたりから細胞全体を貫いて後方まで伸びる（図35）。このケーブルは前述の接着分子とも結合するため、ミオシンの働きでケーブルが引っぱられると、そのケーブルが細胞全体を前方へ引っぱることになる。しかもこのケーブルは簡単に分解され

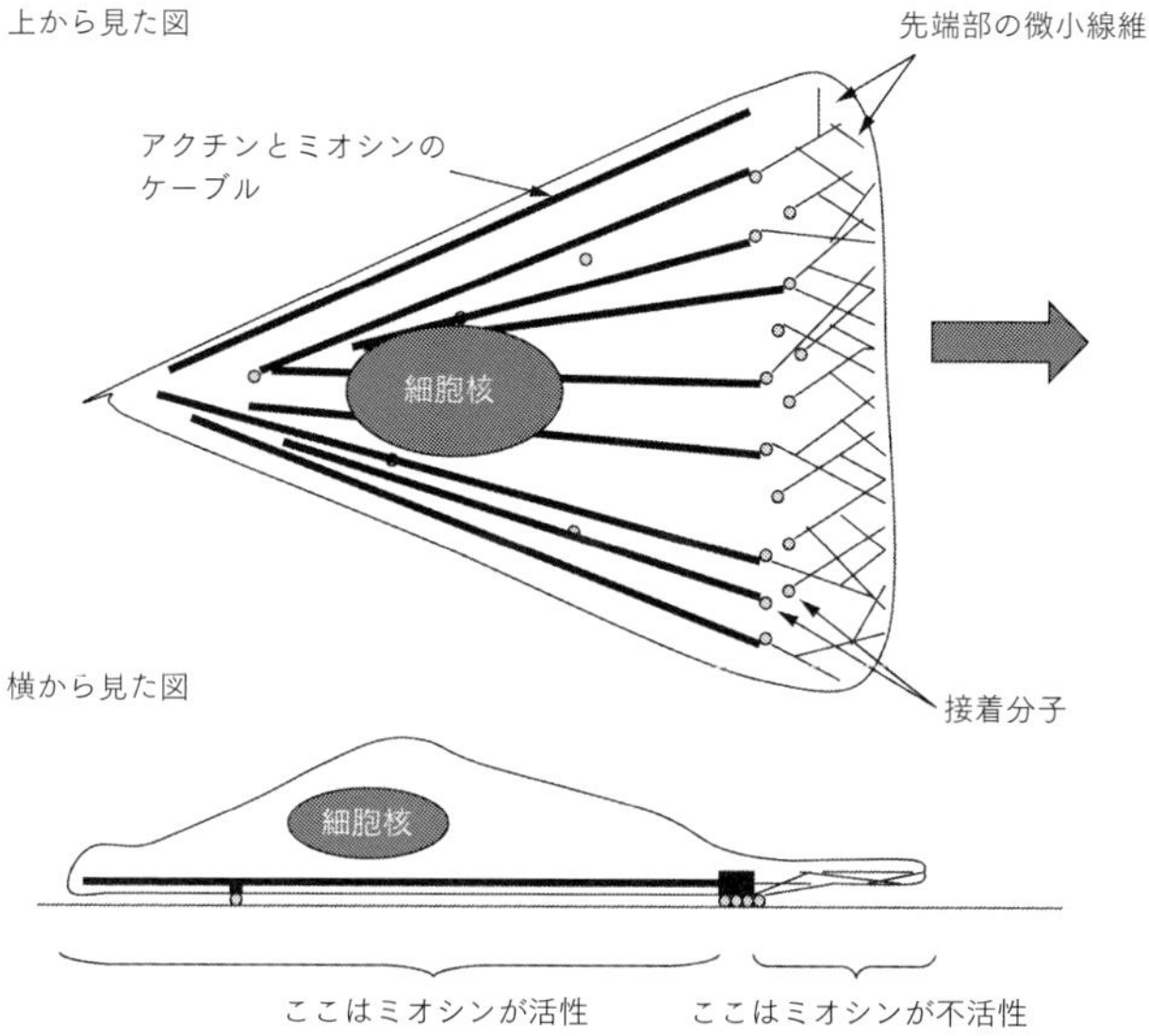

図 35　細胞先端部では微小線維が枝状に伸び、その少し後ろでは接着タンパク質の複合体が細胞を基質面につなぎとめていて、そのあたりから後方にかけてアクチンとミオシンのケーブルが伸びている。

て短くなり、細胞の前進を助ける[5]。つまり、接着分子には前後両方向に力がかかる。先導端のアクチン線維ネットワークは接着分子を後ろへ押すことによって前進し、細胞全体を貫いている〈アクチン－ミオシン〉の太いケーブルは接着分子を手前に引き寄せるようにして前進する。その力は実際に計測されていて、細胞を弾性のある薄膜上で培養すれば、この「押したり引いたり」による表面の弾性変形を計測することができる[6]。接着分子の接着力がもっとも強いのは先導端のすぐ後ろ〈アクチン線維の末端を支えるところ〉で、そこから離れるにつれて弱くなり、細胞の最後尾ではかなり弱くなって細胞を放すので、細胞全体が前進できる。

以上を短くまとめると、比較的単純な要素の集まりが、ごく単純な非対称性を利用して「細胞を動かす装置」へと自己組織化している。単純な要素というのはアクチンと、その振る舞いを調節するいくつかのタンパク質のことであり、非対称性というのは、各要素が置かれた場所が先導端の細胞膜に近いか遠いかといったことである。個々のタンパク質は**細胞核**のなかの遺伝子によってコードされたものだが、細胞核と遺伝子の仕事はあくまでもタンパク質を確実に作ることであって、「細胞を動かす装置」の組織化そのものには関与していない。この点は魚の細胞の実験からも明らかで、核のない、つまり遺伝子をもたない細胞の小片でもしっかり這うことが確認されている。この装置を作り上げる「知性」ともいうべきものは、遺伝子ではなく一式のタンパク質に属している。それも個々のタンパク質ではなく（これらのタンパク質はどれも単独では大したことはできない）、一式のタンパク質である。

道案内《ガイダンス》

以上、細胞がどうやって自力で這うのかという問いの答えはだいたい説明したが、もう一つ、細胞はなぜ特定の方向へ進めるのかという問題が残っている。細胞を特定の方向へ導くために、胚は主として次の二つの方法を使っている。二つをばらばらに使うこともあるが、同時に使うことのほうが多い。一つは接着性の異なる面を提示して細胞にどちらかを選ばせる方法で、もう一つは核形成タンパク質の活性を増大させる分子で導く方法である。

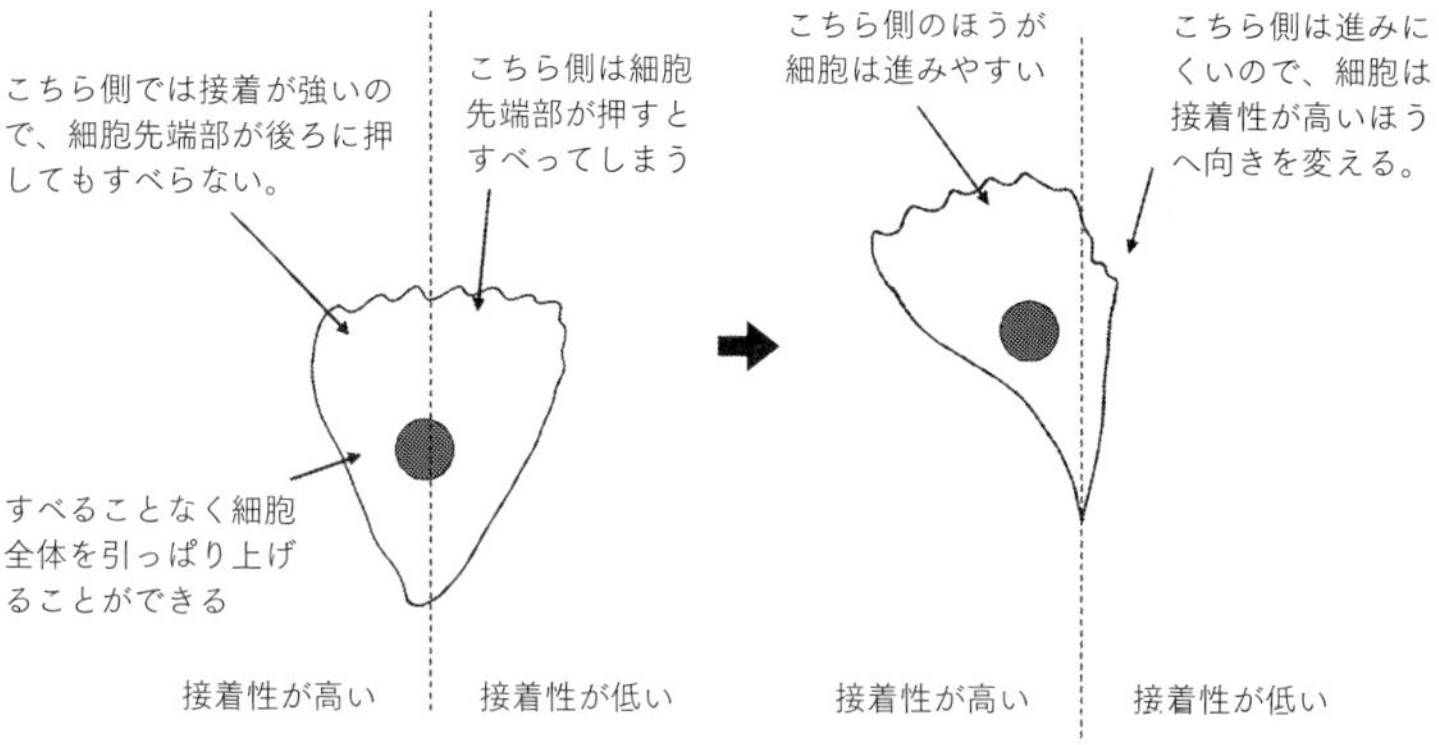

図36　接着性の異なる2種類の表面の境界線に来ると、細胞は足場がしっかりする接着性の高いほうに進む。

接着性による道案内については、二〇世紀末に行われた簡単な培養実験から学ぶのが手っ取り早い。実験室ではごく普通のプラスチックから複雑な生体分子まで、さまざまな面の上で細胞を育てることができる。表面の接着性は、どれくらいの力で液体をかけると細胞がはがれるかを調べれば簡単にランク付けできる。そこで、接着性が部分的に異なるようにパターン化した表面を用意し、その上に細胞を置いてみる。すると、細胞はパターンの境界線まではランダムに動くが、境界線にかかって表面に選択肢ができると、接着性の高いほうを選ぶ。その理由は、すべりやすい表面とくっつきやすい表面の境界に細胞がいるところを想像すればすぐにわかるだろう（図36）。接着性が高い表面に乗った側には、そうでない側よりも多くの接着点ができる（そもそも「接着性が高い」とはそういう意味なのだから）。ということは、接着性が高い側ではアクチン線維のための足場がたくさんできるので、先導端が速く進む。一方、接着性が低い側ではいい足場ができないのですべってしまい、前に進もうとする力の一部が前進につながらず、無駄になる。同じように、細胞の残りの部分を引っぱり上げる〈アクチン－ミオシン〉ケーブルも、接着性が高い側ではいい足場をたくさんもつが、低い側ではもたないので、やはり接着性の高いほうが前進しやすい。つまり先導端も、残りの部分も、どちらも接着性の高い表面のほうが進みやすく、細胞は必然的にそちら側へ進んでいく。

この考え方に対し、当初は本当にそのように力学だけで説明できるものなのかという疑問の声が上がり、むしろ接着分子からのシグナルが核形成タンパク質に働きかけて、細胞を化学的に導いているのではないかという議論が数年続いた。だがその後、あるスマートな実験でこの議論に決着がついた。[7] マイクロビーズに接着分子をコーティングしたものを先導端のすぐ前に置く実験である。ビーズは細胞の接着分子にくっつき、先導端のアクチン線維はそれを足場にしようとするが、ビーズはどこにも固定されていないので、細胞が押すと後ろに動いてしまって足場にならない。すると案の定、細胞移動の方向は変わらなかった。次に細いガラスの針を使ってビーズが後ろにずれないようにすると、先導端が速く進むようになり、細胞はビーズがあるほうに舵を切った。いずれの場合も細胞はビーズと接着するので、化学的シグナルの影響は同じだが、機械的な力が働くのはビーズを固定したときだけである。これで、化学的な影響に差がなくても、機械的な力の違いだけで細胞の方向が変わることがはっきりした。

とはいえ、力学だけで説明できるケースは一部であって、それ以外に化学的シグナルが重要になるケースもあり、これが第二の方法となる。細胞が這っていく表面には、接着に使われる分子だけではなく、細胞膜の受容体を刺激して細胞内のシグナル伝達経路を活性化する分子もある。一部の受容体と伝達経路は、局所的に核形成タンパク質の活動を活性化して先導端の前進を促すが、他の受容体と伝達経路はその逆のことをして、先導端の前進を抑制して細胞がその表面から遠ざかるようにする。これによって細胞の進行方向が変わる。

細胞が見る景色

パターン化された表面やビーズを使った実験はとてもよくできたものだが、そこでわかったこと——細胞は接着性が高いほうの表面を選ぶ傾向にあるということ——を細胞が置かれた実際の環境にどう当てはめればいいのだろうか。胚のなかの環境ははるかに複雑であり、そもそも細胞がただ単純に接着性の高いほうを選ぶとしたら、なぜ異なる種類の細胞が異なる道をとれるのかという疑問が浮かぶ。実際の胚のなかでは細胞同士の進路が交差することさえあると思われるが、それはどう説明できるのだろうか。その答えの少なくとも一部は接着分子にある。接着分子には多くの種類があり、それぞれが特定の表面タンパク質ともっとも強く接着する。たとえば、**インテグリン**α6β1という接着分子は**ラミニン**という表面タンパク質と結合するが、インテグリンα5β1という接着分子は**フィブロネクチン**というまったく別の表面タンパク質と結合する。また、細胞は種類ごとに異なる組み合わせの接着分子をもっている。ということは、インテグリンα6β1をもつ細胞はラミニンを接着性が高いと認識するが、インテグリン$\alpha5\beta1$をもつ細胞はそうではないことになる。したがって、同じ表面を渡っていく場合でも、細胞の種類が異なれば方向の選択も異なる。

　発生中の組織の細胞はラミニンやフィブロネクチンといった表面分子を分泌するが、細胞の種類が異なれば分泌する分子の組み合わせも異なる。胚のなかを這っていくほうの細胞にとっては、発生中の各種組織は接着性の異なる表面がパターン化された色とりどりの景色に見えるだろう。またなかには細胞が好きな（細胞を誘引する）化学的シグナル、あるいは嫌いな（細胞に反発する）化学的シグナルを出す表面もある。這っていく細胞は、自分がもつ接着分子と受容体という目でその景色を見るので、細胞の種類が異なれば景色も違って見える。ある細胞にとってはとびきり魅力的な表面が、別の細胞にとっては不愉快極まりないものであったりする。これもまた、受け手によってシグナルの意味が異なる例である（要するに能記《シニフィアン》〔言葉の音声そのもの〕だけに注目したのでは所記《シニフィエ》〔言葉が意味するもの〕はわからない）。このようにして、異なる種類の細胞は異なる道をたどっていく。

神経堤細胞の旅

　細胞の移動経路についてはまだわからないことが多いのだが、すでに述べた原理をいくつかの実例でなぞることができる程度にはわかってきている。ここで挙げるのは神経管のもっとも背側から旅に出る細胞の例で、出発点にちなんで**神経堤**《しんけいてい》細胞と呼ばれる〔神経堤は神経管形成の過程で神経板と外胚葉の境界に見いだされる細胞層で、神経管閉塞と同時に切り離され、遊走する〕。結合のゆるいこの細胞群は、途中でいくつもの流れに分かれ、やがて各グループがそれぞれ異なる場所にたどりつく。体幹部では主に四つのグループに分かれ、それぞれが異なる運命を担う。第一グループは温度覚、痛覚、触覚などの感覚とその位置を脊髄と脳に伝える感覚神経系を作る。第二グループは心拍数など、多くの不随意な機能を制御する自律神経系を作る。第三グループはアドレナリンなどの**ホルモン**を出す副腎髄質を作り、第四グループは皮膚を紫外線から守る色素細胞を作る。これらの細胞群がたどる道のりは、それが担う運命と密接に関係している。

先発隊

最初に神経管から離れていく神経堤細胞群は、表面タンパク質のラミニンとフィブロネクチンを好む受容体と、**エフリン**という分子を嫌う受

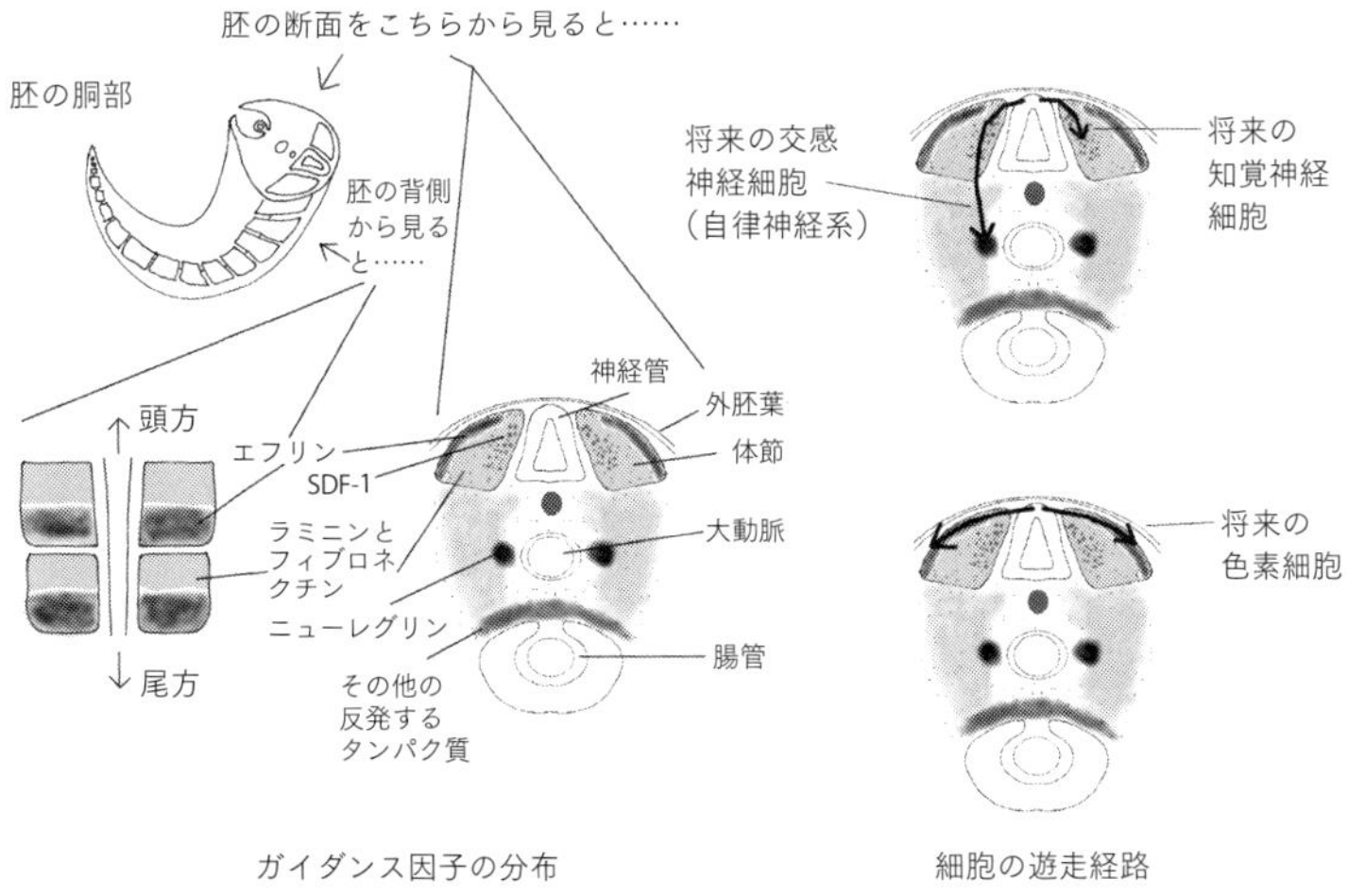

図 37　神経堤細胞の遊走経路は各所の組織が分泌する分子によって決まっていく。

容体を作る[8]（図37）。これに対して周辺の組織はどうかというと、神経管の両側に位置する体節と、神経管と体節の上を覆うように広がる外胚葉（表皮になっていく）は、ラミニンとフィブロネクチンをたくさん作っている（図37）。また体節細胞の多くは神経堤細胞が嫌うエフリンも作っている。各体節の後ろ半分（尾方の椎骨になっていく部分）では、すべての細胞がエフリンを発現し、また多くの細胞がエフリン以外にも反発分子を発現する。[9] 各体節の前半分（頭方）はもっと込み入っていて、背側（外胚葉の真下）はエフリンを発現するが、それ以外の部分は発現しない。

神経堤細胞が各体節の前半分に隣接する位置で神経管から離れようとすると、右方向にエフリン、左方向にもエフリン、尾方（その体節の後ろ半分）にもエフリン、頭方（前に位置する次の体節の後ろ半分）にもエフリンがあることになり、これらのどの方向にも進めない。また、そもそも胚の背側ぎりぎりのところにいるので、背側にも進めない。唯一開かれているのは、腹側方向へと体節のなかにもぐり込んでいく道だけである。そこなら好きなラミニンとフィブロネクチンがたくさんあり、逆に嫌いなエフリンはない。しかもそのあたりは組織の結合がゆるいので、細胞は自由に動くことができる。こうして、最初に神経管から離れていく神経堤細胞群は、各体節の前半分のなかへと導かれる。

体節よりもっと腹側の、体内の深いところ——大動脈付近（大動脈は第9章で登場する）——には、ニューレグリンというタンパク質を分泌する組織がある（図37）。体節のなかにもぐり込む神経堤細胞の一部はニューレグリンに対する受容体も作っていて、そちらに引き寄せられる。つまり背側から出て、魅力的な分子がある体節の前半分を通り、さらに魅力的な分子がある大動脈付近にたどりつく。[10] だがその先の、体内のもっと深いところには発生中の腸管があり、これを取り巻く組織は神経堤細胞に強く反発する分子を作っているので、大動脈付近まで降りていった細胞がさらに下まで（腹側へ）行くことはない[11]。たどりついた大動脈付近は魅力的だが、その先は不快な領域なので、大動脈付近にとどまる。これらの神経堤細胞は、大動脈が分泌するタンパク質に誘導されて交感神経系〔自律神経系の一系統〕――わたしたちが何も考えなくても内臓が機能するように制御してくれる神経系――に分化していく〔前述の第二グループ〕。

このように、神経堤細胞が何らかの組織へ成熟していくきっかけを作るのは、遊走の最終目的地である組織が分泌するタンパク質である。これはエラー制御の方法としてよくできている。もしこれが別のやり方で、細胞自身がきっかけを作る方式――たとえばある時間遊走したらその場所に落ち着き、成熟しはじめるといった「時計」方式――になっていたとしたら、正しい場所にたどりつけなくても成熟が始まるので、迷子になった細胞がそのまま組織を作りはじめ、体のあちらこちらに組織の「飛び地」ができてしまう。そんなことになっていいわけがない。これに対し、正しい目的地からのシグナルを受けて成熟するのであれば、迷子になった細胞も途中で諦めて成熟したりせず、目的地を探しつづける。

後発隊

最初に神経管から離れていく神経堤細胞群が、体節を通り抜けて大動脈付近まで遊走する傾向をもつのに対し、少しあとで離れる神経堤細胞群は体節のなかにとどまる傾向をもつ。この細胞群は神経管を離れるときに、体節細胞が作るSDF-1というタンパク質（図37）に対する受容体を発現する。そのため、体節内部に入ったところでSDF-1に引き止められて体節組織のなかに落ち着き、[12]そこで集まって感覚情報を脊髄に中継する感覚神経節の一つを作っていく〔前述の第一グループ〕。

これら二グループの移動がしばらく続いたあとで、今度は第三の神経堤細胞群が神経管を離れるが、このグループは前の二つとは異なる道をたどる。遊走に必要なタンパク質を作るところは同じで、やはりラミニン、フィブロネクチン、エフリンに対する受容体を作る。だが前の二グループとは異なり、この細胞群は一式の内部タンパク質を作ることでエフリンを好ましいと認識するようになる。[13]神経堤細胞が神経管を離れるとき、右を見ても左を見ても、体節の背側（外胚葉の真下）にエフリンがある。したがってこのグループはすぐさまそちらへ向かい、外胚葉のすぐ内側に落ち着く〔前述の第四グループ〕。神経管を離れるのが遅いこの細胞群はすでに皮膚の色素細胞に分化することが決まっているので、この場所に来なければならない。つまり、たどりつくべくしてたどりついたというべきだろう。

遺伝環境論争

事前に色素細胞になると決まっている、というところは重要なポイントである。そもそも神経堤細胞が異なる道をたどって異なる組織になれるのはなぜかと問うとき、理論上は二つの答えが考えられる。人間形成についての議論に置き換えるなら「生まれか育ちか」ということで、「育ち」だというなら、神経堤細胞は最初は同じだが、たまたまある道を選んであるところにたどりつき、その場所の環境に応じてどういう細胞になるかを決めると考える。[14]「生まれ」だというなら、最初に遺伝子の発現パターンが決まり、その違いによって異なる道を行き、すでに選択されている運命にふさわしい環境へたどりつくと考える。実際どうなのかというと、以前は前者だといわれていたが、今日では後者だと考えられている。神経堤細胞が異なるタンパク質を発現し、それによって道案内（組織側が出すシグナル）の読み取り方（好きか嫌いかなど）が異なり、結果的に経路が違ってくることから、基本的に後者が正しいことは明らかである。[15]だがそれでもなお、前述のように、細胞が最終的にある場所に落ち着き、すでに選択されている役割を果たすために、最終目的地（環境）からのシグナルが必要だという点は変わらない。また、後者が正しいとわかったからといって、神経堤細胞が自分の運命をどうやって決めるのかという問題が解決したわけではない。ただ問題を、もっと前の段階――神経堤細胞が神経管から離れるより前――へ押し戻しただけのことである。

遺伝子と疾病

ここまで体幹部の神経堤細胞について述べてきたが、ほかにも頭部、頸部、腰部などの神経堤細胞がある。それぞれ異なる種類の運命の選択肢が用意されていて、たとえば腸管の神経系、顔の骨組織、虹彩《こうさい》の色素細胞、耳の一部、心臓の一部など、実にさまざまな組織に分化していく。だがいずれも基本は変わらず、運命に応じて移動経路も異なれば、手がかりにする道案内も異なる。すべて説明していたら長く退屈なものになってしまうので割愛するが、いずれも体幹部の神経堤細胞と同じくらい複雑である。要するに、細胞の遊走には数多くの要素がからんでいて、それらをしかるべき細胞がしかるべきタイミングで作らなければナビゲーションはうまくいかない。したがってそれを妨げるような遺伝子変異（必要なタンパク質をコードする遺伝子が損傷を受けるなど）は特異的な先天性疾患の原因となり、これらの疾患を総合的に「神経堤《しんけいてい》症」（neurocristopathy　神経堤 neural crestと、疾患を表す接尾語 -pathyの合成語）と呼ぶ。たとえばある種の変異は、腸管神経に分化するはずの頸部と腰部の神経堤細胞を腸管に導くためのシグナルを妨害する。[16] すると腸管神経の一部もしくは全部が形成されず、腸管が食物と排泄物をうまく運ぶことができなくなり、深刻な便秘を引き起こす。これが「ヒルシュスプルング病」（先天性巨大結腸症とも）で、多くの場合、小児期早期に手術を必要とする。また別種のものに、神経堤細胞の内部状態と成熟を制御する遺伝子の変異があり、こちらは「ワーデンブルグ症候群」を引き起こす。[17-20] 特に色素細胞になる神経堤細胞の移動および（あるいは）成熟に問題が生じるため、患者は難聴、虹彩や毛髪の色素形成異常をもち（なかでも前頭部・前額部の白斑がよくみられる）、ヒルシュスプルング病を併発することもある。頭部の神経堤細胞異常は「トリーチャー・コリンズ症候群」[21]などの原因となる。頭部の神経堤細胞は顔の構造を作っていくが、その準備段階で増殖する際、新しい細胞物質を十分作るためにトリークル（Treacle）などのタンパク質を必要とする。だがトリークルをコードする遺伝子が変異することがあり、すると多くの細胞が材料不足に陥って死んでしまい、顔を作るための細胞が足りなくなって顔面に不調和が生じる。これがトリーチャー・コリンズ症候群で、よくみられる症状には吊り目や垂れ目、瞼《まぶた》の垂れ下がり、頬骨や下顎の形成不全、耳たぶの形成不全あるいは不形成などがある。

神経堤症に関連する遺伝子の性質を調べていくと、発生と遺伝子と疾病の関係について重要なことがわかってくる。大衆紙などは、いや、時には技術論文でさえ（出来の悪いものに限るが）、しばしば「これこれの病気の遺伝子」という表現を使う。ある疾病が何らかの――たとえば顔の――構造の欠損や異常を伴うとき、関連する遺伝子の正常機能は「その構造を作ること」だという意味合いの文章を書きがちである。しかしながら、そうした遺伝子が作るタンパク質を実際に調べてみると、たとえば細胞の道案内といった、多くの構成要素からなる複雑なメカニズムの、ほんの一部にかかわっているにすぎない。その役割は顔のような大きな構造の発生に比べるとはるかに単純で、スケールも小さい。たとえば前述のトリークルというタンパク質だが、その機能はどう拡大解釈しても顔を作ることではない。実際のトリークルの仕事はリボソーム――メッセンジャーＲＮＡをタンパク質に翻訳する分子機械（第1章）――の効率的産生を確実にすることである。これは単純な生化学的機能で、顔の構造を作ることには直接関係しない。だが結果的にいえば、トリークルが正常に働かないと、頭部の神経堤細胞のリボソームが不足して細胞がストレスを受け、ストレスが強すぎると死んでしまい[22]、顔の構造を作るための細胞が足りなくなる。この文章の途中が抜けて、冒頭と末尾だけが直接結びつくことで、トリークルの正常機能は顔を作ることだといった幻想が生まれるわけだが、実際にはリボソーム産生を助けているだけである。

　トリークルの例からわかるのは、単に遺伝子と疾病の関連性を見て、「ある特定の遺伝子の機能はある特定の体の構造を作ることだ」と考えるのは大きな誤解だということで、これはほぼすべての遺伝子について同じことがいえる。遺伝子の実際の機能を誤解するとＳＦの世界になってしまう。いや、

SFとして楽しむだけなら問題ないが、現実と混同すると、たとえば「デザイナー遺伝子」を使えば新しい体形や体のパーツを簡単に作れるといった、あまりにも非現実的な期待を抱くことになりかねない。体の各部はたくさんのタンパク質の複雑な相互作用によって作られ、そのタンパク質の一つ一つを個々の遺伝子がコードしている。したがって、体の各部がどうやってできるのかを理解したいなら、さらにそれを変えられるかどうかを知りたいなら（その動機が何であれ）、個々の遺伝子のレベルではなく、相互作用のネットワーク全体のレベルでヒトの発生を学ばなければならない。

神経堤細胞に的《まと》を絞って遊走を見てきたが、遊走する細胞はもちろんこれだけではない。長距離の遊走の例としては、ほかにも精子と卵子を作る細胞（第10章）や血液系を作る細胞（第9章）などが挙げられる。短距離ならもっと種類が多く、骨や器官の一部を作るさまざまな細胞が、自分たちで集まって塊をつくる際に遊走する（第12章）。また神経系の発生においては、細胞の一部が遊走することで長細いケーブル状の細胞突起（軸索と樹状突起）ができ、それが神経細胞同士や、神経細胞と感覚器官あるいは筋肉をつないでいく（第13章）。発生中の胚のみならず、成人でも、免疫系の防御細胞は感染部位へと遊走する（第17章）。逆に厄介な例もあり、腫瘍細胞の多くは「転移」と呼ばれる過程で移動機構を再活性化し、原発部位から移動することで体の他の部位に広がっていく。胚発生における遊走メカニズムの研究は、その多くが癌研究への寄付金によって支えられてきたが、それは通常の細胞の遊走を理解することで、癌細胞の転移を阻止する方法がわかるかもしれないと期待してのことである。発生学の理論研究というと「象牙の塔」に属するものと思われがちだが、実は人命にかかわる危急の問題と密接に関係しているのであり、遊走メカニズムの研究はそのほんの一例にすぎない。

第9章

配管工事《心臓・循環器系の発生》

Plumbing

人間とは、よくできた移動可能な配管設備である。
クリストファー・モーリー

細胞はとても小さく、直径が一〇〇分の一ミリメートルほどしかない。細胞内の反応を担うタンパク質はもっと小さく、一〇万分の一ミリメートルほどで、そのタンパク質が溶け込んでいる液体の水分子はさらに小さい。そうした分子レベルのミクロの目で見れば、細胞内部は動きに満ちている。それは細胞が生きていることとは無関係で、体温くらいの温度であれば、死んだ細胞も、あるいはスープでさえ同じである。要するに基礎物理によるもので、絶対零度より上であれば分子は不規則に振動し、動く（「温度」とは分子集団の運動エネルギーの平均値を表す一尺度にすぎない）。そして動きながら時折衝突し、互いにはじかれる。タンパク質のような大きい分子も、水に溶けていると水分子がぶつかってきて、その際に運動量の一部を受け取るので、絶えず不規則に運動する。

この現象は、たとえば煙や花粉の微粒子といった、タンパク質より大きく重い物体でも見られる。すでに紀元前六〇年にローマの詩人・哲学者のルクレティウスが、煙が空中を不規則に舞うのは、小さすぎて見えない「アトム」（という言葉がすでにあった）が動いていて、それが煙と不規則に衝突するからではないかと示唆していた。[1] 液体中の微粒子の動きを初めて観察したのはヤン・インゲンホウス〔光合成の研究などで知られるオランダの学者〕で、一七八五年のことだが、その四二年後にスコットランドの植物学者ロバート・ブラウンが同様の動きを観察し、詳細な記録を残した。これにちなんで、液体に溶けている、あるいは浮かんでいる微粒子の不規則な運動のことを**ブラウン運動**と呼ぶが（インゲンホウスには気の毒なことに）、その原因が目に見えない原子や分子の衝突にあることを解明したのはアインシュタインの功績とされている（ルクレティウスには気の毒なことに）。

胚の血液系

ブラウン運動は発生中の胚にとっても重要で、必要な溶解物質（酸素、栄養、新たな構造を作るための原料など）を必要な場所へ運ぶ物理的なしくみは、分子のランダム運動に支えられている。たとえばある酵素が特定の原料を必要とするとき、ただ待っていれば、酵素自身と原料双方のランダム運動によってじきに原料に出合うことができる。しかしながら、ランダム運動はさまざまな方向に動くので、このプロセスで事足りるのは短距離だけであって、長距離になると運搬効率が著しく悪化する。つまり、酸素も栄養も子宮壁から取り込まなければならない胚の場合、成長するにつれて胚の奥深くにある細胞まで必要なものが行き渡らなくなってしまう。一般的な哺乳類の場合、固形組織の細胞が原料から離れても問題のない距離――ランダムな熱拡散で原料を十分受け取れる距離――は、最大で細胞の直径の数十倍程度である（ただし一部の特殊化した細胞、特に骨とその関連組織の細胞はもっと離れることができる）。胚の体はそれより大きくなるので――ちなみに成人になると、胴体の中心部から外側の皮膚までの距離は細胞の直径のおよそ三万倍になる――栄養分を体の奥の細胞の近くまで、ランダムな熱拡散で届くような近距離まで運ぶためには、効率的な運搬システムが必要になる。そこで、ヒトも含めたすべての脊椎動物は、この問題を血液の循環で解決している。枝状に伸びる細い管が体のほぼ全体に張りめぐらされ、そのなかを運搬流体である血液が循環するシステムである。

血液系を機能させるためには主に四つの要素が要る。

1. 栄養素と毒素のほとんどを運ぶ液体成分〔血漿のこと〕。
2. 酸素の運搬に特化した浮遊する血球成分（自由溶液のなかで酸素を運ぶのは難しく、特別な運搬役を必要とする）〔赤血球のこと。血球成分にはほかに白血球と血小板があるが、量は少ない〕。
3. 血液を各組織まで届けるための閉鎖血管系。
4. 血液系の助けを必要とする組織に血液を送りつづけるためのポンプ〔心臓のこと〕。

発生中の胚においては、体内のすべての組織が酸素と栄養素を消費し、老廃物を生産する。胚の血液は胎盤で母体の血液のすぐ近くを通り、そこで酸素と栄養素を補充し、老廃物を捨てる（胚の老廃物は母体の肺、消化器、肝臓、腎臓で処理される）。そんなことが可能なのは、胚の血液系と母親の血液系のあいだを分子がかなり自由に行き来でき、両者の濃度が等しくなるからである。したがって、胚の血液は胎盤から胚の体内を通ってまた胎盤へと循環しなければならず、そのために初期の胚においても血管系と心臓の発生が必要になる。

ヒト胚の血管系は、胚の体外の卵黄嚢のなかのものと、胚の体内のものの二つに大きく分けられる。この二つがつながって一つのシステムを形成しているのでどちらも重要だが、この章では話が複雑になるのを避けるため、主に胚体内の血管の発生について述べていく。

脈管形成

胚体内の最初の血管を作ることになる細胞集団は、神経管ができるころに胚の両側端の中胚葉*のなかにいる[2]（第5章および図38）。そして周囲の中胚葉やその下の内胚葉から分泌される**血管内皮細胞増殖因子**（vascular endothelial growth factor **VEGF**）というシグナルタンパク質によって、血管を作るように指定される[3][4]。これらの細胞は血管芽《が》細胞《さいぼう》と呼ばれ**、VEGFに応答して増殖し、血管特有のタンパ

*――第4章で説明したように、中胚葉とは互いにゆるく結びついた細胞の層で、外胚葉と内胚葉に挟まれている。

**――hemangioblast の「hem-」は血液を、「angio-」は脈管を、「blast-」は胚細胞を意味する。

ク質を発現しはじめる。また遊走能（第8章）を獲得し、体節が作るシグナルタンパク質を感知してそちらへ遊走する。つまり、血管芽細胞は胚の端のほうで生まれ、体幹部の正中線のほうへ移動する[5][6]（図38ｂ）。

それ以上シグナルがなければ、血管芽細胞の発生はそこで止まってしまう。発生が続くかどうかは、脊索が分泌するソニックヘッジホッグ（ＳＨＨ）というタンパク質の誘導にかかっている[7]（初期胚の正中線付近では実に多くの事象がＳＨＨの誘導にかかっている）。ＳＨＨがあると、血管芽細胞は互いにくっついて紐状になる。特に体節の真下では高密度で凝集するので、二本の固い棒ができたように見える（図38ｂ）。次いでこれらの棒のなかが空洞になり、棒から管へと変わる（図38ｃ）。空洞化のプロセスは発生最初期の栄養外胚葉と内部細胞塊への分化のプロセスに似ている（第3章）。棒の外側の細胞は、血管

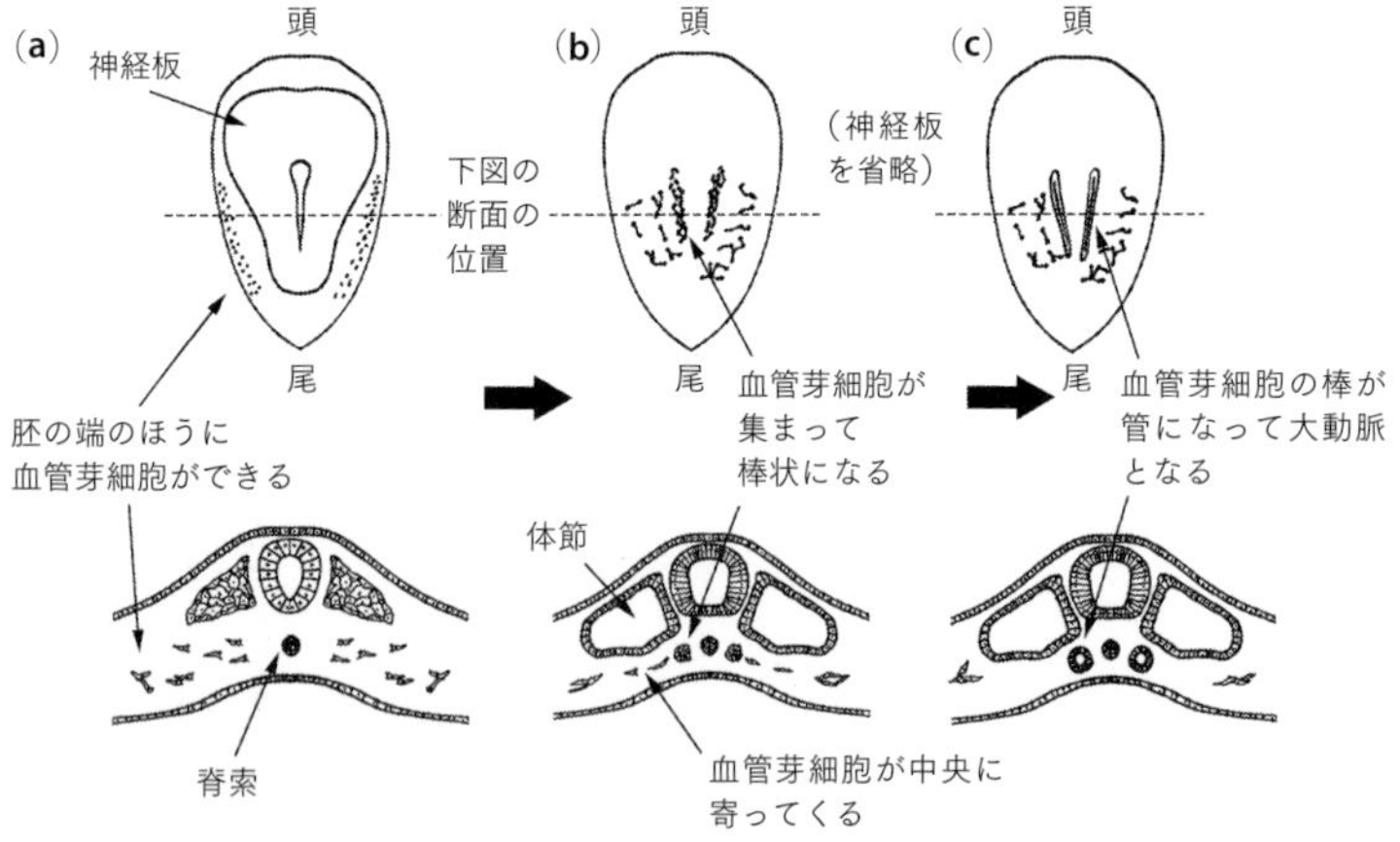

図 38　胚の最初の動脈である大動脈の形成。(a) は体節形成初期の胚の平面図と断面図で、血管芽細胞が中胚葉の端のほうで作られている。(b) 血管芽細胞が脊索の両脇に移動してきて、棒状に集まる。(c) 棒に空洞ができて管——大動脈——になるが、この段階ではまだ 2 本に分かれている。

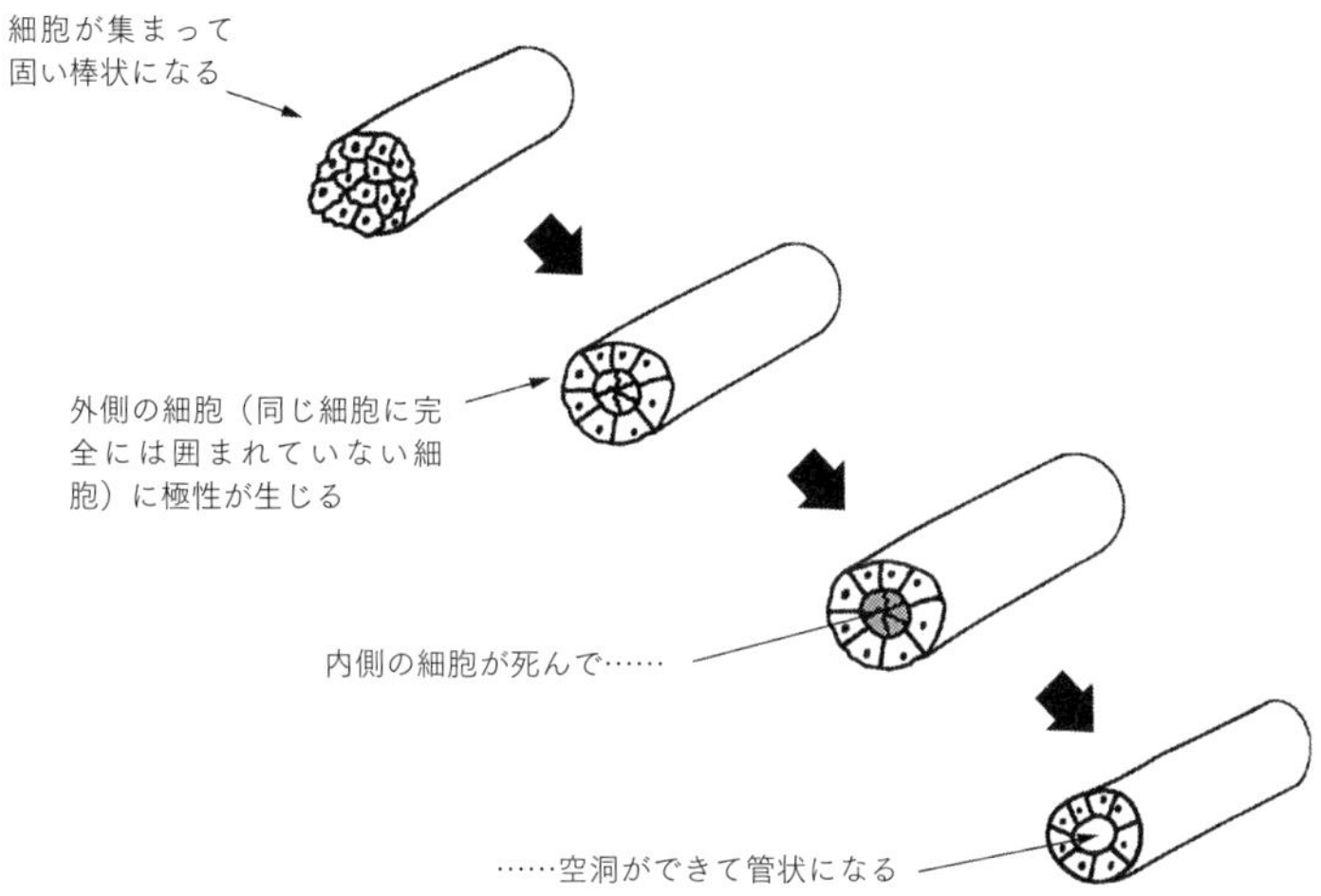

細胞が集まって
固い棒状になる
外側の細胞（同じ細胞に完全には囲まれていない細胞）に極性が生じる
内側の細胞が死んで……
……空洞ができて管状になる

図 39　血管芽細胞が集まったあとの棒状から管状への変化（これは考えられるプロセスの一例で、他の動物では観察されているが、ヒトでは確認されていない）。棒の外側の細胞は異なる細胞と接する面を１つもち、この非対称性を認識して極性をもち、漏れない構造の管を形成する。棒の内側の細胞は同じ血管芽細胞に完全に囲まれていて、他の組織と接することができず、自ら死を選ぶ。するとそこが空洞になり、のちに血液が流れる場所となる。

芽細胞ではない普通の中胚葉細胞と接する面を一つもつ。このように非対称性をもつ血管芽細胞は生き延び、目の詰まった筒状の層を形成する。一方、棒の内部の細胞は同じ血管芽細胞に囲まれている。このように非対称性をもたない血管芽細胞は自ら細胞死のプログラムを起動して死滅し（いわば細胞自殺）、そこに空洞ができる（発生過程における細胞自殺の意味合いについては第14章で詳述する）。結果的に、棒状だったものが管状になり、管壁を構成する細胞には極性が生じる（図39）。こうして正中線の左右に二本の血管——大動脈——ができる。

内胚葉から来るSHHが大動脈

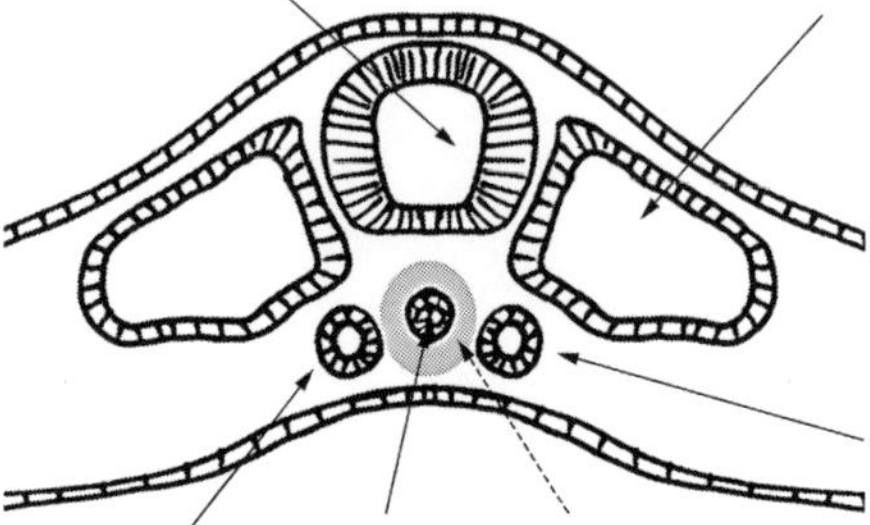

図 40　血管芽細胞が集まって棒状になるが、脊索から分泌されるノギンなどの働きにより正中線上でくっつくことはなく、脊索の両横に分かれた二本の棒となり、やがてそのなかが空洞になって左右の大動脈になる。

形成のプロセスに大きな役割を果たしていることは、ある研究チームが行った二つの実験によって確認されている。[8] 一つは、SHHの主要な発生源である内胚葉そのものを取り除いてSHHをなくす実験で、すると大動脈は形成されなかった。もう一つは、中胚葉を取り除いた胚にあとからSHHだけを戻し与える実験で、すると大動脈は無事に形成された。シャーレを使った単純な実験だが、このようにSHHを加えると血管芽細胞が誘導され、血管のネットワークを作りうることが観察されたことで、SHHの重要性が明らかとなった。

一方、血管芽細胞がシグナルタンパク質の影響で互いに接着するとなると、二本の棒ではなく、正中線上に一本の棒ができてしまう恐れがある。このリスクを防いでいるのがノギンなど、脊索から出て短距離で働くシグナルタンパク質である。脊索と中胚葉のあいだにほとんどス

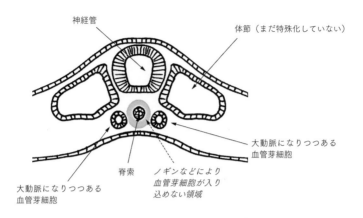

ペースがないため、短距離でしか働かないノギンでも正中線上での血管形成を防ぐことができ、大動脈が両脇に一本ずつできることになる[9]（図40）。なお、初期においてはこの位置が正しいが、このあと胎児が成長するにつれて、大動脈の位置は変わっていく[10]。

動脈と静脈

血管には**動脈**と**静脈**の二種類がある。動脈は比較的口径が小さく、壁が厚い血管で、高圧の血液を心臓から全身の組織の小血管へと運ぶ。静脈は口径が大きく、壁の薄い血管で、圧力をほぼ失った血液を心臓へ戻す。血管芽細胞が動脈になるか静脈になるかは正中線のほうへ移動する前にすでに決まっていて、その指定に応じてそれぞれが若干異なる組み合わせのタンパク質――特に細胞間相互作用に関するもの――を発現することがわかっている。少なくとも、十分な研究が行われてきた魚類においては、動脈になるか静脈になるかの選択が、ヘッジホッグファミリーに属するタンパク質（ここでもヘッジホッグが登場）の濃度で制御されている。濃度が高ければ、それを受け取った細胞は早く発生し、早く移動し、動脈になる運命を担う。濃度が低ければ、細胞は少し遅れて発生し、遅れて移動し、静脈になる運命を担う[11]。そして両者が異なる組み合わせのタンパク質を発現することによって、個々の血管芽細胞は同類を認識し、仲間と行動を共にする。静脈になる細胞は動脈になる細胞とは少し違った経路をたどって遊走するが、血管を作る基本プロセスは変わらない。そして同じように、正中線から少し離れたところに、大動脈と平行して頭尾方向に伸びる二本の大静脈を形成する（ヘッジホッ

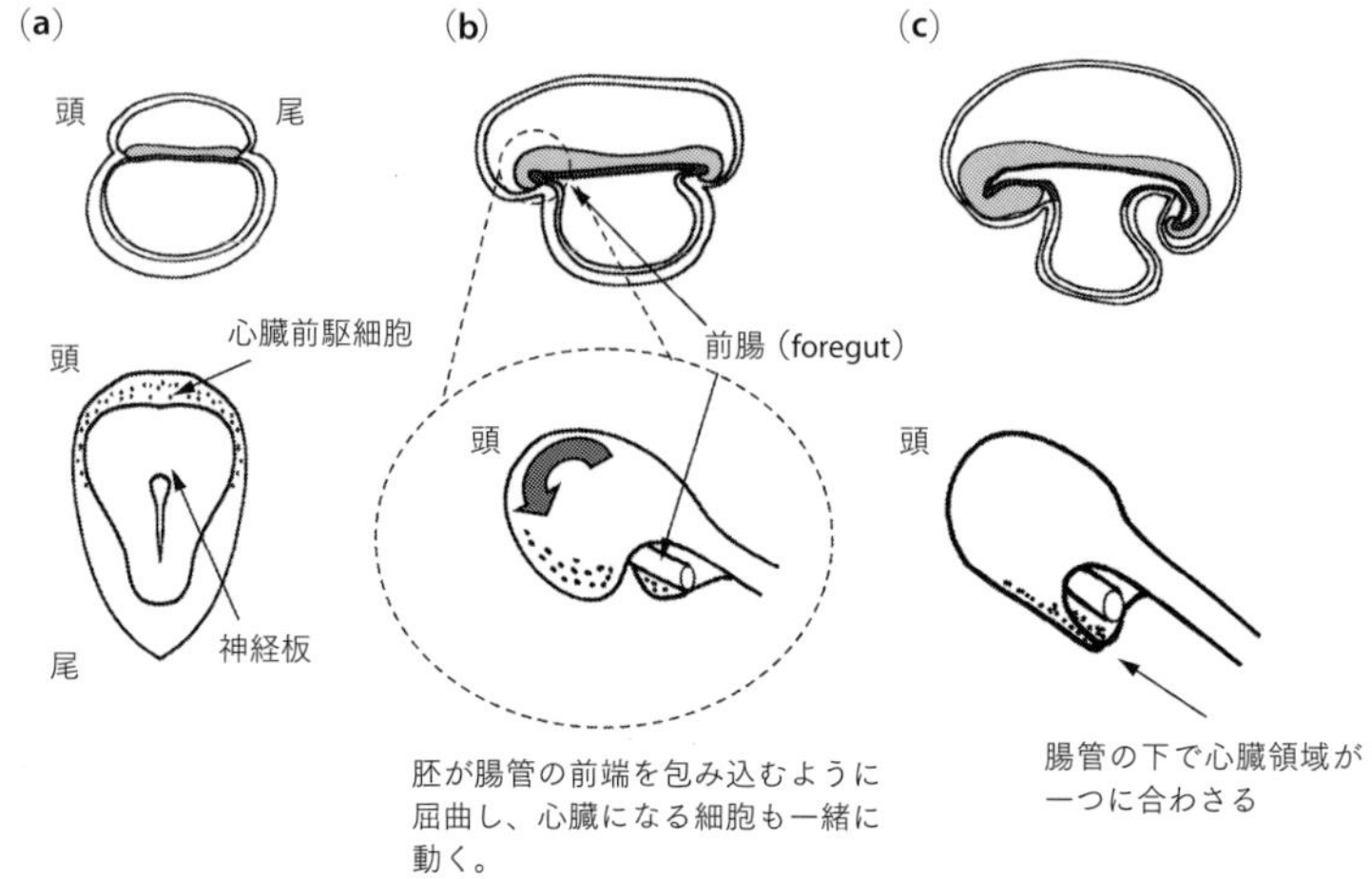

図41　心臓領域形成のステップ。上段は胚を横から見た図で、第5章の図20と同じもの。下段は胚を上から見た図（左）と、斜め上から見た図（中央と右）である。(a)では胚がまだ平たく、伸長もあまり進んでいない。心臓前駆細胞は頭部の神経板の先の中胚葉のなかにいる。(b)では胚が伸長し、内胚葉の端を引っぱって腸管を作りながら下方へ屈曲する（胚の折り畳み）。(c)では胚の両端が腸管の下で合わさることで心臓前駆細胞も一つにまとまり、腸管の下（腹側）に心臓領域ができる。ここで心臓が作られていく。

グシグナルの濃度は正中線から離れるほど下がる。つまり離れるほど「静脈に優しい」環境になるのだから、大静脈がそこにできるのは当然のことである）。一方、体内の各組織のなかでは、動脈系と静脈系が互いに細い枝を伸ばしてつながり、毛細血管網を形成する。**毛細血管**の壁はとても薄いので、酸素や栄養分が行き来できる。

原始心筒

血管網ができても、血液を循環させる心臓がなければ意味がないので、心臓も早い段階で作られる。心臓は胚のなかで最初にできる器官の一つであり、しかも真っ先に機能を発揮する状態になる。心臓ができはじめるのは受精後およそ一九日目で、大血管（大動脈とそこから枝分かれする血管）ができはじめてからおよそ二日後のことである。心臓を作ることになる細胞（以下「心臓前駆細胞」と呼ぶ）もまた、血管芽細胞が集まって管を作ったのと同じような要領で正中線の左右に一対の管を作っていく。ただし、血管芽細胞が体幹部の端のほうの中胚葉細胞に由来するのに対し、心臓前駆細胞は頭部の端のほうの中胚葉細胞に由来する（図41a）。なぜなら、心臓前駆細胞ができる場所は次のタンパク質グループによって限定されるからである。[12]

1. 胚の外縁部の内胚葉が出す心臓形成を促すシグナル。
2. 神経管が出す心臓形成を阻むWNTタンパク質（第7章）。
3. 胚の頭側端の内胚葉が出す、WNTの活動を（少なくともこれらの細胞において）阻害するタンパク質。

この三グループの相互作用の結果をまとめると、まず2と3により、心臓形成可能なレベルまでWNTが抑制されるのは頭部領域だけとなる。* また1により、心臓形成促進シグナルが胚の外縁部に限定されているため、心臓前駆細胞は頭部の中心部ではなく、外縁部の三日月型の領域で形成されることになる。

動脈と静脈を作る血管芽細胞と同じように、心臓前駆細胞も遊走能を獲得し、仲間を見つけて互い

＊——心臓形成を促すシグナルはBMPで、WNTの機能を阻害するシグナルはクレセント（Crescent）とセルベルス（Cerberus）である。

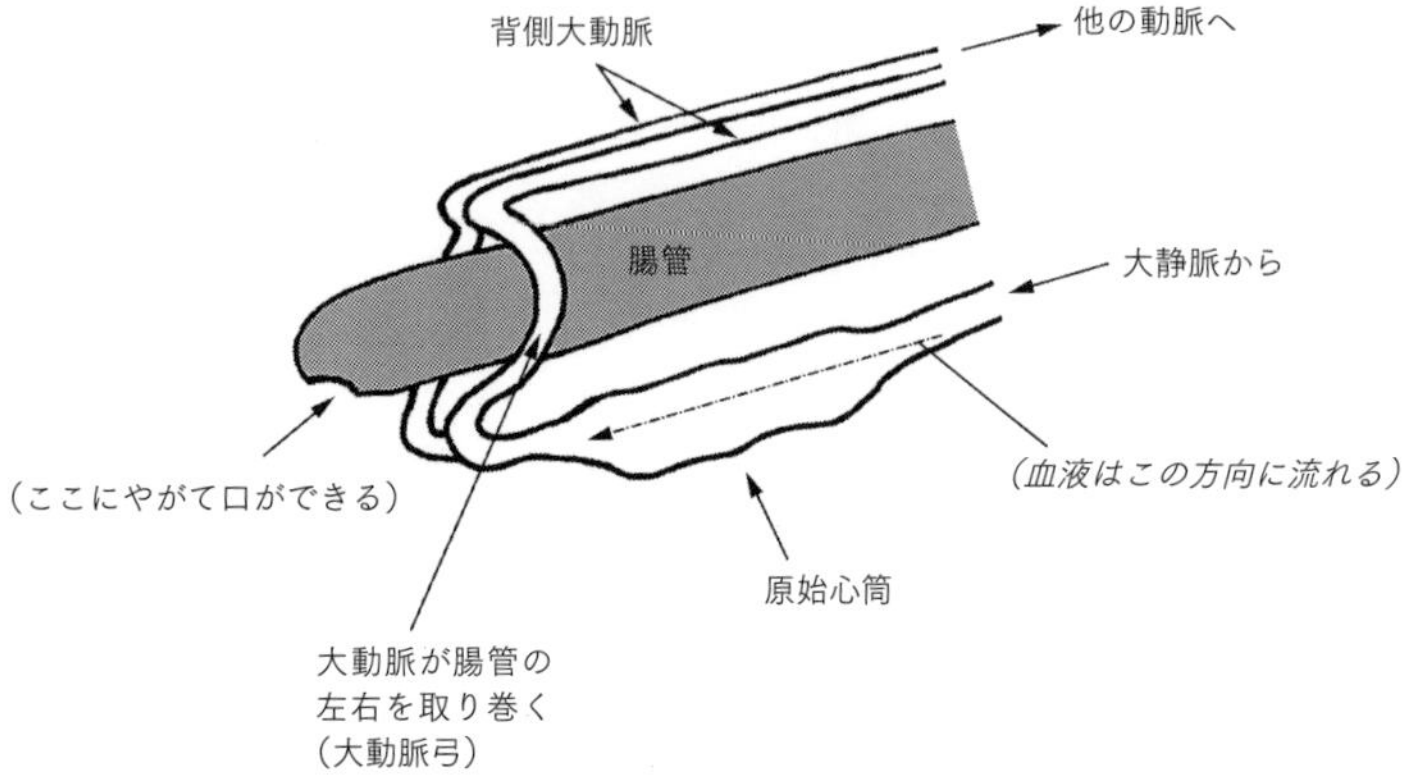

図42　胚の「折り畳み」によって心臓前駆細胞が下へ引っぱられるのと同時に、その先につながった大動脈の頭端も下方へ引っぱられ、腸管の左右を回って大動脈弓となる。混乱を避けるため胚をまっすぐ描いているが、実際は腸管ともどもかなり彎曲している。

にくっつく。そして管を形成し、その尾側端が大動脈とつながり、連続した管になる。ちょうどそのころ胚は急速に伸長していて、特に胚の頭側端・尾側端は大きく形を変えつつある。第5章の最後で述べたように、胚の前後が卵黄嚢の開口部からはみ出て屈曲し、引っぱられた内胚葉が折りたたまれて腸管になるのだが、この屈曲に伴って心臓になる部分も形を変える。頭部外縁部の三日月形の領域——心臓前駆細胞がいるところ——が胚の頭端で腸管の横を回り込むように下方に引っぱられ、腸管の下の、将来胸になる位置に来る（図41b、c）。そしてそこで、心臓前駆細胞が作りつつある二本の平行した管が一本に合わさる。腸管の背側で大動脈ができるときは脊索から抑制シグナルが出ていて、二本が一本に合わさることはなかったが、腸管の腹側に位置する心臓の管の場合は抑制シグナルがないため、一本にならざるをえない。こうして二本の管が合わさって一本の太い筒——原始心筒——になる。

一方、胚が屈曲するとき、すでに原始心筒につながっている大動脈の端も下方に引っぱられる。その際、左大動脈の端は腸管の左側を回り込むように、右大動脈の端は腸管の右側を回り込むように下方へ引っぱられるため、大動脈が腸管をリング状に取り巻くことになる（図42）。* その後、脊索が大動脈の癒合を妨げる抑制シグナルの分泌をやめるため、腸管の上を走る二本の背側大動脈も一本に合わさる。

ポンプ機能

できたての原始心筒は、血管と同じような細胞が並んでいる太い管にすぎない。筋肉も特別な司令制御組織もないので、心臓として脈打ったりポンプの役を果たしたりすることはまだできない。だがそれは一時のことで、心筒は数日のうちに心筋その他の組織になる細胞を周囲に引き寄せ、動きはじめる。

心筋細胞には面白い特性があり、神経系につながっていなくてもぴくぴく動く。また細胞同士が集まると電気的にやりとりをし、個々の「ぴくぴく」が同期する。ES細胞を扱う研究者たちはそれを

＊——このリングは「大動脈弓」と呼ばれる。正確にいえば「第一大動脈弓」で、あとでこれに平行していくつもの大動脈弓ができる。わたしたちの祖先が原始魚類だったころにはこの構造に意味があり、一連の弓はエラとして機能していた。

目の前で見られるという幸運に恵まれている。ES細胞を分化しやすい条件で培養すると、さまざまな種類の細胞に分化し、一部は心筋細胞になる。わずか数日でシャーレの底にさまざまな細胞ができるのだが、そのなかに規則的にぴくぴく動く細胞の島が点在するようになる。[13] その光景はなんとも感動的で、始終目にする研究者でさえ見飽きることはない。

この段階の心臓は心筋に囲まれた単純な筒で、複雑に入り組んだ成体の心臓にはほど遠いが、初期の胚に少量の血液を循環させるには十分なようだ。いうまでもなくヒト胚の心臓を観察することは難しいが、よく似た魚の胚の心臓なら観察できる。魚のほとんどの種は母体外で発生し、しかも胚が透明なので観察しやすい。またある種の魚は心筒が緑色の蛍光を発するように遺伝子操作できるので、観察はいっそう容易になる。その状態の魚胚を高感度フィルムで撮影するとわかるのだが、心筒のポンピング機構は驚くほど巧妙にできている。従来、筒状の心臓は単純な蠕動運動によって血液を動かしている、つまり筋収縮による管の「すぼまり」が波のように移動することで、血液が前に押されると考えられていた。だがその後、映像の丹念な解析により、[14] 心筒のポンピング機構はもっと効率よくできていて、管の末端での圧力波の反射も利用していることが明らかになった。

管の端で、あるいは管径や内壁の弾性が変わる場所で見られる圧力波の反射は、めずらしい現象ではない。たとえば、パイプオルガンのパイプの開口部で音波の一部が反射するのも同じ原理で、その波がパイプを下り、続いて上がってくる波と干渉する。波長が合うと二つの波が重なって大きな音になる（音の波長はパイプの長さによるので、音楽を奏でられるようにさまざまな長さのパイプが用意されている）。液体の場合は波の反射で強い力が生じることもある。エイドリアン・ヴォーンというイギリス

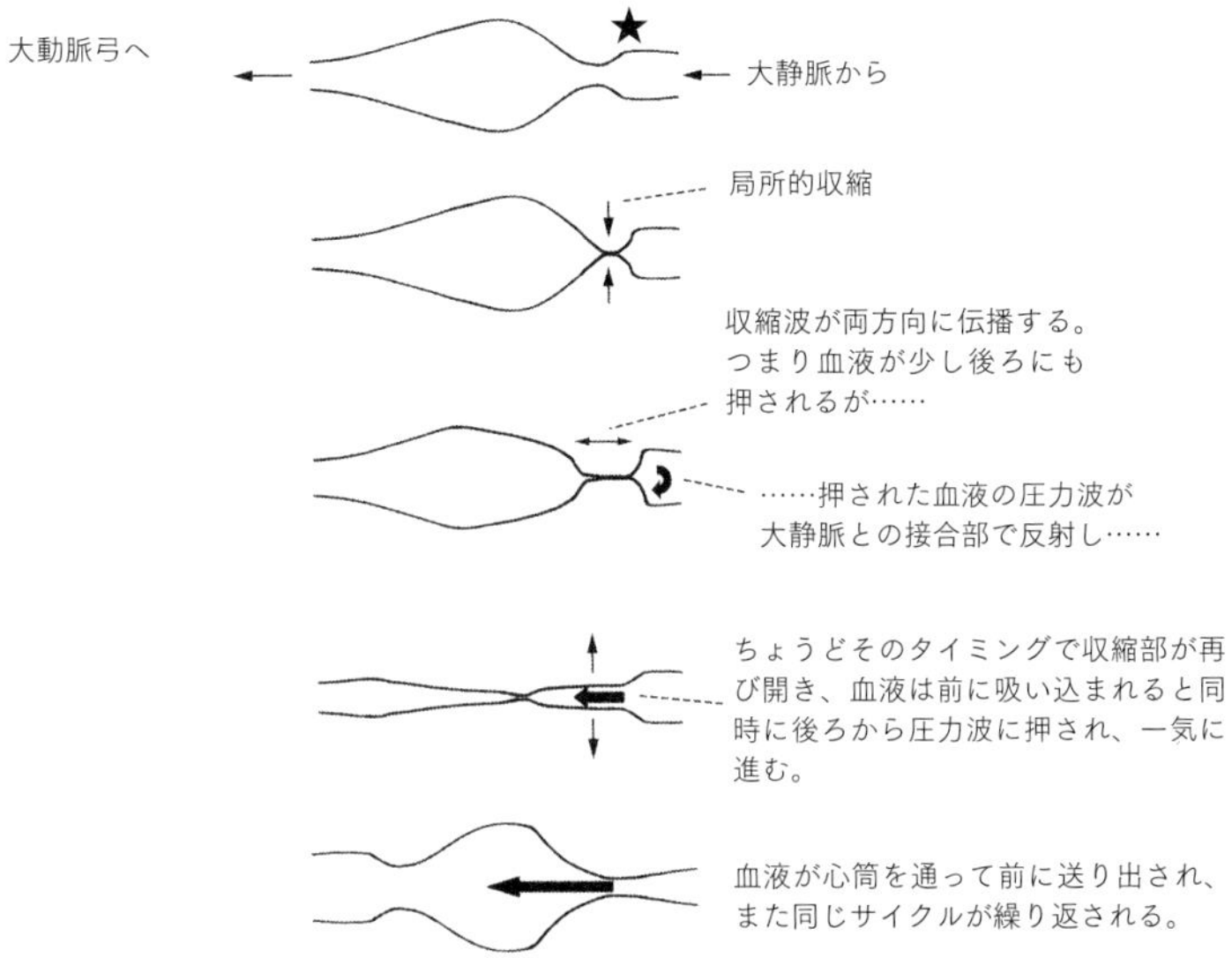

図43　初期の心臓はとてもシンプルな構造で、弁もなければ複雑な制御システムもないが、尾方の大静脈との接合部（図で★がついているところ）で圧力波が反射するおかげで、効率的に血液を送り出すことができる。

の元鉄道員の回想録『信号手の朝（*Signalman's Morning*）』からもその力のほどがうかがえる。[15] この本には大きな給水管の弁を試験するために技師が弁を開閉した話が書かれているのだが、立て続けに何度も開閉したため、最初に開けたときに生じた圧力波が反射して次の圧力波とぶつかり、その力で鉄製の給水管が破裂し、ロンドン＝ブリストル間の鉄道が数時間麻痺状態に陥ったという。

初期の血液系には弁も開口端もないが、大静脈が心筒につながるところで管の口径と内膜の粘性が急に変わる。圧力波を反射させるにはそれで十分で、原始心筒はこれを賢く利用する。拍動のサイクルを説明すると、まず心臓の尾側端に近いところが収縮し、管がすぼまる（図43）。この位置から筋肉の収縮波は両方向に伝わる。頭方への伝播は血液を前に押し出すのでわかりやすいが、尾方への伝播は血液を逆流させることになりそうで、ぴんと来ないかもしれない。だが実際には、尾方に向かう圧力波は大静脈との接合部で強く反射する。そして反射によって収縮がゆるみ、管が再び開くことで血液を前方へと吸い上げる。血液は吸引力で前に引っぱられると同時に、反射した圧力波（今や頭方に向かっている）で強く前に押されて一気に前進し、もう片方の圧力波（すでにもっと先へ移動している）の後ろにできたスペースへと流れ込む。

単純な筒状の心臓でも、こうして胚の体内へ、卵黄嚢へ、さらに胎盤へと血液をしっかり送り出すことができる。このあと発生が進むにつれて、心臓は何度も折りたたまれたり、互いにつながったり、つなぎ方を変えたりと、実にややこしい変化を遂げ、やがていくつもの弁と四つの部屋をもち、肺とそれ以外の二方向へ血液を送り出す複雑な器官へと成長する。

血管新生

大動脈、大静脈、そして心臓ができると、胚はまた別の方法で血管を増やしていく。やり方は二つあり、一つは出芽による血管新生で、すでにある動脈、静脈に芽を出させ、枝として伸ばしていく方法である〔「血管新生」とはすでにある脈管からの出芽・分枝による血管形成のこと〕。枝は組織のなかに伸びていき、互いに出合ってつながり、そこを血液が流れるようになる。たとえば大動脈は体節のあいだ

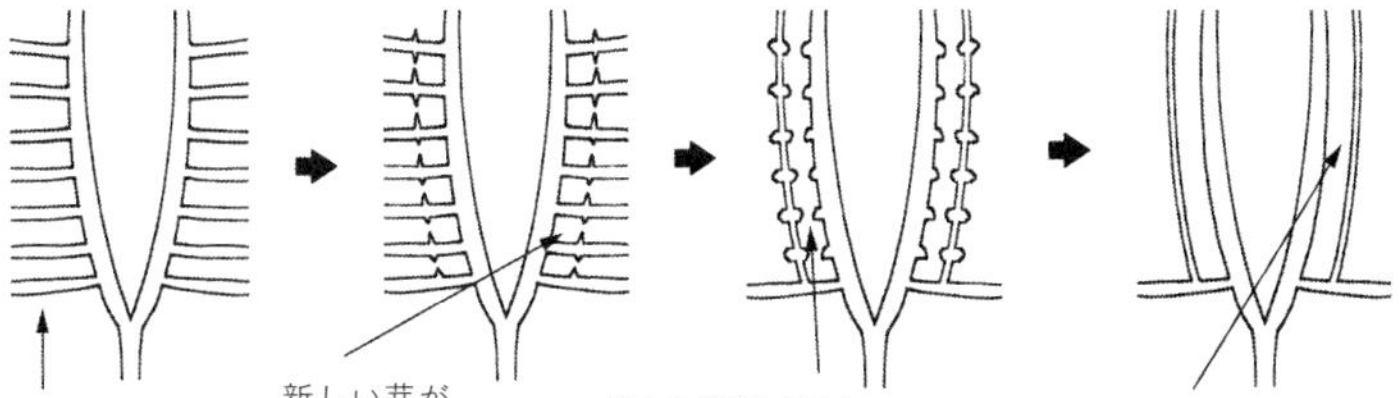
一体節ごとに動脈から出た枝が伸びていく
新しい芽が出て枝同士をつなぐ
新たに連結すると、古い部分が退化し……
……縦方向に伸びた新しい動脈だけが残る

図44　ヒト胚の発生中に起きる血管の大規模なリモデリングの例。頸部では（体幹部もそうだが）動脈から一連の芽が出て、それが枝となって体節のあいだに伸びていく。続いてそれぞれの枝が芽を出し、頭尾方向に伸びて動脈間に橋を架ける。その後新しい縦方向の動脈は成熟するが、横方向の動脈はいちばん下のものを除いて退化していき、新しいほうだけが残って一対の「椎骨動脈」になる。生き残ったいちばん下の横方向の動脈は「鎖骨下動脈」になる。このようなリモデリングの例は、医学系の学生がうろたえるほど多い。

に枝を伸ばし、さらに神経管や背筋のあいだにも伸びていき、最後は大静脈から伸びてきた枝とつながる。腎臓（第10章）や生殖腺（第12章）など、近くで発生する組織にも枝が伸びていく。また頸部などでは、体節のあいだを通る動脈の主枝が互いに側枝を伸ばしてつながっていく。つまり正中線に近いところから平行に横に伸びた一連の動脈が、縦方向（頭尾方向）に走る新たな動脈によってつながる（図44）。その後、元の横方向の動脈のほとんどが失われ、新しい縦方向のものだけが残って椎骨動脈になる。この種の循環のリモデリング（再構築）は山ほど起きるのだが、そのことからも、四肢をもつ陸上動物として進化してきたわたしたちが、途中ですべてをリセットしてヒトとしての構造をスタートさせたわけではないことがよくわかる。それはもっと地道で複雑な変化であって、魚類の発生の基礎に細かい修正を少しずつ加えることに

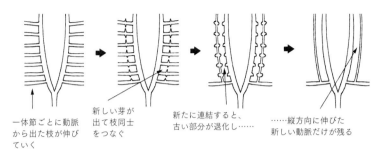

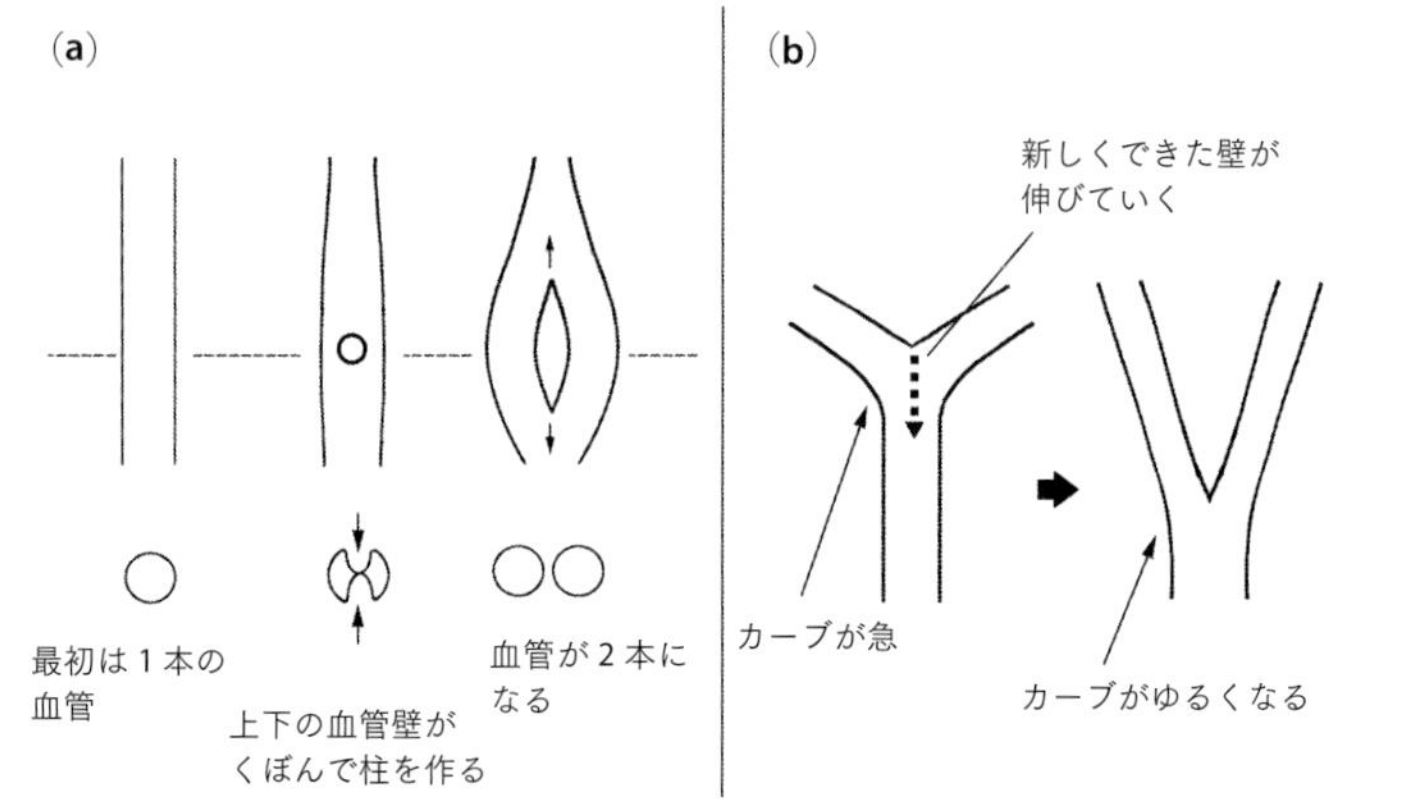
(a)
最初は１本の血管
上下の血管壁がくぼんで柱を作る
血管が２本になる
(b)
新しくできた壁が伸びていく
カーブが急
カーブがゆるくなる

図 45　くびれによる血管の分枝。(a) はプロセスの平面図（上段）と点線位置での断面図（下段）。血管壁が上下から内側にくぼんで柱ができ、血管を（図の）縦方向に２本に分ける。(b) は同様のプロセスによって分岐点の角度を変えられることを示した図。発芽型の血管新生で新しい側枝が伸びた場合も、こうしてあとから血流を円滑にすることができる。

よって成し遂げられてきた。おそらく、魚によく似た初期胚の状態から、胚そのものを破壊することなくいきなり変異するのはただもう難しく、ありえないことであって、細部の微調整を少しずつ加える以外に進化的変化として実現可能な方法がなかったのだろう。

血管を増やすもう一つの方法は、第1章で述べた生命体ならではの厳しい制約——すでに出来上がったシステムに新たな要素を加える際、システムの動きを中断してはならない——に見事に適応したものである。つまり、すでに出来上がって血液が流れている血管を、血流を止めることなく二本に分けていく方法で、くびれによる分枝（intussusceptive branching）と呼ばれている。[16] どういうプロセスを経るかというと、まず血管の上下それぞれ一か所の壁が内側にくぼみ、そのくぼみが深くなって上下が出合う。上下が出合うと細胞同士が接触を調整し直し、上下がつながって柱状になる。続いてこの柱が血管に沿って伸びて壁状になり、一本だった血管が壁で仕切られて二本の血管になる（図45）。新たにできた壁は周囲の細胞が入ってくることによって厚くなり、二本の血管は離れる。一本が二本になってから、それぞれがまた同じことを繰り返せば血管は四本になる。こうして血流を止めることなく、一本の血管からどんどん本数を増やして血管網を作ることができる。また、この方法は血管の分岐点をずらして分岐角度を調整するためにも使えるのだが、これは血流を円滑に保つために重要なポイントなので、あとでまた取り上げる。

血液の発生

体の主要な血管と、血液を循環させるための心臓に加えて、胚はそこを流れる血液も作らなければならない。血液に関しては場所の問題がとりわけ重要になる。血管は体の他の部分への出入口がない閉じた循環系でなければならず、血液細胞はその系のなかに入っていなければならない。では、どうやって血液細胞を血管のなかに入れればいいのだろうか。答えは簡単で、胚は最初の血液細胞を大動脈の壁だった細胞から作る。これは最初から血管のなかにいる細胞なので、どうやって入れるかと悩むまでもない[17][18]。

大動脈壁だった細胞から血液細胞を作ることで場所の問題は解決するが、今度は別の問題、壁が全部血液になって血管がなくなってしまっては困るという問題が生じる。これを回避するには、大動脈壁の細胞集団を二つのグループに分け、それぞれが異なる運命を担うように、つまり片方だけが血液細胞を作るようにしなければならないが、その決定を誘導するのはまたしても周辺組織のシグナルである。大動脈の下にある組織（腸管など）は血管壁細胞に血液形成を準備させるシグナルを分泌し、大動脈の上の組織（神経管など）は逆にそれを禁じるシグナルを出す。このプロセスに関与するタンパク質も一部同定されていて、大動脈形成の一役を担ったヘッジホッグファミリーがここでも関係することがわかっている。[19]

周辺組織からのシグナルによって、大動脈壁の一部に「血液を作ることになるかもしれない細胞」の領域が指定されるわけだが、これだけではまだ危険で、その領域の細胞がごっそりいなくなって壁に穴が開きかねない。それを防ぐためにはもう一つ別の工夫が求められる。今回役に立つのは細胞同士の「ひそひそ話」で、指定された領域の細胞同士が短距離の会話を始める。これは細胞自体に結合している分子を用いた会話であって、分子が広がって濃度勾配を作るようなものではないため、ごく内輪のコミュニケーションにとどまる。詳細はまだ研究途上だが、**ノッチ**、**ジャギド**、マインド・ボムといった彩《いろどり》豊かな名前のタンパク質が関与することはわかっている。[20] いずれにせよ、複数のタンパク質が関与する短距離の会話によって、この領域の細胞がすべて血液になってしまうことがないように調整される。

こうして大動脈の一部の細胞が壁を離れるが、この時点ではまだ血液細胞ではなく、「血液系細胞に分化可能な幹細胞」である。幹細胞の概念は第3章で説明したが、そのとき出てきたのは発生のごく初期の、まだ何も決まっていない段階の幹細胞で、体のどの細胞でも作りうるものだった。これに対し、大動脈壁を離れていく細胞は別種の幹細胞で、すでに血液系の細胞を作ることが決まっていて、それ以外のものは作れない。これを**造血幹細胞**（**HSC**）と呼ぶ。大動脈壁を離れた造血幹細胞は、ちょうど発生しはじめたばかりの肝臓（第10章）にとりあえず落ち着き、そこで初期の胚に必要なすべての血液を作る。その後、発生が進んで骨が形成されると、造血幹細胞は再び引っ越して骨髄に落ち着き、以後はそこにとどまる。造血幹細胞については第18章で詳しく説明する。

酸素が足りない！

胚の体内の大血管は標準配置で作られるので、個体差は大きくない。だが小血管はそれとは対照的で、組織の奥深くまで伸びていくので配置もそれぞれで、むしろ組織側の局所的な必要に応じて発生していく。そのほうが、組織の位置や大きさに若干の誤差や変更があっても対応できるのではるかに有利である。この臨機応変なシステムは、組織の細胞がいちばん近い血管でさえ遠すぎると感じたときに生化学的に発する「助けて！」という叫びを鍵にして構築されている。

細胞が血管から離れすぎた場合にもっとも困るのは、低酸素状態に陥ることである。血管発生システムのうちの少なくとも一つは、この低酸素状態を直接利用している。ほとんどの細胞は**低酸素誘導因子1α**（**HIF-1α**）と呼ばれるタンパク質をもっている。酸素濃度が通常であれば、HIF-1αはすぐに化学状態を変え、細胞内のタンパク質分解（リサイクル）機構によって速やかに分解される[21][22]。だが酸素が少ないとHIF-1αは安定し、分解を免れるため、時間に余裕ができる。するとHIF-1αはその時間を利用して細胞核に入り、いくつかの特異遺伝子を活性化する。その遺伝子の一部が指定するタンパク質は、細胞内の酸素消費プロセスのうち、厳密な意味で生存にかかわるもの以外を一時的に停止させる。なかでも大事なのは、細胞増殖を止めて事態の悪化を防ぐことである（酸素不足の領域に細胞が増えればますます酸素不足になる）。また、同じくＨＩＦ－１αによって活性化する別の遺伝子は、血管細胞の増殖と遊走を促すタンパク質、ＶＥＧＦの合成を指定する。[23] 前述の「助けて！」の叫びとはこのＶＥＧＦのことである。

小血管の壁細胞は、それが動脈でも静脈でも、ＶＥＧＦを認識すると増殖しはじめ、ＶＥＧＦシグナルがもっとも強いほうへ、つまり酸素がもっとも足りないほうへ枝を伸ばす。枝は組織の奥へと入っていき、そこで互いにつながって血管網を作っていく。こうして動脈と静脈をつなぐ一連の毛細血管ができ、それまで酸欠状態だった組織に新鮮な血液が流れて酸素が供給される。

細胞に酸素が供給されると、その細胞のＨＩＦ－１αは速やかに分解される。ＨＩＦ－１αが少なくなると、それが活性化していた遺伝子は発現されなくなり、細胞は「助けて！」と叫ぶのをやめ、自由に増殖しはじめる。だがどんどん増殖するうちに、遅かれ早かれまた酸素が足りなくなり、新しくできた毛細血管からいちばん遠いところの細胞まで酸素が行きわたらなくなる。すると同じプロセスが繰り返される。酸素欠乏個所の位置によっては、できたばかりの毛細血管が今度は枝を伸ばす側に回ることになる。

このシステムであれば、細胞の増殖、組織の成長に対して、血液供給が確実に追いついていく。各組織がどこに、いつ、どの程度広がっていくかについて正確な地図がなくても、血管細胞は胚の成長に追いついていける。なにしろ酸素が足りないという叫びが聞こえたら、そちらへ向かえばいいだけなのだから。細胞が行動するためにどれほどの情報が必要かという観点から、この方法は（地図を使うよりはるかに）経済的である。また、酸素が足りなかったら叫ぶというしくみはどんな組織にも応用できるので、ほぼ無制限に変化に対応できる。

血流と血管新生

以上のように、血管新生のしくみは組織からのシグナルに敏感だが、もう一つ、血流にも敏感である。細い管のなかを粘性の液体が流れるとき、管壁と流体のあいだにわずかな抵抗が生じ、それが双方に力を及ぼす。その結果、液体のほうは速度が落ち、管壁のほうは管の方向に平行する「ずり応力」と呼ばれる力を受ける。流れが穏やかなら（流体力学の専門家は「層流」と呼ぶ）ずり応力は小さく、血管壁細胞はこれを感知してそのままの形を保つ。一方、小血管に大量の血液がどっと流れ込んだとか、血管のカーブがきついといった理由で「乱流」になると、ずり応力は大きくなる。すると、これを感知した血管壁細胞は、発芽または分枝、あるいは両方の手法で新しい枝を作りはじめる。この反応は非常に速い。たとえばニワトリ胚の卵黄動脈の枝を一本締めつけると、全体の血流が上がり、一五分以内に分枝による動脈系のリモデリングが始まって、血圧と血流が正常に戻るまで続き、組織全体にきちんと血液が供給される。[24] 乱流の頻発を避けるために、血管リモデリングは絶えず自動的に行われていて、そのおかげで穏やかな流れが維持され、血管にかかる力も、心臓への負担も抑えられている（乱流は心臓に無駄な負担をかける）。これもまた適応的、自動的なシステムである。

血管と癌細胞

血管新生システムの適応力がこのように高いことは、第18章で述べるようにわたしたちの自己維持・自己修復能力にとってとても重要だが、この利点は犠牲を伴うものでもある。腫瘍もまた、通常の組織と同じように、基本的には酸素が十分なときにもっとも元気になる細胞でできている。しかも困ったことに、成長する腫瘍の中心部の細胞が酸素不足に陥ると、通常の体細胞と同じ理由で、同じ声で「助けて！」と叫ぶ。周囲の血管はその叫びが通常の細胞から来るのか癌細胞から来るのか知りようがなく、助けを求められればすぐそちらへ枝を伸ばし、酸素と栄養を送って成長を助けてしまう。抗癌剤の研究開発の一手法が、なんとかして血管が癌細胞からのシグナルに応答するのを阻止し、癌細胞を酸素・栄養不足に追い込もうという発想に基づいているのはそのためである。実際には、細胞が助けを求める方法はさまざまなので問題は複雑だが、それでも一定の進歩が見られつつある。現段階で作れるものは魔法の薬とはいえないが、他の治療法と併せて賢く使えば、多くの患者の延命につながる可能性がある。

第10章
組織を組織する《器官の発生》

Organizing Organs

いつもオルガン、オルガンばかり

ディラン・トマス

〔英語では楽器のオルガンも体の器官も organ《オルガン》〕

ヒトを含め、複雑で大きな動物は、内部構造がただの細胞の集まりではないという基本的特徴をもつ。そこには明確に異なる器官が多数あり、各器官が特定の仕事のために特殊化している。肺は血液に酸素を送り込み、胸腺は生体防御システムを作り、腸は食べ物から栄養分を吸収し、膵臓は酵素を作って消化を助けるとともにホルモンを作って血糖値を調整し、腎臓は血液中の老廃物を濾過し、子宮は次世代のための場所を提供する。このように体の機能をいくつもの器官に分けているからこそ、わたしたちは互いに矛盾する活動を同時にこなすことができる。たとえば、子供は筋肉タンパク質を合成して自分の筋肉を成長させると同時に、酵素を合成して食べたばかりの肉の筋肉タンパク質を消化している。これらがいっしょくたになれば筋肉の形成と破壊が同時に起きて意味をなさないので、分けておかなければならない。

こうした個別の器官を組み合わせるモジュール式の構造は発生にも反映されていて、各器官は主にその内部の細胞コミュニケーションによって自分自身を作っていく。外部（体のその他の部分）とやりとりをするのはいつ自分を作りはじめるか、いつ終えるべきか、どのくらいの大きさにするべきかなど、いくつかの重要な決定について問い合わせるときだけである。それ以外の細かい仕事は基本的に器官内のプロセスだけで進んでいく。その証拠に、多くの器官はそれだけを胚から取り出しても、少なくとも数日間は培養器のなかで成長し、胚のなかにいるのと同じように発生を続ける。[1]

三つのグループ

体幹部の内臓は、どう発生するかによって大きく三つのグループに分けられる。第一グループは心臓だけで、第9章で述べたように早い時期に発生し、二本の管が一つに合わさる過程が特徴的だった。第二グループは数が多く、肺、肝臓、膵臓、胆嚢などが入るが、いずれも腸管の枝として発生する（図46）。このグループのなかでもっとも早く発生するのは肝臓で、進化上の登場順もそうだった。まず、動脈から枝が出るのと似たり寄ったりの方法で腸管から一本の枝が出て、周囲の細胞のあいだに伸びていく。この枝が肝臓の主要な排出管になるのだが、さらに小枝が出て、そこから細胞が周囲に広がって肝細胞の塊を作る。次いで塊のあちこちに空洞ができて細い管になり、そのすべてが主要な排出管

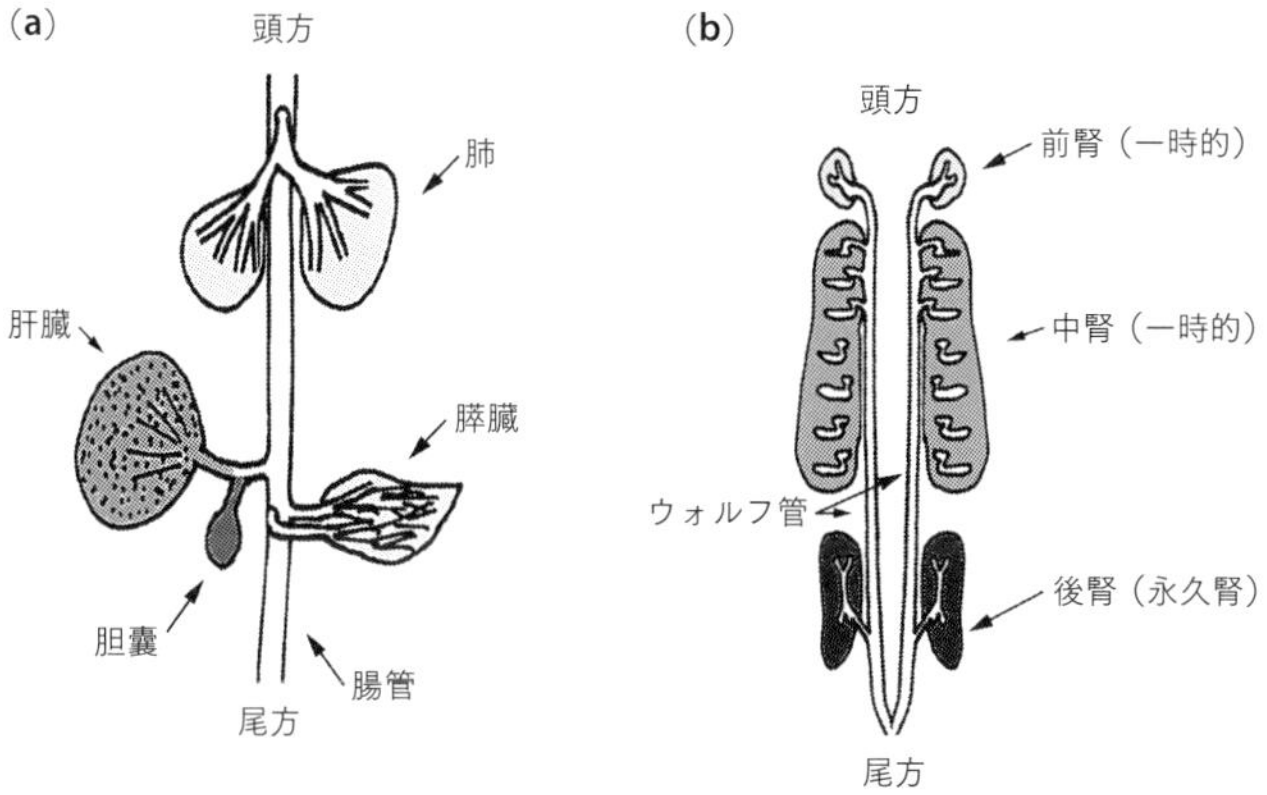

図 46　体幹部の心臓以外の内臓は大きく2グループに分けられる。(a) 肺、肝臓、膵臓、胆嚢はすべて内胚葉由来の腸管の枝からできる。(b) 生殖腺、3対の腎臓、脾臓などはすべて中胚葉の同じ長い片〔体節を作った中胚葉よりさらに外側の部分〕からできる。（脾臓は場所が違うので描かれていない）

につながる。これらの管が肝臓の生成物を腸管に運び、消化を助けることになる。これと平行してもう一つ別の枝が腸管から出て胆嚢になっていく。また、同じ枝の付け根のすぐ近くからさらに二つの芽が出て、次々と分枝して小さな木のようになり、膵臓の分泌部を形成していく。腸管のもっと上のほうの、頭に近いところにも別の芽が出る。魚の場合はこれが空気をため込む袋、つまり浮き袋になって浮力を制御するのだが、哺乳類では大きく変化して肺になる。芽が枝になって小枝を伸ばし、その一本一本がまた小枝を伸ばし、というのを繰り返して大きな木のような構造をつくり、肺の気道になる。以上のどの器官の場合も、最初の腸管からの出芽は周囲の中胚葉由来の細胞が出すシグナルによって制御されている。つまりいずれの器官においても、腸管の内胚葉由来の細胞と中胚葉由来の細胞の共同作業で組織が作られていく。前者が管（気体用あるいは液体用）を作り、後者がそれ以外の固形組織を作る。一部の器官では神経堤細胞も関与する。

体幹部の内臓の第三グループは、すべて丸ごと中胚葉から作られる。脾臓、生殖腺（男性でもまず胴内で作られ、あとで陰嚢《いんのう》へ降りていく）、三対の腎臓（前腎、中腎、後腎）、子宮、そして泌尿器系と生殖器系関連のさまざまな管などである。これらの器官のほとんどは体節の外側を頭尾軸上に走る中胚葉性の二本の長い管——**ウォルフ管**（中腎管とも）と**ミュラー管**（中腎傍管とも）——とともに発生しはじめる。この二本の管はのちに男性および女性の生殖輸管などになる（第12章）。ウォルフ管は後腎を作るための枝も出す（図46）。腸管からできる第二グループと中胚葉からできる第三グループの大きな違いは、前者は基本的に既存の管からの枝分かれに頼るが、後者は発生の過程でまったく新しい管を作れるという点である。

器官はそれぞれ独自の構造を作り上げていくので、発生のステップも異なる。だが個々のステップそのものは、管を作る、管をつなぐ、細胞を凝集させるなど、限られた基本メカニズムのなかから選ばれるにすぎない[2]。また別々の器官がまったく同じ分子を使って発生を制御する場面も多々見られる。そこで、この本では器官の発生を個別に説明するのではなく、一つだけ——後腎の発生——を取り上げ、そのなかで全器官が従う原則にも触れていこうと思う。

腎臓の仕事

腎臓の発生の説明に入る前に、腎臓の機能と内部構造（成体における最終的な構造）をざっと復習しておこう。腎臓の最大の機能は、体から毒素と不要な老廃物を取り除くことである。しかしながら、取り除くべき毒素には——特にいろいろなものを食べる動物の場合——無限の種類があり、種類ごとに特定の除去システムを用意していたらきりがない。そこで腎臓は、体にいいものも悪いものも含めて、すべての小分子をいったん血液から濾《こ》し出して一時的な保管領域に取り込み、そこから特別な輸送システムを使って体に必要な分子（こちらは種類が有限）だけを回収している。血液を濾過するユニットは、細くて漏れやすい血管が折りたたまれて球状になった**糸球体**《しきゅうたい》と、それを覆う薄いフィルターからなり、合わせて腎小体という。腎小体は尿細管という細長い管の一端にあり、一つの腎小体には必ず一本の尿細管がついている。腎小体と尿細管を合わせた全体をネフロンと呼び、腎臓には〔片側だけで〕数十万単位のネフロンがある。フィルターから濾し出された液体は〔大きな分子は残るが、小分子や水分は出ていく〕尿細管に入り、あとから来る液体に押されて管のなかを進む。そして長い管を流れていくあいだに、管壁細胞が体に必要な物質、たとえば糖類などをつかまえ、体に戻していく。残った液体は大木のような集合管系の枝の一本へと流れ込み、尿となって膀胱へ出ていく。以上が完成形の腎臓の概略である。したがって、発生していく腎臓にとって大事な仕事は、尿収集システムを作ること、そこにつながる数十万本のネフロンを作ること、そしてネフロンの先端のフィルター部分に血管を引き込んで、糸球体を作らせることである（図47）。

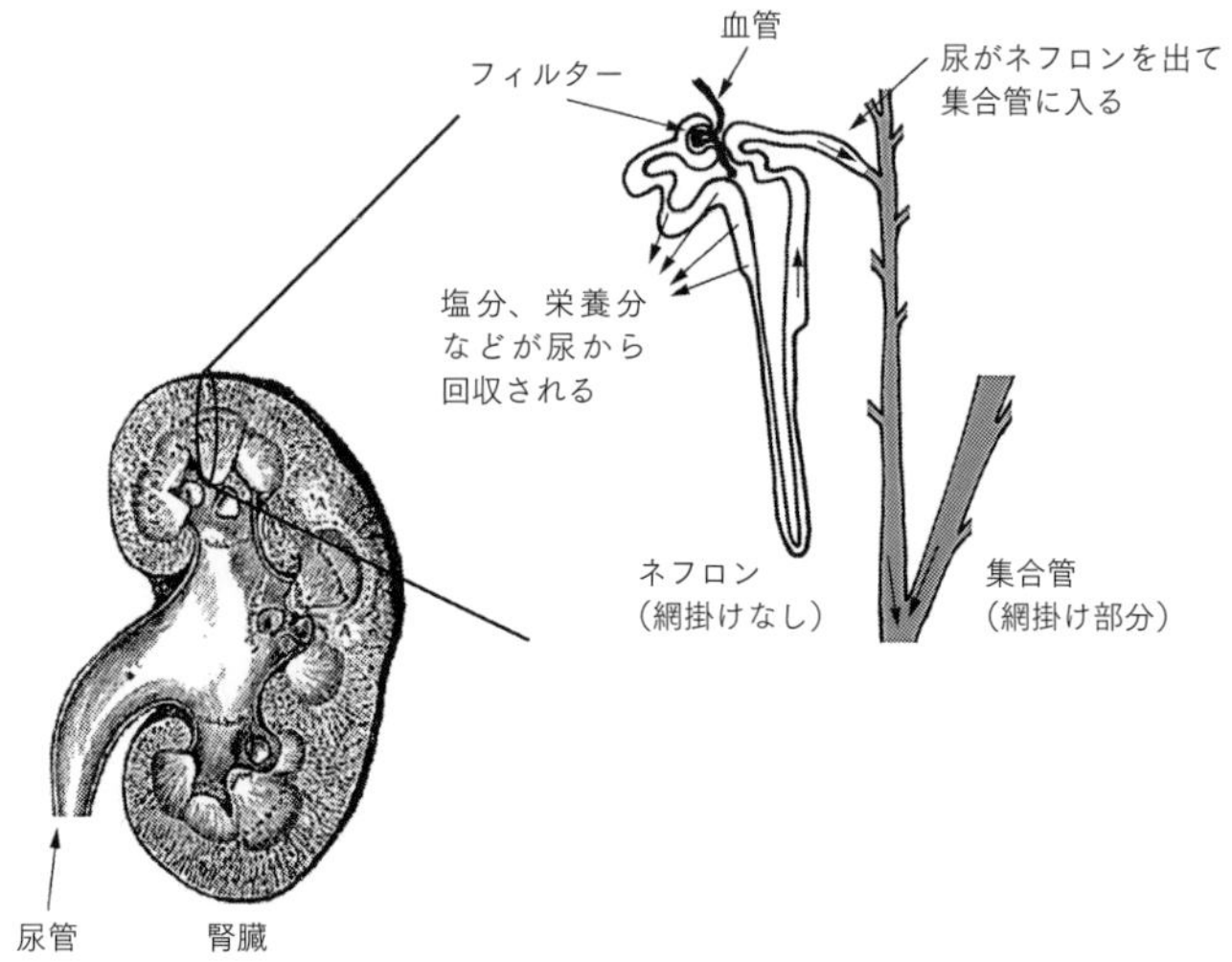

図 47　成体の腎臓と、そのなかに 100 万本近くあるネフロンの 1 本を図示したもの。ネフロンの一端が血液から水分と小分子（老廃物を含む）を濾し出す。折れ曲がった尿細管が必要な小分子を回収したあと、液体の残りは尿となって枝状の集合管に流れ込む。そこでかなりの水分が回収され、残りが膀胱へ流れていく。左側の成体の腎臓の図は解剖学書の古典『グレイ解剖学』の初版に掲載されたものである。

後腎芽組織と尿管芽

前述のように腎臓は中胚葉から発生する器官のグループに属している。わたしたちは生涯に前腎、中腎、後腎の三対の腎臓を作るが、出生のときまで残っているのは最後にできる後腎だけなので、この一対は永久腎とも呼ばれる。永久腎は胚の体幹の尾側端に近いところにできる。そのあたりに数百の中胚葉細胞が集まりはじめるのが永久腎発生の最初の兆候である。なぜこの場所に、この段階で細胞が集まるのかよくわかっていないが、おそらくこれらの細胞が作る中胚葉固有のタンパク質群と、頭尾軸上のこの位置だからこそ発現するHOX遺伝子群（第6章）に誘導されてのことと思われる。細胞が正しく集合するのに必要なものとして、研究者たちはすでに多数のDNA結合タンパク質を同定しているが、タンパク質が同定できればプロセス全体が理解できるというものでもなく、今後の研究成果が待たれる。

いったん集まると、この集合体は後腎《こうじん》芽《が》組織（後腎間充織《こうじんかんじゅうしき》とも）と呼ばれるようになる（以後この章では「後腎芽」と略す）。後腎芽の大事な初仕事は**GDNF**というシグナルタンパク質を分泌することで、これが周辺組織に広がるやいなや、近くを走るウォルフ管が芽を出し、後腎芽のなかに直接枝を伸ばしてくる。これを尿管芽と呼ぶ（図48）。

GDNFの分泌とウォルフ管からの出芽、この二つの事象はほぼ同時に発生するので、因果関係があると考えられる。すでにいくつかの実

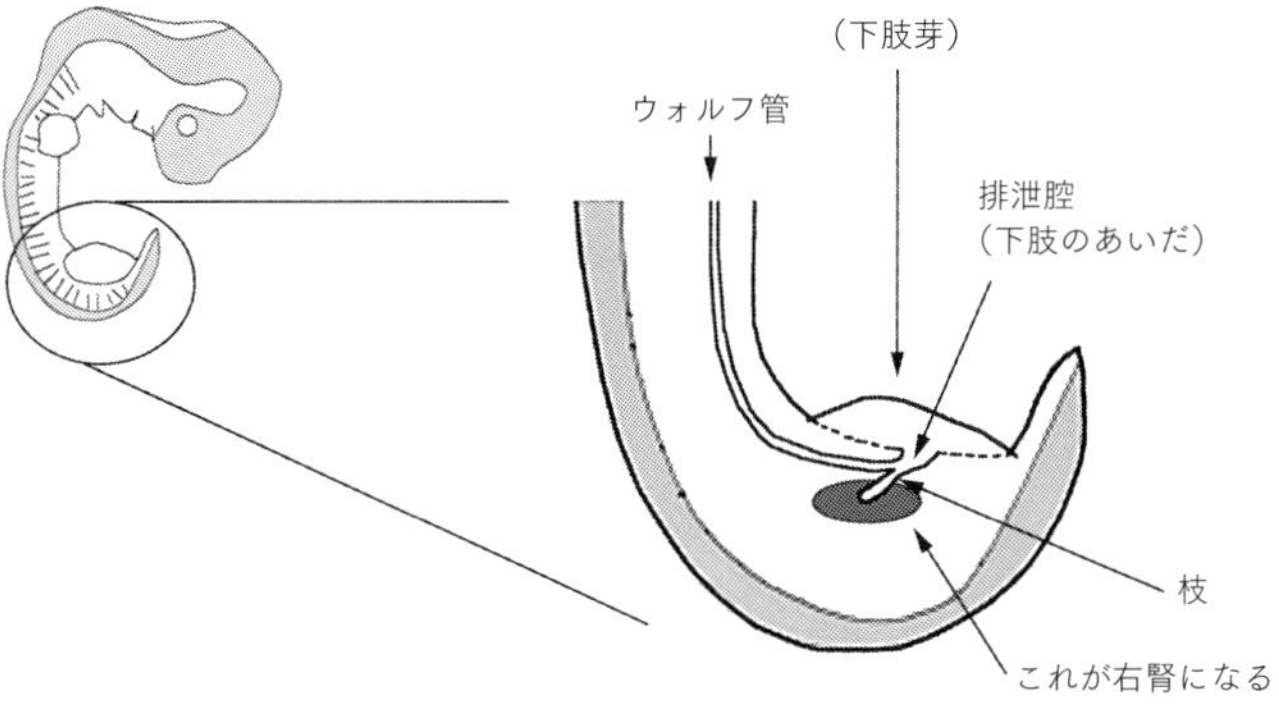

図48　腎臓の初期発生。濃い網掛け部分の細胞がGDNFというシグナル分子を分泌すると、近くを通るウォルフ管が側枝を伸ばしてくる。

験で、GDNFが実際に枝を引き寄せることが確認されている。たとえば薬品を使って[3][4]、あるいはマウスの遺伝子を変異させることで[5]GDNFの活動を阻害する実験では、尿管芽の形成が不確実になった。*また別の実験で、ウォルフ管の近くにGDNFを染み込ませたビーズを置いたところ、ウォルフ管がこれに応答し、後腎芽のほうに伸びる本来の枝に加えてビーズのほうにも複数の枝を伸ばした。[3][4]前者の手法はある事象にシグナル分子の活動が必要であることを、後者は分子の存在そのものがきっかけになることを示そうとするもので、特定のシグナルが特定の事象を制御していることを証明するためによく使われる。この本の随所に出てくるシグナルと応答に関する記述もすべて、こうした個別の実験によって裏づけられている。

もちつもたれつ

ウォルフ管が枝を伸ばすしくみは、血管がVEGFに応えて枝を伸ばすしくみ（第9章）と変わらない。合図になる分子こそ異なるが（そうでなければ混乱してしまう）、振る舞いは同じである。またこの段階までくると、尿管芽とそれを取り巻く後腎芽だけを胚から取り出すことが可能で、培養すると通常通り発生を続ける。**つまりここからは基本的に組織が自律していて、内部プロセスだけで発生し

*――GDNFノックアウトマウスであっても尿管芽が伸びることがあり、他のシグナルシステムとの重複が考えられる。

**――普通にシャーレで培養するだけでは正しい血液システムが得られないので、シャーレではなく、ニワトリ有精卵の血管豊富な膜組織の上で培養すると、通常通りの発生が続く。

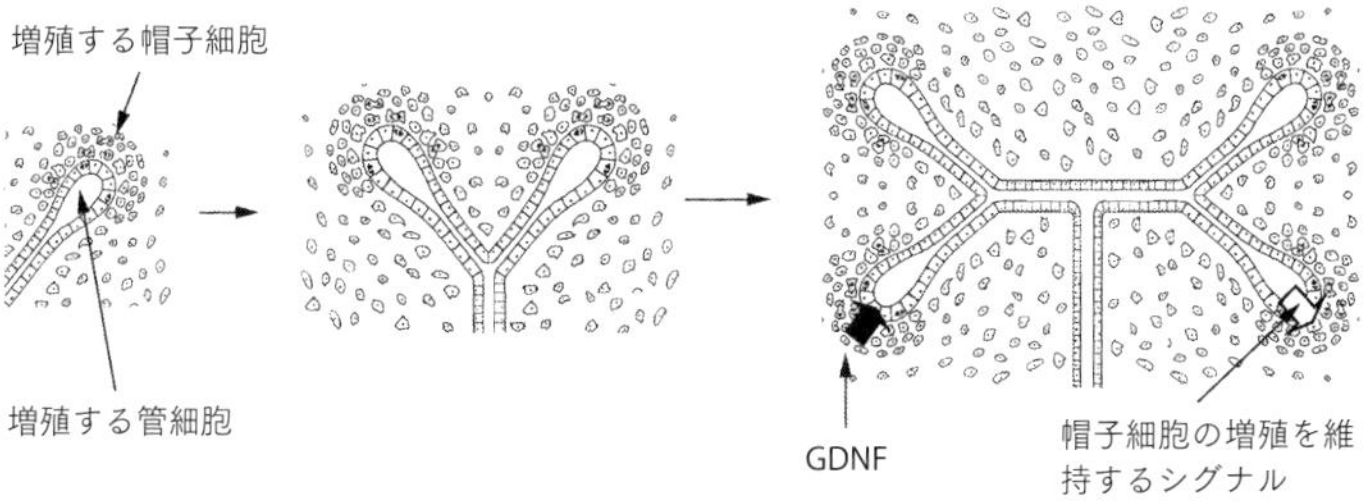

図49　帽子（後腎間充織）の細胞と管（尿管芽）の細胞の相互依存関係。帽子が分泌するGDNFが管の増殖と分枝を促す。管は帽子の増殖を続けさせるシグナルを出す。互いにシグナルを送り合うことで、双方が足並みを揃えて成長する。

ていける。ただし尿管芽と後腎芽の両方が必要で、どちらかだけを単独で培養することはできない。単独で培養するとしたら、欠如しているほうの組織が作るはずのシグナルを「偽造」しなければならず、とんでもない手間がかかる。

後腎芽がウォルフ管から伸びてきた尿管芽にシグナルを送ると、尿管芽も後腎芽にシグナルを返す。そのシグナルを受けて、それまでゆるく集まっていた後腎芽細胞が尿管芽の先端部の周りに帽子状に凝集する〔後腎組織帽〕。帽子のなかでは後腎芽細胞が新たなタンパク質を作るとともに、増殖しはじめる。そして増殖しながらGDNFその他のシグナル分子を作りつづけ、それを受けて尿管芽はどんどん伸びて枝分かれし、その一本一本がさらに枝分かれし……と続いていく。枝が分かれるたびに、その先端が後腎芽の帽子の一部をもらい受けるので、やがて一本一本の枝の先に後腎芽細胞の帽子がついた小さな「木」ができ〔図49〕、この木が腎臓の尿収集システムになっていく。

このプロセスの特徴は、枝分かれしていく〝管〟とその先端を覆う〝帽子〟の相互依存関係にある。理論上は、管と帽子の細胞がそれぞれ自発的に増殖していくシステムも考えられる。だがそうなると、どちらか片方の細胞がもう片方の細胞より早く増殖するリスクがあり、双方のバランスが崩れて、帽子をかぶれない管が続出したり、帽子が山ほど余ったりしかねない。たとえ細胞数のバランスがとれたとしても、管が帽子のない領域へ伸びてしまうリスクがあり、そうなればこの器官は機能しない。幸いなことに実際の腎臓の発生は相互依存関係がベースになっていて、管は帽子から来るシグナルに依存し、帽子は管から来るシグナルに依存するので、二つの組織は足並みを揃えて発生する。片方の細胞が迷い出て、もう片方の細胞群から遠ざかってしまったときも、相手のシグナルがなくなってその細胞は増殖をやめるので、問題は生じない。このように腎臓の自己組織化は組織間の相互依存を特徴とするが、そうした相互依存は他の器官でも見られる。シグナルとして使われる分子が変わることはあっても、相互依存の利用という原則は変わらない。

ネフロンの形成

シンプルな構造の器官なら、前述のようにうまく制御された分枝パターンが一つあれば基本構造を作ることができる。たとえば肺は、少々乱暴にいえば高度に分岐した気道であり、ゆるく集まった細胞と血管がそれを取り巻いているだけなので、分枝パターンで概ね説明できる。だが腎臓はそうはいかない。成熟した腎臓はもっと複雑で、高度に分枝した集合管だけでなく、ネフロンも備えている。腎臓発生の研究が始まったばかりのころには、ネフロンは集合管系の側枝として形成されると考えられていた。だがその後、ヴィクトリア朝後期に、中胚葉細胞の帽子から作られるとわかった。少し前の段落で、中胚葉由来の器官はまったく新しい管を作ることができると書いたが、これもその例である。だがそのしくみを理解するには、まず帽子の行動を制御している管のほう、つまり伸びていく枝のほうをよく見ておく必要がある。

次々と分枝しながら伸びていく集合細管（尿管芽が伸長・分枝を繰り返して集合管系ができつつあり、その細い枝の一本のこと）のなかを見ると、さかんに増殖しているのは先導端の数十の細胞だとわかる[6]。そこで増えた細胞が、先端部の細胞数を維持するとともに、その後ろの茎を形成していく。茎の細胞は少し異なる組み合わせのタンパク質を作り、そのなかにはWNTタイプのシグナル分子、WNT9bも含まれる[7]。したがって、後腎芽の帽状組織の細胞のうち、帽子の縁のほうの、茎にいちばん近いところにいる細胞は、高濃度のWNTにさらされることになる。するとこれらの細胞は新しいタンパク質群を作りはじめ、帽子から離れて凝集し、小さい細胞塊になる（図50）。この塊がやがて管状になってネフロンを形成していく。

細胞塊はまず中空の球になり、それが伸びて長い管になるのだが、ある細胞塊が球になるころには、茎のほうはもっと先へ伸びている。集合細管の先端部が伸びるにつれてその後ろに新しい茎ができるからである。その新しい茎が出すWNTシグナルを、今度はその時点で帽子状組織の縁のほうにいる細胞が受け、ネフロンを作りはじめる。こうして集合管系が成長するにつれ、次から次へとネフロンが作られていく。

ネフロンの形成は集合細管の茎から来るWNTシグナルに依存しているので、どのネフロンも細

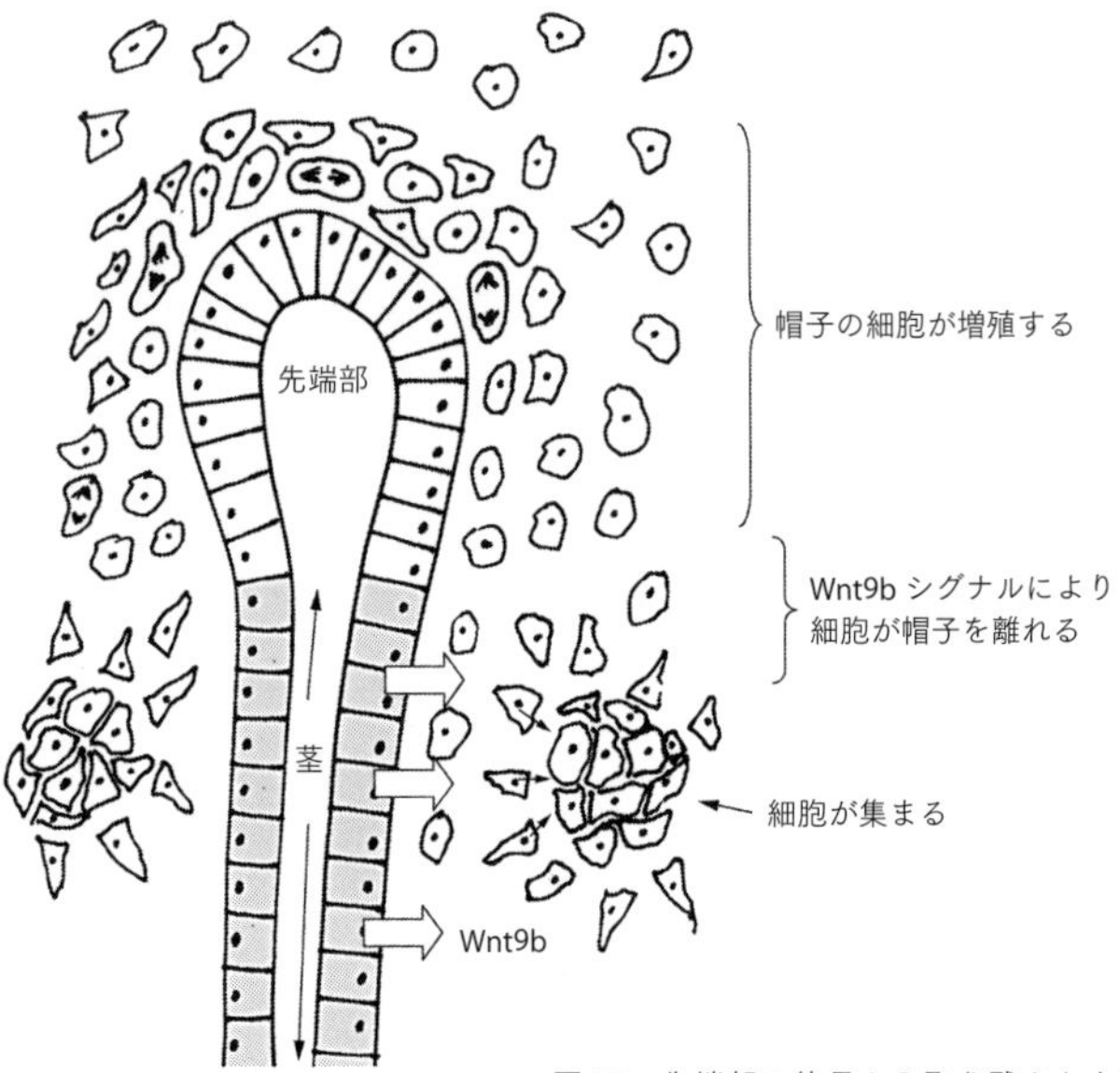

図 50　先端部の伸長から取り残された細胞が茎の近くに来ると、茎が作る Wnt9b（とおそらくは他の分子）の誘導で集まって塊になり、ネフロンを作る準備を始める。

管のすぐ近くにできることになり、最終的にはそれぞれが細管とつながる。両者は確実につながる必要があり、その点からいっても、相互依存関係による発生システムのほうが、相手と無関係に発生するシステムよりはるかに安全である。しかしながら、次々と分枝する集合細管のすぐ近くにネフロンになる細胞群がいるというのは、ある意味では危険でもある。ネフロンの構築は複雑かつ緻密な仕事なので、そこへ細管が枝を伸ばしてくるようなことがあれば台無しになってしまう。ではどうするかというと、ネフロンを作りはじめた細胞は、それまで作っていた枝形成を促進する因子GDNFのスイッチを切り、逆に枝形成を禁じる因子を作りはじめる。したがってネフロン形成領域に新しい枝が伸びてきて邪魔をする心配はない。

枝形成促進因子から抑制因子へのこのスイッチの切り替えは、リスク回避だけではなく、もっと大きな効果も生む。後腎芽細胞は集合細管の枝が近づいてくればスイッチを切り替えるが、そうでなければGDNFを作りつづけるので、新しい枝が自動的に未開拓の領域に向かうという効果である。何らかの理由で集合管系が一部の領域を見逃したとしても、その領域の細胞がGDNFで枝を呼びつづけるので、細管はいずれはそちらへ向かう。つまり集合細管は自動的に、全体にむらなく枝を伸ばすことになり、集合管系の効率が上がる。さらにもう一つ、枝の先端同士が反発することも、無駄のない配置に一役買っている可能性がある。乳腺の発生でも同じように乳管の枝が広がっていくのだが、その際そうしたしくみが働いているという強力な証拠が見つかっているし[8][9]、腎臓についても同種の実験結果が積み重ねられつつある。

腎臓の血管系

腎臓の血管系は腎動脈から入って腎静脈へ出ていく。腎動脈、腎静脈はそれぞれ大動脈と大静脈から直接分岐する（第9章）。腎臓内部では、何十万個もあるフィルターユニットのそれぞれに血液を運ぶために、血管も分枝しなければならない。腎臓の血液系の発生は数多くのシグナル分子で制御されるが、その一つは第9章で大いに活躍したVEGFである[10]。ネフロンの末端はフィルターとして特殊化するが、このフィルターがVEGFを分泌し、血管細胞を呼び寄せる。これに応じて血管がフィルターユニットのほうに伸びてつながり、血液が濾過できるようになる。ここでもやはり、フィルターユニットに血管が届いた時点でVEGFの産生を止めるシステムが機能しているはずで、血管はただやみくもに近くのフィルターとつながろうとするのではなく、空いているフィルターを効率よく探すものと思われる。

システムの柔軟性

器官の発生のかなりの部分が細胞同士の多様な会話によって制御され、その会話がシグナルタンパク質という言語で成り立っていることは、腎臓のみならずすべての内臓に共通する特徴である。個々の細胞の振る舞いと、その細胞が発信するシグナルは、その細胞が受け取るシグナルによって制御されている。つまり器官の発生は相互依存関係に満ちていて、だからこそ誤差を許容し、また進化的変化にも対応できる柔軟なシステムになっている。たとえば、ある動物がもっと長い体をもつように進化したとしたら、そのときは腎臓の発生期間が延びて集合管の枝が増え、ネフロンと血管の枝も増える。システムに細かい変更を加えなくても、自然にそうなるようにできている。内部の組織同士の会話を土台にして発生する器官は、その動物の体の大きさがかなり変わっても、あるいは体形が変わっても、ほとんどの場合変化に対応できる。これがもし「会話」ではなく「設計図」を土台にしたシステムだったら（そもそも無理な話だが、たとえ可能だとしても）、ある器官のサイズを倍にするといった単純な変更でさえ大仕事になり、仕様書に膨大な変更を加えなければならなくなる（たとえばネフロンの配置を示す図面では、少なくともすべての数字を倍にしなければならないのだから）。わかっている範囲でいえば、たとえばマウスの小さい腎臓を作るのに使われる遺伝子の数と、ヒトの大きな腎臓を作るのに使われる遺伝子の数はまったく同じであり、これこそ器官発生システムの柔軟性を示す証拠ではないだろうか。

器官の発生システムがある程度独立している――単独でも簡単な培養システムのなかで成長できる程度に独立している――ことには、もう一つ、新しい器官を追加できるという大きな利点がある。現に脊椎動物は、進化の過程でいくつかの新しい器官を追加してきた。[11] 膵臓は有顎魚類とともに登場し、分岐した気道をもつ肺は爬虫類とともに登場し、前立腺と乳腺は哺乳類になってから登場した。このようにあとから追加される器官は、多くの場合すでにある器官の制御システムを再利用する。前立腺の管の分枝はFGFシグナルタンパク質によって制御されるが、このシステムはすでに肺の管の分枝に使われていたし、そのもっと前から膵臓の管の分枝に使われていた。制御系が独立し、ほかからある程度切り離されているからこそ、各器官は他の器官と干渉することなく自らを制御できる。そのおかげで同じシステムの使い回しが可能になり、新しい構造を作るために新たに考案すべき事項を少なく抑えることができる。

胎児プログラミング

腎臓の発生には、母体の栄養状態に極めて敏感だという特徴もある（ラットでは確認されていて、ヒトもおそらくそうだと思われる）。妊娠中のラットに与える餌を通常の半分に減らすと、子供の腎臓にできるネフロンは通常よりかなり少なくなる。その結果、血圧が上がる[12]（これは塩とレニンやアンギオテンシンといったホルモンが絡むフィードバックループの結果で、かなりややこしいので、ここでは大ざっぱに「ネフロンが少ない腎臓に通常の量の体液を通そうと体が試みて、体液を強く押す」からだと思っていただきたい）。ヒトの場合、慢性的な高血圧は危険であり、脳卒中、心臓発作、そして（皮肉なことに）機能するネフロンの数がさらに減ってしまう腎障害などのリスクが高まる。母親の栄養状態が悪いと、子供が成長してから高血圧や慢性腎疾患、あるいは糖尿病体質といった問題を抱える可能性があることはかなり前から知られていた[13]。妊娠中の胎内環境が子供の生涯の健康に影響を及ぼすことを胎児プログラミングと呼ぶが、腎臓が母体の栄養状態に敏感なのがその主な原因だということも、十分に考えられるだろう。

栄養状態に問題のない西欧諸国で暮らしていると、胎児プログラミングは不適応以外の何ものでもないように思える。しかしながら、形成されるネフロンの数が減るのは、血液中の貴重な食物分子と塩分を保存するという意味で、飢餓の時代に適応するためだという考え方も成り立つ。その参考になるかもしれない資料として、第二次世界大戦期の母親の栄養不良に関する統計でよく研究されたものが二つある（ただし2型糖尿病に関するデータである）。ドイツ占領下のオランダでは、大戦末期の数か月間国民が飢餓状態に置かれたが、解放後はすぐ食糧事情が回復した。データを見ると、栄養状態の悪い母親から生まれた子供たちには後年、2型糖尿病などが多発している。ソ連のレニングラード包囲戦の際にも飢餓が発生したが、こちらは食糧事情の回復に長い時間がかかった。つまり子供たちは生後長期間わずかな食料しか口にできなかったのだが、すると病的影響は少なかった。この結果をどう解釈するかは人それぞれで、比較にならないとする意見も多い（そもそも母集団が遺伝学的に同じではないなどの理由による）。だが、少なくとも一部の研究者は、胎児プログラミングは食糧不足に対する積極的な適応かもしれず、危険なのはむしろ飢餓に適応した子供たちが飽食の世界に直面したときではないかと考えている[13][14]。この問題は重要で、低出生体重児の早いキャッチアップ（標準体重に追いつくこと）のために非常に栄養価の高い調製粉乳を与えるべきかどうかという問題にかかわってくる。

体内の器官はそれぞれ独自の構造をもつので、当然のことながら発生段階でも独自のメカニズムが使われる。しかしながら全器官に共通するメカニズムもあり、なかでも柔軟なコミュニケーションを利用するという点——腎臓の発生に見られた顕著な特徴——はその最たるものである。

第11章 手も足も出る《体肢の発生》

Taking Up Arms (and Legs)

純朴な子供
軽やかに息をし
手足に命が満ちている
ウィリアム・ワーズワース

哺乳類の生態は手足なくしては成り立たない。動くため、身を守るため、ヒトや類人猿なら道具を使うためにも手足がなくてはならない。進化史の上で、脊椎動物が体肢を発達させたのは頭部や胴体の基本構造よりだいぶあとのことだが、発生上も同じで、基本的なボディプランができてから体肢の発生が始まる。ヒトの場合、体肢発生の最初の兆候が表れるのは受精後二四日目ごろで〔まず上肢、少し遅れて下肢〕、この段階ではすでに体幹部の主要構造ができていて、原始的ながら血液も循環している。

肢芽の形成と成長

体肢の発生は、胚の体側部の心臓より少し上（頭寄り）に一対の小さい膨らみ――**肢芽**《しが》――ができることから始まる。これが上肢になっていき、ほどなく同じような一対の膨らみが体側部の尾側端にもできて、こちらが下肢になっていく。膨らみができるのは、体側壁を覆う外胚葉のすぐ下で細胞が活発に増殖するからだが、それはこの領域で細胞増殖速度が上がるからというより、他の領域の成長速度が落ちてくるのにこの領域だけ速度が落ちないからである。これらの細胞は、独自の判断ではなく、体幹部の中胚葉のシグナルに誘導されて増殖速度を維持する。頭尾軸上の上肢と下肢ができる位置の中胚葉細胞は、おそらくはそれぞれのHOXコード（第6章）に誘導されて新たな遺伝子の発現を活性化し、[1][2]その一環としてWNTファミリーのシグナル分子も作られ、それがFGFファミリーのシグナル分子産生を活性化し、[3]このFGFが肢芽の形成を促す（とかなりややこしい）。体肢の形成がFGFによって始まることはニワトリ胚の実験で実証されている。FGFを染み込ませたビーズ、あるいはFGFを作るように遺伝子操作した**ウイルス**を、ニワトリ胚の前肢（翼になる）と後肢（足になる）のあいだの脇腹に移植する実験で、するとそこにも肢芽が形成され、過剰な体肢へと成長する。[4][5]同じ部位でWNTシグナルを人工的に活性化しても同じ結果が得られる。[6]逆に、WNTファミリーやFGFファミリーの機能を阻害すると、体肢は本来できるはずの場所にさえ形成されない。

こうしたシグナルが合図となって体肢発生が始まると、体肢形成域の外胚葉（皮膚）が厚くなるとともに、その下の中胚葉細胞が増殖する。そして魚のひれのような形に突出し、その先端は厚くなった外胚葉で覆われた状態となる（図51）。

　肢芽細胞は体肢各部の骨や腱など、さまざまな種類の組織細胞に分化する能力をもつ。だがもちろん、何になるかを細胞が勝手に決められるわけではない。そんなことをしたらわけがわからないものができてしまうので、各細胞はその位置にふさわしい決定をしなければならない。最終的に上肢の先端部に位置することになる細胞は、指の細い骨、指骨を作らなければならないし、逆に肩に近いところの細胞は上腕の太い骨、上腕骨を作らなければならないし、その中間の細胞は肘《ひじ》関節や前腕骨を作らなければならない。あるいは、骨を作るべき軸の上にいないならば、その場所にふさわしい筋肉や腱を作らなければならない。したがって、体肢の発生にはすべての細胞にその位置にふさわしい仕事をさせるための堅牢なシステムが必要になる。今わかっていることから考えると（全容解明にはほ

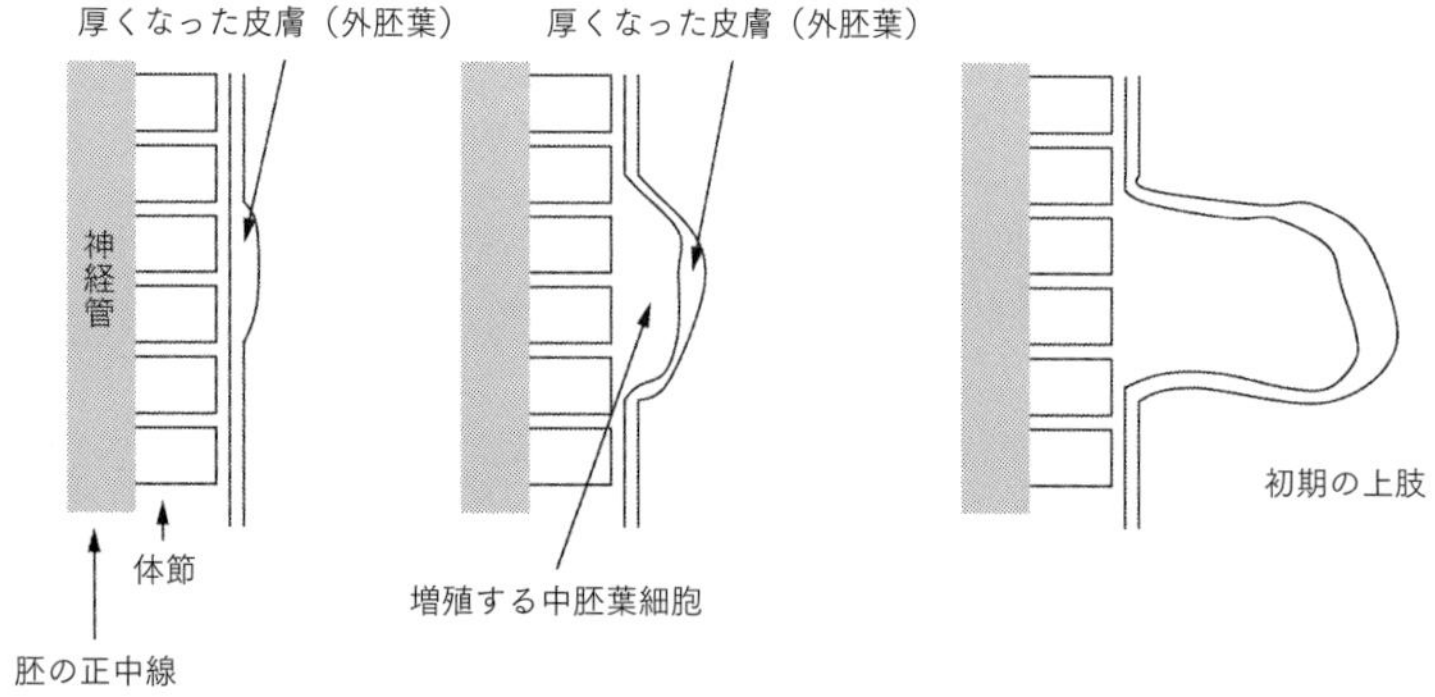

図 51　右腕の発生の模式図。胚の体側部から肢芽が出てヒレの形になる。腕が伸びる場所の外胚葉が厚くなり、その下の中胚葉細胞が増殖することによって瘤《こぶ》状の肢芽ができ、それが伸びてヒレ状になる。

ど遠いが）、第7章で登場した体節細胞と同じように、体肢の細胞も、いくつかの定位置から来るシグナル分子の濃度を感知して、自分の振る舞いを決めていると思われる。と同時に、時間の経過による制御も関係しているようだ。

体肢の構造は三つの軸に分けて考えることができる。遠近軸（指先が遠位で、肩が近位）、前後軸（親指が前で、小指が後ろ）、背腹軸（手の甲・足の甲が背で、手のひら・足の裏が腹）の三軸である。各軸のパターン形成システムは互いに完全に独立しているわけではないが、個別に考えたほうがわかりやすいので、まずはそれぞれを見ていき、必要に応じて関連性を補足する。

進行帯モデル

体肢の遠近軸方向のパターン形成については、最近（わたしがこの本を書いている時点でも）活発な議論が行われている。いくつかの考え方があり、それぞれに支持者がいる状態で、関係者全員が納得できるような答えが（検証も反証も含めて）まだ見つかっていないからである。つまりこの章でも「遠近軸上のパターン形成はこうです」とすっきりまとめられず困ったものだが、そこをあえて逆手にとり、生命科学というものが実際どうやって前に進んでいくのか、その具体例を紹介できるいい機会ととらえたい。

まず、すでに誰もが認めている事実をいくつか挙げておこう。（1）体肢は漸進的に伸びていくが、細胞増殖が見られるのは主として先端部の進行帯である。体肢が伸びるにつれ、増殖する進行帯の後

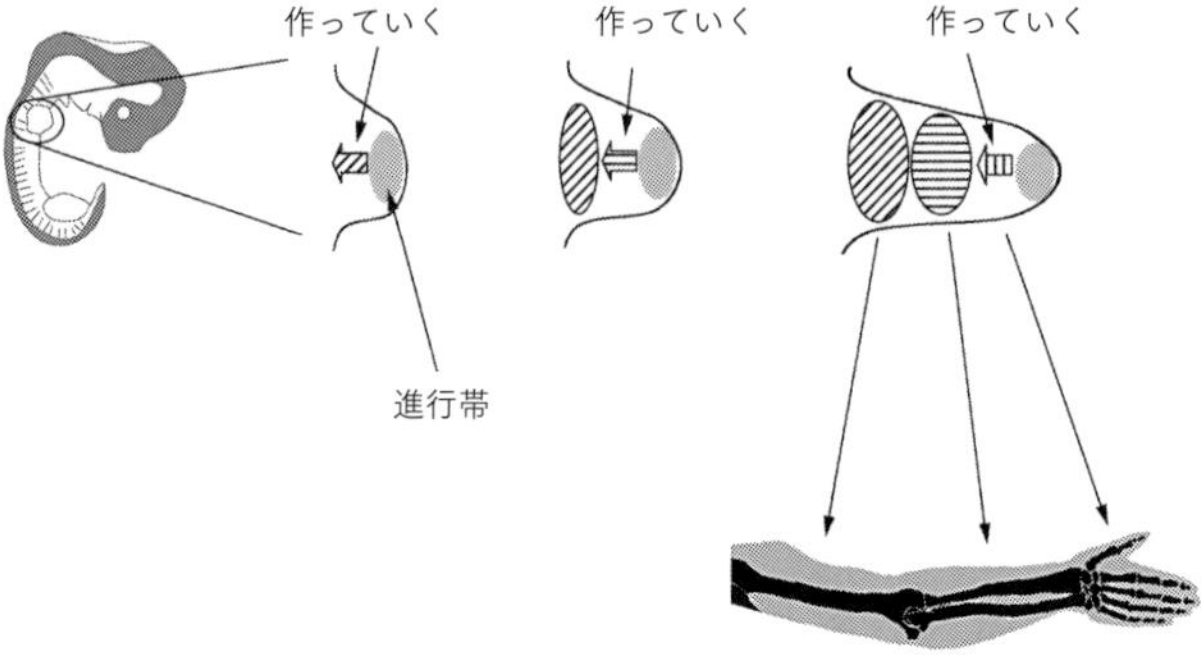

図 52　〈進行帯モデル〉の模式図。肢芽が伸びるにつれて、進行帯で増殖する細胞が順次後ろに残されていく。このモデルは、細胞が進行帯にとどまる時間が長ければ長いほど、指先方向に近い構造を作ることになると考える。上の図は上肢を大きく3つ（上腕、前腕、手）に分けて描いているが、もっと細かい部分の分化の指定もこのモデルで説明できる。

ろに次々と細胞が残され（カタツムリが白いすじを残して這うイメージ）、その細胞が成熟してさまざまな構造を作っていく。（2）発生中の体肢の遠位端と近位端は、異なる組み合わせの（少なくとも異なる比率の）シグナル分子にさらされる。遠位端では外胚葉細胞がFGFタンパク質を作っていて[7][8]、近位端には体側部からレチノイン酸（第6章の体節形成で活躍した分子）が入ってくる。（3）体肢骨の前駆体（前段階のもの）は、まず上腕、次いで前腕、最後に手という順で形成される。

　では議論の的《まと》になっているのは何かというと、遠近軸方向のパターン形成のしくみであり[9]、これが大きく二つの考え方に分かれている。一つは、細胞が進行帯にとどまる時間が一種のシグナルになっているという考え方である。細胞が進行帯にとどまる時間が異なると、その細胞が作る部分も異なるというのは事実で、これに基づき、とどまる時間が長ければ長いほどその細胞は指先〈遠位端〉寄りの形態を発現することになると考える（図52）。これは〈進行帯モデル〉と呼ばれ、シンプルでわかりやすい。進行帯を早く離れた細胞は、その後成熟して上腕を形成し、少し遅れて離れた細胞は肘を、さらに遅れて離れた細胞は前腕を、手首を、手を、と続き、最後まで離れなかった細胞は指先になっていく。この考え方からすれば、実験で細胞を通常より長く進行帯にとどめておけるとしたら、その結果できる上肢は上腕組織の細胞が足りず、逆に手の組織の細胞が過剰になるはずである。まさにそういう実験が、ニワトリ胚の肢芽にX線を当てるという方法で行われたことがある。X線照射によって進行帯の多くの細胞が死滅し、生き残った細胞は先端部を離れる前に増殖して数を補わなければならないため、通常より長く進行帯にとどまる。その結果どうなったかというと、上腕がないのに手はあるという、〈進行帯モデル〉の理論に適《かな》った上肢が形成された[10]。

だがこの実験には、細胞が進行帯に長くとどまったのはX線照射の間接的な結果でしかないという問題があった。直接の効果は細胞の死滅であり、だとすれば、細胞の種類が異なるとX線に対する感度も異なっていて、それで一部の〈ここでは上腕の〉構造ができなかったのではないかという疑問も生じる。その点を明らかにするために、何年か前に遺伝子の発現状態を調べられる最新技術を用いて同じ実験が行われ[11]、案の定、上腕ができなかったのは上腕を作る細胞が遅れによって変化したからではないことがわかった。結局のところ、上腕構造を作るべく成熟しかかっていた細胞が、X線照射をストレスと感じて死んだだけのことだったのである。こうして、一時は〈進行帯モデル〉の強力な証拠と思われていた実験が意味をなさなくなった。だからといってこのモデルが否定されたわけではない

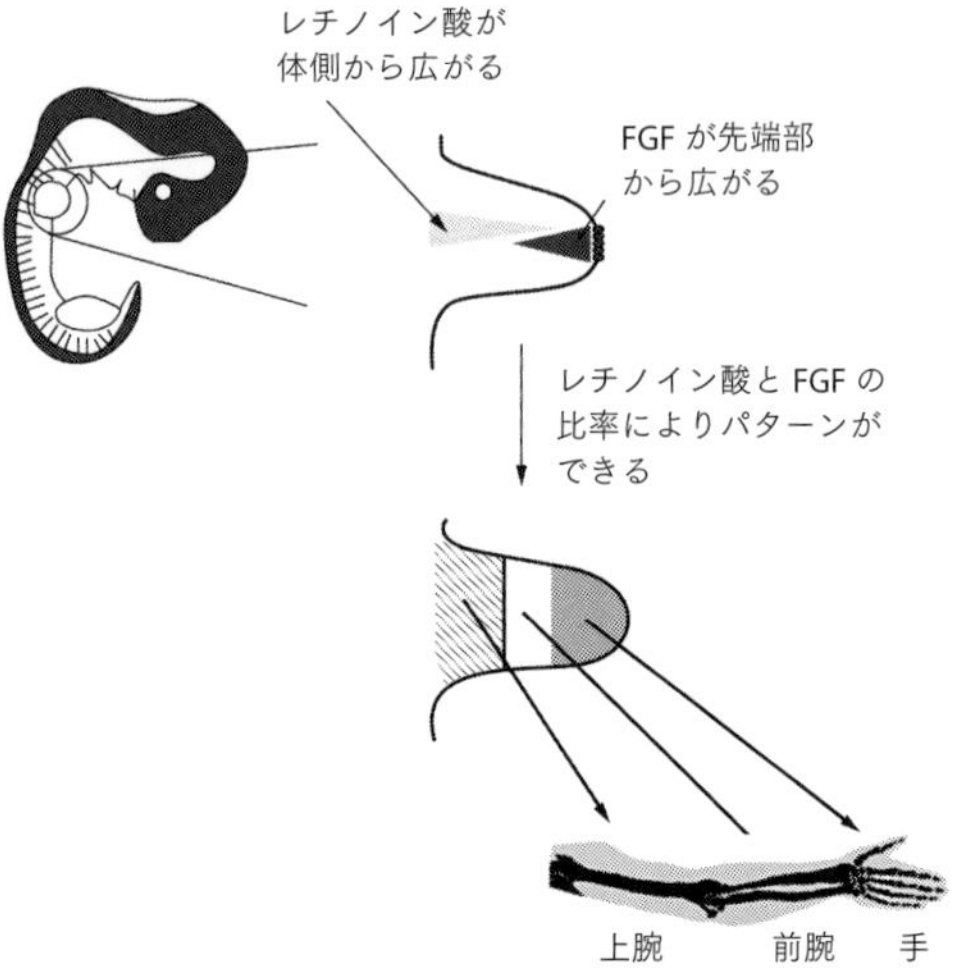

図 53　〈プレパターンモデル〉の模式図。肢芽の先端から来る FGF と、体のほうから来るレチノイン酸の逆向きの濃度勾配によって、細胞の遺伝子発現のパターンが決まり、高 FGF －低レチノイン酸にさらされた細胞は手の構造を、低 FGF －高レチノイン酸にさらされた細胞は上腕の構造を作るようになる。もっと細かくいえば、FGF とレチノイン酸の細かい比率によって、手のなかの指先寄りになるのか手首寄りになるのか、上腕のなかの肩寄りになるのか肘寄りになるのかなども決まっていく。

が、以前ほど根拠のあるものではなくなった。

プレパターンモデル

議論の的になっているもう一つのモデルは、時間の経過とはまったく関係なく、シグナルタンパク質の濃度勾配でパターン形成を説明しようとする。前述のように、肢芽の遠位端はFGFを作り、近位端には体側からレチノイン酸が入ってくる。この二つのシグナルタンパク質が拡散することによって逆方向の濃度勾配ができるので、遠近軸上の異なる位置にいる細胞は異なる比率でこれらを受け取り、その比率の違いが細胞の運命を決めると説明する（図53）。ただしシグナル分子の拡散範囲は限られるので、このモデルに基づく諸説のほとんどは、細胞の運命は肢芽がまだ小さいうちに、つまり結果が目に見えるようになるよりずっと前に決まると考え、そのことから〈プレパターンモデル〉と呼ばれる。この第二のモデルを裏づける実験として、初期の肢芽から細胞を取り出してシャーレに移し、特定のシグナルタンパク質を与えるものがある。すべての細胞が同じ濃度で受け取るように与えるので、濃度差は生じない[12]。この方法で通常は肢芽の遠位端から来るはずのFGFなどを与えると、上腕の形成に関係する遺伝子の発現が減少して、逆に前腕に関係する遺伝子の発現が増加し、さらに与えると手に関係する遺伝子の発現が増加する。逆に通常は肢芽の近位端から来るはずのレチノイン酸を与えると、上腕の形成が促進され、FGFを同時に与えた場合でさえ同じ結果となる。類似のものとして、肢芽細胞を胚の別の場所――FGFあるいはレチノイン酸が豊富な場所――に移植する実験も行われ、同様の結果が得られている[13]。これらの実験でわかったことは多々あるが、なかでも、体側から拡散してくるレチノイン酸ないし同等のシグナル分子が、上腕形成に欠かせないものであることがはっきりした点は大きい[14]。〔〈進行帯モデル〉と〈プレパターンモデル〉は日本での名称に合わせたもので、原書には〈タイミングモデル（timing model）〉と〈シグナル比率モデル（ratio-of signals model）〉と記載されている〕

　しかしながら、〈プレパターンモデル〉と矛盾する実験結果も出ている。このモデルが正しいなら、肢芽にFGFを通常より多く与えた場合、手・指の領域が大きくなり、代わりに他の領域が小さくなるはずだが、実際はそうはならず、手・指になる細胞の領域は通常と変わらない[15]。ということは、〈プレパターンモデル〉も、少なくとも遠位端の形成に関しては完全に正しいとはいえない。

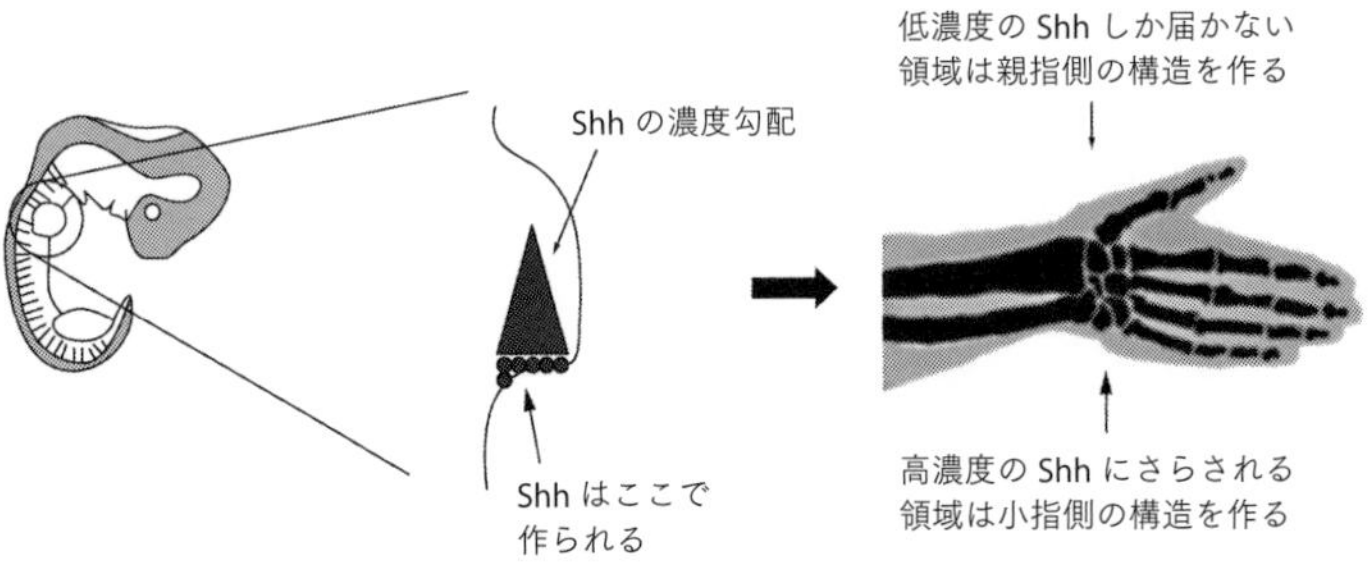

図 54　各位置の細胞は、肢芽の小指側から分泌されるソニックヘッジホッグの局所濃度を利用して、どの種類の細胞になるか（指でいえばどの指か、前腕骨でいえば橈骨《とうこつ》か尺骨かなど）を決める。

遠近軸上のパターン形成のまとめ

以上のように、今わたしたちには基本的なモデルが二つあり、どちらにも何らかの事実の裏づけがある。その一方で、どちらにもそれが間違いであることを示唆する実験結果が少なくとも一つずつ出ている。科学の世界でこういう迷路に迷い込んだら、両方のモデルに共通する前提を探すと出口が見えてくることが多い。ではこの問題の場合、両者に共通する前提とは何だろうか。それは、遠近軸方向のパターンが一つのメカニズムで形成されるという前提であり、もしかしたらそこが間違っているのかもしれない。進化史を紐解けばわかることだが、ヒトに見られるような体肢の構造は一度にできたわけではない。総鰭類《そうき》（シーラカンスなど、古生代の硬骨魚類の一種）の胸びれには上腕と前腕に相当する構造があるが、手に相当するものはない[15]。つまり手はあとから追加されたと考えられる。陸上動物の体肢の発生が、まず魚のひれに相当する遺伝子の発現から始まり、そのあと魚には見られない新たな段階に進むという事実からもそう考えられる。顎のない魚などは総鰭類よりはるかに原始的なひれしかもっていない[16]（あるいはもっていなかった。大半が絶滅している）。したがって、体肢の遠近軸上の異なる部分が異なるメカニズムによってパターン化されていてもおかしくない（図54）。

だとすれば、上腕部の指定の説明としては〈プレパターンモデル〉が正しいのではないだろうか。たとえば、体側から来るレチノイン酸のようなシグナルが上腕形成域を守り、それ以外のものにならないようにしているのかもしれない。一方、前腕と手、つまり肢芽が伸びることによって体側由来のシグナルが届かなくなる領域については〈進行帯モデル〉が正しいのだろう。そう考えれば、過剰なFGFを与えても上腕が小さくなったり手が大きくなったりしなかったことにも説明がつくのではないだろうか。

前後軸・背腹軸上のパターン形成と三軸の関連性

遠近軸上のパターン形成の話をしてきたが、体肢にはほかにも考慮すべき軸が二本ある。前後軸と背腹軸である。体肢の前後軸（親指−小指方向）上のパターン形成は、主として初期肢芽の小指側の細胞集団が制御している。この細胞集団があるシグナルタンパク質を分泌し、それが広がって濃度勾配を形成するのだが、そのシグナルというのはまたしてもソニックヘッジホッグ（SHH）である。手の部分で説明すると、初期肢芽の後側で細胞がSHHを産生する。その位置の細胞群は自分たちが分泌した高濃度のSHHを感知し、小指にふさわしい構造を作っていく。その隣の領域（中間）の細胞群は中濃度のSHHにさらされ、中間の指にふさわしい構造を作り、もっとも遠い領域〔前側〕の細胞群はごく低濃度のSHHにしか〔あるいはSHHにまったく〕さらされないので、親指にふさわしい構造を作っていく〔図54〕。前腕部も同じことで、高濃度のSHHを感知した細胞は尺骨〔前腕の小指側の骨〕を作り、低濃度のSHHしか受けない細胞は橈骨《とうこつ》〔前腕の親指側の骨〕を作るといった具合になる。

SHHの量によってどの指を作るかが決まることは、ニワトリの翼芽《よくが》〔鳥の翼はヒトの腕に相当する〕の有名な実験で証明されている。初期のニワトリ胚で、肢芽の前側〔本来の逆側〕にSHHの第二の発生源を移植する実験である。つまり肢芽の両側に高濃度のSHHがあり、中央だけ濃度が下がるという状況になる。すると、肢芽が成長して翼の形をとるにつれ倍の数の指ができ、しかも過剰な分は並びが逆になる。翼

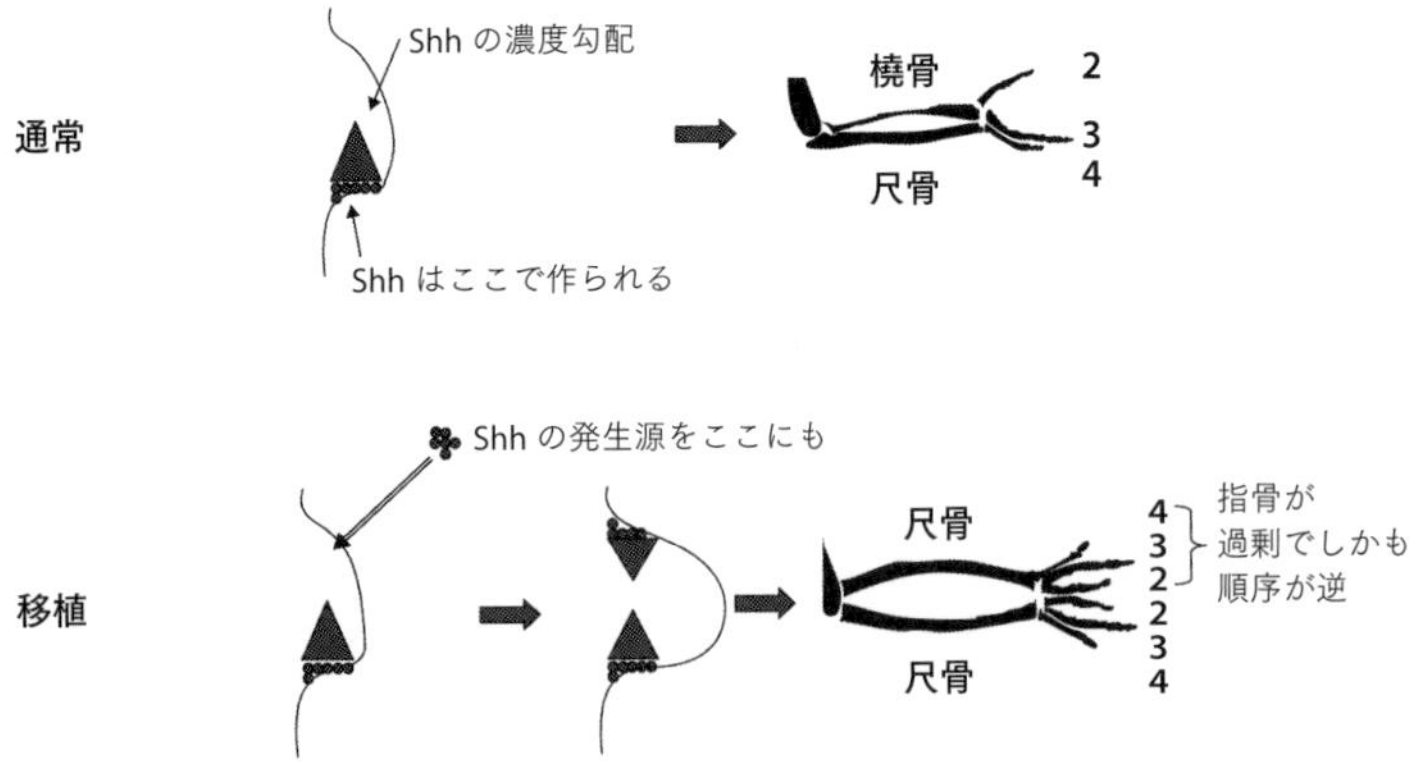

図55　通常のニワトリ胚の上肢芽には、ヒトの人差し指、中指、薬指に相当する3本指の構造ができる。だが肢芽の前側（通常の逆側）にもう1つ Shh 発生源を移植すると、指の並びの鏡像的重複が見られ、前腕骨も尺骨が2本となる。

の後側からは、通常通り薬指、中指、人差し指の順で指ができるが（ニワトリは親指と小指をもたない）、それに続いて、今度は逆の順で第二の人差し指、第二の中指、第二の薬指ができ、全体の並びが図55下段のようになる。このように理論通りの結果となったことで、濃度勾配によるパターン形成メカニズムが基本的に正しいことが証明されたわけだが、細部はまだよくわかっていない。*

残るは背腹軸である。この軸に沿って手のひらと甲の違いが指定され、肘がどちら側に曲がるかも決まる。胚はここでも軸上の片側から来るシグナルを利用する。[17] それはWNTファミリーの一つ、WNT7aで、背側の細胞だけがこれを産生する。WNT7aには手のひらの形成を抑制する働きがあるため、高濃度の側が手の甲、低濃度の側が手のひらとなる。したがって、機能するWNT7aをもたない変異動物は、体肢の背側にも腹側にも手のひらの構造ができる。[18]

以上のように、胚は体肢内部のパターン形成を主にシグナルタンパク質の濃度勾配で制御し、その勾配を三方向に互いに直角に配置することによって、三次元構造全体をカバーしていると考えられる。幾何学的にいえば三軸は互いに独立しているが、生化学的には三軸が密接かつ複雑に関係している。[19] 実験でどれか一つの軸のプロセスを妨げると、残りの二軸も、少なくとも部分的にうまくいかなくなることが多い。ややこしいことに、背腹軸を決めるWNT7aシグナルがないと、前後軸の後側でのSHH産生量が減ってしまう。またSHHが少しはないと、FGF産生を維持できない。同様に、SHHとFGFがないと、WNT7aの産生量が減ってしまう。体肢の発生についてはまだわからな

＊――手の親指側に余分な指が形成される変異はヒトでも他の動物でも見られるが、その原因はSHH産生を制御する遺伝子の変異にあることがわかっている。

いことが多く、こうした複雑な相互依存性がなぜ必要なのかも正確にはわからないのだが、おそらくは、それぞれの発生源から来るシグナルを正しい比率に保つことで、体肢の大きさのバランスをとっているのではないかと思われる。

体肢の血管系とサリドマイド

体肢の成長とともに、増殖する細胞に効率的に酸素と栄養素を届ける血液系も必要になる。血管新生のしくみは第9章に述べた通りで、組織からのシグナルに応答して新しい血管が伸びていく。ただし体肢についてはとりわけ血管新生の速度が重要で、急速に伸びていく体肢に血管も追いついていかなければならない。遅れれば、栄養不足で細胞が増殖できなくなり、小さい、あるいは短い手足しか作れなくなってしまう。そのことを誰もが知っているのは、あの痛ましい薬害事故が、一九五八年から一九六一年にかけておよそ一万人もの子供たちに被害をもたらしたからである〔西ドイツでは一九五七年から販売された〕。

この事故はもともとは妊婦のつわりを軽くできないか、なくすことはできないかという意図から始まったことだった。つわりは妊娠初期に見られる不快症状で、母体を衰弱させることもある。当時、すでに鎮静剤や抗炎症剤として使われていたある薬がつわりの軽減にも効くことがわかり、多くの妊婦に処方された。それがサリドマイドである。しかしながら、一九五八年には知られていなかった問題があった。いや一九五八年どころか、実のところ今世紀になってようやくわかったことなのだが、サリドマイドが体内で分解してできる分子の一つが、新しい血管や未成熟の血管の成長を妨げるのである[20]。しかもその作用は強力で、胎児が体肢の成長のために新しい血管を必要としているときに母親がサリドマイドを服用すると、血管の成長が体肢に追いつかなくなり、体肢そのものも成長できなくなる。最悪の場合、体肢がない、あるいはその一部がない（小さい手や足が体に直接つながっている状態）子供が生まれる。腕を欠きながら手だけが形成されるのはなぜなのか、その理由は正確にはわかっていないが、〈進行帯モデル〉により、栄養不足によって細胞が長く進行帯にとどまるからだと考えれば筋が通る。

正常な手足をもたない子供たちが生まれるようになってから、サリドマイドとの関係がわかるまでに数年かかったが、関係が証明された一九六一年以降、つわりのためにサリドマイドが処方されることはなくなった（厚生労働省作成の資料によれば、日本は対応が遅れ、一九六二年九月に販売停止となった）。しかしながら、サリドマイドがハンセン病を含むさまざまな症状に対して有効であることは変わらないため、今日でも妊娠を知らずに服用し、先天異常につながるケースが全世界で年平均一件か二件見られる。また近年、欧米でサリドマイドが再注目されているが、それはある種の眼疾患や癌に効果があるからで、なぜ効果があるかというと、まさしく血管の成長を妨げるからである。もちろん妊娠の可能性がある患者に処方されることがないよう、細心の注意が払われている。

第12章

Y?《なぜ》どうして?《生殖器系の発生》

The Y and How

人の生殖は実に驚嘆すべきもので、摩訶不思議です。
このことで神から意見を求められていたら、
アダムを造られたときのように、
人の子孫たちを土で造りつづけていただきたい
と進言していたでしょう。

マルティン・ルター

ここまでの過程は、男女の別なく誰もが経てきた道のりである。わたしたちにとって胎生期はまだ記憶も人格もない夢幻の世界だが、前章までの段階はそれに加えて性別もなかった。発生第七週ごろまでは胚を見ただけでは性別がわからず、器官を調べてもわからない。それはまだ特別な秘密で、知りたければ染色体を分析するしかない。男性と女性のあいだには初めから体の違いがあるわけではなく、どちらも同じ体からスタートする。男女それぞれに特有の器官は、もともとある解剖学的差異の延長上に形成されるのではなく、同じ体の一部が二つの発生経路のどちらか片方を選ぶことによって形成されていく。哺乳類の場合、最初の性分化が見られるのは生殖腺で、それが体の残りの部分にどちらの性であるかを伝えていく。

生殖腺

生殖腺、つまり女性の卵巣、男性の精巣は多くの細胞種からなるが、端的にいえば二つのグループに大別できる。第一グループは**生殖細胞系列**で、卵子と精子、およびこれらの元となる細胞である。生殖細胞は次世代に遺伝物質を届けることができる唯一の細胞であり、その意味で生殖器系の核心をなす。生物学者のなかには、世代を超えて遺伝子を伝えることが生命の本業だと考える人々がいるが、彼らなら生殖細胞こそが人体の核心だというだろう。イギリスの作家サミュエル・バトラーの言葉を借りるなら、「ニワトリは卵が次の卵を作るための手段にすぎない」〔『生命と習性（*Life and Habit*）』第8章より〕という考え方である。第二グループは生殖細胞以外の細胞で、集合的に〔生殖腺のみならず体全体について〕体細胞と呼ばれる細胞である。なぜならそれは「今ある体」を構成する細胞だからで、その細胞自体も、それが作る細胞も、次世代の体を作ることはない。生殖腺の体細胞には性ホルモンを作る細胞、生殖細胞を守り育てる細胞、その他さまざまな細胞がある〔諸要素を正しく配置するための細胞、血液を行きわたらせる細胞、生殖器官と神経系をつなぐ細胞、その他もろもろの維持管理を担う細胞など〕。

生殖腺の体細胞と生殖細胞は胚の異なる場所で作られる。生殖腺の体細胞は胴体上部の正中線の両脇――あなたが胚だとしたら肺の下部あたり――で作られる。成人の生殖腺の位置から考えると〔特に男性の場合〕おかしな場所だが、進化から考えればこの位置にも一理ある。他の哺乳類、爬虫類、鳥類、

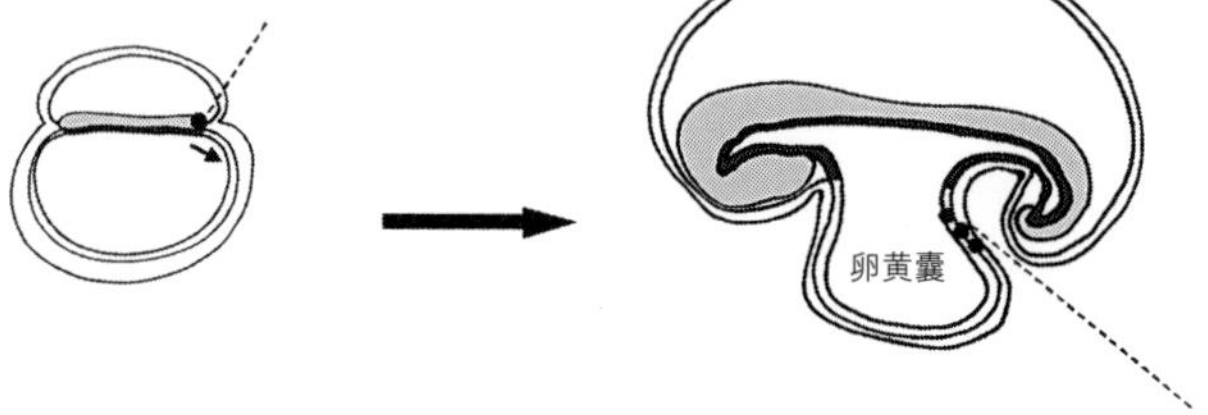
原始線条の尾側端に原始生殖細胞ができ
原腸形成時に胚体外に移動する
原始生殖細胞は卵黄囊壁の
なかに現れる

図56　初期の生殖細胞（原始生殖細胞）は原始線条の尾側端に生じ、胚の体外に運ばれ、卵黄囊壁のなかで基本的なボディプランができるのを待つ。

両生類と同様に、ヒトも魚類から進化した。魚の場合、特に原始的な種では、成魚でも生殖腺が体のかなり前のほうにある。その位置なら、生殖腺は近くにある管や組織と情報をやりとりしながら生殖器官を作っていくことができるからだが、そうしたやりとりをヒトの胚も必要とする。またやりとりの相手である諸組織は大動脈形成にも絡んでいるため（第9章）、位置が変わると血液系全体がおかしくなってしまう。したがって、生殖腺形成の場所も動かせない。

生殖細胞のほうは、原腸形成（第4章）の直前に、胚盤葉上層の原始線条の尾側端に五〇個ほどの細胞群として現れる。これが原始生殖細胞で、この細胞群もおそらくは原腸形成の動きに巻き込まれ、早い段階でもぐり込んで中胚葉の一部とともに動き、胚体外に押し出されるものと考えられる[1][2]。原腸形成によって体幹部と頭部ができるときには胚体外の卵黄囊の上部に置かれ（図56）、体幹部で体の構造作りが進み、神経管、体節、初期の循環器系などが形成されるあいだもそこにとどまる。その後、基本的なボディプランが出来上がると再び体内に入るのだが、その際には、まず腸管形成の動きに乗り、発生中の腸管の外表面を高速道路として利用して胚の尾側端から這い上がる。そして発生中の生殖腺の領域に入ると、そこからは特定の分子に導かれ、自力で這って生殖腺のなかにもぐり込む。その間、生殖細胞は移動しながら増殖し、当初の五〇個程度からおよそ五〇〇〇個まで増える（その後さらに増える）。

男性への発生

精子あるいは卵子を作ることになるのは生殖細胞だが、体の性別を作っていくのは生殖腺の体細胞のほうである（遺伝的な性は受精時に決まっている）。性分化の決定プロセスにはいくつかのタンパク質がかかわっていて、それらの相互作用で男性あるいは女性への発生が決まる。いずれもわかりにくい名前だが、性分化メカニズムを説明するにはどうしてもいくつか分子名を出さざるをえないので、ご容赦願いたい。

発生がこの段階まで進むと、一群の体細胞が**WT1**というタンパク質を作りはじめる。WT1は細胞内で多様な役割を担っているが、なかでも重要なのは、他のDNA結合タンパク質と協力してDNAの特定の配列に結合し、特定の遺伝子のスイッチを入れることである。WT1によってスイッチが入る遺伝子のほとんどは、男女を問わずすべての胚がもつ染色体のなかにある。だが**SRY**という遺伝子だけは、すべての胚がもつわけではない染色体——Y染色体——のなかにある。[3] 統計的にいえばヒト胚の半数しかY染色体をもたない（その理由はあとで述べる）。胚にY染色体があれば、WT1

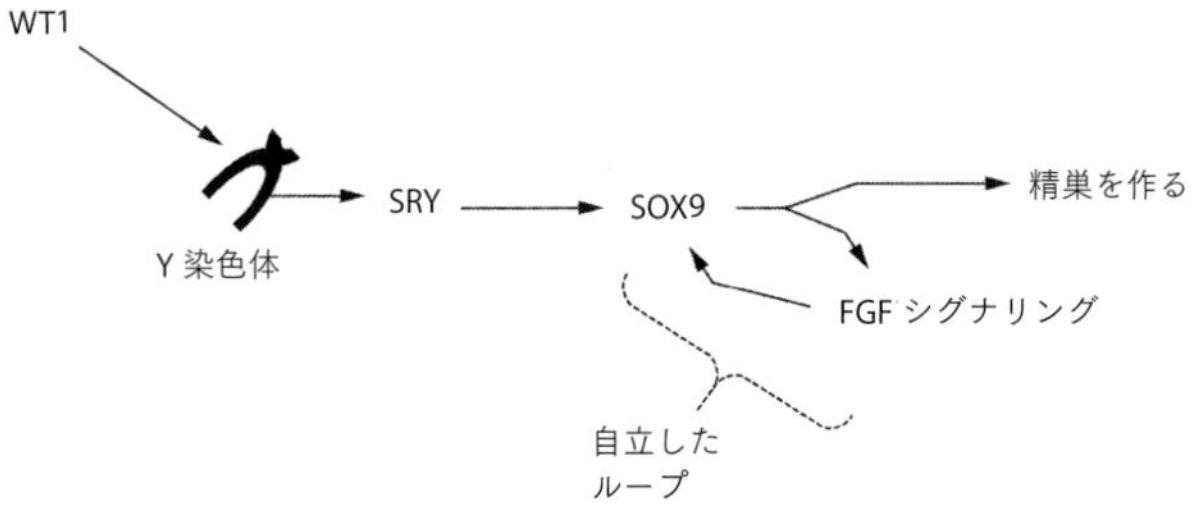

図 57　男性の場合の反応の連鎖。〈SOX9-FGF ループ〉が活性化される。

によってそのなかのＳＲＹ遺伝子の発現が活性化し、ＳＲＹタンパク質が作られる。Ｙ染色体がなければＳＲＹタンパク質も作られない。これによって大きな違いが生じる。

まずＹ染色体をもつ胚、つまりＳＲＹタンパク質が作られる男性の胚から見ていこう。ＳＲＹタンパク質はＷＴ１と同じようにＤＮＡと結合するが、ＷＴ１とはまったく違う塩基配列に結合し、一群の遺伝子のスイッチを入れる。これらの遺伝子はＳＲＹがなければ決して発現しない。ＳＲＹによって活性化する遺伝子のなかには、**ＳＯＸ９**というタンパク質をコードするものもあり、このＳＯＸ９がさらに他の遺伝子の発現を活性化する（ＳＯＸ９遺伝子はＹ染色体ではなく、すべての胚がもつ17番染色体にある）。こうしてＹ染色体があるかないかの差が次々と新たな差を生み、両者の違いはどんどん大きくなっていく[4]。

ＳＯＸ９タンパク質の最初の仕事は、自分と同じタンパク質が確実に作られつづけるようにすることである。性分化が途中で後戻りしないようにするために重要な仕事だ。確実にするしくみは、ＳＯＸ９がＦＧＦ*を中心にしたシグナル伝達経路を活性化し、それが逆にSOX9の産生を促すというループが形成されることで、これによりSRYがなくなってもSOX9は作られつづける。[5] つまりこの〈SOX9－FGFループ〉は自立していて、いったん始まると元には戻らず、胚は迷うことなく男性へと分化していく（図57）。〈SOX9－FGFループ〉が重要であることは、一連の遺伝子操作マウスの実験からも明らかである。生殖腺からSox9**遺伝子を完全に取り除いたマウス胚は、たとえSryがあっても雌の体を作る。Sox9がないと、Sryは胚に影響を及ぼすことができないからである。[6] Fgfシグナル伝達システムを取り除いた場合も同じ結果になる。逆に、生殖腺でSox9が発現するように操作されたマウスは、Sryがあってもなくても、またY染色体がなくても、雄の体を作る。[7]

SOX9に応答して発現する遺伝子群によって、SOX9発現細胞はどんどん増殖し、精巣細胞に特有の形態と生化学的特性を帯びるようになる。そしていったん特殊化の方向がはっきりすると、これらの細胞が他の生殖腺細胞も組織して精巣を作っていく。精巣内部は大量の管からなり、その厚い壁のなかで、後日、生殖細胞の子孫によって精子が作られることになる。

＊――これに関与するタンパク質はFGF9とFGFR2（FGF受容体2）である。FGF9は最初からあるが、FGFR2のほうはSOX9に促されて細胞が新たに作る。

＊＊――大文字（SOX9）から大文字と小文字（Sox9）に変わったのは、慣例上ヒトとマウスで遺伝子名の表記法が異なるからである。

女性への発生

続いて女性への発生を見ていきたいが、それには生殖腺でWT1が発現したばかりの段階に戻る必要がある。前述のように、WT1がスイッチを入れる遺伝子はSRY遺伝子だけではない。ほかにも、Y染色体のあるなしにかかわらず、Y染色体以外の染色体（すべての胚がもつ染色体）にある遺伝子群が連鎖的に活性化される。連鎖の順序はまだよくわかっていないが、いずれにせよWT1産生から数時間経つとWNTファミリー（第7、10、11章で出てきたシグナル伝達タンパク質）の一つ、WNT4が作られることははっきりしている。するとその胚の生殖腺は、強力な抑制因子によってWNT4の機能が抑えられないかぎり、卵巣になっていく（図58）。

当然のことながら、男性の場合はこのWNT4のシグナル伝達経路が止められているはずなので、〈SOX9－FGFループ〉が強力な抑制因子になっていることがわかる。つまり、これらの男性特異的な遺伝子がすでに発現していて女性への発生を抑制しないかぎり、このシステムは女性への発生の道をたどる。[8]

図57のように、男性への発生を促すシグナル伝達経路は〈SOX9－FGFループ〉をいわば掛け金（ラッチ）として使い、男性への道を歩みはじめた細胞が立ち止まらないように、システム内のランダムノイズに惑わされないようにする。

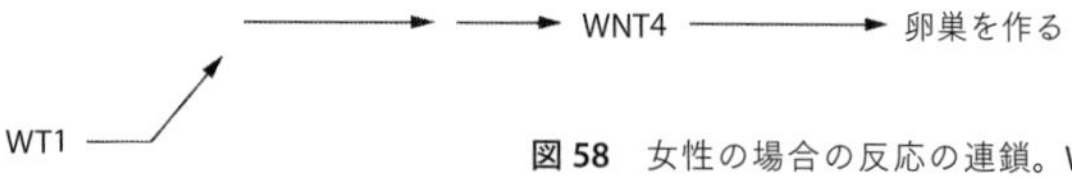

図58　女性の場合の反応の連鎖。WT1の発現が連鎖反応を引き起こし、結果的にWNT4が発現し、そのシグナルによって生殖腺細胞が卵巣を作っていく。

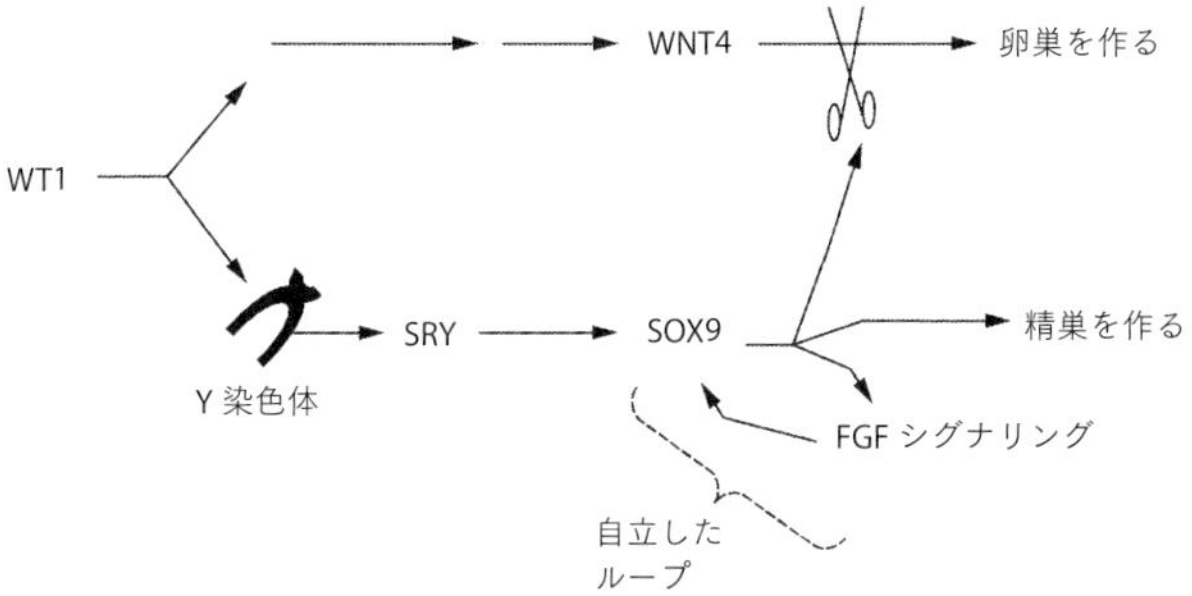

図59　性決定の分子ロジック。生殖腺でWT1が発現することによって連鎖反応が始まり、それがWNT4の発現につながり、そのWNT4がシグナルを出して生殖腺細胞に卵巣を作らせる。だがY染色体があると、WT1によってY染色体由来のSRYが産生され、それによって多くの作用をもつSOX9も産生される。SOX9はFGFシグナリングを中心にしたシグナル伝達経路を起動し、この経路がSOX9発現を維持するとともに、WNT4の作用を阻止し（つまり「卵巣を作れ」というシグナルを沈黙させ）、生殖腺細胞に精巣を作らせる。

同様に、女性への発生を促すシグナル伝達経路も何らかの「ラッチ」をかけ、男性への発生を促す遺伝子に邪魔されることがないようにする。ラッチがいったんかかると、WNT４経路が男性特異的なシグナル伝達経路を強力に抑制し、たとえそちらにわずかな動きがあったとしても、それによって細胞のどれかに男性用のラッチがかかってしまわないように食い止める。要するに、発生プロセスにおける性の選択は、この二つのラッチの戦いのようなものである。SRYがあれば〈SOX9－FGFループ〉に時間内に——マウスの場合は六時間ほど——スイッチが入り、男性への発生が確実に維持され、女性への発生につながるWNT４経路は「オフ」のままとなる。だがSRYがない場合、あるいは他の理由で〈SOX9－FGFループ〉に時間内にスイッチが入らない場合には、WNT４経路が活発になって女性への発生が促され、男性への発生の動きは完全に「オフ」の状態に置かれる（図59）。

女性への発生にWNT４経路が重要であることは、〈SOX９–FGFループ〉の例よりさらに多くのマウス実験で確認されている。何らかの遺伝子操作によって（方法はいくつもある）マウスの生殖腺のWnt４シグナルを強力に活性化すると、たとえY染色体をもっていても、そのマウスは雌の生殖腺と体をもつようになる。[9]

減数分裂

WNT４シグナル伝達に「ラッチ」がかかった細胞は、卵子の発生を支える細胞になっていくとともに、シグナルを出して生殖腺の他のすべての細胞が精巣ではなく卵巣を作るように促す（精巣内部には管がたくさんあるのに対し、卵巣のほうはゆるくつながった組織と、発生中の卵子を取り囲む細胞群がたくさんある）。またそれらのシグナルの一つを受けて、生殖細胞が特殊な細胞分裂――減数分裂――を始める。減数分裂は卵子と精子の形成にとって非常に重要なもので、男性の場合は思春期まで始まらないが、女性の場合は卵巣が発生しはじめるとあまり時を置かずにすべての生殖細胞が減数分裂を始める。一人の女性がもちうる卵子はすべて、出生前にすでに減数分裂に入っている。そして不思議なことに（と思うだろうが）、すでに減数分裂に入っているにもかかわらず、分裂は一二年から一五年のあいだ中断され、その後は月経周期ごとにごく少数の卵子だけが発生を再開する。この発生パターンが臨床上悩ましい結果を招くこともある。減数分裂を中断した状態の卵子は化学療法で使われる一部の薬に弱いため、抗癌治療を受けた若い女性が将来子供を産めなくなる恐れがあるのだ。だが幸いなことに、今日では治療開始前に卵巣組織を摘出して冷凍保存し、出産適齢期になって妊娠を望んだ場合、改めて体内に戻すということが可能になっている。[10]

通常の増殖のための細胞分裂とは異なり、減数分裂では分裂前の母細胞がもつ染色体を分裂後の娘細胞がすべて受け取ることはない。分割前の通常のヒト細胞は二セットの染色体をもっている。母親から受け継いだものと、父親から受け継いだもので、たとえば1番染色体を二本、2番染色体を二本……といった具合である。そして女性ならX染色体を二本、男性ならX染色体を一本とY染色体を一本もっている（Y染色体とそのなかのSRYによって男性の体ができていくのだから、この違いはおわかりいただけるだろう）。通常の細胞分裂ではこれらの染色体をすべてコピーするので、二つの娘細胞それぞれが母細胞とまったく同じ構成の染色体をもつことになるが、減数分裂はそうではなく、各染色体を一本ずつ娘細胞に分ける（たとえば1番染色体の一本は片方の娘細胞に、もう一本はもう片方の娘細胞に）。つまり娘細胞は各染色体を一本ずつしか受け取らないのだが、それこそ精子あるいは卵子にとって重要なことで、将来受精によって卵子と精子が一緒になるときに、染色体の全数が再び揃うことに意味がある。女性の体内では、減数分裂によってできる卵子はすべてX染色体を一本もつ。男性の体内では細胞がX染色体とY染色体を一本ずつもっているので、減数分裂によってできる精子は半分がX染色体を一本、残りの半分がY染色体を一本もつ。X染色体をもつ精子が卵子と結合すると、胚は二本のX染色体をもつがY染色体はもたないので、女性になる。逆にY染色体をもつ精子が卵子と結合すると、胚はX染色体とY染色体（とそのなかのSRY）を一本ずつもつので、男性になる。つまり、わたしたちの男女比が概ね半々なのは、減数分裂における染色体動態から直接生じる結果である。[*]

ここまでは染色体を分けるという話だが、減数分裂がやってのけるのはそれだけではない。あなたがもつ一式の染色体は、母親から受け継いだものと父親から受け継いだもののペアで構成されていて、両者はわずかに異なっている。それは性別の問題ではなく、それぞれの個性を反映しているからである。DNAは進化の過程で変異するため、人類全体を見渡すとどの染色体にも微妙に異なるバージョンが多数存在する。ヒトの体の形、色、能力などが多様なのは、染色体の多様性が一因である（それ以外に栄養、疾病、経験、文化などの環境的要因もある）。減数分裂においては、そのようにわずかに異なる染色体のペアが分裂の初期段階で互いに近づき、互いに遺伝子を組み換える。つまり一部を交換するわけで、実際にはDNAを切ったりつないだりする複雑な作業になる。その結果、精子あるいは卵子に渡される染色体は、通常の体細胞がもつ染色体のハイブリッドのようなものになる（図60）。ここで重要なのは、各染色体のどの部分が交換されるかはほぼランダムだということで、したがって同じ個体が作る精子・卵子であってもまったく同じにはならない。同じ両親から生まれる子供たち、つまり兄弟姉妹に違いが生じるのはそのためである。

実質上、生殖腺で減数分裂の最中に起きるこの「組み換え」（相同組み換え）こそ、両親の遺伝子が

＊──実際には女性より男性のほうがわずかに少ない。一つには、男性はX染色体を一本しかもたないためX染色体の致死突然変異に弱いからで、もう一つには、平均すると若い男性のほうが若い女性より多くのリスクにさらされ（闘争やスピードの出し過ぎなど）、若くして死亡する確率が高いからである（日本の総務省による二〇一〇年の統計では、この説明にあてはまるのは先進国だけで（男四八・六％／女五一・四％）、途上国を含めた世界全体では、男五〇・四％／女四九・六％と男性がやや上回る）

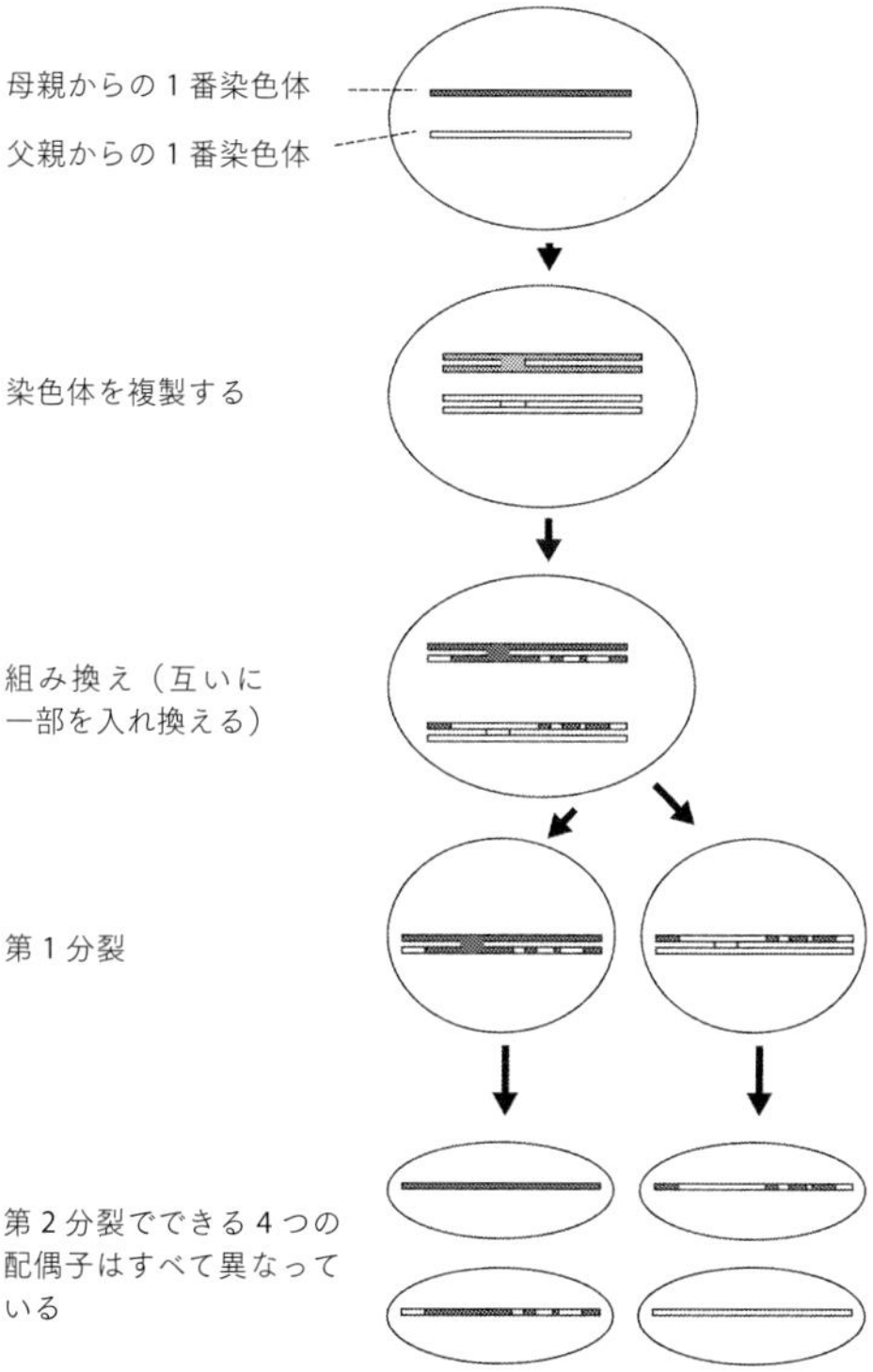

図 60　減数分裂における染色体同士の遺伝子交換（男性の精巣内の例）。ここには1組の染色体しか描かれていないが、通常のヒト細胞には 23 組ある。細胞はまずすべての染色体をコピーする（ここまでは普通の体細胞分裂でも同じ）。続いて、母親からの染色体と父親からの染色体を部分的に組み換える。その後連続して 2 回分裂が行われ、4 つの配偶子〔生殖細胞〕ができるが、いずれも互いに異なる 1 番染色体をもつことになる。2 番から 22 番までも同様だが、最後の 1 組（X と Y）だけは組み換えを行わない。女性の卵巣内でも類似のプロセスが見られるが、分裂ごとに娘細胞の片方が排除されるため、配偶子は 4 つではなく、1 つしかできない。

本当の意味で一つになる瞬間である。もちろん胚はもともと父親と母親の染色体をもっているが、通常それらは別々のまま細胞のなかにいて、事あるごとに矛盾する指示を出す。遺伝子の機能を言葉に置き換えるなら、両親の染色体は胚をどういう人間に育てるかについてこんな風に議論している。


「青い目よ！」

「いや、茶色だ！」

「背は高く！」

「いや、低くていい！」

「おっとりした性格よね」

「いや、ストレスを受けやすいんだ！」


一部の形質（瞳の色など）は比較的少数の遺伝子で決まるが、その他（ストレスを受けやすいなど）には数多くの遺伝子がかかわっているのだから、議論も白熱しそうだ。しかしながら、減数分裂で組み換えられるとあなたの両親の遺伝子はようやく一つになり、議論をやめる。そして今度はあなた自身が子どもを作る仕事にとりかかったとき、一つになったあなたの両親の遺伝子は共同戦線を張り、同じく一つになっているあなたの義理の両親の遺伝子と議論を始めることになる。

内生殖器の発生

男性あるいは女性になるには、生殖腺が精巣あるいは卵巣になるだけでは足りない。いうまでもないが、男女のあいだには生殖腺以外の生殖器官に大きな違いがあるし、体が発達するにつれてそれ以外の部分にも数多くの微妙な違いが生じる。成人の男女には乳腺の大きさ（男性は痕跡的なものだが、女性は発達する）、骨の形状（骨盤前部の形状が男女で異なり、考古学で骨から性別を見分ける際の手がかりにもなる）、骨の大きさ（種族的出身が近い場合、平均的に男性のほうが女性より骨が大きい）、筋肉の大きさ（これも平均的に男性のほうが大きい）、毛髪の分布（男性のほうが毛深い）、脳の一部の構造と機能などの性差がある。これらの部位の細胞もすべて生殖腺と同じ染色体構成（XXかXYか）をもつが、哺乳類についていえば、今のところこれらの細胞がわずかでもその違いを利用している証拠は見つかっていない。* Y染色体があっても、発生初期の生殖腺を例外として、ただ静かにしているようで、体細胞は性別の判断において自分の染色体ではなく、もっぱら生殖腺から送られてくるシグナルに頼っているように見える。そのシグナルとは、遠くまで運びやすい小分子でできたホルモンのことである。

ごく初期のウサギ胚から生殖腺を取り除いて、生殖腺からのホルモンが一切体に送られないようにすると、その胚は染色体構成がXXだろうがXYだろうが雌になる。[11] ということは、生殖腺以外の部分はそのままなら自然に雌になる傾向をもち、その傾向は精巣からのホルモンがなければひっくり返せないと考えられる。

〈SOX9-FGFループ〉の作用で精巣になることがはっきり決まると、生殖腺は二つの重要なホルモン——抗ミュラー管ホルモンとテストステロン（以後の説明は、実際にはジヒドロテストステロンのこ

＊——最近の発見で、ニワトリ胚の体細胞でさえ染色体構成に注意を払っていることがわかったため、一部の哺乳類の細胞もそうかもしれないとの推測に拍車がかかっている（今のところ推測の域を出ていないが）。

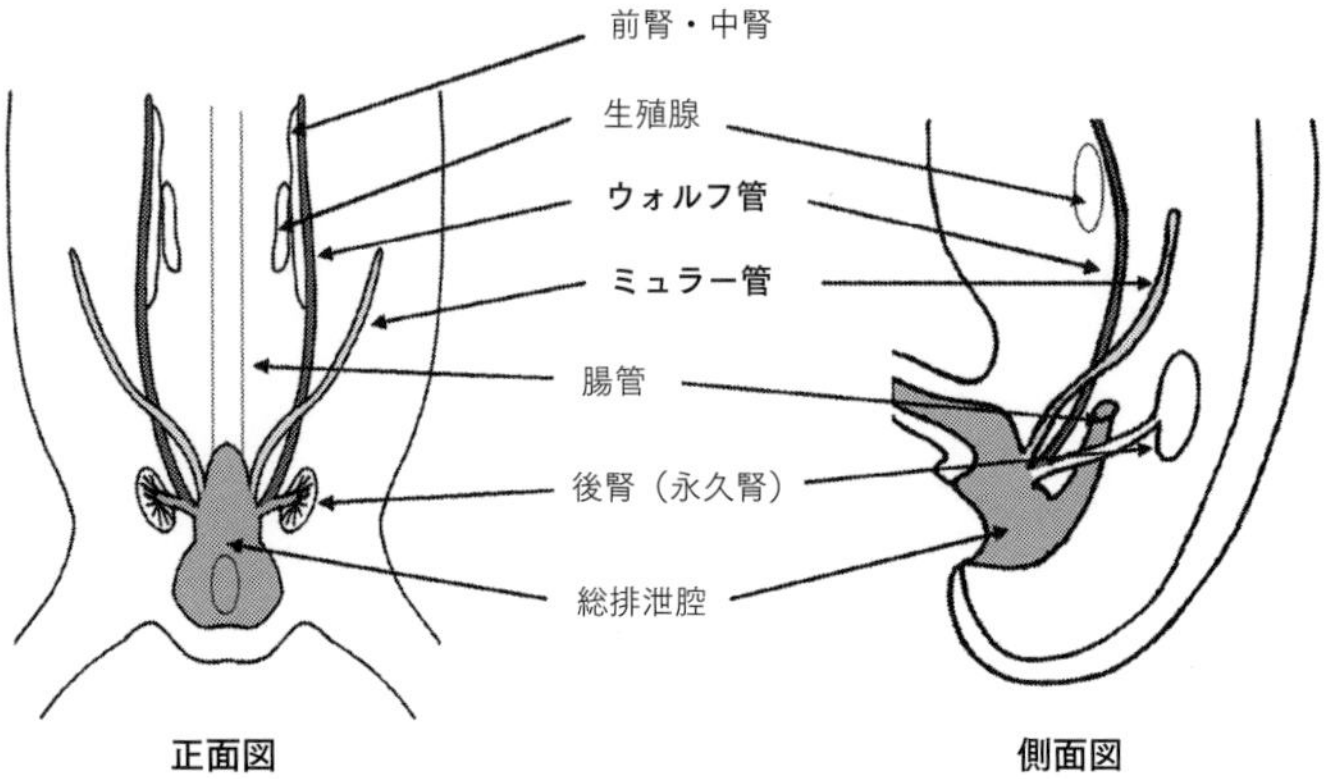

図61　発生中の胚の後部(尾部)におけるウォルフ管とミュラー管の配置と、これらにつながっている他の構造。

と。〔二三五ページを参照〕――を分泌しはじめる。体の他の部分に対する精巣の作用のほとんどにこの二つが介在している。抗ミュラー管ホルモンは、第10章で出てきたミュラー管――ウォルフ管と平行に胚を縦に走る管――に及ぼす影響からこの名がついた（図61）。ミュラー管は性分化前の段階ではすべての胚に存在し、そのまま残存すると発達して女性の主要な生殖管――輸卵管、子宮、膣上部――になる。だが男性の体はこれらの構造を必要とせず、むしろ発生途上で邪魔になるため、抗ミュラー管ホルモンの出番となる。このホルモンはそれ自体は無害だが、ミュラー管細胞が作るあるタンパク質群は、抗ミュラー管ホルモンを感知するとミュラー管細胞に選択的細胞死――一種の細胞自殺――を遂げさせる（このような細胞死は発生過程でよく見られ、かつ発生に欠かせないものでもあるので、第14章で詳しく述べる）。次いで、抗ミュラー管ホルモンは男性の体内から女性の内生殖器の前駆体を取り除く。

不要なものを取り除いたら、今度は男性の内生殖器を構築しなければならないが、それにはウォルフ管が必要になる。ウォルフ管は胚の両側を、仮の腎臓である前腎と中腎を経て発生中の後腎（永久腎）へと伸び、下肢の肢芽のあいだの**総排泄腔**で開口する（図61）。このルートは生殖腺のすぐそばを通る。テストステロンがない場合、ウォルフ管も仮の腎臓のほぼすべても選択的細胞死を遂げる。だがテストステロンがあると、ウォルフ管は残存し、仮の腎臓とのつながりを維持する。すると仮の腎臓のほうは管の一部を精巣へと伸ばし、わずかにもっていた腎臓の機能をすべて失って精子を送り出す管になる。続いて不要な部分が取り除かれ、仮の腎臓の痕跡とウォルフ管は輸精管になる。*成人になるとこの管が精子を精巣から尿道へと運ぶので、精子は尿道から体外に出られる。

一方、卵巣になると決めた生殖腺は抗ミュラー管ホルモンもテストステロンも作らない。抗ミュラー管ホルモンがないのでミュラー管は生き延び、次第に女性の内生殖器へと発達していく。またテストステロンもないので、ウォルフ管は選択的細胞死を遂げてほぼ完全になくなり、男性の内生殖器が発生する可能性は排除される。


*——男性の避妊手術としてよく行われる精管結紮《けっさつ》術で切除される管。

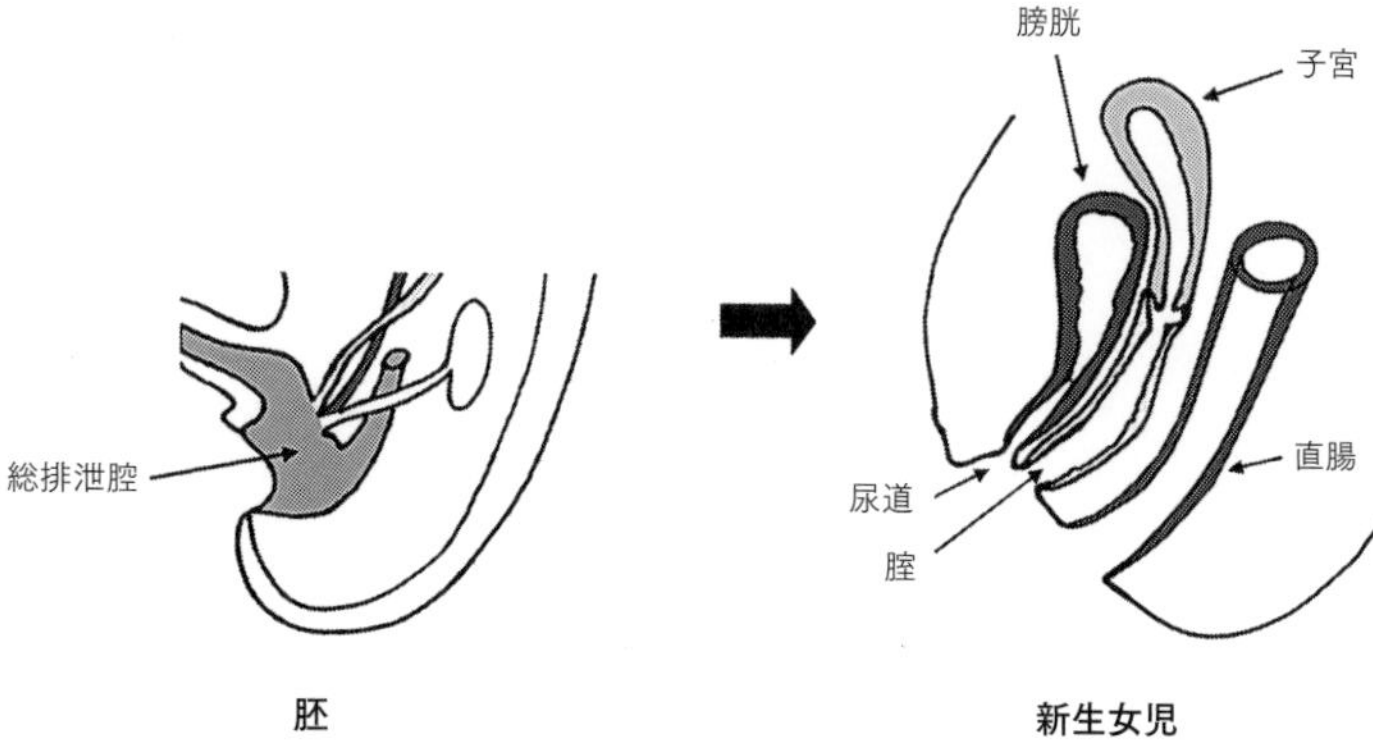

図 62　胚の総排泄腔が分かれて、泌尿器系、生殖器系（女性の場合）、消化器系それぞれの開口部になる。

外生殖器の発生

男性あるいは女性になるために、胚は内生殖器だけではなく外生殖器も作らなければならない。内生殖器の発生メカニズムは二組ある前駆組織のどちらを残すかという選択で成り立っていたが、外生殖器はこれとは対照的に、男女ともにまったく同じ組織を使いながら、それを別の形に仕上げていく。同じ一枚の紙からまったく違うものができていく「折り紙」を思わせるメカニズムである。

外生殖器はだいたい発生第五週から、発生中の下肢のあいだの組織によって作られていく。下肢の肢芽のあいだの正中線上には総排泄腔があり、この段階ではこれが腸管、尿管、生殖管に共通の開口部になっている（図61）。総排泄腔は、わたしたちの遠い祖先の魚類や爬虫類において、消化器、泌尿器、生殖器が開口部を共有していることを思い出させる。だがその後、総排泄腔は腔内へ伸びてくる組織によって二つないし三つの開口部に分けられ、前方は膀胱とその排出管である尿道の一部、後方は直腸となり、女性の場合はその中間――ミュラー管がつながるところ――が膣下部になる（図62）。

発生第五週のあいだに、総排泄腔を取り巻くように隆起が形成される。大まかにいうと三つの隆起で、左右を前後に走る長いものと、その二つが前方で合わさる個所にできる**生殖結節**の三つである（図63）。その後生殖結節が伸びて棒状になり、女性の場合は小さいままで陰核になるが、男性の場合は急

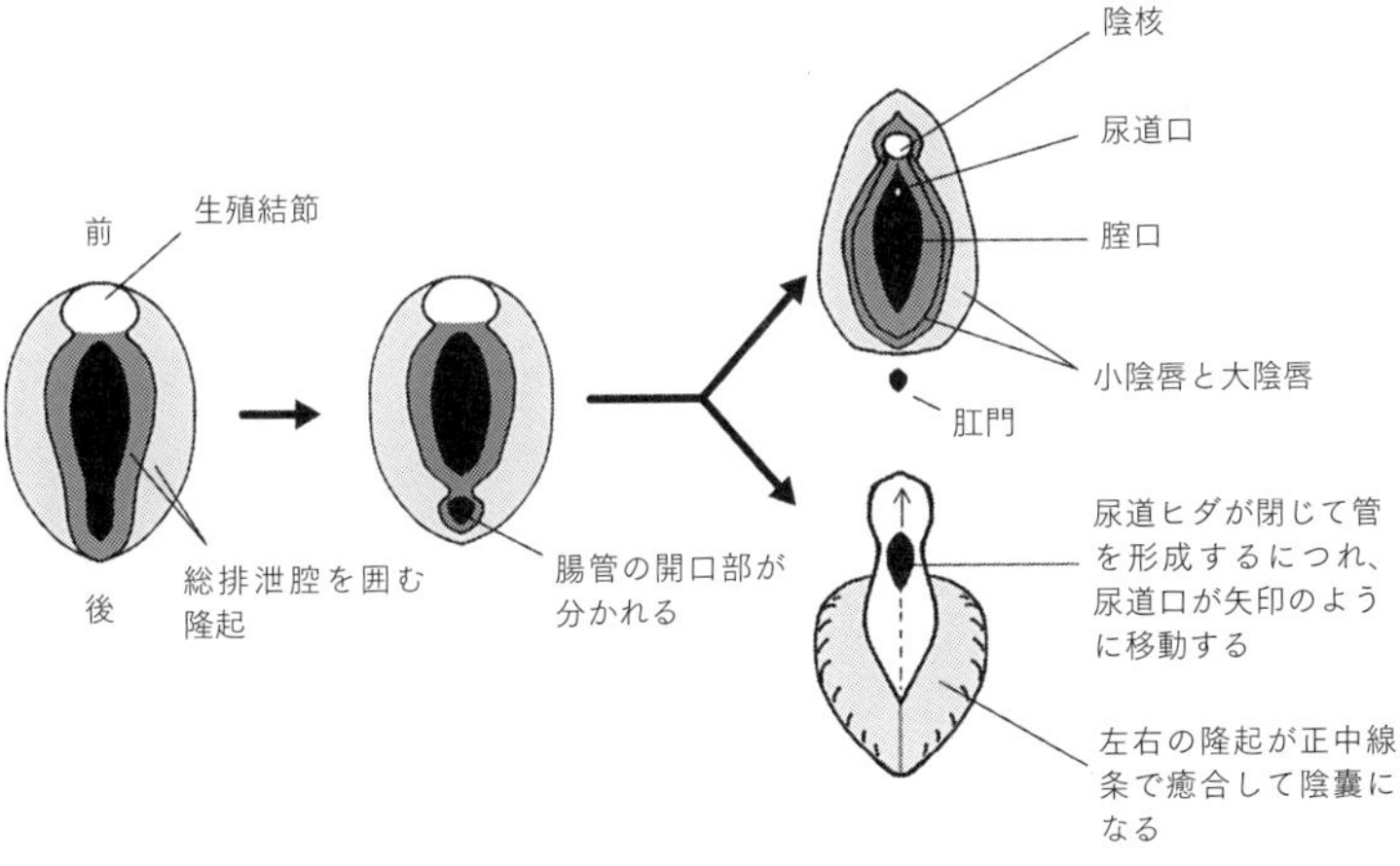

図63　発生中のヒト胚を下肢のあいだから見上げた略図。外性器は男女ともに同じ組織からスタートし、異なる成形プロセスを経て別々のものになっていく。まず総排泄腔の開口部を3つの隆起が囲む（解剖学上はさらに細かく分けられるが、大まかな発生プロセスを理解するには3つでいい）。総排泄腔が泌尿生殖器系と消化器系に分離されたあと、隆起が発達し、生殖結節は伸長して陰核あるいは陰茎に、左右の隆起はその場所に残って陰唇になるか、あるいは正中線上で閉じて陰嚢になる。

速に伸長して陰茎になる（図63）。

総排泄腔の左右の隆起も成長し、女性の場合はその位置のまま、腟口を両側から囲む一対のひだ――陰唇――になる〔最終的には小陰唇と大陰唇の二対になる〕。男性の場合は腟口がないので、左右の隆起が正中線上で癒合して連続した面になり、陰嚢になっていく。と同時に、生殖腺から発生中の陰嚢まで伸びている長い靭帯に導かれて、精巣が陰嚢のなかへと下りてくる。この靭帯はまず成長しないことによって（体の他の部分は成長しつづけるので、体内の精巣の相対的な位置が下がる）、次いで短くなることによって、精巣を陰嚢まで下降させる。女性胚の場合も卵巣が靭帯《じんたい》につながっているが、こちらはそれほど短くならず、卵巣は骨盤のなかまで下降したところで止まる。

生殖器発生異常

体を男性あるいは女性にするプロセス、すなわち性分化のプロセスは、多くの段階を踏むうえに複雑なメカニズムを伴うので、うまくいかないことがあるのは当然かもしれない。また心臓の形成といった他の発生事象とは異なり、生死にかかわるものではないため、染色体性別とは異なる体や、男女の中間の体、一部は典型的男性だがそれ以外は典型的女性である体などをもって生まれてくる子供は決して少なくない。

変異によってSRYあるいはSOX9の正常な機能が阻害されると、染色体構成がXYであっても基本的に女性の体になる。SOX9の不活性化変異の場合は「屈曲肢異形成症」と呼ばれる骨異常も発症するが、それはSOX9が性別とかかわりのない部分でも大事な役割を担っているからである[12]。逆に、変異によって染色体上に過剰なSOX9が置かれると、染色体構成がXXであっても男性の体になる。一九九九年に、外見上は男性の体をもちながら染色体構成はXXという男の子の症例が報告された[13]。この男の子は17番染色体の一部（SOX9を含む個所）が重複していて、そのためにSOX9が過剰となり、SRYがないにもかかわらず〈SOX9-FGFループ〉が起動したと考えられる。

性分化の基本プロセスを簡単にいうと、「生殖腺が染色体構成を読み取り、その結果をホルモンを介して体の他の部分に伝える」となるわけだが、そこにエラーが生じることで生殖腺とそれ以外の生殖器官が逆の性に分化する例もある。たとえば、男性であることを伝えるテストステロンはテストステロン受容体しか感知できないので、変異によってこの受容体が活性化されないと体はテストステロンを感知できない。したがって、たとえ生殖腺が精巣であっても、胚は女性への発生経路をたどる。患者の多くは見た目には通常の女性と変わらず、裸体でも違いがわからない（ただし卵巣がないので月経はなく、また抗ミュラー管ホルモンは働いているので、ミュラー管由来の構造をもつこともない）。

ヒトの生殖器発生異常のなかには極めて特異なものもある。たとえば、子供のころは女性に見えるが、思春期以降は男性になるという例もある。ある小さい島国の一部の住民のあいだだけに見られる症例で、原因は組織内のテストステロンのプロセッシング（成熟分子への変換）に支障をきたす変異にある。テストステロンといえば「男らしさ」の代名詞のように思われているが、実は男性ホルモンとしては極めて弱い。通常は組織内のある酵素によって、同じ男性ホルモンだがもっと強力なジヒドロテストステロンに変換される。その酵素を指定する遺伝子が変異すると、テストステロンがジヒドロテストステロンに変換されず、男性ホルモンが弱いため男性への発生のスイッチが入らないことがあるようだ。その場合、患者は出生時に外見から女の子と判断され、子供時代を少女として過ごすことになる。[14] だが思春期になると正常な男性と同じようにテストステロンの産生が急増し、弱いながらも量が増えることによって男性への発生にスイッチが入る。すると、それまで陰核様だったものが成長して陰茎になり、精巣が陰嚢まで下降し、体毛の生え方も男性的になり、その後は男性として生きることになる（ヴァージニア・ウルフ『オーランドー』の逆である）。

そこまで極端な例はまれだとしても、シグナル伝達とそれに対する応答に何らかの異常が生じることで、体の性別が若干曖昧なものになる例は珍しくない。一六世紀に生きたイネス・デ・トレモリノスという女性もその例で、意図せずして性分化のしくみの解明に貢献した。イネスは三人の子供をもつ未亡人だったので女性であることは間違いないが、おそらくは内分泌疾患によるテストステロン産生過剰により、今日「陰核肥大」と呼ばれる症状を患っていた。つまり陰核が大きく、通常の陰核と陰茎の中間のような形状だった。イネスを診察した医師のマテオ・コロンボは、この陰核の中間的形状から、男女の生殖器の発生に関係があることに気づいた。男女の外生殖器が別々のものから発生するのではなく、同じ組織から発生して異なる構造になることが指摘されたのは、おそらくこれが最初ではないだろうか。コロンボはイネスにも、またこの疾患のない女性にも治療と称するもの（今日なら医師免許を即刻剝奪される類のもの）を実施し、陰核が性的に敏感であることを知った。この研究は一五五八年に発表され、マテオ・コロンボは陰核の性感の発見者として知られるようになった。しかしながら、古典詩からポンペイ遺跡の落書きに至る古代ローマの記述を見れば、このことを数千年前から男性が知っていたことは明らかであり、また人口の半分を占める女性は大昔から知っていたはずなのだから、「発見」というのもおかしなものである。

生殖器異常のなかには、遺伝子の変異ではなく環境が原因で生じるものもある。数世代前から欧米の男性の生殖能力が平均的に低下しつつあるのも、少なくとも部分的には、環境汚染物質がホルモンのシグナル伝達を妨げているからだと思われ、その証拠は増える一方である[15-17]。特に懸念されるのがプラスチックの柔軟性を高めるのに使われている「フタル酸エステル」で、動物実験では雄性発生を著しく阻害することが確認されている。また母親がフタル酸エステルにさらされることと、その子供（男の子）の生殖器発生不全のあいだに相関関係があることも明らかになっていて、EUではすでにフタル酸エステルのおもちゃへの使用が禁じられている。だが問題はフタル酸エステルだけではなく、人体への影響が懸念される化合物はほかにもたくさんある。しかもこうした問題は論争を招きやすく、駆け引きのなかで問題の本質がはぐらかされてしまいがちだ。現在の汚染レベルがヒトの生殖機能に甚大な影響を与えるかどうかがはっきりしなくても、動物実験のデータがわたしたちに警告を発しているのは事実なのだから、それを無視していいはずはない。人体の発生メカニズムがいくら堅牢でも、わたしたちが無神経に投げつけるものにいつまでも耐えられるとは限らないのだから。

第13章 配線工事《神経系の発生》

Wired

ただ結びつけることさえすれば（……）
もう断片的に生きるのはやめて、
結びつけさえすれば（……）
E・M・フォースター

ヒト胚で発生する器官のうちでもっとも驚くべきものといえば、疑いようもなく中枢神経系である。発生を終えた中枢神経系は数百億の神経細胞からなり、しかもその一つ一つが優に一〇〇〇以上の細胞とつながりうる。脳の部位によっては、わずか一立方ミリメートルにおよそ一億の接続があり、わたしが今この本を書くのに使っているコンピューターのマイクロプロセッサなど比較にならない。脳のニューロン（神経細胞）とマイクロプロセッサのトランジスタの数を比べると——そもそもニューロンの機能はトランジスタではなくマイクロプロセッサそのものに匹敵するので、比較の対象にならないのだが——トランジスタ一個に対して脳は三〇〇万ものニューロンをもつことになる。つまり発生段階の個々の細胞は、現代の最先端技術の産物よりはるかに複雑なものを互いに協力しながら組み立てていくことになる。そんな離れ業がなぜできるのかについてはまだわからないことだらけだが、この数十年の研究のおかげで、少なくとも糸口の一端は見えてきたといえるだろう。

神経管のパターン形成

中枢神経系〔脳と脊髄からなる〕は初期胚の神経管から発生する。その神経管は、胚の背側正中にできる神経板が折り畳まれることによってできるのだった〔第5章〕。神経管の前方〔頭方〕は太くなって脳に、後方〔尾方〕は脊髄になっていく。中枢神経系の基本となる管が形成されたあとは、細胞増殖が中心となって発生が進んでいく。胚全体が成長するのに合わせて、神経管も細胞増殖により長くなっていくが、神経管細胞の増殖速度はそれよりも速いため過剰な細胞が作られ、その分神経管の壁が厚くなっていく。このプロセスにはいささかややこしい細胞の遊走や、細胞内の核の移動が関係するが、結果的には壁が厚くなって一連の層ができる。端的にいえば、特に神経管の左右が厚くなる。

神経管の二方向のパターン形成についてはすでに説明した通りである。まず頭尾軸上のパターンは、異なる位置で異なるHOX遺伝子が活性化するシステム——DNAがほどける時間が関係していた——によって形成される〔第6章〕。また底板－蓋板軸上〔底板は神経管の腹側正中域、蓋板は背側正中域のこと〕のパターンは、底板から上へと広がるシグナル分子と、逆に背側から下へと広がるシグナル分子の濃度勾配により、異なる位置で異なる細胞への分化が進むことによって形成されるのだった〔第

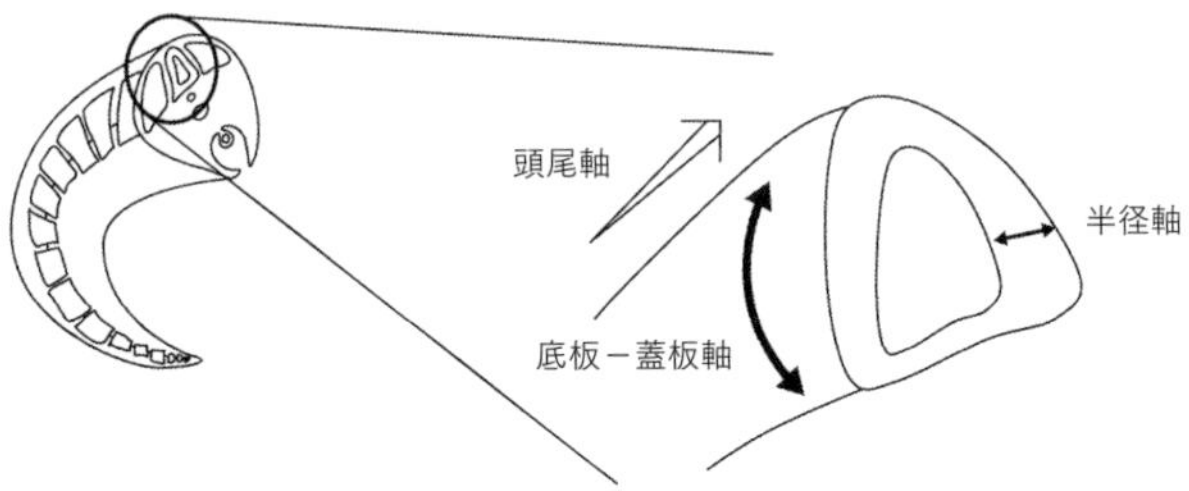

図 64　神経系細胞はこの 3 軸上の自分の位置を感知し、その位置に応じて特殊化する。左は胚の体幹部（頭部を省略）の概略図で、神経管とその両側の体節が描かれている。右は神経管を拡大して 3 軸を示した図。

7章)。次いで神経管の側壁に層ができることによって、この二つのパターン形成に第三の半径方向のパターン形成が加わる（図64)。たとえば、神経管の中心にある内腔に面している細胞は、自由表面を認識して壁の内部にいる細胞とは異なるものになれるし、壁の内部にいる細胞も、壁の外側にいる細胞とは異なるものになれる。ただし、この方向のパターン形成によって明確な層構造ができるのは、大脳皮質など中枢神経系の一部で――脳機能のためには層構造が重要な意味をもつ――それ以外の部分はそこまではっきりしたものにはならない。

神経管のパターン形成は、このように概念的に軸で説明すると単純なようだが、実際には作られた細胞の一部がその場所から移動するので複雑な状況になる。特に脳に当たる部分では、かなりの数のニューロンが神経管の壁のなかを遊走し、居場所を変える。いわゆる「考える」という機能に広くかかわっている脳の部分――大脳皮質――にあるニューロンの多くは、そこで生まれるわけではなく、脳の発生中に別の場所から遊走してくるし、嗅覚とつながる脳の部分――嗅球――

の細胞も多くは別の場所から来る。[1] そうした細胞は第8章で紹介したメカニズムを使って遊走し、そのためのガイダンス分子〔道案内をする分子〕も数多く〔まだ一部だが〕特定されている。

成長円錐

ニューロンは、主に細い突起を伸ばすことによって互いにつながる。突起には、他のニューロンからの入力データを受け取るとともに若干のデータ処理も行う樹状突起と、他のニューロンや筋肉に出力データを運ぶ**軸索**がある。軸索は細胞体〔ニューロンから軸索と樹状突起を除いた部分〕の直径の何万倍もの長さまで伸びることがある。あなたの脊髄の基部と足をつなぐ軸索はおよそ一メートルもあるが、根元の細胞体の直径は一万分の一ミリほどしかない。このように非常に長く伸び、細く、しかも何かと何かをつなぐためにあるので、軸索はいわば神経系の「配線」と考えてもいい。長い距離をつなぐときには何百という軸索が束になって伸びていくのだが、これまた電気の「ケーブル」に似ている。しかも軸索が運ぶシグナルは事実上電気的なものなので〔軸索内の電気は電線内より複雑な方法で流れるが〕、ますます配線というたとえが生きてくる。とはいえ、これはあくまでもイメージをつかむためのたとえであり、行き過ぎた解釈をしてはならない。

軸索が他の細胞に出合うと、**シナプス**と呼ばれる伝達のための特殊な構造が作られ、シグナルはこれを介して伝わっていく。一部のシナプスでは細胞間に直接電流が流れることで情報が伝わる〔電気シナプス〕。だが通常見られるシナプスでは、軸索が**神経伝達物質**と呼ばれる小分子を放出し、それがシ

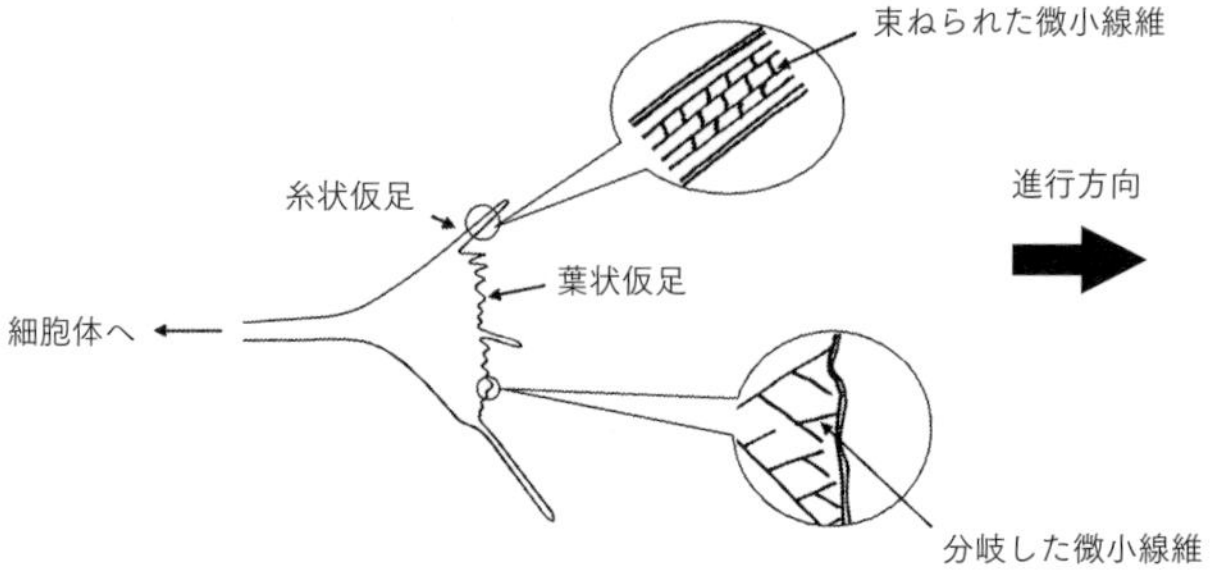

図65　成長円錐の微小線維は2種類の突出構造をもつ。枝状に伸びる微小線維の網目に支えられた葉状仮足と、微小線維の長い束の成長によって伸びる糸状仮足である。

ナプス間隙〔細胞の軸索先端と他の細胞の受容体のあいだのわずかな隙間〕に広がって他の細胞の受容体を刺激することで情報が伝わる〔化学シナプス〕。いずれの場合も、情報を受けた受容体がその細胞内の電気的および（あるいは）生化学的活動を活性化することで、情報伝達が完了する。ニューロンの種類が異なれば、使われる神経伝達物質も異なる。脳機能に影響を及ぼす薬物は合法違法を含め数多く存在するが、それらはこの神経伝達物質を模倣あるいは抑制することで、脳システムの一部の活動だけを強めたり弱めたりしている。

ではどうすれば膨大な数に上る「配線工事」を正確に行えるのだろうか。ニューロン同士、あるいはニューロンと諸器官——感覚器官（視覚、聴覚、嗅覚、味覚、触覚など）や行動器官（筋、血管、腺など）——を正しくつなげられるのだろうか。それこそが神経系発生最大の課題だが、この大仕事の大半を担っているのが成長円錐という軸索先端部の特別な構造である（図65）。

成長円錐は主に、第8章の細胞の遊走メカニズムのところで登場したタンパク質群で構成されている。[2] 成長円錐にも枝状に前方へと伸びる微小線維が網目になった先導端があり、その力で細胞膜が前に押される。それだけではなく、時には成長円錐のはるか前方まで突出する長細い**糸《いと》状《じょう》仮《か》足《そく》**が形成され〔こちらは網目状ではなく、微小線維が長い束状になる〕、それが伸長と退縮を繰り返す。成長円錐のもっと内側ではミオシンのようなモータータンパク質が微小線維と相互作用して収縮束を形成していて、これが先導端〔や糸状仮足〕を引き戻す。だがこの引きに対する抵抗が何もなければ、先導端が引っ込むだけで成長円錐は前に進めない。そうならないように、成長円錐は自分が這っていく面の特定の成分に接着するタンパク質複合体を用意している。[3] このタンパク質複合体によって実質的に微小線維システムが固定され、先導端を支える足場ができる。と同時に、成長円錐中心部のミオシンが先導端を引き戻す際の抵抗になるので、先導端が戻るのではなく、成長円錐全体が前に運ばれることになる。こうして成長円錐は——つまりその後ろの軸索も——前進する。

　このメカニズムから明らかなように、成長円錐の接着力と前進力のあいだには密接な関係がある。そしてその関係は、シャーレのなかでも胚のなかでも、表面に選択肢がある場合に大きな意味をもつ。たとえば、成長円錐の右側を支える面が左側を支える面より粘着性が高ければ、成長円錐の中心は右側に寄っていく。また先導端が前進するための足場としても、粘着性の高い面のほうが役に立つ。したがって、成長円錐は右側へ舵を切る〔左右逆だが第8章の図36参照〕。

　ニューロンが異なれば接着分子も異なり、同じニューロンでも発生段階によって作り出す接着分子群の組み合わせが変わる。また接着分子ごとに接着する相手、つまりパートナーである分子が異なり、基質面にその分子がいればそこにくっつく。したがって、表面の選択肢が同じであっても、ニューロンによって経路の選択は異なる。

正中交叉

成長円錐のガイダンス因子として働くのは接着性の違いだけではない。先導端全体をまとめる分子機構に作用するシグナルもガイダンス因子として働く。[4] たとえば、成長円錐が部分ごとに異なる濃度の外部シグナルを受けると、先導端の伸長と収縮のバランスが部分ごとに変わってくる。すると成長円錐は伸長を促すシグナルのほうへ舵を切り、収縮を促すシグナルから遠ざかる。[5] 胚のなかにはシグナル濃度の差が非常に大きい場所もあり、そうした場所では成長円錐には「全か無か」の選択しかないので、ある領域から特定の成長円錐が完全に排除されることもある。逆に濃度差がそれほど大きくなく、また成長円錐の応答も相対的に異なる場合は、それぞれをそれぞれの方向に向かわせる細かい道案内が可能になる。さらに、濃度勾配によって成長円錐を遠く離れた目的地まで案内することもできる。

「全か無か」の例は、軸索が脊髄の正中線を越えるか越えないかを決めるシステムに見られる。わたしたちが問題なく左右の手足を動かすためには、このシステムがしっかり制御されていなければならない。左手で受け皿をもち、右手でティーカップをもち上げるといった行動が可能なのは、まさにその制御のおかげである。ティーカップをもち上げるには二頭筋（その他）が随意収縮しなければならないが、これまでにわかっているかぎり、左腕と右腕の二頭筋が発現する分子に本質的な違いはない。

つまり脊髄にある二頭筋を制御する運動ニューロンの成長円錐それ自体には、左右の違いがわからないと考えられる。だとすれば、軸索が脊髄を離れて筋肉へと伸びていくときに、もし成長円錐が脊髄の正中線を横切って自由に進めるとしたら、右腕を制御すべきニューロンの多くが左腕も制御し、両腕が一緒に動いてしまう。したがって、そうならないようにすること、脊髄の右側の運動ニューロンが右腕にしか届かないようにすることが極めて重要になる。感覚神経系も同じで、わたしたちは誰かに声をかけられたとき、声だけでもその人が右にいるか左にいるかわかるが、それは脳が左耳と右耳の感覚系に正確につながっていて、左右を区別できるからである。もちろん、第15章で説明するプロセスにより、ヒトの体はたまに発生するエラーを感知・修正することができるが、それもやはり、配線が概ね正しく引かれていることが前提となる。

ではどうやって左右を制御するかというと、それには神経管の底板が関与している。ある成長円錐――たとえば脊髄ニューロンの一つからほかへとシグナルを伝える介在ニューロンの軸索の成長円錐――が正中線を越えられるか越えられないかは、底板細胞に対するその成長円錐の応答によって決まる。底板とは神経管の腹側正中線に沿って伸びる細長い領域のことだった（第5章）。この底板の細胞は、表面にSLIT《スリット》というタンパク質を並べている。SLITを感知するのは**ROBO**《ロボ》という受容体で、一部のニューロンは成長円錐のなかにROBOをもっている。ROBOがSLITに結合すると、あるシグナル伝達経路が成長円錐内で起動し、それが先導端の伸長を阻止するとともに積極的に退縮させる。[6] したがって、ROBOをもつ成長円錐がSLITを発現している細胞に出合うと、成長円錐の先導端の一部が崩れ、軸索はその方向に伸びることができなくなる。先導端はSLITをもつ細胞とまだ接触していない方向にだけ仮足を伸ばすので、軸索が伸びる方向はそれる。つまりその軸索は決して正中線を越えることができない。逆に成長円錐がROBOをもたない軸索は、SLITの存在に左右されないので、正中線を難なく越えることができる（図66）。

成長円錐はその寿命の異なる時点で発現するタンパク質群を変えることがある。正中線を越える軸索はその典型的な例で、最初のうちは正中域の細胞が出すシグナルを魅力的だと感じる受容体をもっていて、それによって正中域へと引き寄せられる。この段階ではROBOをほとんど発現しておらず、しかもROBOシグナルの効果を和らげるタンパク質も作っているので、正中線を越えることができる。だが越えるときに底板が作るSHH（第7章）を高濃度で浴び、その影響でROBOの効果が強くなる。ただしわずかな時間差があるため無事正中域を渡

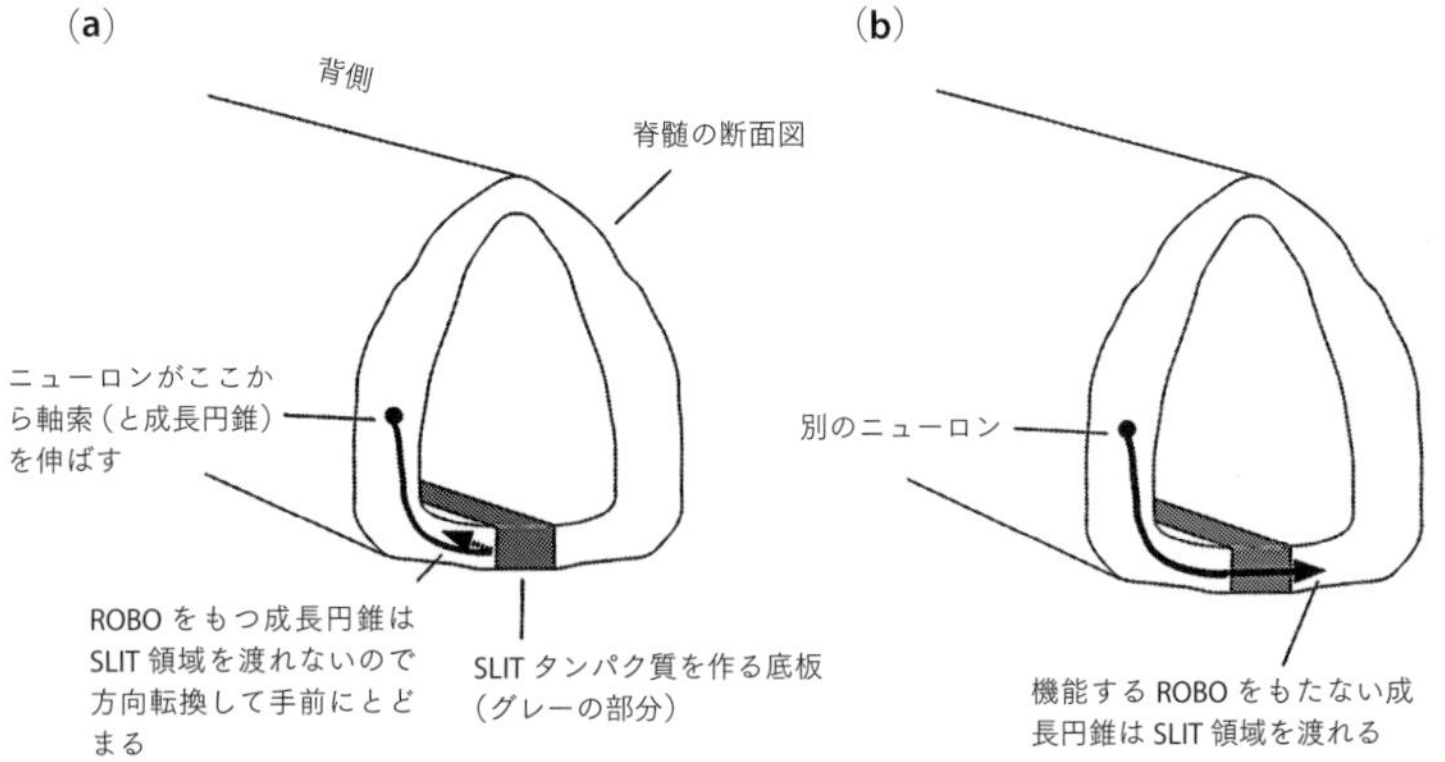

図66　脊髄の底板はシグナル分子SLITをもっている。SLITは機能するROBOをもつ成長円錐にとっては十分に不快なので、成長円錐はこの領域を渡れない (a)。だが機能するROBOをもたない成長円錐は自由に渡れる (b)。

りきり、[7]その後はROBOによって正中域を不快に感じるようになるので、再びそちらへ戻ろうとはせず、離れたまま最終目的地へ向かう[8]（ROBOという名前はショウジョウバエの変異体であるroundaboutから来ている。この変異はショウジョウバエのROBOに相当するものを不活性化するので、成長円錐が正中線上を行ったり来たりしてぐるぐる動くことになり、その様子は車がロータリー〈roundabout〉を回っているように見える）。

逆に、正中線に対して同じ側で配線されるべきニューロンは、底板を渡れないような軸索を作る。その成長円錐はROBOを発現し、底板との接触を嫌うので、正中域を渡ることはない。なかには、SLITを嫌う一方で、底板からの別のシグナルに魅力を感じるニューロンもある。そうしたニューロンの軸索は正中線に寄ろうか寄るまいかというジレンマに直面するわけだが、そこでバランスをとり、魅力的なシグナルにできるだけ近寄りながらも、不快なシグナルが耐えがたいものになるほど近づくことは避ける。[9]したがって、火のまわりを飛び交う蛾のように底板から一定の距離を保ちつつ、脊髄に沿って平行に伸びていき、頭尾軸方向の異なる位置のものをつなぐニューロンになる。たとえばあなたの脳とあなたの腕の二頭筋を制御する運動ニューロンをつなぐのもそうで、それがうまくいっているからこそ、あなたはティーカップを持ち上げられるというわけだ。

目と脳の配線

反発力が「全か無か」ではなく相対的に働くほうの例は、目と脳のあいだの配線に見られる。成熟した目は、入ってきた光の焦点を眼球背面の彎曲したスクリーン——網膜——に結ぶことによって機能する。網膜には、自分が浴びた光の明るさに応じて細胞膜上の電位を変化させる光受容細胞が並んでいる。これらの細胞はニューロンにつながっていて、そのニューロンが若干の情報処理をしてからシグナルを脳へ送る。網膜神経節細胞〔網膜はいくつかの細胞層になっているが、そのもっとも内側のニューロン〕は直接脳まで軸索を伸ばし、哺乳類の場合、その多くは後頭部に近い**上丘**《じょうきゅう》*と呼ばれる領域まで行く。軸索はすべて平行に並んで太い束――視神経〔視束とも〕――になって伸びていくが、目的地に達すると分散して上丘細胞とつながる。そのつながり方は驚くべきもので、個々の軸索が上丘で占める位置が個々の網膜神経節細胞が網膜上に占める位置と同じになり、網膜上の網膜神経節細胞の配置図が正確に上丘に再現される。つまり網膜に映った映像を丸ごと電気的活動に置き換えた像が上丘にできる。

　網膜から上丘へのマッピングは複数のメカニズムの協調作用で成し遂げられ、まず大まかなマッピングをしておいてから精緻化するというステップを踏む。関与するメカニズムのなかでもとりわけ重要なのは、網膜神経節細胞の成長円錐がもつ受容体と上丘細胞がもつ反発分子の相互作用によるもので、前者が後者を感知すると成長円錐の先導端が局所的に崩れる。[10]上丘の反発分子は一様に産生されるのではなく、網膜の鼻に近い側〔鼻側〕から伸びてきた軸索とつながる部分ではもっとも多く、そこから徐々に減って、網膜の耳に近い側〔耳側〕**から伸びてきた軸索とつながる部分ではもっとも少なく

*――「上丘」は哺乳類のこの部位の名前で、鳥類では「視蓋」と呼ばれる。この個所の内容は哺乳類および鳥類の動物実験から得られたものだが、簡略化のため哺乳類の用語で統一する。

**――専門用語では、網膜の鼻側（nasal side）と側頭側（temporal side）ということが多い。temporalは側頭部ないし側頭骨を意味する。

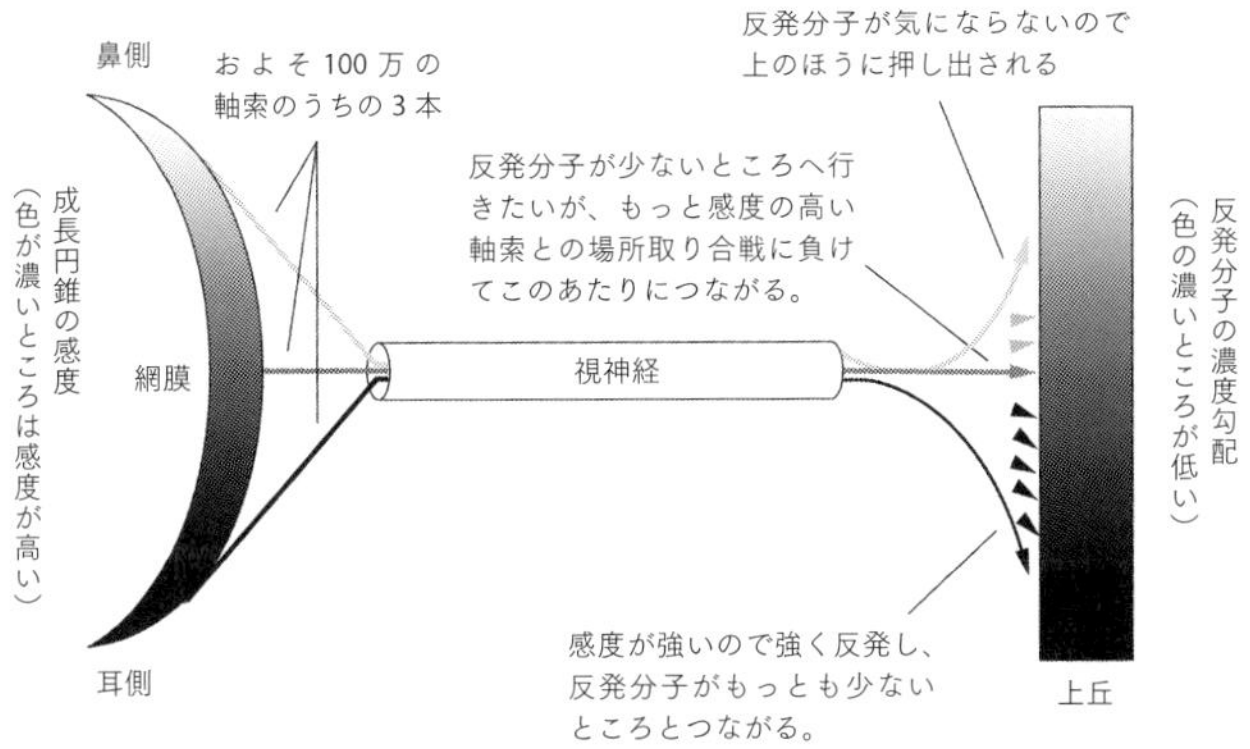

図67　網膜上の「地図」が上丘に再現されるメカニズムの模式図（軸索を3本に省略）。網膜の耳側（左図のいちばん下）から伸びてきた軸索は大量の受容体をもっているので、上丘から強い反発力を受ける。上丘の反発分子濃度は勾配になっていて、この軸索は反発分子を嫌ってどんどん曲がっていき、もっとも反発分子が少ないところでようやくつながる（右図のいちばん下）。網膜の中心部から伸びてきた軸索もやはり反発分子を嫌うが、それほど強い反発力は受けない。したがって上丘の中央あたりの、反発分子がほどほどのところに落ち着く（本当はもっと下に行きたいが、耳側から来た軸索との競争に負ける）。網膜の鼻側から伸びてきた軸索はごくわずかな受容体しかもたないので、反発分子をほとんど気にせず、上丘のもっとも反発分子が多いところ（ほかの軸索が来ない、競争のないところ）とつながる。この図は思い切って簡略化しているが、実際の視神経の経路や上丘の形状ははるかに複雑である。

なる。成長円錐の側の受容体産生も一様ではなく、網膜の鼻側から来る成長円錐は少ししか産生しないが、そこから徐々に増え、網膜の耳側から来る成長円錐は大量に産生する。したがって、網膜の耳側から来る成長円錐は上丘の反発分子から強い反発力を受けるので、反発分子から遠ざかろうとし、反発分子がもっとも少ないところへ向かう。網膜の中心部から来る成長円錐もある程度の受容体を産生しているため、反発分子から遠ざかろうとするが、受ける反発力は耳側から来る成長円錐ほど強くない。したがって、面積が限られた上丘のなかで、耳側から来た成長円錐（受容体の量が最大）と場所の取り合いになると負けてしまい、反発分子がもっとも少ないところとつながることはできず、もう少し多いところで妥協するしかない。一方、網膜の鼻側から来た成長円錐はわずかな受容体しかもたないため、上丘のなかの反発分子がもっとも多いところでも我慢できる。このように、成長円錐は反発分子から逃げようとして互いに競争し、しかもその競争力は反発分子に敏感であるほど（受容体が多いほど）強いので、結果的に成長円錐は網膜上の空間秩序を上丘で再現することになる（図67）。

このメカニズムで、成長円錐の目の水平軸（鼻－耳）方向の並びが整う。ほかにも別の反発分子と受容体の組み合わせを利用した類似のシステムがあり、それが目の垂直軸（眉－頬）方向の並びを組織することで、網膜から上丘への配線が二次元のマッピングになる。またいずれの軸についても、これ以外にまだわかっていないシグナル伝達システム――誘引性のものも反発性のものもありそうだ――が働いていて、マッピングの精度を高めていると思われる。このあたりの細部についてわたしたちが知っていることは、まだ全体のごく一部でしかないようだ。

視神経交叉

以上は、視神経の成長円錐がどうやって上丘の正しい位置につながるかを、ごく局所的な相互作用に絞って解説したもので、成長円錐が上丘まですでに伸びてきていることが前提だった。だが実際には、網膜から上丘までは長い旅であり、それも単純な道のりではなく、さまざまな反発因子・誘引因子による道案内を必要とする。[11]

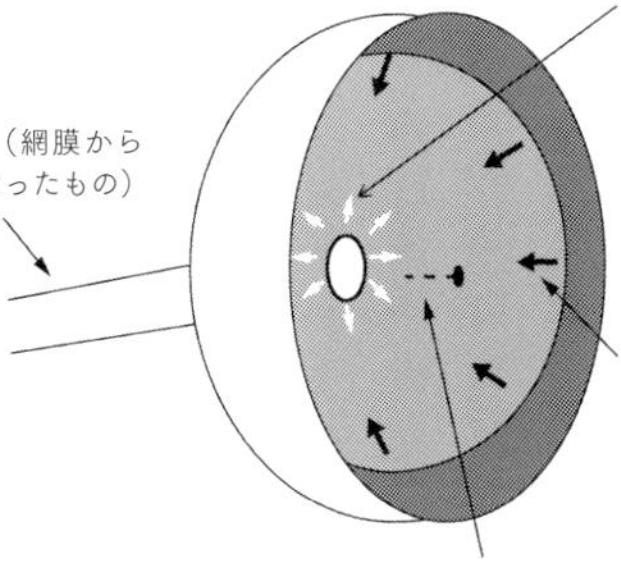

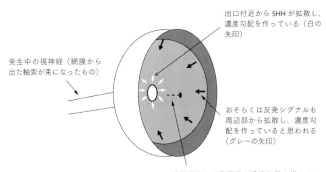

図68　目の奥の網膜における軸索経路探索の模式図（椀のような部分が網膜で、ある程度実際の形状に近い）。網膜神経節細胞から伸びる軸索は、出口付近で作られるSHHをはじめとする誘引因子（と、おそらくは網膜の端のほうから来る反発因子の双方）によって出口へと導かれ、視神経の一部となる。

網膜神経節細胞の成長円錐の旅は、実は目を離れる前から始まる。網膜神経節細胞は網膜のあらゆるところにいるので、まずそれぞれの軸索が目の奥の出口に集まり、そこから束になって出ていくことになる。成長円錐のナビゲーションの最初の課題はその出口を見つけることで、そのために成長円錐は網膜の端から拡散してくる反発分子に対する受容体と、網膜の中央付近――そこに出口がある――から来る誘引分子に対する受容体を用意している（図68）。誘引分子の一つはSHHである。現に、動物胚の網膜中央でのSHH産生を妨げると、網膜神経節細胞の成長円錐は出口を見つけることができず、ナビゲーションが混乱する。網膜の端から反発分子の勾配ができることについても、若干の証拠が見つかっている。

さて、出口を見つけた成長円錐が目から出ると、その先にはまた別の反発分子をもつ細胞が

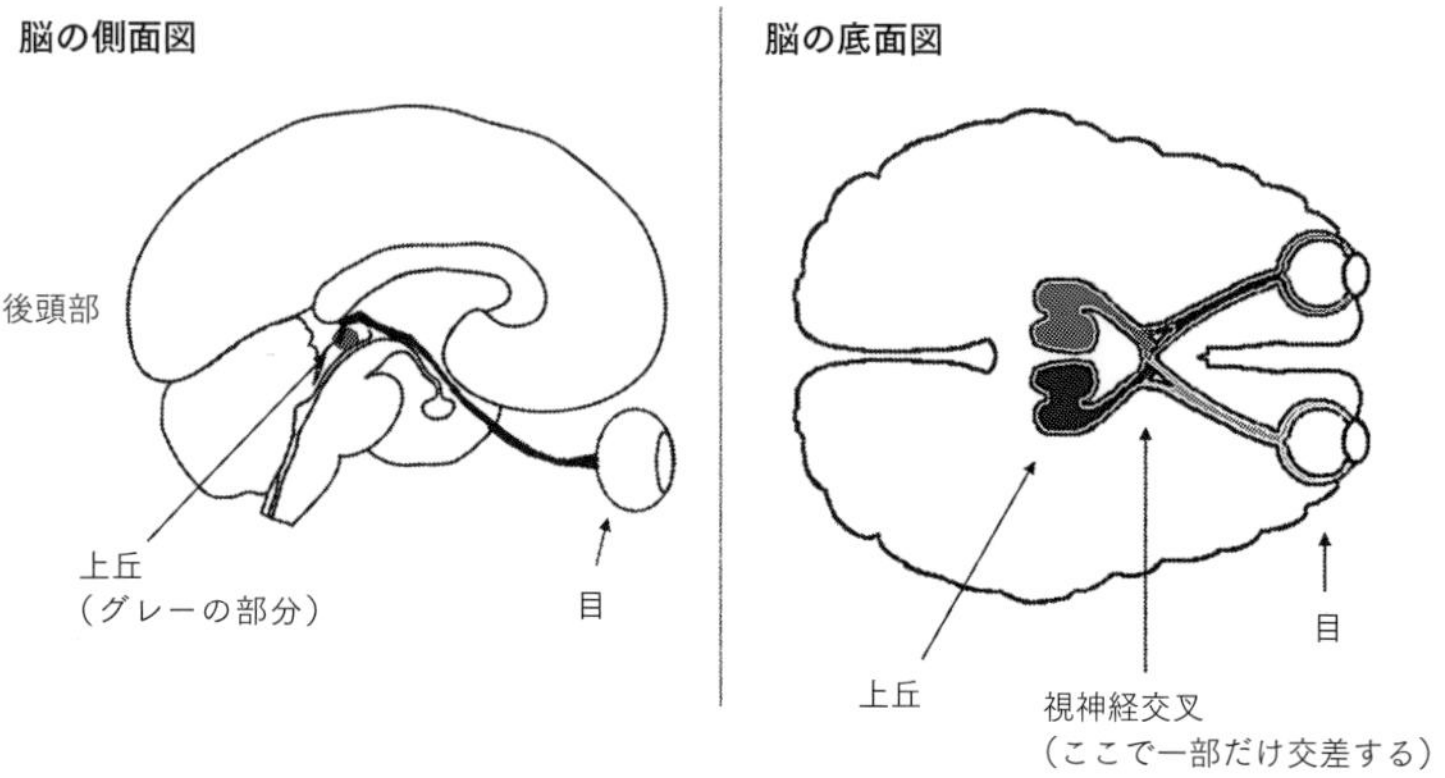

図69　網膜から上丘までの経路。これによって視野が脳のなかに再現される。左は上丘の位置を示すために脳を横から見た図。右は下から見た図で、わかりやすいように視神経と上丘を実際より大きく描いている。軸索が上丘の手前の視神経交叉のところで道の選択を迫られ、一部だけが正中線を横切っている。

取り囲む狭い「通路」が待っている。[12]反発性の壁に囲まれてほかの方向には進めないので、すべての成長円錐がその通路を進んで発生中の脳の中心部へと向かう。発生中の網膜からは一〇〇万本を超える成長円錐が軸索を引きずって出てくるので、集まった軸索は太いケーブルになる。これが前述の**視神経**である。

　左右の目から伸びた視神経は、脳の中心部のある場所で合流し、そこで道の選択を迫られる。そして一部は正中線を越え、脳の反対側の領域にある上丘へと伸びていくが、一部は正中線を越えずに向きを変え、自分がいる側の領域の上丘を目指す（図69）。ここで視神経が二手に分かれる理由は、わたしたちが目でものを見る方法と関係がある。多くの動物、特に追われる立場の動物の目は頭部の両横についている。この配置にはそれぞれの目の視野がごく一部しか重ならないという利点があり、瞬時に周囲のほぼ全体を見渡すことができるため、（運がよければ）捕食者に早く気づいて逃げることができる。左右の視野に重複がない場合、それぞれの目から来る情報を別々に処理すればいいので、両目から来た視神経は脳の中央でただ単純に交差し、それぞれが脳の反対側に行く。一方、ヒトの目は顔の正面にあり、二つで前を見ている。これは獲物を追う立場の動物や、ものの距離を正確に知る必要がある（たとえば木の枝から枝へ跳び移る）動物に特有の配置である。

ヒトの場合、視野の半分以上を両目で見ていて、しかも両目の間隔が少し離れているので、脳は三次元でものを見ることができる。そのしくみを知りたければ、指を一本立て、目から三〇～六〇センチ離して左目を閉じてみるといい。そして遠くに見えているものを何か一つ選び、それと重なる位置まで指を動かす。そこで指を止め、右目を閉じて左目を開ける。すると指を動かしていないのに、指が遠くの対象物から離れて見えるはずだ。このように左右の目で見た対象物の位置のずれから、脳はかなり正確に距離を計算することができるのだが、そのためには両目からの情報が脳の同じ領域に届かなければならない。ということは、かなりの数の成長円錐が正中線を越えずに同じ側に戻り、反対側の目から来た成長円錐と合流しなければならない。これもまた、すでに正中線上にいる細胞が作る反発分子によって結果的に導かれる[13]。一部の成長円錐はこの反発を感知して方向を変えるが、残りはこれを無視する[14]。つまり二つのグループの成長円錐はこの反発分子に対してそれぞれ異なる受容体をもっていて、片方は交差ポイントで正中線を横切り、もう片方は自分の側に戻る。成長円錐はそのあとも反発因子に導かれ、それぞれの上丘へと向かう。正しい道からそれることがないように、反発因子のみならず、おそらくは最終目的地からの誘因分子も働いているだろう[15]。軸索がたどる脳内の他の経路、たとえば感覚情報と大脳皮質をつなぐ経路では、誘引分子の関与がすでに確認されている。

神経系の発生障害

成長円錐が経路探索に使うガイダンス因子をリストアップするのも大事だが、いくら挙げても、これほど複雑な配置でガイダンス因子が作られるのはなぜかという問いへの答えにはならない。その答えはむしろ――まだわずかしか解明されていないものの――胚全体についてここまでに説明してきたプロセスのなかにあると考えられる。胚の他の細胞と同様に、中枢神経系細胞の発生においても次のようなプロセスが見られる。すなわち、近隣組織から来る因子と、細胞内にすでにあるタンパク質の組み合わせによって、その細胞がどの遺伝子のスイッチを入れるか（あるいは切るか）が決まる。すると今度は、それらの遺伝子の一部が産生を指定するシグナル分子が、別の近隣細胞のための因子として働き、その遺伝子発現に影響を及ぼす。これが繰り返されることによって、最初は単純で均一な系だったのが、徐々に自らを組織して、極めて複雑で変化に富んだ系になっていく。これに加えて、神経系の場合はもう一つ複雑化の要素があり、それが軸索である。ニューロンが成長円錐を送り出し、その成長円錐が周囲の細胞からのガイダンス因子を頼りに進んでいき、その後ろにくっついて軸索が伸びていくと、今度は軸索そのものが因子として働き、近隣細胞の遺伝子発現を変えたり、他のニューロンから来る後続の成長円錐を導いたりできるようになる。胚全体もそうだが、発生する神経系は刻々と複雑さを増しながら自らを作り上げられていく地形のようなもので、各時点での地形がそれまでの全プロセスの堆積になっている。

それは要するに「ある変化に対する反応が次の変化をもたらす」という発生方法なのだが、これは複雑性を高めるのに効果的である一方、深刻なリスクも伴う。ある段階での小さな差がそれに続く事象によって増幅されてしまうため、誤差の許容範囲が狭く、一システムのちょっとしたつまずきが、あとの段階で思いもよらぬ重大な結果をもたらしかねない。脳機能に重大な影響を及ぼす遺伝性疾患が多いのは、これが理由だと思われる。

神経系の発生初期の問題から生じる疾患の例には「脳回欠損症」がある。神経管が厚みを増していく段階で細胞の正常な動きを妨げる変異はいろいろあり、結果的に層がきちんと形成されず、脳の表面積が小さくなることがあるのだが、すると脳が折り畳まれず、脳回〔脳のしわの凸部〕のない平滑脳になる。これが脳回欠損症である。[16] 層がしっかり形成されないと脳は正常に働かない。症状が重い場合は生まれた子供の知力がほとんど発達せず、生後数か月のレベルにしか達しないこともある。また重度の筋痙攣と発作を伴い、呼吸が制御できず短命に終わることもある。

発生のもっとあとの段階では、さまざまな変異によって成長円錐の道案内に不具合が生じることがあり、正常な接続ができない、あるいは間違ったところにつながってしまうといった問題が起きる。脳の一部の細胞が作る重要な細胞接着分子にL1CAMがある。これを認識できる正常な受容体をもつ成長円錐は、L1CAMをもつ細胞群に接着し、それに沿って遊走することができる。だがこのL1CAMのガイダンス因子としての機能を妨げる変異があり、[17][18] この変異をもつ胚は右脳と左脳のあいだ、および脳と脊髄のあいだがつながらず、運動にもその他の脳機能にも支障が出る。また、正中交叉を制御する〈ROBO‐SLITシステム〉に影響する変異もある。システムに関与するタンパク質をコードする遺伝子の変異で、この変異があると正中線を渡るべき成長円錐のROBOの効果が強くなりすぎ、正中線を渡れなくなる。これは視力障害や協調運動障害につながる。[19]

この章ではたった数例の成長円錐の経路探索と、ほんのいくつかの分子名を使い、神経系全体の初期の「配線工事」の基本手法を紹介した。だがこのような説明の仕方では、次の二つの誤解を招くのではないかと案じられる。一つは、配線がほんの二、三種類の分子で制御されるという誤解である。実際はそうではなく、成長円錐の道案内をするタンパク質の種類は山ほどあり、成長円錐の種類が異なれば、その道案内をするタンパク質も異なる。しかもだいたいの場合、いくつかのタンパク質が組み合わさって働く。一か所に二種類しか見つからないとしても、たとえば一〇〇〇種類から二種類を選ぶとしたら組み合わせは一〇〇万通りになる。実際は同じ領域に数十種類のタンパク質が作られることもあるのだから、それが生み出す組み合わせはこのページの一行に並ばないほどゼロの多い数になる。電話番号と少し似ているだろうか。0から9までのたった一〇個の数字しか使わないが、組み合わせを変えることで世界に現存する何億という電話番号を特定できる。発生する神経系がこれほど多様な接続を指定できるのも、成長円錐のガイダンス分子に「組み合わせ」を使っているからだというのは、ほぼ間違いないだろう。

案じられるもう一つの誤解は、神経系の発生についてはもうよくわかっているという思い込みである。実際はまだよくわかっておらず、わたしたちはほんのいくつかの、部分的に解明された事例――

たとえばこの章で紹介したものなど――から学びつつあるにすぎない。もちろん成長円錐の道案内の一般原則は見えたといっていいだろうが、そのことと、脳の各部の配線について正確かつ詳細に理解することのあいだには大きな開きがある。わたしたちにはまだ学ぶべきことが山ほど残されている。

なお、この章で説明したナビゲーション・メカニズムで達成されるのは大まかな配線でしかなく、完成した神経系に見られるほど精緻なものではない。そこに至る仕上げのほとんどは、配線済みの軸索を実際に伝わっていくシグナルを利用して行われるのであり、そのプロセスである「配線パターンの精緻化」と「接続の強化」はわたしたちの生涯にわたって続く。プロセスが始まるのももっとあとの段階――主に出生後――なので、この本でももっとあとの第15章で改めて取り上げることにする。

第Ⅲ部

仕上げ

Refinement

第14章

死んでも体をつくる!《選択的細胞死》

Dying to Be Human

われら、生のさなかに死に臨む。
祈祷書

ヒトの生が死に依存しているというのもまた、生命の数多ある皮肉の一つである。ここでいう死とは、正常な胚に起きる膨大な細胞死のことで、しかも日々の損傷や摩耗で細胞が死ぬことや、細菌やウイルスに細胞が殺されることではない。それはいわば意図的な細胞自殺であり、細胞が自分を破壊することになるタンパク質を自ら活性化する細胞死である。胚が作る細胞の半分以上は、まったく正常な発生の過程で自ら死を選ぶと推測されている。細胞が自ら「選択」するので、わたしはこのプロセスを選択的細胞死と呼んでいる。*

不要なものを取り除く

細胞が自ら死を選びうる状況の一つに、発生途上では必要だが最終的には不要になる組織の例がある。そうした組織は石のアーチ橋を作るときの土台（支保工《しほこう》）のようなもので、橋が完成して支えが要らなくなると取り除かれる。第10章と第12章で出てきた仮の腎臓（前腎と中腎）もその例といっていい。[1] 比較的単純な動物、たとえば魚類の場合は中腎がそのまま残って成体でも機能するが、哺乳類の場合は第12章に出てきた「新しい腎臓」である後腎（永久腎）が成体の排泄機能を担う。しかしながら、哺乳類も魚類と同様に、最初の血液細胞と血管を作るのに一連の組織が必要で、そのなかに仮の腎臓も含まれる。また雄は仮の腎臓の排水系の一部を生殖管として使う。したがって、成体の排泄のためには不要であっても、胚はこの構造を必要とする。

目に見える形で選択的細胞死の役割がわかる部位は手足である。[2] 手も足もまず魚のひれのような形からスタートし、やがて細胞が凝集して指骨ができるが、その時点ではまだミトン（指がない）のような外胚葉の覆いを共有している（第11章）。その後、ヒトの場合は指のあいだの細胞が自殺し、全体を覆う皮膚が手のひらの方向に縮まることによって、ミトンの形が手袋（指がある）の形に変わる。[3] 指の形成における選択的細胞死の重要性は、ニワトリ胚の実験で証明されている。ニワトリのあの長くて

＊——細胞自殺にもいろいろ種類があるので（アポトーシス、オートファジーなど）、わたしは拙著『形態形成のメカニズム（*Mechanisms of Morphogenesis*）』で用いたやり方を踏襲し、包括的用語として「選択的細胞死（elective cell death）」という言葉を使っている。

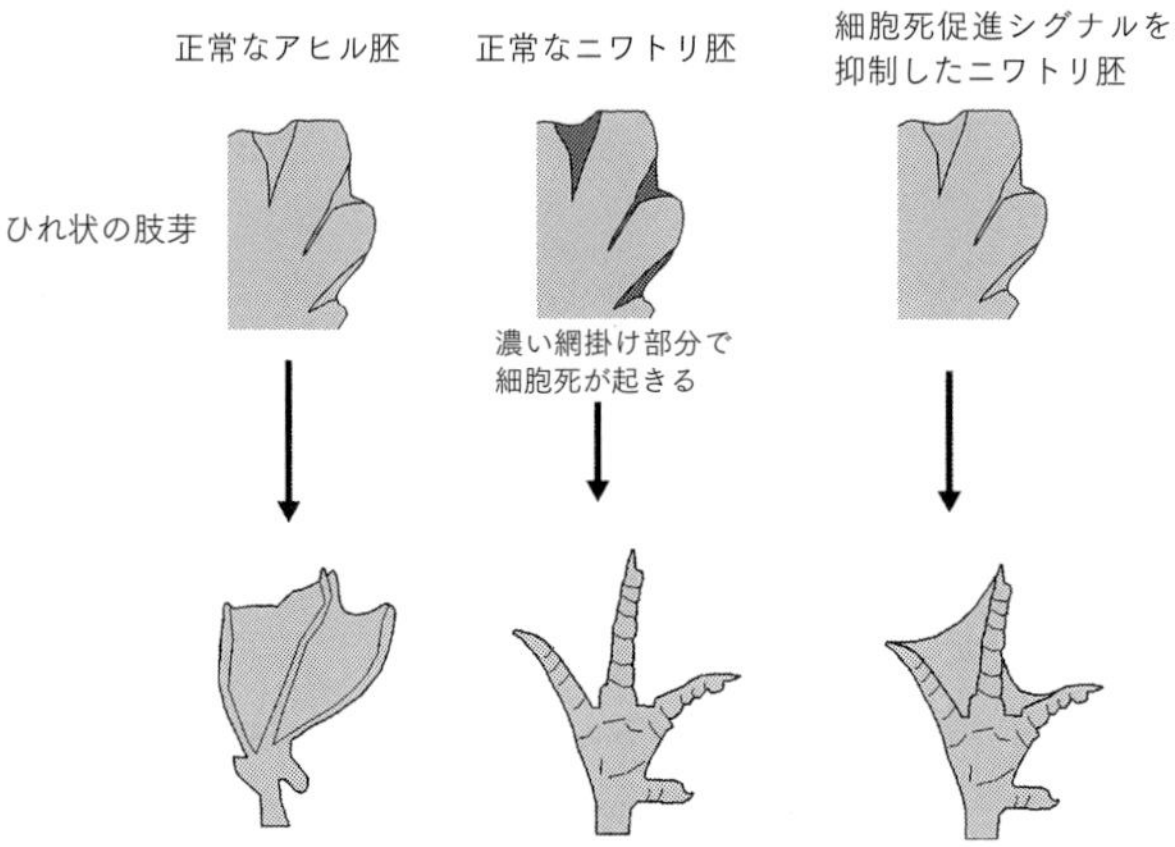

図70　手足の指のあいだの水かきと細胞死の関係。左の図は正常なアヒルの肢の発生で、肢芽の指のあいだの細胞死はほとんど見られず、水かきができる。中央の図は正常なニワトリの肢の発生で（ヒトの手の発生も類似する）、指のあいだで大量の細胞死が見られ、水かきのない肢ができる。右の図はニワトリ胚の実験結果で、細胞死を引き起こすシグナルを抑制すると、アヒル様の肢になる。この結果は水かきをなくすために選択的細胞死が欠かせないことを示唆する（「示唆する」としかいえないのは、細胞死促進シグナルの抑制が、他の何らかの——それが何かはわからないが——プロセスに影響していないともかぎらないからである。生物実験の解釈には、ラムズフェルド元国防長官のいう unknown unknowns——未知の未知——が常につきまとう）。

はっきり分かれた、土を引っかくのに最適な足指は、発生の過程で大量の細胞が自殺することによって出来上がる。一方アヒル胚の場合は足指のあいだの細胞死がほとんど見られず、水かきのある（丈夫な二層の皮膚と結合組織で指がつながっている）、泳ぐのに最適な足になる。ニワトリ胚に選択的細胞死を妨げる薬を与えると、アヒルのように水かきのある足ができる[4]（図70）。

過剰なものを取り除く

アーチ橋の支保工のような組織のみならず、成体まで残存して機能する組織でも選択的細胞死は広く見られるが、それは過剰な細胞を排除するためである。発生中の組織の多くは、まず大目に細胞を作り、次いで他の組織からのシグナルを手がかりにして、どの細胞をどれくらい残すか決めていく。

細胞の過剰生産がわかりやすい例としては、発生中の脊髄の運動ニューロンが挙げられる。運動ニューロンは体壁や体肢の筋肉とつながり、腕、脚、胴体の動きを可能にする。腕の例で基本を説明すると、まず腕のために割り当てられた脊髄の領域が、成体に必要な量よりはるかに多くの運動ニューロンを作る。[5,6]運動ニューロンは発生中の上肢へと軸索を伸ばし、それぞれが発生中の筋線維とつながろうとする。だが少し時間が経つといっせいに選択的細胞死が起き、運動ニューロンの数が大幅に減る。

選択的細胞死を何が制御しているかについては、ニワトリ胚の前肢（翼）の肢芽を片方だけ切除する実験から最初のヒントが得られた。[7-9]肢芽を片方切除しても、脊髄では通常通り左右両方に大量の運動ニューロンが作られる。だがある時間を経ていっせいに細胞死が起きると左右に違いが生じ、発生中の前肢がある側では正常な量の運動ニューロンが失われるが、前肢がない側では膨大な量が失われる。この古典的実験が教えてくれるのは、軸索が標的である筋肉（つながるべき相手）を見つけられたかどうかによって、運動ニューロンの生死が決まるのではないかという可能性である。その可能性をさらに高めたのがもう一つの実験で、今度は逆にニワトリ胚の片側に余分な前肢を移植すると、そちら側の細胞死の量がぐっと減り、生き残った運動ニューロンは前肢二本分の筋肉に相当する量となった。

このように、標的である筋肉の量によって運動ニューロンの細胞死の量が変わることと、正常な発生でも運動ニューロンの一部が細胞死を遂げることから、発生過程で作られる運動ニューロンの数は筋肉に見合ったものではなく、もっと多いと推測された。またその後、綿密な生化学的分析により、発生中の筋肉がごく限られた量の神経**生存因子**しか産生しないことも明らかになった。[10] できたばかりの運動ニューロンはこの因子がなくても生きられるが、成熟するにつれて依存するようになり、この因子が適切に供給されないと生き延びられなくなる。具体的にいえば、ニューロン内部に細胞死を促すシグナル伝達経路がすでにできていて、それを神経生存因子のシグナルが抑えているにすぎない状態となる。腕の例に戻るが、正常な発生の場合、腕の筋肉が産生する神経生存因子は限られていて、すべての運動ニューロンには行き渡らない。結局、筋肉ともっともいい形でつながったニューロンだけが因子を十分に受け取り、残りのニューロンは十分に受け取れないので細胞死促進経路が起動し、自らを排除することになる。つまり過剰にあるニューロンは**生存因子**をめぐって競合関係にあり、生存因子の発生源とベストな形で結合できたニューロンだけが生き残るしくみになっている。

ニューロンが過剰に作られ、標的とうまく結合できたものだけが生き残るという図式は、動物に多くの子孫が生まれ、そのなかから外界に適応できるものが生き残っていく例を思わせ、ダーウィンの進化論の骨子にも通じるところがある。* この比較は正確ではないが、どちらのシステムもランダムな変異のなかから最適なものを選択する一手法であることは変わらない。進化においては動物の子孫がもつ遺伝子の組み合わせが競合し、胚のニューロンでは基本的に軸索が標的への道を見つける正確さが競合する。いずれの場合も、生存のために有利な位置を占めたものが生き延びる。胚にとってみれば、このシステムであれば軸索の経路探索精度を極端に高める必要がないので効率がいい。またこのシステムのほうがはるかにエラーに強い。

標的由来の生存シグナルをめぐって細胞同士が競合するというしくみは、脊髄の運動ニューロンに限らず、感覚神経系や、脳の内奥の多くの領域でも見られる。さらに注目すべきは、そのしくみが神経系以外でも見られることで、実のところあまりにも広く見られるので**栄養因子仮説**（trophic hypothesis）というものまで登場した。[11]「すべての細胞の生存は、他の細胞が分泌する限られた量の生存因子にかかっている」という説である。立案者の一人はすでに間違いないと確信していて、この説を紹介するたびに、誰か反例を見つけたらそれなりの賞金を出しますよといっていた（ただし異常細胞やごく初期の胚は除くという条件で）。そして結局のところ、誰も賞金を得ていない。

栄養因子仮説

時間尺度が非常に短いか、非常に長い場合には、栄養因子仮説はヒトの発生にとって有効に働く。短いほうでいえば、間違った場所で作られたために、あるいは本来いるべき場所から迷い出てしまったために標的から離れすぎた細胞は、単純に細胞死を選択する。したがってそのような細胞が問題を起こす心配はない。長いほうでいえば、これは複雑な体への進化を可能にする要因の一つとなる。同

＊――ある大学院生から「大学が研究職のポストよりはるかに多くの研究者を育てるのも似たようなものですね」といわれたことがあるが、ある意味ではそうかもしれない。教育においても、胚の神経系と同様に、どの志望者がどの方向にどこまで伸びていくかは最初はわからない。途中でつまずくこともあれば、選んだコースが自分に向いていなくて道に迷うこともある。ということは、システム全体のためには多くの学生を育てておいてから選別するほうが都合がいい。だがもちろん、選ばれなかった者にとってはそれでいいはずもなく、この類似性を指摘した院生が選ばれたほうの一人だったというのも偶然ではないだろう。彼は現在、発生と癌の関係について独創的な研究をしている。

じ体形の二種類の仮想動物、AとBで考えてみよう。Aは最初から腕の筋肉にちょうど見合う数の運動ニューロンを作り、Bはわたしたちと同じように、多めに作っておいてあとから過剰な分を減らす。やがて環境が変化し、強い腕をもつ動物に有利な――たとえば掘る力が強い、木から木へ渡っていけるといったことが有利に働く――ニッチが創出されたとしよう。Aがこのニッチを利用するには、同じ個体に二つの変異が起きなければならない。一つは腕を大きくする変異で、もう一つはそれにちょうど見合うだけ運動ニューロンを増やす変異である。だがBなら腕を大きくする変異だけでいい。大きくなった腕が前より多くの生存因子を出すことで、生き残る運動ニューロンの数も自動的に調整されるからである。たった一つであっても変異が起きる確率は低い。同じ個体に二つの変異となれば、確率はそれよりはるかに低くなり、相当な時間がかかるだろう。したがって、Aよりも早く進化し、先に新たなニッチを開拓できる可能性が高いBが優位に立つ。そう考えれば、マウスやヒトのように、長い進化を経てきた複雑な動物がこの原則に従っていると考えることに無理はない。そうでなければ、地球誕生から現在までの時間軸のなかでここまで進化できたはずがない。

生存シグナルと癌治療

細胞が他の細胞から来る生存シグナルに依存していることは、臨床上も大きな意味をもっている。生存シグナルの操作も医学的に可能になりつつあり、患者の治療・延命に結びつくようになってきている。癌細胞は正常な成長制御メカニズムを失っているが（そもそも定義がおおむねそういうことなのだから）、その多くは生存シグナルへの依存性を維持していて、ある種の腫瘍にとってはこれが「アキレス腱」になりうる。つまり、従来の化学療法よりダメージの少ない方法で、癌細胞に細胞死を選ばせることができるかもしれない。ただしその際、同じ組織の正常な体細胞の一部も同じ運命をたどる恐れがあるので、この試みの対象としてふさわしいのは生存に直接かかわらない組織の腫瘍ということになる。たとえば前立腺だが、正常な前立腺細胞の生存はテストステロンのシグナル伝達に依存している。一八四〇年代にドイツの科学者カール・フォークトが、若い雄牛の前立腺が去勢後に著しく縮んだとの観察記録を残していて、生存シグナル消滅に伴う選択的細胞死の記述としてはこれが最初のものとされている。多くの前立腺癌と前癌状態の腫瘍も、テストステロンその他のホルモンへの依存性を維持しているため、テストステロンのシグナル伝達を抑制する薬によって腫瘍を小さくできる可能性が高い[12][13]。同様に、乳癌の多くは生存シグナルとしてのエストロゲンに依存している。エストロゲンの強力な抑制剤にはタモキシフェンがあり、多くの乳癌で効果を発揮している[14]。一方、生存に直接かかわる組織の場合、この試みは難しく、重要な生存シグナルが止められることで正常な組織まで破壊されかねない。だが腫瘍細胞は配置も無秩序なので、生存シグナルの発生源からかなり遠ざかるものが多く、もしかしたら投薬量の調節で問題を解決できるかもしれない。つまり生存シグナルの量を、正しい場所にいる正常な組織の生存には足りるが、配置が無秩序な腫瘍の生存には足りないというぎりぎりのレベルまで減らせるような投薬量を見つけるのである。さらに他の抗癌治療と組み合わせれば、将来、生存シグナルの操作がより広範囲の癌に効果を発揮するかもしれない。

第15章

心を決める《ニューロンと学習》

Making Your Mind Up

システム――システム――システム――
そこから逃げることはできない。
なにしろ自然はシステムであり、
人は一自然現象であり、
人の知性もそうなのだから。

ドナルド・クローハースト

ヒトの成長とともに発達するもののなかで、もっとも驚くべきは精神だが、もっとも理解しがたいのも精神で、高次の精神機能がどう働くかはよくわかっていない。とはいえ、各種の脳障害がもたらす結果を見れば、「心」と呼ばれる精神現象が脳の神経活動から生じていることは疑いようがない。

脳の形成

脊髄と同じく、脳も神経管から発生する。まず神経管の頭側端に三つの膨らみ――のちの前脳、中脳、

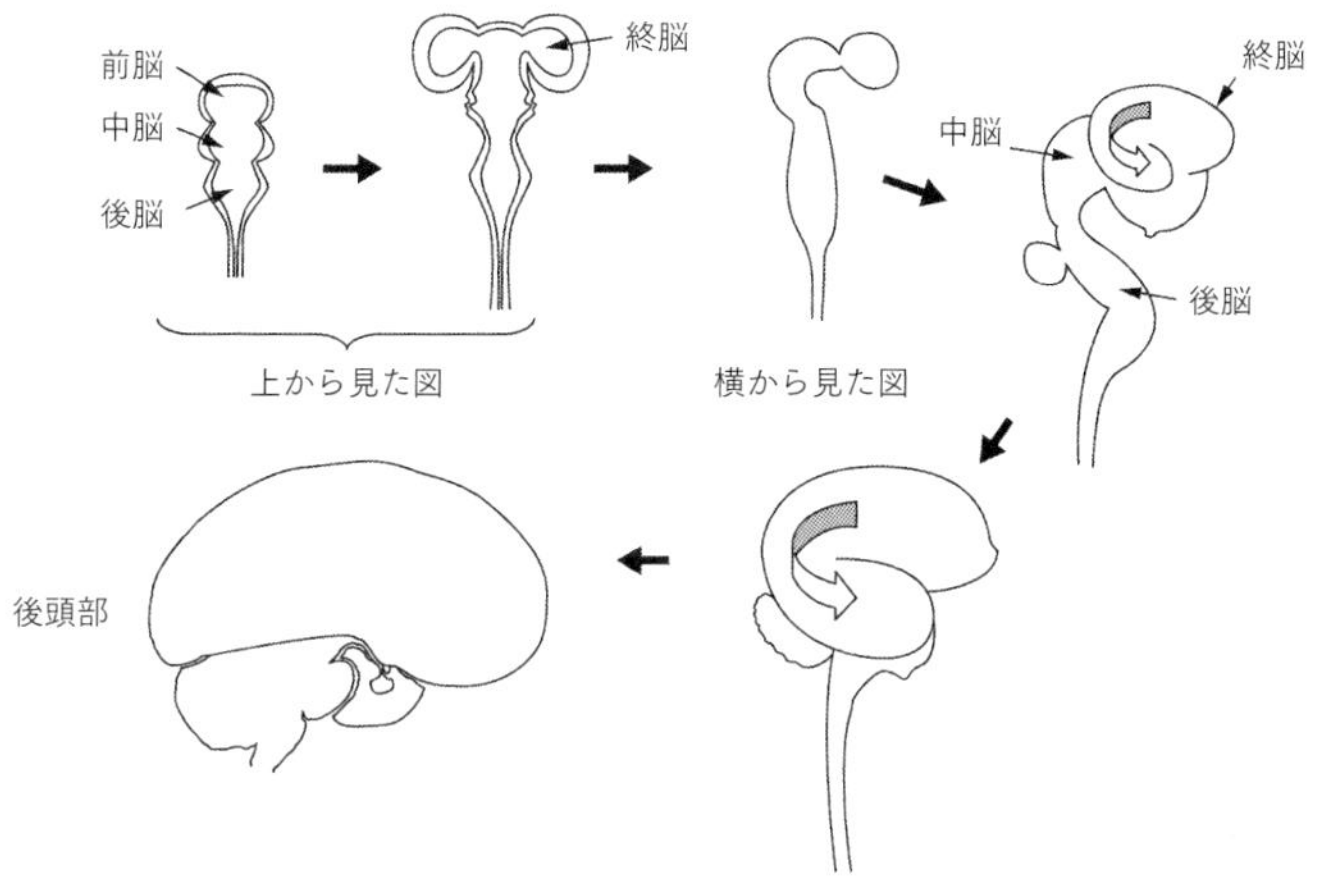

図 71　ヒトの脳の基本形は、一連の「膨らみ」と「折り畳み」によってできていく。

後脳――ができる（図71）。このあたりが膨らむのは神経管の壁のなかで細胞が活発に増殖するからだが（第13章）、もう一つ、発生のこの段階で脳の内腔からの排液管が一時的にふさがれ、体液が溜まって内圧が上がることも関係しているかもしれない。基本となる三つの膨らみができると、続いて前脳の側面がさらに膨らんで終脳と呼ばれる新しい構造になっていき、中脳と後脳もそれぞれ異なる領域に分かれていく。これまで各所で見られたのと同じように、脳の発生プロセスも段階を踏み、ある領域がいくつかに分かれ、それらが成長するとまた分かれ、さらにそれらが成長するとまた分かれ、というのを繰り返す。

魚類のように構造が比較的単純な脊椎動物の場合、脳は膨らみのある直管にとどまり、構造がわかりやすい。学校の生物の授業で小さいサメの解剖がよく行われていたのはそれが理由である（解剖が時代遅れになる前の話だが）。しかし哺乳類となると、比較的小さくて形も複雑な頭部に大容量の脳を押し込むため、神経管を曲げたり畳んだりしなければならず、構造はわかりにくくなる。しかもヒトの場合は終脳が甚だしく成長して、脳の他の部分を覆うほどになり（図71）、限られた空間にできるかぎりの表面積を詰め込むために皺も寄っていく。

だがすでにわかっている範囲でいえば、複雑な脳の構造も、もっと単純な脊髄と同じメカニズムで作られている。つまり、細胞増殖で細胞の層ができ（脳の場合は層が多い）、シグナル伝達によって細胞に分化の指示が出て、単純なパターンから複雑なパターンへと進み、管が何度も折り畳まれ、成長円錐の経路探索によって配線が引かれ（第13章）、過剰な細胞が細胞死を遂げる（第14章）。脳と脊髄の発生に違いがあるとすれば、それぞれの作業の回数が脳のほうがはるかに多いということで、特に高等脊椎動物の脳はただの膨らみのある管からは想像もつかないほど複雑なものとなり、その発生は長い道のりをたどる。その間の配線作業や選択的細胞死にかかわるシグナルはすでに数多く同定されているが、それを列挙しても退屈なだけで、何か新しい原理がわかるわけではない。やたらに変奏の多い音楽を奏でるようなもので、しかも主題は説明済みのものだ。それよりも、そうした細部の積み上げからどのようにして脳の付帯現象——答え、学び、考える精神——が発生しうるのかというテーマのほうが面白い。もちろん神経生物学がすでに解明できたのは精神の働きのほんの一部でしかなく、全体像を説明することなど考えられもしない。だが脳の高次機能の一要素である「学習」を取り上げ、胚がどうやって学習のための構造を作り上げていくかについて、おおよそこんなものだろうという略図を描くことはできる。

シナプス

今わかっているかぎりでは、学習とは脳のニューロン同士がシグナルのやりとりを介して結合を変えることである。すでに述べたように、ニューロン同士の結合構造はシナプスと呼ばれ、そこではシナプス前《ぜん》ニューロン（情報を送る側のニューロン）の軸索末端と、シナプス後《こう》ニューロン（情報を受ける側のニューロン）の細胞膜がわずかな間隙（シナプス間隙）を残して接している。そして一部のシナプスではニューロンからニューロンに直接電気信号が送られ、他のシナプスでは、シナプス前ニューロンの軸索における発火（活動電位の発生）によって化学物質――神経伝達物質――がシナプス間隙に放出され、それがシナプス後ニューロンの受容体に結合し、これを刺激したり抑制したりする（どちらになるかは神経伝達物質と受容体の種類による）。大脳には数百億のニューロンがあり、成人では一つのニューロンが一〇〇〇ほどものシナプスをもつので（子供のころはもっと多い）、大脳全体のシナプスはまさに無数にあるといっていい。一般的に、一つのシナプスから来るシグナルは、単独でシナプス後ニューロンを発火させるほど（少なくとも十分に発火させるほど）強くない。しかし複数のシナプスから同時にシグナルが来ると、それらが合わさって強くなり、シナプス後ニューロンが発火する。つまりニューロンはそれが受けるシグナル全体への応答として発火することになり、だとすれば、理論上、異なる種類の情報（視覚情報、聴覚情報、記憶、欲求等々）が一体となって一つの行動を決めると考えることができる。実際、ごく単純な動物モデルではまさにそういうことが起きるので、ヒトの脳もそうではないかと思われるが、今のところ推測の域を出ない（そうではないとする理由があるわけではないが、今後の研究でどんな発見があるかもしれず、わかったも同然だと思うのは傲慢にすぎるだろう)。ほとんどのシナプス後ニューロンはまた別のニューロンに軸索を伸ばし、複雑な神経回路を作っている。運動ニューロンの場合は他のニューロンではなく筋肉に軸索を伸ばしているので、ニューロンの発火によって引き起こされるのは筋肉の収縮である。つまり思考が行動に置き換えられる。

ヘッブの法則

ニューロン同士の結合を変える方法は主に二つある。一つは、構造上は同じ結合を保ちながら、結合ごとのシグナル効率を生化学的に変える方法で、速いのがメリットである。もう一つは、既存の結合を壊し、新しい結合によって配線パターンそのものを変える方法で、新たに軸索を伸ばすのに時間がかかるため当然のことながら遅い(成長円錐が一時間に移動できる距離は細胞体の直径程度)。六〇年ほど前に、この第一の方法——既存の結合の強さを変える方法——を利用した自動的な学習メカニズムを提唱したのが、カナダの神経科学者ドナルド・ヘッブである。[1] だがヘッブのメカニズムを説明する前に、「パブロフの犬」で知られる条件反射を復習しておこう。そのほうが話が早い。

ソ連の生理学者イワン・パブロフは、消化生理の研究をしていて条件反射を発見した。犬は餌とともにいつも提示されるものを見たり嗅いだりすると自然に唾液を分泌するようになるが、それは唾液腺の活動が、口のなかの餌の存在だけではなく、部分的に脳によっても制御されているからである。パブロフは犬に餌を与える直前に、笛やベルの音、あるいは弱い電気ショックといった無関係な刺激を与える実験をした。犬ごとに刺激を決め、同じ犬に同じ刺激を、餌の時間ごとに複数回繰り返して与えつづけた。こうして条件づけを終えてから、今度は餌をやらずに無関係な刺激だけを提示したところ、それだけで犬は唾液を分泌した。犬たちはその刺激が餌のサインであることを学習し、記憶していたのである。哺乳類である犬はかなり複雑な神経系をもっているが、同じような条件づけはもっと単純な脊椎動物でも見られる。たとえばクラウンローチという熱帯魚は、餌箱を振る音と給餌をすぐに結びつけ、音が聞こえただけで餌を期待してさかんに泳ぎ回る。ショウジョウバエも犬よりはるかに単純な神経系しかもたないが、それでも学習する。たとえば、異なる匂いがする二つの部屋を管でつなぎ、そこに条件づけされていないショウジョウバエを入れる。ショウジョウバエは両方の部屋をランダムに行き来するだけで、特に好みを示さない。先に片方の匂いを経験させておいても結果は同じである。だが片方の匂いと同時に電気ショックを与え、それから管に入れると、その匂いを避けて反対側の部屋に行く。つまり、ショウジョウバエは匂いと電気ショックを学習によって結びつけることができる。[2][3]

ヘッブに話を戻すが、「パブロフの犬」に見られるような学習について、彼はこんな考え方を披露した。シナプス後ニューロンは、シナプスごとに、受け取ったシグナルに対してどの程度強く応答するかを変えられるというのである。そしてそれには法則があり、シナプス後ニューロン自身が発火しているときにあるシナプスが発火すれば、そのシナプスに対する応答効率が上がる。前述のショウジョウバエを例にとり、簡単なモデルで考えてみよう。図72は四種類のニューロンからなる神経系である（極端に簡略化しているので非現実的だが、原理を理解するにはこれが便利だ）。ニューロンO1は〈匂い1〉がある

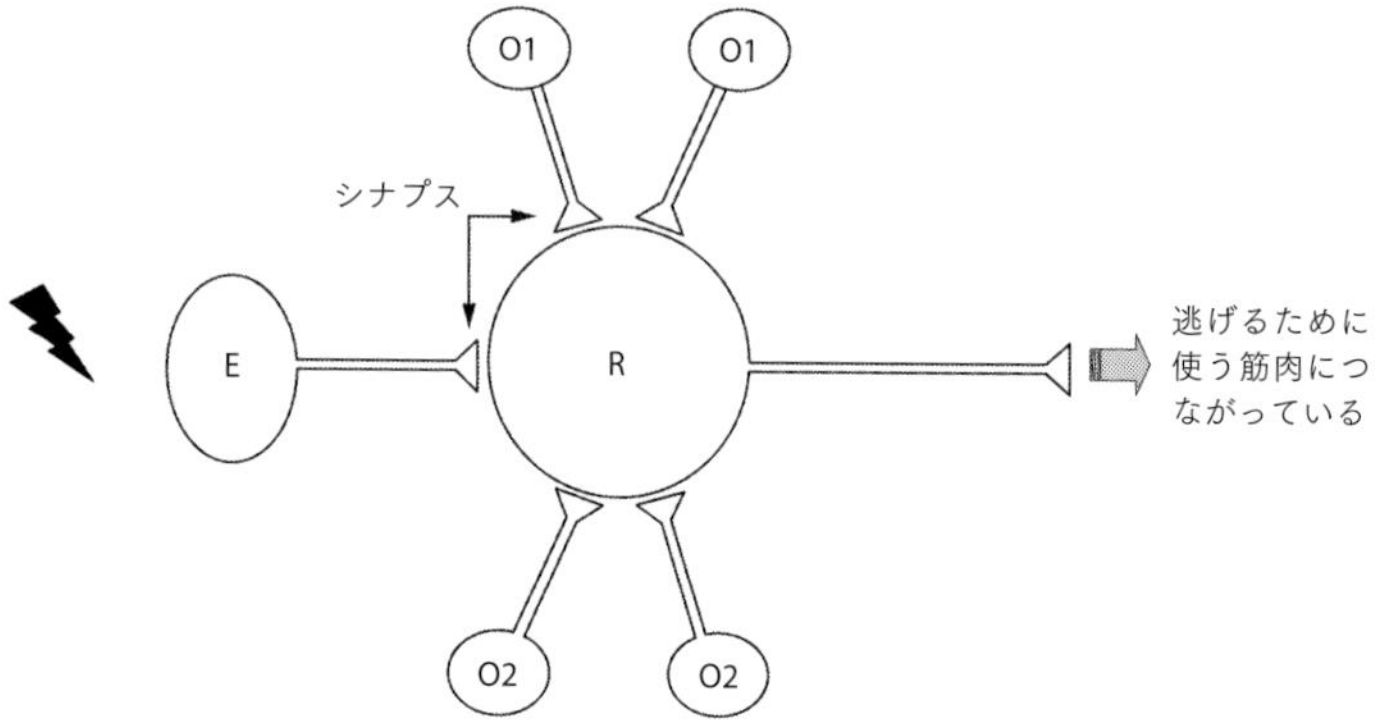

図72　ショウジョウバエの条件学習の簡易モデル。〈ニューロンR〉は当初〈匂い1〉を伝える〈ニューロンO1〉と〈匂い2〉を伝える〈ニューロンO2〉から弱いインプットを受けている。また電気ショックを伝える〈ニューロンE〉からは強いインプットを受けている。実際にはどの種類の情報を伝えるにもはるかに多くのニューロンが関与するが、ここでは省略している。

と活性化し、ニューロンO2は〈匂い2〉があると活性化する。ニューロンEは電気ショックを受けると活性化し、以上すべてがつながっているニューロンRが活性化すると、ショウジョウバエが「逃げる」という行動を起こす。学習前にはO1もO2もRとの結合が弱すぎてRを活性化させるに至らず、どちらの匂いがしてもショウジョウバエが逃げることはない。しかしEとRの結合は強いので、電気ショックによってEが刺激されるとRは活性化する。さて、ここで電気ショックが与えられ、Eからのシグナルで Rが活性化しているときに〈匂い1〉があったとしよう。つまりO1も活性化する。するとヘッブの条件が満たされ、RのO1への応答が強化される。同じことが頻繁に起きると応答はさらに強くなり、やがてEの助けがなくてもO1が発火するだけでRが活性化するようになり、ショウジョウバエは電気ショックがなくても〈匂い

1〉だけで逃げるようになる。以上の過程ではO2への応答は強化されないので、〈匂い2〉があってもショウジョウバエが逃げることはない。

グルタミン酸受容体

ヘッブがこの説を発表してから数十年後に、これを裏づける生化学的メカニズムの一部が解明された。ショウジョウバエの例を含め、これまでに研究されてきたシステムの多くでは、シナプスがグルタミン酸という神経伝達物質を放出する。このグルタミン酸に対して、シナプス後ニューロンのほうは二種類の受容体をもっている。一つはAMPA受容体といい、こちらは反応が単純でわかりやすい。グルタミン酸と結合したAMPA受容体の個々の分子は、シナプス後ニューロン内のタンパク質複合体を活性化し、幾分か発火に貢献する。したがって十分な数のAMPA受容体分子がグルタミン酸と結合し、かつ細胞内の複合体の感度も十分に高ければ、細胞は発火する。もう一つはNMDA受容体といい、こちらはかなり複雑で、これをもつ細胞がすでに発火しているかいないかによって異なる反応を見せる。細胞が発火していないときは、NMDA受容体は近くにグルタミン酸がたくさんあっても何もできない。だが細胞が発火していると（つまり全シナプスからのインプットの合計が発火に必要な量に達していると）、NMDA受容体はグルタミン酸に反応し、自分自身のシグナルを細胞に伝える。だがそのシグナルは細胞を直接活性化するのではなく、同じシナプスのAMPA受容体システムを調節し、一定量のインプット（グルタミン酸）が引き起こすアウトプット（シグナル）の量を増やす（つまり

AMPA受容体の応答効率が上がる〕。つまりこれこそがヘッブのシステムの心臓部である。NMDA受容体はシナプス後ニューロンがすでに活性状態で、かつそのシナプスも活性状態のとき（グルタミン酸があるとき）だけ活性化し、AMPA受容体システムの感度を上げる。そうすることによってシナプスの結合力を変えているのである（図73）。

学習におけるNMDA受容体システムの重要性は、ショウジョウバエの匂いと電気ショックの実験によって明らかにされている。遺伝子操作でNMDA受容体タンパク質の産生スイッチを自在にオン・オフできるようにし、その影響を見る実験である。NMDA受

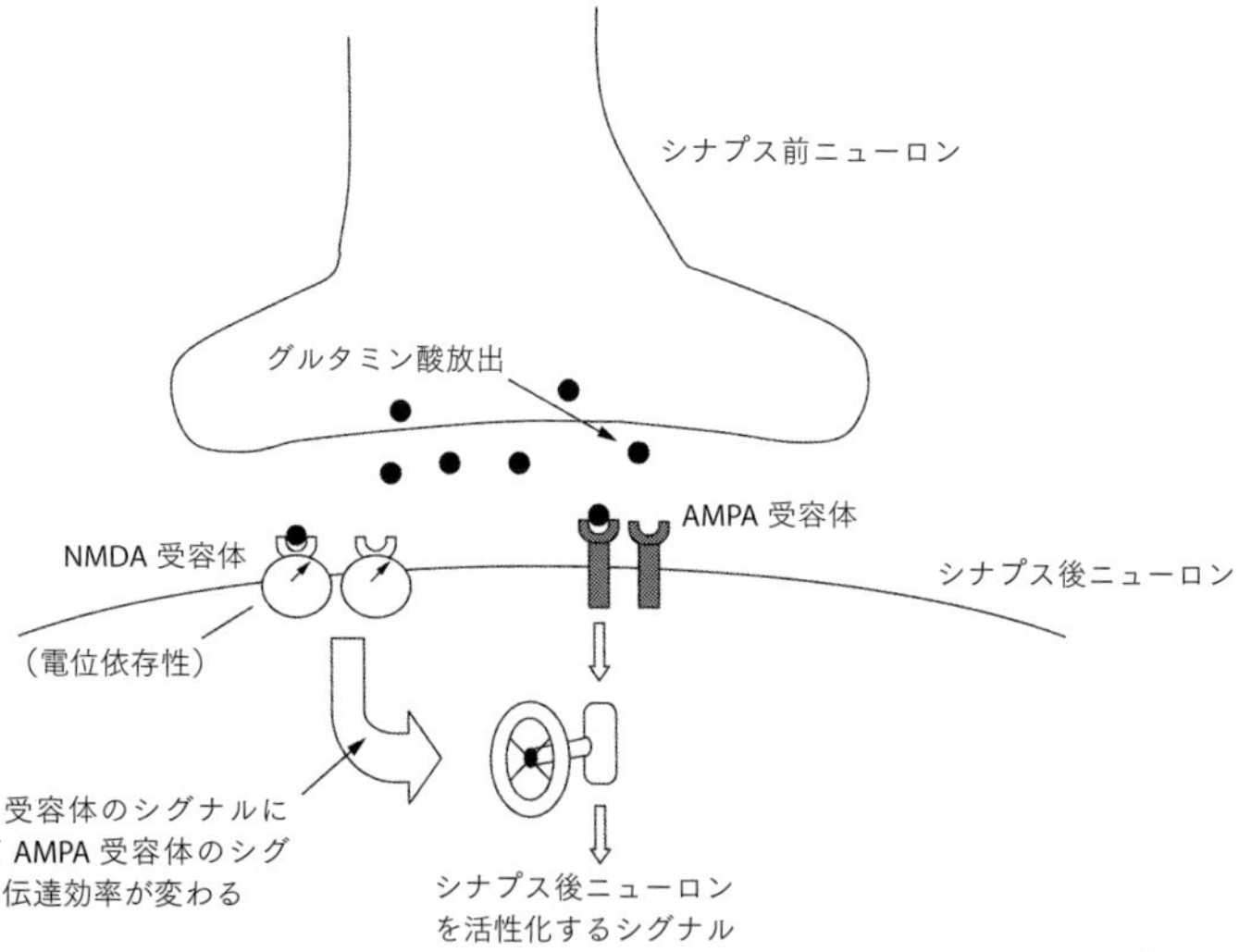

図 73　電位依存性の NMDA 受容体の活動によって、AMPA 受容体がシナプス後ニューロンをどの程度刺激できるかが変わる。バルブの絵は、シグナル伝達タンパク質のネットワークと、細胞膜内の AMPA 受容体の量を制御するシステムを表している。この 2 つが一緒になって、一定量のグルタミン酸を受けた AMPA 受容体がどの程度のシグナルを出せるかを調節する。

容体タンパク質の分子は比較的寿命が短いので、産生スイッチをオフにして一五時間も経つと一つも残らない。そうなると、ショウジョウバエは匂いと電気ショックをうまく結びつけることができない。だが産生スイッチを再びオンにすると、再び学習できるようになる。

神経活動依存的なシナプスリモデリング

ヘッブが唱えたメカニズムは学習の一例であって、これしか方法がないわけではない。高等動物でも下等動物でも、経験によって脳の配線パターンが変わりうることがさまざまな研究で明らかにされている。なかでもとりわけよく研究されているものの一つに、目と脳の配線パターンの精緻化がある。第13章で説明した目から脳への配線にはまだ大まかなところがあって完成しておらず、精緻化とはいわばその仕上げである。網膜細胞から伸びてきた軸索は上丘（および脳の他の領域）の細胞とシナプス結合するが、その際、多くは正しい細胞とつながるものの（また通常は隣接する網膜細胞から来た軸索がいくつか一緒につながる）、間違った細胞とつながるものもある。そのままでは視界がぼやけてしまい、目の能力を十分発揮させることができないので、配線の精度を上げなければならない。ではどうするかというと、出生後に目が開いてから、シナプス結合の神経活動依存的なリモデリングによって精度を上げるのである。このリモデリングはヘッブのメカニズムに似ているが、こちらの場合はシナプス後ニューロンの発火とシナプス自身の発火の一致が、シナプス結合の強度だけではなく、結合の存続そのものを左右する。たとえば、あるニューロンに網膜の左上の領域から来た軸索がシナプス結合し、その同じニューロンに網膜の同じところ（左上）から来た他の軸索も結合したとする。するとどの軸索も視野のなかの同じ情報を伝えるので、そのニューロンはどこかの段階で発火することになる。シナプスの総合力によってシナプス後ニューロンが発火し、その結果それらのシナプスすべての結合が強化される。一方、その細胞の発火の頻度が上がるにつれ、弱いシナプス（それ自身の発火とシナプス後ニューロンの発火のタイミングが一度も合わないシナプス）は細胞から顧みられなくなっていく。なぜなら、タイミングが一度も合わないシナプスは、その細胞の大半のシナプスとは異なる刺激に応答しているに違いなく、ということは網膜の別の場所から来た軸索と結合しているか、あるいは異なる種類の視覚情報に反応していると考えられ、いずれにせよ「いるべきところにいない」からである。そこでシナプス後ニューロンはそのようなシナプスを切り離し、不適切な結合から逃れる。切り離された軸索先端のほうはまた別の細胞と結合して運試しをし、（ここでも第13章で登場した因子に導かれて）そのプロセスを繰り返し、やがて他のシナプスからも同じ発火パターンで刺激を受けているニューロンと出合い、そこに落ち着く。

画像と音のマッピング

ヒトやネコのように両目で同じものを見て立体視できる場合、シナプス結合の神経活動依存的なリモデリングが思わぬ結果を招くこともある。そうした動物の脳のなかでは、視野のある部分についての右目のシグナルを運ぶ軸索と、同じ部分についての左目のシグナルを運ぶ軸索が、視覚野のほぼ同じ場所に到達する。だがそこで、たとえば生まれたばかりの動物の片方の目を数週間覆うと、そちら側の目から伸びた軸索は報告する像がないので電気的に沈黙し、リモデリングが行われなくなってしまう。もう片方の目は正常に機能し、その軸索のシナプス結合は安定するが、覆われたほうの目の結合は選択的に失われる。数週間後に覆いをはずすと、解剖学的には問題がないにもかかわらず、そちら側の目は視覚野と情報をやりとりすることができなくなっていて、事実上ものが見えない。ヒトの「弱視」がこれに似た状況で（左右差がある場合の弱視）、片方の目が脳に正しく配線されていない。だがヒトでも動物でも健眼（視力がいいほう）を遮閉することによって視力の改善が可能で、たとえば乳幼児に数か月のあいだ遮閉具（アイパッチ）をつけさせれば、弱視眼に脳との接続を確立する機会を与えることができる。さらにそのあと両目を一緒に働かせる期間をとることで、左右の像がきちんと重なるようになる。

脳のなかにできる空間地図は視覚地図だけではなく、音もマッピングされる。音源の位置がわかるのはそのおかげである。フクロウなどは音のマッピング能力がヒトよりはるかに高く、両耳に届く音量のわずかな差とタイミングの微妙なずれから音源を割り出せるので、薄暗いところでも狩りができる。フクロウの脳のなかでは、目と耳からの処理済みデータが視蓋（ヒトの上丘に当たる）でまとめられ、視蓋の各部がそれぞれ空間上の特定方向から来た光と音の合成シグナルに応答する。[4] この視覚地図と聴覚地図の調整も前述の神経活動依存性のリモデリングによって行われることが、有名な「眼鏡をかけたフクロウ」の実験で証明されている。実験に使われた眼鏡は視野を横方向にずらすプリズムでできていて、フクロウがまっすぐ前を見ると、右に数度ずれた像が目に映る。すると視蓋でゆっくりと結合が再調整されていき、最終的にはプリズムの影響がない耳からのデータと、プリズムによって少しずれた目からのデータがぴったり合うようになる。再調整には二週間ほどかかるが、そこで安定し、フクロウが眼鏡をかけているかぎりそのままになる。その後眼鏡をはずすとどうなるかはフクロウの年齢により、若ければ——だいたい半年未満——結合が再調整され、視覚地図と聴覚地図が再び合うようになるが、半年を過ぎていると十分な再調整ができない。[5] 人間も若いうちは新しい言語を習得しやすく、年をとるにつれて苦労するようになるが、それと同じことかもしれない。

連合学習

脳は神経活動によってシナプス結合を調節できる。だからこそ、シグナル同士の連合を配線で接続し、外界で同時に起きたデータを一つにまとめ、それらが同じニューロンを制御できるようにするメカニズムも備わった。つまり、共に発火するニューロンが共につながるようになった。

異なる神経信号の連合を確立するヘッブの学習メカニズムと、連合を実際に配線で接続する神経活動依存的なリモデリングが、感覚情報処理の精緻化やパブロフの条件反射のような初歩の学習を可能にしていることはすでに明らかである。ではもっと高次の機能についてはどうだろう。経済を論じる、神経系を分析する、恋愛詩を書くといった脳の高次機能は、ここまでに説明した基本的な機能とはかけ離れたものに思えるが、そうした高次機能も単純な細胞機構で構築できるのだろうか。これについては、残念ながらまだ確かな答えが出ていない。だが少なくとも、それらが重要な役を担っているとする考え方は存在する。実際、脳の高次機能のほとんどは、物、場所、観念、記憶など、数々の要素の連合から成り立っていて、その連合学習を可能にしているのが、ヘッブその他の基本システムなのだから。

連合に大いに依存している知的能力の例に、言語能力がある。ほとんどの言語についていえることだが、言語の本質は、何かを意味するために発せられる音あるいは書かれる記号がまったく任意のものであって、その何かの本質とは関係がないことにある。動物の鳴き声を表す言葉など、ごく一部の言葉は擬音語ないしそれ自体を連想させる言葉だが、それ以外の言葉はそうではない。それにもかかわらず、「バラ」という言葉は（どこの国の言葉でも）甘く香る。つまり言語理解というのは、ある部分、言葉と実際の事物や場所などのあいだの安定した連合に依存している。これは原理上、犬がベルの音と餌のあいだに安定した連合を形成するのと似ていて、シナプスの安定化と除去に関する同じようなメカニズムが使われているのかもしれない。また言語にかぎらず、わたしたちは日々の生活の上でも連合に頼っている。たとえば、顔と名前とその人の親切な行為、花屋の場所と香りのいいバラの花束、右足の動きと車の安全停止といった関連性を基にして、周囲の世界を理解している。最近のいくつかの研究で、ロンドンのタクシー運転手のように膨大な地理的情報を記憶しなければならないライフスタイルと、連合学習に必要な脳の領域の発達のあいだに、明らかな関連性があることがわかった。これもまた脳が環境に応じて自らを変えていく例であり、しかも見る、聞くといった基本的機能より高次のものである。

学んだことを反映するシステム

おそらく精神と意識には、ヘッブのシナプス結合や神経活動依存的なリモデリング以上のものがかかわっているのだろう。とはいえ、わたしたちがいささかなりとも理解できている神経発生のこれらのしくみも、精神の構築になくてはならないものだと思われる。したがって精神の構築もまた、個々の細胞が周囲からのシグナルに応答することによって自分たちの関係を組織し、その結果として体が作り上げられていく例の一つと考えていいだろう。脳を構築する際に活性化する遺伝子は、最終的な構造を指定するわけではない。それでは学んだことを反映できるシステムになりえない。遺伝子はあくまでもタンパク質を指定するのであり、そのタンパク質が協力してあるメカニズムを作り、そのメカニズムが、シナプス結合の上流と下流のシグナルの一致状況に応じて、結合を強めたり、弱めたり、壊したりする。そしていくつものシステムが、絶えず入力と出力を比較しながらシグナルの関連づけを変え、変化する神経連絡という三次元の文字を使って脳に書き込むことによって、脳の機能に磨きをかけていく。

この章で紹介した数々の発見は（一部は何十年も前のものだが）、あの厄介な遺伝環境論争に終止符を打つためにも重要だと思われる。この論争は遺伝学と社会学それぞれの信奉者のあいだで延々と続いていて、前者は心的特性のほとんどが遺伝的に決まると主張し、後者は環境で決まると主張する。だが近年の発見で見えてきたのは、重要なことのほぼすべてにおいて、遺伝子と環境が共に作用しているという事実である。遺伝子がタンパク質を指定し、そのタンパク質の活動で神経機構ができ、その機構が周囲の環境に応じて神経のつなぎ方を決める。したがって、有害遺伝子と悪い環境はどちらも知的障害の原因になりうる。良い遺伝子が作る脳には健全な精神が宿りうるが、実際そうなるためには、子供時代に正しい脳内配線ができるような刺激を受ける必要がある。ヒトのような社会的動物の場合、その刺激とは単なる視覚的経験や聴覚的経験にとどまらず、言語、交流、遊び、愛情などの豊かさを意味する。激しい叱責や暴言を始終浴びせられる子供の脳と、穏やかで温かい環境で育つ子供の脳が、発達するにつれて物理的に異なったものになることをわたしたちはすでに知っている。何らかの立場からの憶測ではなく、MRI（核磁気共鳴画像法）による客観的な画像によって現実のものとして知っている。[6,7] 体罰を含む度重なる肉体的暴力、[8] あるいは性的虐待を受けた子供たちについても、[9] 脳の領域は異なるが、同じことがいえる。そうした事例はまさに、英国の作家ベリル・ベインブリッジの言葉を現実に置き換えたものだといえるだろう。「他のすべてのことからは抜け出せても、子供時代だけはそうはいかない」

第16章

バランス感覚《大きさとバランスの制御》

A Sense of Proportion

おじいさんがのっぽでも、人は自分で成長するしかない。
アイルランドの諺

ヴェネツィアの大運河にかかる橋の一つを渡ったところのアカデミア美術館に、ルネサンスを象徴する一枚の素描が所蔵されている。レオナルド・ダ・ヴィンチがペンとインクで描いた男性像で、閉じた両脚と開いた両脚、水平に伸ばした両腕と頭頂部の高さまで上げた両腕が重ねられている。また人体を囲むように、中心点がへそで外周が足の裏を通る円と、一辺の長さが身長に等しい正方形が描かれたものである（図74）。

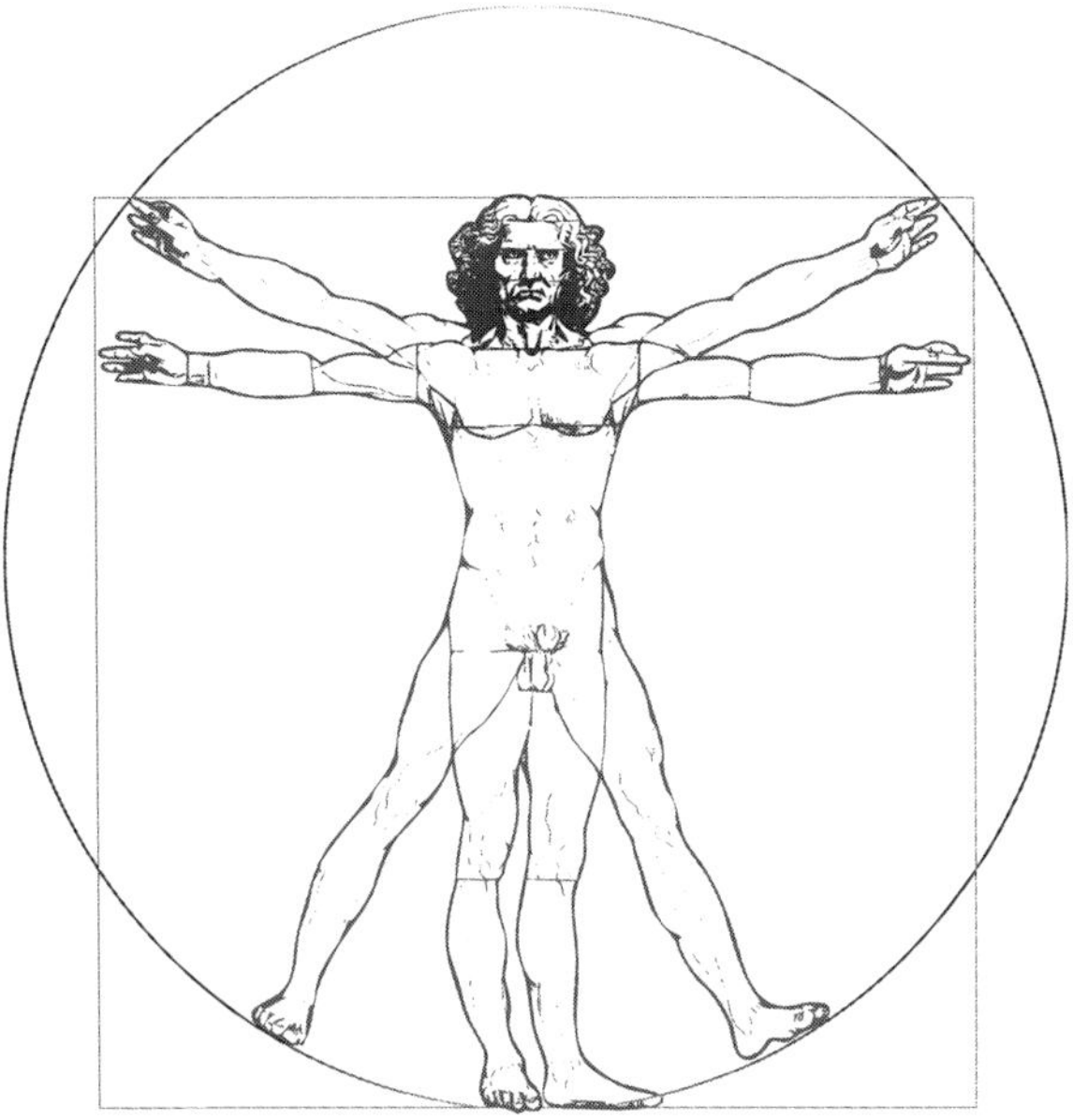

図74　レオナルド・ダ・ヴィンチ「ウィトルウィウス的人体図」
（Wikimedia Commons）CC gaggio1980-Fotolia.com

ウィトルウィウス的人体図

この素描は手稿に添えられた挿絵で、文章のほうはダ・ヴィンチがメモをとるのによく使っていた鏡文字で書かれており、人体各部の相対的な大きさについていくつかの事実が列記されている。たとえば、両腕を横に広げた長さは身長に等しい（正方形が示す通り）、髪の生え際から顎の先までの長さは身長の一〇分の一に等しい、肘から指先までの長さは身長の四分の一に等しい、足の長さは身長の六分の一に等しい、耳の長さは顔の長さの三分の一に等しいなど、全部で一三の法則が挙げられている。これはダ・ヴィンチが考えたのではなく、古代ローマの建築家**ウィトルウィウス**が紀元前一世紀に提唱した法則である。ウィトルウィウスに敬意を表し、この素描は「ウィトルウィウス的人体図」と呼ばれることが多い。ダ・ヴィンチの人体図は男性のものだが、現代のアーティスト、スーザン・ドロテア・ホワイトが「ウィトルウィウス的人体図の性転換」でこの図を女性に置き換えてみせたように、もちろん女性にも基本的に同じ法則が当てはまる。

今日ではこれらが絶対的な「法則」ではなく平均にすぎないこと、多くの人がこれよりやや長い顔、短い足、大きい耳をもつことが知られている。だが、たとえ平均としてであっても、これらの記述がかなり広範囲に当てはまるという事実には今なお驚かされる。細胞の集まりは、いったいどうやって、自分たちよりはるかに大きい体の形やバランスをこれほど正確に整えていくのだろうか。

胚の体のバランスは成人とはまったく異なり、その後胎児期、幼年期、少年期、青年期と成長するにつれて一定の段階を経て変わっていく。たとえば新生児は、当然のことながら成人より体がずっと小さいし、比率でいうと成人より頭が大きく、手足が短い。だが成長のどの過程においても、体の各部は互いのバランスが崩れないように大きさを制御している。人体の見事な左右対称（完全な対称ではないが）も同様に維持される。体の各部は必ずしも互いに接しているわけではないし（たとえば右足と左足）、体が小さい新生児でも部位によっては長さが細胞の直径の一万倍を超えるものがあるというのに（手足の長さなど）、なぜバランスがとれるのだろう。体の各部はいったいどうやって自分の大きさを測っているのだろうか。成長しながらバランスを保つために、どのようなメカニズムが働いているのだろうか。正直なところ、答えはまだわかっていない。しかしながら、ショウジョウバエから哺乳類に至る広範囲の動物実験データを基に、プロセスの一部についてそれなりに根拠のある推測を披露することはできる。

成長ホルモンとＩＧＦ

バランスの問題に取り組む前に、まず体の大きさそのものの制御について考えておこう。体の大きさの制御についてわたしたちが知っていることの多くは、その制御が何らかの理由でうまくいかなかった場合、つまり「低身長症」や「巨人症」の症例を研究することで解明されてきた。

平均よりかなり身長が高くなる巨人症が下垂体の腫瘍と関係することが多いと報告されたのは、何年も前のことである。子供の成長期にこの腫瘍が活発になると身長が高くなり、最終的に二一〇センチから三六〇センチ超まで伸びることがある。だが体の各部のバランスは正常である。

下垂体は複雑な器官で、多くのホルモンを分泌するが、そのうち体の大きさの制御にいちばん大事なのは成長ホルモンである。健全な下垂体は適量の成長ホルモンを数時間に一回程度のリズムで分泌し、その活動は一般的には睡眠中に最大になる。成長ホルモンの平均濃度は身長が急激に伸びる小児期早期がもっとも高く、だいたい一八歳から二〇歳のあいだに急低下して成人の濃度に落ち着く。成長ホルモンの量が非常に少ないと平均よりも背が低くなり、時には一二〇センチ程度で止まってしまうが、その場合も体の各部のバランスは正常で、ウィトルウィウスの人体図から大きくはずれることはない。成長ホルモンの量と身長の関係は、それだけではどちらが原因でどちらが結果かわからないが、成長ホルモン濃度が低い子供に注射でホルモンを補充するとほぼ正常なレベルまで成長が追いつくので[1-3]、成長ホルモンの量が身長を決めていることは明らかである。

成長ホルモンは細胞の成長と増殖に直接関与するわけではなく、一部の細胞、特に肝臓の細胞に**インスリン様成長因子I**（**IGF-I** 関連分子のIGF-IIのほうは胎児期の成長を制御する）という長距離シグナル伝達物質を作らせることによって成長を促す。* このIGF-I、つまり成長ホルモンのセカンドメッセンジャーが、体内のほとんどの細胞に大きさについての指示を伝えている。とはいえ実際のIGF-Iの合成・分泌制御プロセスはもう少し複雑で、成長ホルモンが成長ホルモン受容体に結合し、あるシグナル伝達経路を活性化することが、IGF-I遺伝子発現につながっている[4]。この受容体に突然変異があると、細胞の成長ホルモンに対する感度が下がり[5]、低身長症の一種である「ラロン症候群」を発症する。顕著な低身長と、普通より小さい内部組織（心臓等）を特徴とする疾患だが、骨格のバランスは正常である[6]（なお、ラロン症候群の患者は長生きする傾向にある。動物でも、線虫から齧歯類に至るまで、IGF-Iの合成量が普通より少ない個体は同じ種の正常な個体より長生きする。ヒトの場合も同じことが起きているのかもしれない）。

ここまでの例では低身長あるいは高身長であっても体のバランスは正常だが、成長制御に関する異常のすべてがそうだというわけではない。顕著な例外は、ダ・ヴィンチより四世紀ほどあとの時代を生きたもう一人の画家、アンリ・ド・トゥールーズ＝ロートレックに見られる。ロートレックは世紀末パリのボヘミアニズムとデカダンスが漂う絵で有名なポスト印象派の画家だが、体形のバランスがとれていなかったことでも知られている。顔と胴体は普通の大きさでバランスもとれていたが（ただし頭蓋骨のすき間の閉鎖が遅れ、しかも不完全に終わったため頭部に変形があった）、足とのバランスに問題があった。一三歳までは普通に背が伸びたものの、その後両足の成長が止まったからである。胴体は成長しつづけ、身長も一五〇センチほどにはなったが、バランスが悪いために足が極端に短く見えてしまう。また骨がもろく、痛みがあったという。[7] ロートレックの症例を調べ直した現代の臨床遺伝学者の多くは（全員ではないが）、今日「濃化異骨症」と呼ばれている遺伝性疾患だったと考えている。[8-10]

濃化異骨症は極めてまれな疾患で、これまでに二〇〇例ほどしか報告されていない。原因はある酵素をコードする遺伝子の変異にあり、その酵素の仕事の一つは骨のなかに貯蔵されているIGF-Iの放出を促すことである。[11-14] この酵素が機能しないとIGF-Iは骨に閉じ込められたままとなり、体の成長につながらない。今日では、成長ホルモンを投与してIGF-Iの循環を必要な水準に保つことで、治療が可能になっている。[15] また別種の低身長症で、発症率が二万五〇〇〇人に一人と濃化異骨症よりずっと高いものに「軟骨無形成症」がある。これはあるシグナル受容体の単独変異によるもので、四肢骨格の正常な成長が妨げられる。[16-18] 患者は体に対して手足が短く、また手足および体の他の部位に若干の変形が見られる。

＊――名前からもわかるように、IGF-IやIGF-IIの構造はインスリンに似ている。おそらく同じ祖先遺伝子から進化したのだろう。だがもはや特徴も作用も違っていて、インスリンのような血糖調節機能はもたない。

体はバランスをとりながら成長すると書いたが、ロートレックの例や軟骨無形成症からわかるように、体の一部が全体の成長についていけないとき、必ずしも残りの部分がそれに合わせて成長を止めるわけではない。つまり体のバランスは、体の各部位が「自分はほかより大きくなりすぎていないだろうか」と確認することによって維持されるわけではない。各部位は成長ホルモン、IGF-I、その他のホルモンに対して、それぞれが自分なりの応答をしているだけだと考えられる。二〇年ほど前のあるウサギの実験から、同じ種類の二つの部位でさえそうだということが明らかになっている。薬物を局部注射してウサギの片足の成長を抑制する実験で、すると片足が成長しないにもかかわらず、もう片方の足は普通に成長し、左右のバランスがとれないウサギになった。つまり、足の長さが通常左右同じになるのは、左右の足が情報を直接やりとりして互いの成長を調節し合っているからではない[19][20]。

〈主人〉の成長

ロートレックの例や軟骨無形成症は、もう一つ大事なことを教えてくれる。いずれの場合も、疾患の原因である生化学的障害は体肢の長骨に特異的に影響するが、皮膚、筋肉、神経、血管等々の成長には直接影響しない。それにもかかわらず、これらの軟組織だけが成長し、通常量の細胞を作ってたるみができてしまうようなことはなく、きちんと脚の長さに見合ったものになる。ということは、大きさの制御は根本的に二種類に分かれていることになる。体の一部の組織は、ウサギの足の例のように自分自身の絶対的な大きさに注意を払っているが、他の組織はそうではなく、自分以外の組織に対する相対的な大きさに注意を払っている。前者は体の大きさを決めるうえでの〈主人〉であり、後者

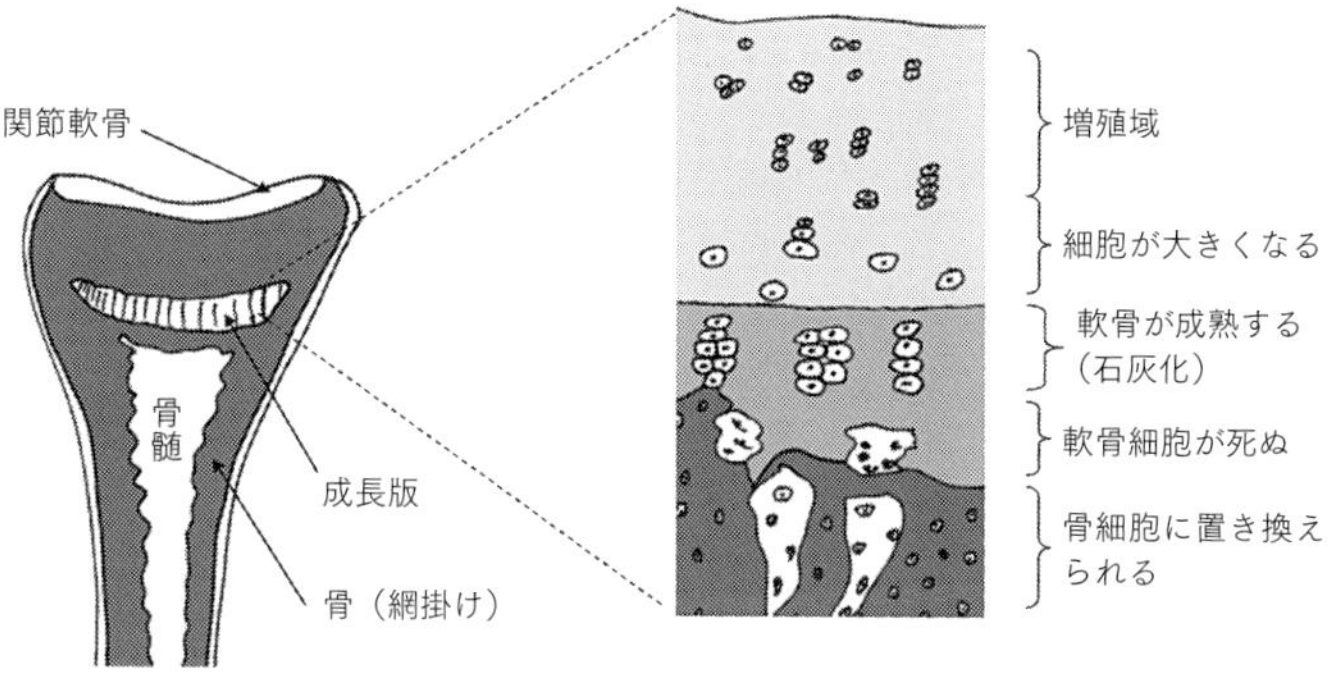

図75　発生中の四肢骨の成長板

はその主人に合わせて自分の大きさを調整するので、いわば〈従者〉である。〈従者〉の仕事は〈主人〉の成長に遅れずについていくことで、追い越したりはしない。したがって、大きさ制御の問題も二つに分けて考えたほうがいい。〈主人〉はどうやって自分の大きさを測っているのかという問題と、〈従者〉はどうやって自分の大きさを〈主人〉に合わせているのかという問題である。

まずは体肢の例で、骨のような〈主人〉の成長がどう制御されるかを見ていこう。四肢骨の成長はあらゆる場所で起きるわけではなく、成長板と呼ばれる骨の先端近く（最先端ではない）の特定の領域で起きる。その成長板もいくつかの層に分かれていて（図75）、その外側端で細胞が増殖する。この増殖は骨を成長させる原動力の一つではあるが、これが主ではない。増えた細胞は増殖域の内側端に来ると振る舞いを変え、骨の前段階の軟骨を作りはじめる。すると増殖域の内側端が細胞一列分ずれ、新たに次の一列分の細胞が内側端に位置することになる。するとそれらの細胞もまた、時間をかけて新たな状況に応答し、軟骨を作りはじめ……というプロセスが繰り返されていく。つまり外側端で細胞が増殖し、内側端で細胞が軟骨を作ることによって、増殖域は外側へ（図75では上へ）移動していく。

個々の細胞が軟骨を形成する際には、大きくなるとともに、ゼリー状の分子を出して細胞間を埋めるので、細胞群は前より場所をとるようになる。この組織容量の増加こそが骨の成長の主要な原動力である。時間とともに軟骨は成熟し、やがてそのなかの軟骨形成細胞が細胞死を遂げ、隣接する成熟骨から来る骨形成細胞に置き換えられる。骨形成細胞は軟骨に侵入し、徐々に軟骨を骨に変えていく。この骨化が起きるころには増殖域の細胞がまた増えていて、同じプロセスが繰り返され、成長板は外側へ移動し、骨も安定的に伸びていく。このシステムにおける骨の成長速度は、基本的に成長板の外側端で細胞が増殖する速度と、内側端で細胞が増殖をやめて軟骨を作りはじめる速度によって決まる。

内部シグナル

今わかっているかぎりでは（つまりよくわかっていないのだが）、これらの速度の調整には二種類のシグナルが関与している。成長板を組織する内部シグナルと、どの程度仕事に励むべきかを成長板に知らせる外部シグナルである。内部シグナルのほうは成長板を維持するためのもので、各層の細胞が成熟して次の層へと移るのに合わせて、それによって生じる細胞の損失を十分な増殖で確実に穴埋めできるようにコントロールしている。内部シグナルの一つは成熟がもっとも進んだ軟骨形成細胞が分泌するもので、これに促されて増殖域の内側端にいる細胞が振る舞いを変え、軟骨を作りはじめる。成熟

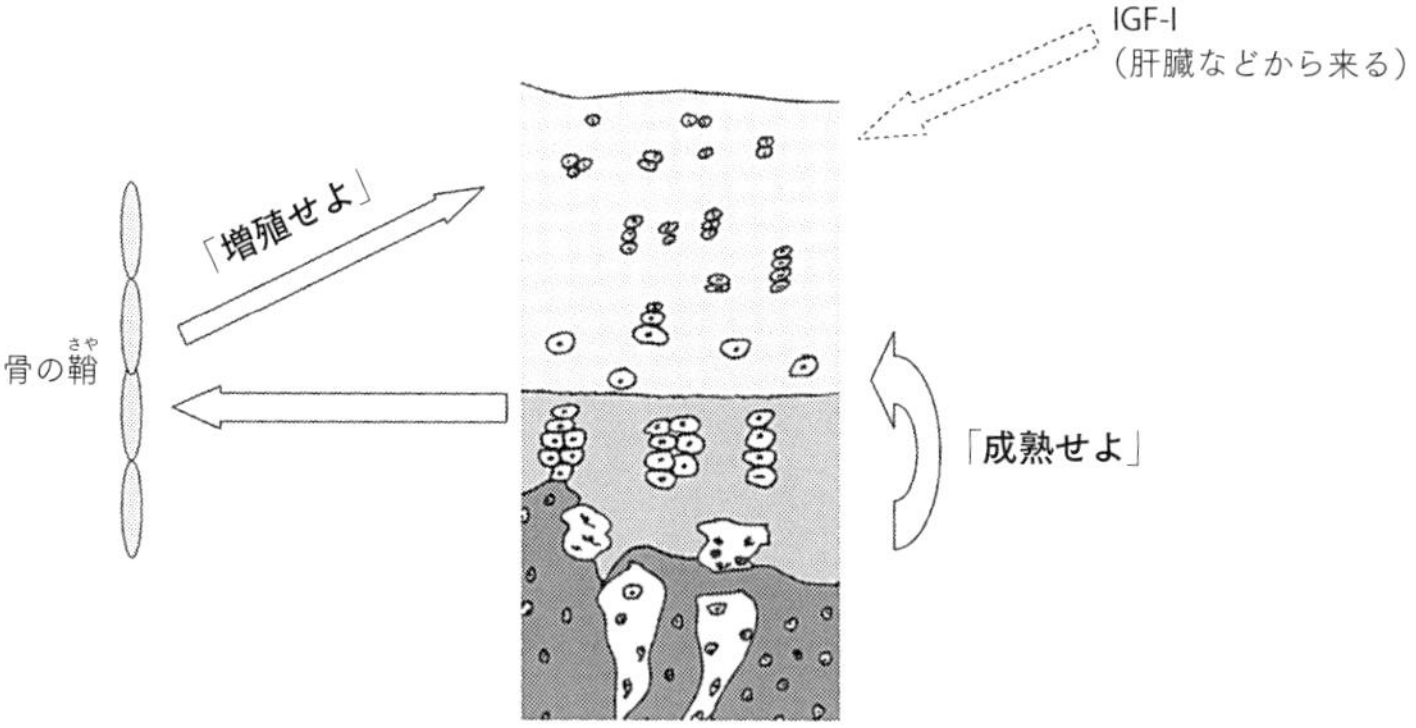

図 76　成長板は成長しながらさまざまなシグナルを使って自らを維持する。それには成長板内部のシグナルもあれば、成長板から一度出て、骨の中央を包む骨の鞘を経由して戻ってくるシグナルもある。

がもっとも進んだ軟骨形成細胞とは、すなわち細胞死に向かいつつある細胞である。その細胞がシグナルを出すところがポイントで、死にかけている軟骨形成細胞が、これから軟骨形成細胞になろうとする細胞にゴーサインを出すことで、軟骨形成細胞の総数が自然に保たれるようになっている。つまり、外側へと移動しつづける軟骨形成域の大きさは変わらない。

だがこのシグナルシステムには落とし穴があり、増殖域の細胞が軟骨形成スイッチを入れるのが早すぎると、細胞増殖が追いつかなくなり、増殖域が小さくなってしまう。そこで、このリスクを避けるためにもう一つ別のシグナルが用意されている。こちらは増殖をやめて軟骨形成スイッチを入れたばかりの細胞が出すシグナルで、それが成長板を出て発生中の骨に広がっていく。すると骨の外層のそのために特殊化した細胞がシグナルに応答し、また別のシグナルを出し[21]、それが成長板の増殖域のほうへ戻るように広がってきて、これを感知した細胞が増殖速度を上げる（図76）。

これら二つのシグナルシステムが同時に働くことにより——つまり片方が「成熟せよ」と合図し、もう片方が「増殖せよ」と合図することによって——必要な数の細胞が成熟経路に入って死んでいく細胞に置き換わり、また必要な量の増殖が行われて成熟経路に入った分の細胞の数を補う。したがって、このシステムは全体として安定している。

外部シグナル

骨の成長を調節する外部シグナルの代表は、すでに説明した〈成長ホルモン＋ＩＧＦ－Ｉ〉のシステムである。長いので、以後この章ではただ「成長ホルモン」と略すことにする。この成長ホルモンがどうやら細胞の増殖量を変えているようで、つまり内部シグナルと一緒になって軟骨形成のための細胞の数を調節していると思われる。ただし成長ホルモンの影響力は前述の成長板の自己組織能力を凌駕するほどではなく、成長板の構造はそれぞれの自己管理によって正しく維持される。ということは、同じ体内に成長が速い骨と遅い骨があってもおかしくない。おそらく骨の種類（指骨、大腿骨など）によって成長板の成長ホルモンに対する感度が異なり、そのために成長速度も異なり、その種類に特徴的な大きさ（相対的な大きさ）の骨になるのだろう。そしてそれを支えているシステムは、サル、類人猿、ヒトの骨の大きさのバランスが実にさまざまであることを考えれば、比較的簡単に変異するはずである。

では、逆に同じ種類の骨、たとえば左右の脚の大腿骨などはどうやってほぼ同じ大きさになるのだろうか。その答えのヒントは、先ほどのウサギの足の実験の続きにある。同じ報告書によれば、片足の成長を薬で抑制した結果、ウサギの両足はバランスのとれないものになったが、次いでその抑制を解除したところ、驚くべきことが起きた。短いほうの足がどんどん成長し、その成長速度は正常な足のそれまでの速度を超え、とうとう同じ長さに追いついたのである。[19]当然のことながら、ウサギの体内にはこの速い成長を支えるだけの成長ホルモンがあったはずで、それに対して抑制が解除されたほうの足はさかんに応答したが、正常な足はそうしなかったことになる。成長ホルモンは同じ濃度で循環しているのに、左右の足の応答感度になぜ差が出たのだろうか。もしや成長そのものが、成長促進ホルモンに対する成長板の感度を下げるのだろうか。そのようなメカニズムが存在するなら、両足の長さが揃うのも納得できるし、何らかの理由で後れをとった足の応答感度が上がり、もう片方の足に追いつく理由も説明できそうだ。[22]

そうしたメカニズム――すでにどれくらい成長したかによって骨の成長速度が変わってくるようなメカニズム――の可能性として、さきほどの内部シグナルの伝達経路から浮かび上がってくるものが一つある。前述の内部シグナルの一つ、「増殖せよ」のほうは、軟骨形成スイッチを入れた細胞が後続細胞に直接増殖を促すのではなく、シグナルがいったん骨の外層まで伝わり、そこから別のシグナルになって改めて成長域に戻ってくるシグナルループになっていた。[21]このしくみは、骨が小さいうちは外層と成長板の中心が近いのでループが短く、効率がいい。だが骨が少し大きくなると、成長板の端のほうはまだ外層に近くて効率的なシグナル伝達が可能だとしても、成長板の中心部は遠くなり、増殖シグナルを受ける量も減ってくる。したがって、成長板全体の平均をとると増殖速度が落ちる。その後も骨が大きくなればなるほどシグナルループは長くなり、増殖速度が落ちる。つまり成長ホルモンの量が一定でも、骨が成長するにつれて応答が鈍ってくる。これならば、通常左右の手足が同じ長さになることも、ウサギの実験の結果も説明できそうだ。ただし、はっきりいっておくが、これは複数の発見を一つのメカニズムに落とし込もうとする思弁的試みにすぎず、証明されたものではない。

エストロゲンと成長板閉鎖

わたしたちの成長速度は一様ではなく、そこには大きな波がある。ヒトは思春期に「成長スパート」という身長がぐんぐん伸びる時期があるが、そうなったのはホモ・エレクトゥスの時代だと思われる。[23]このスパートのあと、骨格は成長をやめ、あとは筋肉や脂肪で横方向に大きくなるのがせいぜいである。スパートがかかるのも、止まるのも、引き金をひいているのは主に性ホルモン、つまり思春期に体毛や乳腺の発達といった目立つ変化をもたらすホルモンのようで、[24]なかでもエストロゲンが成長に大きくかかわっている。[25]エストロゲンは排卵制御にも関与するので女性ホルモンといわれることが多いが、男性もテストステロンをエストロゲンに変える酵素を使ってこのホルモンを作っている。エストロゲンは成長ホルモンの産生を促して成長を速めるとともに、骨細胞の振る舞いにも直接影響を与える。[26]エストロゲンの影響で成長があまりにも速くなり、骨《こつ》の成熟のためにミネラルを蓄える時間が足りなくなることもある。十代の子供の骨がもろくなりがちのはそのせいで、半数近くがこの時期に骨折を経験し[27]〔ニュージーランドのある追跡調査の結果〕、しかも骨折の半数は急速に伸びる腕の骨である（ただし骨折リスクが高まるのは骨のもろさだけが原因ではなく、腕力とその制御力の獲得に時間のずれがあることも一因だろう）。

一方、成長板の側から見ると、エストロゲンが絡んだ急成長は代償を伴う。高濃度のエストロゲンは成長板の細胞増殖を止め、細胞に軟骨形成スイッチを入れさせるからである。この効果はどうやらかなり強力で、成長板が自らを維持するフィードバックループのほうが負けてしまうようだ。つまり、男女ともにエストロゲンの量が非常に多い思春期末期になると、成長板の細胞増殖が細胞の成熟に追いつかなくなる。そして成長板全体が徐々に軟骨として成熟していき、やがて成長板は「閉鎖」され、成長能力を失う。エストロゲンを作ることができない変異をもつと成長板が閉鎖されず、成人になっても成長が止まらなくなるが、その場合はエストロゲンを投与すれば成長板が閉じ、成長も止まる。実際には、変異がなくても、思春期の女性の身長が高すぎると医師がエストロゲンを処方し、最終身長を抑えようとすることがあるし、同様に思春期の男性の伸長が低すぎると、エストロゲンの活動を止める薬を処方して成長板の閉鎖を遅らせることがある。このような介入の倫理上の問題や、個人の身長を他人に決める権利があるのかといった問題についてはほかの本に譲るとして、ここではこれらの事実から次の二点を頭に入れておくことにしよう。エストロゲンが成長板を閉じることと、成長板閉鎖のタイミングが変わると最終身長も変わること、この二点である。このように、ヒトの背がどこまで伸びるかは成長速度だけではなく、成長板閉鎖のタイミングによっても決まる。

ここまでをまとめると、〈主人〉の成長、つまり骨格成長の制御については、とりあえず次のように考えることができる。

1. 骨は、増殖する細胞と成熟する細胞が互いにシグナルを送り合う、自己組織システムによって成長する。
2. 体内を循環する成長ホルモンが骨の成長を促すが、成長するにつれ、成長ホルモンに対する骨の応答感度は落ちる。
3. 性ホルモンが思春期の急成長をもたらすが、その量が非常に多くなると成長板の自己組織システムを阻害し、成長板が閉じて成長が止まる。

成長ホルモンは下垂体で作られる。性ホルモンは主に下垂体から来る司令に応えて生殖腺で作られる。したがって、骨格が成長の〈主人〉だとしても、全体を取り仕切っているのは下垂体だということもできる。

〈従者〉の成長

では〈従者〉、つまり骨格という〈主人〉の大きさに自分を合わせていく組織のほうはどうなのだろうか。〈主人〉が正常であろうが変異をもっていようが、その変異による異常がどのようなものであろうが、〈従者〉がそれに合わせられるというのは驚くべきことである。大きさばかりではなく、形に何らかの異常があり、通常とは異なる形状を強いられる場合でさえ、〈従者〉はうまく合わせてみせる。たとえば、太さはあるが非常に短い四肢の皮膚も、肥満体の腹部の皮膚もそうである。システムがこれだけ堅牢だと、〈従者〉が単に〈主人〉の大きさを知らせる生化学シグナルに従っているだけとは思えない。大きさに加えて、また変異も含めて、必要な形状まで伝える確かな方法は生化学シグナルでは考えにくい。しかしながら、一生のどの時点でも、どのような体形でも、それがどれほど変わっていても、その相対的な大きさと形を効率的に伝えられるシグナルがある。それはすなわち、機械的な力である。

もしある組織――たとえば脚の皮膚――が、その下にある組織の成長についていけなくなったとすると、その組織は引っぱられ、張力を受ける。張力はその物体のいたるところに働く力で、ある組織が一〇パーセント伸びたとしたら、その時点での組織の大小にかかわりなく、どの位置でも一〇パーセント伸びたことが感知できる。したがって、過剰張力を成長不足の合図として利用するシステムがあれば、それは大きさにかかわりなく機能するという強みをもち、大きい組織でも小さい組織でも使える。また形状について何の予備知識もいらないというメリットもある。過剰な張力がかかっているかぎり細胞が増殖するとしたら、張力がかかっている方向に自然に細胞が追加されるので、どの方向に成長すべきかが事前にわからなくても組織は正しい方向に成長できる。そのようなシステムは広範囲の体形に対応できるので、通常とは異なる成長パターンにも容易に順応できるし、体形の進化的変化にも容易に順応できるだろう。

機械的張力が細胞増殖活性化の要因になりうることについては、強力な証拠がある。生きているラッ

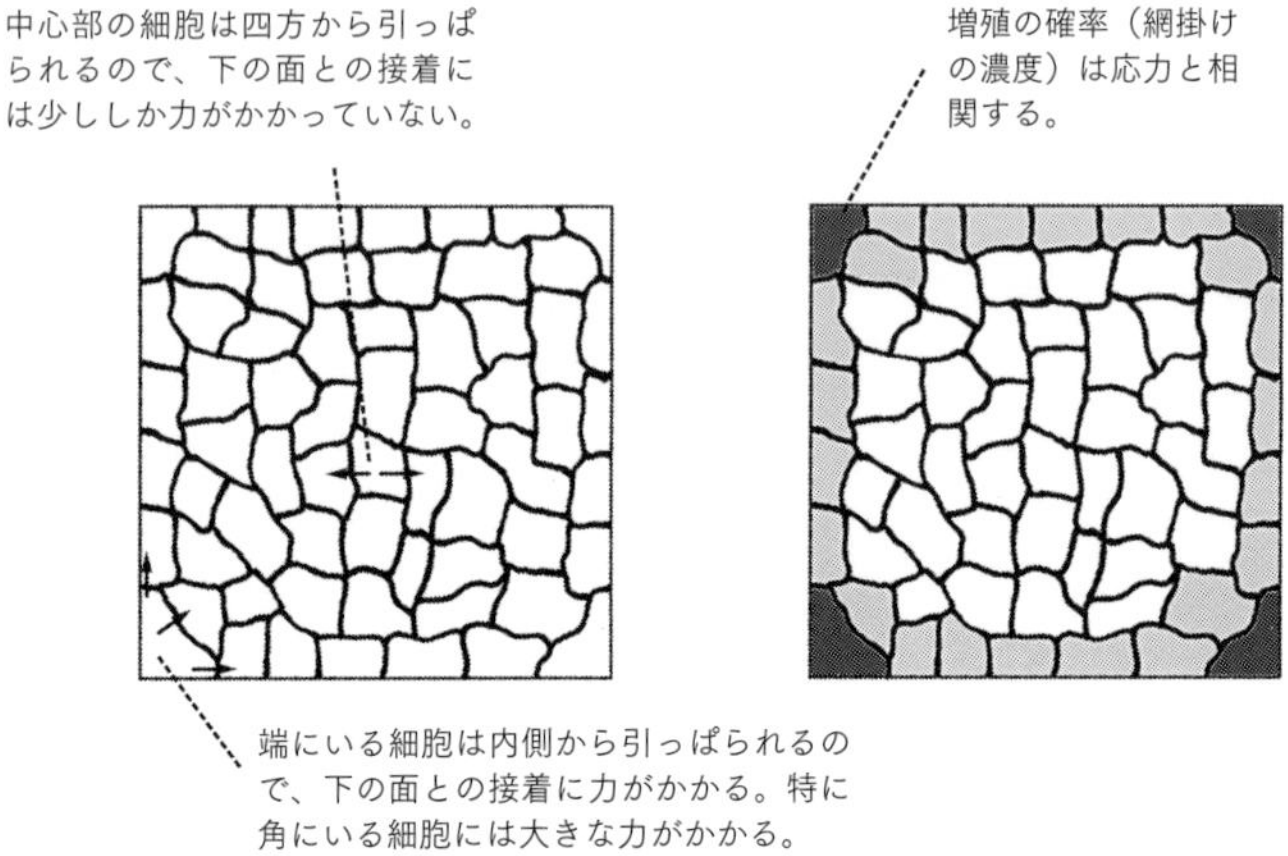
中心部の細胞は四方から引っぱられるので、下の面との接着には少ししか力がかかっていない。
増殖の確率（網掛けの濃度）は応力と相関する。
端にいる細胞は内側から引っぱられるので、下の面との接着に力がかかる。特に角にいる細胞には大きな力がかかる。

図 77 小さい四角の「島」で成長する細胞。端にいる細胞、特に四隅にいる細胞は、強い機械的応力に耐えている。これらの細胞は、島の中心部にいて大きな力がかかっていない細胞よりも活発に増殖する（セレスト・ネルソンらによる顕微鏡写真を基にした図 [29]）。

トの耳に数日間弱い力をかけつづけると、耳の細胞増殖が活発になり、組織が成長する[28]。いつも重いイヤリングをしている人々の耳たぶが長いことから、ヒトでもこの現象が起きると考えられる。張力による細胞増殖促進は、培養細胞の一部にほかより強い張力がかかるようにした簡単な培養系でも証明できる[29][30]。細胞に優しい表面で特定の形の「島」を作り、その周りを細胞が接着できない表面で囲み、その島に細胞間接着で層や管を作ることができる細胞を置いた培養系である。細胞同士の接合部は細胞内に伸びているタンパク質の微小線維によって機械的につながり、常に弱い張力がかかる。島の形は四角や星型といった単純なものでいいのだが、直線の辺と尖った角があるものにする。するとどうなるだろうか。島のなかのほうにいる細胞は互いに弱い力で引き合うだけだが、直線の辺に並んでいる細胞には外側からかかる力がないので、内側に引っぱられる。角にいる細胞はさらに引っぱられて形がゆがむが、何とか応力に耐えている。つまり角の細胞には他の細胞よりずっと強い力がかかるわけだが、実際に増殖がもっとも活発になるのも角の細胞である（図77）。ここで下の面自体を伸ばすと――つまり周囲の組織の成長についていけずに引っぱられる状態を人工的に再現すると――あらゆる場所で細胞増殖が起きる。

このように、張力や伸びによって組織に「成長が遅いぞ」と告げられるとしたら、逆に圧縮と密集によって「もう十分だから増殖をやめろ」と告げることもできるかもしれない。普通の細胞をシャーレの底に置くと、底面を埋めつくすまで増えたところで増殖が止まることはもう何十年も前から知られている[31]。増殖が止まってから、たとえばセルスクレーパーでシャーレの底をこするなどして一部の細胞を取り除くと、周囲の細胞が再び増殖して隙間を埋め、埋めつくすとまた増殖が止まる。この現象は接触阻止と呼ばれ、細胞自身が過密だと感じることによって細胞増殖が制御されるのではないかという最初のヒントになった。だがどういうしくみでこの現象が起きるのかはずっとわからないままで、ショウジョウバエのデータから解明の糸口が見えてきたのはようやく最近のことである。今わかっている範囲では、どうやらこのメカニズムの鍵は二種類の大きな細胞表面タンパク質（細胞膜の表面に存在するタンパク質）にあるようだ。この二種類のタンパク質は細胞同士をつなげる細胞接着分子に構造が似ていて、実際に互いにくっつくという強力な証拠がある。細胞が密集すればするほど、細胞表面が互いに強く押し合うので、細胞表面タンパク質同士の相互作用が高まる。するとその相互作用によって細胞内で複雑なシグナル伝達経路が起動し、最終的に細胞増殖が阻止される[32][33]。

機械的な力以外に〈従者〉が自分の大きさの妥当性を判断する方法があるとすれば、それは体に対する自分の生化学的影響を直接、あるいは他の組織との会話によって間接的に感知することである。第9章で紹介した血管の成長も、ある部分、その時点での仕事の出来——組織に酸素を運べているかどうか——によって制御されていた。ある種の移植実験も、そうした制御方法をすべての器官が使っている可能性を示唆している。実験動物から生存に直接かかわらない器官を切除し、同じ器官の原基を一つあるいは複数移植する実験である。こうした実験は一般的には移植医療の向上のために行われるので、大きさの制御に関するデータはついでに得られたものにすぎなかった。[34] たとえば、脾臓を切除してから脾臓原基を移植すると、原基は通常の成体の脾臓の大きさまで成長する。[35] 複数の脾臓原基を移植すると、個々の体積の合計が成体の脾臓に達したところでそれぞれの成長が止まる。ということは、同じ組織が体内に十分あると脾臓自身が感知するか、あるいは体が感知して脾臓にシグナルを送るかのどちらかだと考えられる。だがこの現象はいつも起きるわけではない。類似の実験を胸腺で行うと、複数の原基を移植した場合、それぞれが通常の大きさまで成長してしまい、その動物は過剰な胸腺をもつことになる。[36] したがって、大きさの制御法が器官ごとに異なることは明らかであり、話はますますややこしくなる。

体の大きさとバランスの制御についてはまだわからないことが多いものの、この章で述べた程度のことは見えてきている。つまり、骨格が〈主人〉として体全体の大きさを決め、他の多くの器官は〈従者〉としてそれに従う。骨格の成長は下垂体が分泌（ないし分泌を指示）する成長ホルモンと性ホルモンによって調整される。だがこれらのホルモンへの応答感度は、骨の成長板の自己組織システムによって決まる。一方〈従者〉である組織は、骨格その他の成長によって加わる機械的ストレスに応答し、その力に応じて成長する。一部の内部器官は体に対する自らの生化学的影響を感知することによって大きさを調整しているようだが、すべての器官がそうだというわけではない。

いずれにせよ、これらのメカニズムはすべて、細胞が組織の全体像を把握していなくても機能する。細胞は設計図も、細かい指示書も必要としていない。ただ「このシグナルを受け取ったら増殖速度を上げること」といった簡単なルールがあればいい。体の大きさも、各部のバランスも、対称性も、すべてこれらの単純で、ある意味では無計画で、局所的なルールに基づいた活動の結果である。その意味では、わたしたちの銀河系の星の数より多い細胞からなる十代の少年の体も、小さい胚だったころと同じ基本原理で自分の成長を制御していることになる。

第17章

友をつくり、敵と戦う《共生細菌と免疫系》

Making Friends and Facing Enemies

細菌をサポートしよう——
それしかカルチャーをもたない人もいるから
車のバンパーのステッカー
〔英語では培養菌も教養もculture《カルチャー》〕

生まれてから発達する学習機械は、精神だけではない。**微生物**だらけの環境と向き合い、これを利用する方法を学ぶこともまた、ヒトが生まれてから健康に成長していくために欠かせない学習である。

わたしたちは決して「単独の」存在になることがない。人生の最初の九か月は母親の胎内にいるし、生まれてからは微生物と体を共有する（清潔にしていても）。その数は一〇〇兆を超え、ヒトの体細胞のおよそ一〇倍にもなる[1]。わたしたちが死ぬと、微生物は体の残骸を食べ、あるいは共食いによって生きつづけ、何もなくなるまでそれが続く。微生物のなかには毒にも薬にもならないただの道連れもいるが、その一方で、わたしたちの体の機能に欠かせない重要な役割を果たす微生物も数多くいる。そういう微生物は、ヒト細胞がかつて習得したことがない技を生化学的にやってのけるので、わたしたちにとってなくてはならない存在である。

共生細菌

健康な腸には組織一グラム当たり一〇億から一〇〇億の微生物がいる（腸内でも場所によって数が異なる）。その役割についてはあとで述べるが、先に一つだけ紹介しておくと、腸内細菌は酵素を分泌して消化や代謝を助けてくれる。腸内細菌が分泌するさまざまな酵素は、わたしたち自身が作る酵素の手に負えない食物成分でも分解できる。[2] 大きくて扱いにくい分子を細かくし、細菌自身にとっても腸壁にとっても吸収可能な状態にしてくれる（どちらにとっても食料である）。細菌はあちらこちらで分子を吸収し、そのエネルギーと原料を使って増え、さらに多くの酵素を作る。腸壁は吸収した食物を血管に渡し、食物はそこから肝臓へ送られて処理され、そのあと体の各部に運ばれる。また腸内細菌は毒素あるいは発癌物質になりうる食物分子を細菌酵素によって攻撃してくれるので、食物を安全なものにする役割も果たしていることになる。[3] ただし食物によってはより危険なものになる場合もある[4]（たとえばアルコールなど。腸内細菌の作用でアルコールから生成されるアセトアルデヒドは毒素であり、発癌性もあるようだ）。一部の腸内細菌は大量のビタミンKを作るが、これは血液凝固や骨の成長に重要であり、しかもヒト細胞には作れない。[5] また一部の腸内細菌は葉酸を作り、その分が食物からの摂取量に追加される。適量の葉酸はヒト細胞の増殖に必要で、また発生初期の神経管閉鎖に深くかかわっているため、妊婦にとっては特に重要である（第5章）。居場所が腸内なので、腸内細菌はエネルギーと原料を豊富に得ることができ、増殖も速い。だがほとんどは食物の残りとともに排泄される。ヒトの通常の排泄物のおよそ五分の三は細菌細胞である（多くは死んでいるが、一部は生きている）。

人体に有益な菌が豊富な環境といえば、膣もそうである。有益菌が膣内でまずなすべきことは（病原菌に弱い場所ではどこでも同じことだが）、ここを他の微生物にとって居心地の悪い場所にすることで、さもないと暖かくて湿った環境を求めてほかの菌が入り込んできて、何らかの感染を引き起こしかねない。膣内の乳酸菌は粘液の成分（膣の分泌物）を栄養にして乳酸を生成するが、これは多くの病原菌が耐えられないほど強い。また乳酸菌は別の方法でも他の病原菌を寄せつけないようにする。[6] つまり膣は一群の微生物の助けを借りてそれ以外の微生物から身を守っているのだが、なぜそんなことが可能なのだろうか。これは膣にかぎらず腸にも、他の多くの場所にも共通する疑問である。体は有益な細菌を受け入れて支える一方で、危険な病原菌の侵入や攻撃からは身を守るという、何やらややこしい仕事をどうやってこなしているのだろうか。最近の研究でわかってきたのは、ヒトと有益菌はこれまでの長いつき合いのなかでコミュニケーションのやり方を進化させてきたので、互いにまったく異なる生物でありながら、今ではまるで一つの統合システムのように活動できるということである。

細菌との出合いと協力関係

胚が育つのは子宮の奥深くの何層もの膜に囲まれたところで、無菌環境である。したがって生まれる前のヒトは細菌というパートナーをもたず、あとから、つまり生まれるときか、あるいはその直後に獲得しなければならない。幸いなことに、産道はそのために理想的な位置にある。一二世紀の神学者、クレルヴォーのベルナール（聖ベルナール）が「わたしたちは糞と尿のあいだから生まれる」*と述べたように、産道は、赤ん坊がいささか汚いこの世界へと生れ出るまさにそのときに、ヒトの膣、腸、尿管、皮膚に通常いる細菌たちと確実に出合える場所である。帝王切開で生まれる子供も母親の手と接触することでこれらの細菌と出合うものの、細菌叢《フローラ》を発達させるのには通常より長い時間がかかる。

新生児の口に共生細菌が入ると、唾液あるいは乳とともに飲み込まれ、胃を通って腸に届く。そこで共生細菌はヒト細胞とシグナル伝達による会話を始める。このプロセスは主にマウスで研究されてきたが、細胞レベルのやりとりの一部については、ヒトの細胞でも（少なくとも培養細胞で）確認されている。また疫学研究から見ても、このあたりのプロセスはヒトとマウスでそれほど違わないと考えることができそうだ。

腸の各部はそれぞれが必要とする細菌のための環境を整える。これについては腸細胞とバクテロイデス・テタイオタオミクロン（マウスのもっとも重要なパートナーの一つ）という菌の相互作用の例がわかりやすい。消化管に入ると、バクテロイデス・テタイオタオミクロンは腸壁が感知できる小分子を分泌する。この小分子は一般的な細菌代謝に生化学的に関与するもので、ヒト細胞が発生過程でシグナルとしてさかんに使うタンパク質（これまでの章でたびたび登場したシグナル伝達タンパク質）とは異なる。

*——この言葉は聖アウグスティヌスのものと誤解されることが多い。辛口ジョークを飛ばすことで知られているからだろう。

しかし生命記号論[7]の考え方からすれば、何らかの状況に関する情報をもっていて、かつそれを受け取る細胞の振る舞いに影響を与える分子はすべて、性質や目的がどうであろうと「シグナル」と見なすことができるので、ここでもそう考えることにする。

バクテロイデス・テタイオタオミクロンが小分子、すなわちシグナルを出すと、腸細胞はそれに応えて自分自身の代謝を少し変える。具体的には**フコース**を追加するスイッチを入れるのだが、その前にフコースの説明をしておこう。一般的に、ヒト細胞を含む動物細胞には、自分が分泌したり表面に置いたりするタンパク質を糖鎖《とうさ》で飾りつける傾向がある。糖鎖のなかの糖は強い化学結合でつながっていて、グルコース飲料のなかを漂っているような糖の単体とは違い、そのまま食物として吸収することはできない。糖タンパク質〔タンパク質に糖鎖が結合したもの〕になるとあまりにも大きくて、糖などを取り込むために細菌細胞外膜にできる通路を通れない。細菌が糖鎖から食物を得る唯一の方法は、鎖をつないでいる結合を切るための酵素をもつことで、糖の種類が違えばそのための酵素も異なる。バクテロイデス・テタイオタオミクロンが作る酵素はどの種類の糖を切り離せるかというと、それがフコースである。これに対して腸細胞のほうは、バクテロイデス・テタイオタオミクロンからシグナルを受け取る前は糖鎖の末端にフコースを置かないが、シグナルを受け取るとフコースを追加するスイッチを入れる。[8] つまり、細菌が「餌をちょうだい」といい、腸細胞がそれに応じるのだが、たまたまそこにいる細菌に無作為に餌を与えるのではなく、フコースを切り離せる酵素をもっている細菌にフコースを与えるというピンポイントの餌のやり方をする。同様に、腸の別の部位は、おそらくは他の共生細菌からの別種のシグナルに応答して、別種の糖鎖を作る。このようにして、腸の各部はそれ

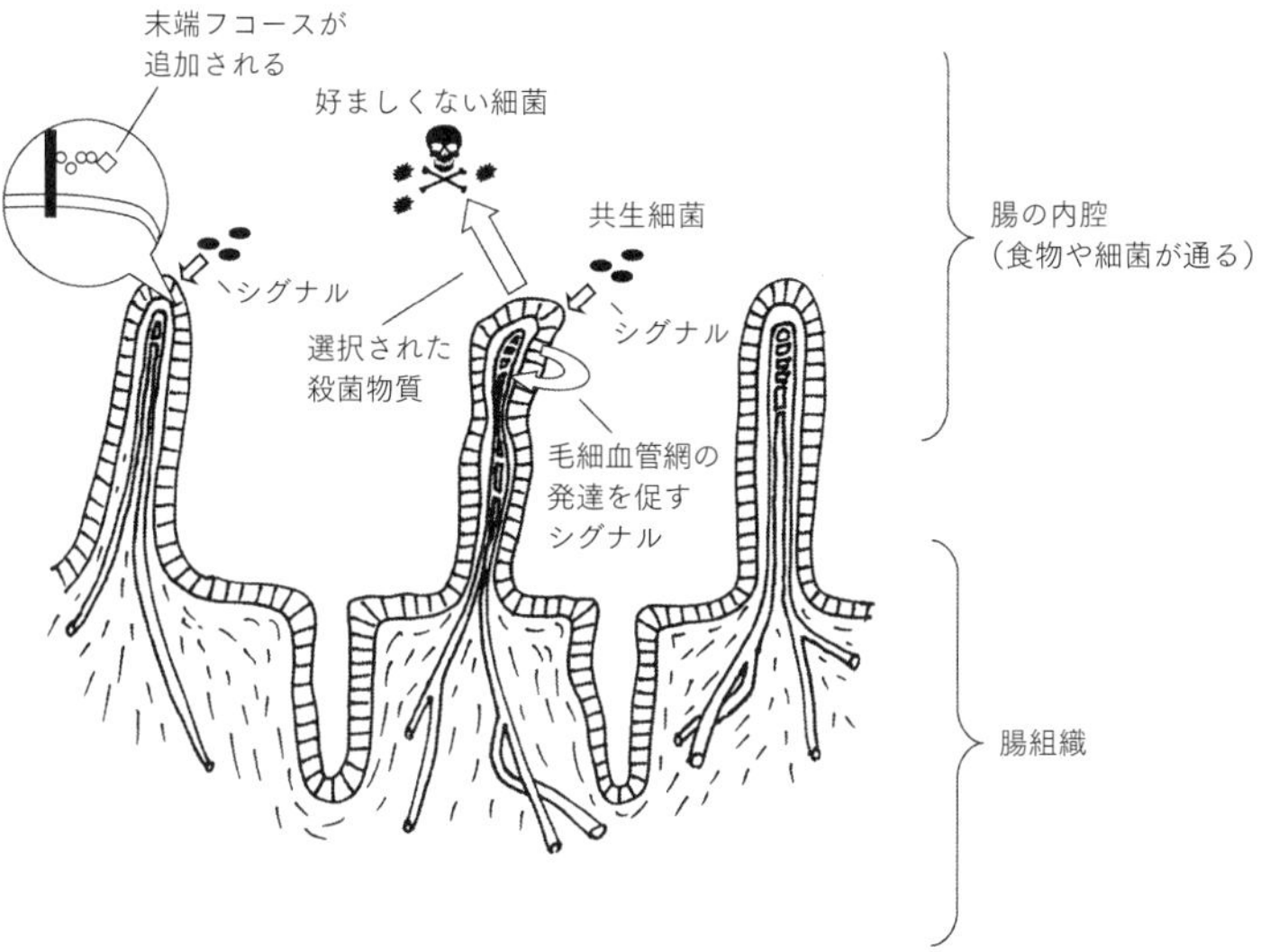

図78　共生細菌と腸組織のあいだの主なシグナル伝達事象。共生細菌からのシグナルに応えて、腸細胞は糖鎖にフコースを追加し、毛細血管の成長を促す内部シグナルを出し、好ましくない細菌を殺す化合物を分泌する。この図では細菌の大きさが誇張されているが、実際はもっとずっと小さい。細菌と組織のあいだの距離も同様である。

それが必要とする細菌のための環境を整えている。

バクテロイデス・テタイオタオミクロンが腸内にいることの利点は、消化しにくい食物成分を分解し、栄養素を切り分けて腸細胞が取り入れられるようにしてくれることだが、それだけではない。腸が食物（あるいは他の分子）をもっとも効率よく吸収できるのは、すでに吸収された分子が片づけられたあと、つまり体のほかの部位へと運ばれたあとで、そうでないと一部が逆流するなどして無駄が出る。この「片づけ」も共生細菌からのシグナルがあると効率が上がる。[9] ある種の腸細胞がこのシグナルを感知すると、それに応えて第

9章で説明したメカニズムを使って毛細血管網の発達を促し、この毛細血管網が栄養素を集めて肝臓に（その後全身へ）送ることで吸収を助け、栄養素が腸壁にたまって逆流するのを防ぐ。さらに、バクテロイデス・テタイオタオミクロンは組織細胞に抗菌分子を分泌させるシグナルも出していて、[10]その分子はバクテロイデス・テタイオタオミクロンに対してはほぼ無害だが、一部の迷惑で危険な細菌――たとえばリステリア菌――に対しては毒性をもつ。このように、共生細菌と腸壁は互いに相手の面倒を見ていて、腸壁は細菌に餌を提供するとともに守ってやり、細菌のほうは腸壁に栄養を供給し、また両者が協力して「招かれざる客」が居座らないようにしている。居座らせない方法は抗菌分子の産生システムだけではない。バクテロイデス・テタイオタオミクロンが腸壁のある場所を占領すること自体が、防御の一つになっている（図78）。

防御の第一層――物理的・化学的防御

わたしたちの腸（あるいはその他の部分）はどんな細菌でも歓迎するわけではない。放っておけば、暖かくて栄養豊富な体を狙ってあらゆる種類の細菌が侵入してくるし、普段は共生関係にある細菌でも、何らかの理由で（銃創、潰瘍、癌などで腸壁に穴が開いた場合など）組織そのものに入り込んでしまえば病気を引き起こす。善玉菌が「善玉」なのは、安全な場所にとどまっているあいだだけである。幸いにもわたしたちは入念な防御システムを備えていて、ほとんどの侵入者を排除することができる。だが時には防御網をすり抜けられるように進化する細菌もあり、そのなかには人類史の流れを変えるような悪名高い疾病を引き起こしたものもある。いや、今でもなお、地球のどこかで発症している。結核、腺ペスト、ハンセン病、梅毒、ジフテリア、コレラ、腸チフスなどがその例である。これらが例外にとどまるのは防御システムがあるおかげであり、その重要性は強調するまでもない。だが、必要な細菌を安全な場所で養うことと、危険な細菌、あるいはいるべき場所を離れてしまった細菌を排除する防御システムをもつこととは、矛盾するようにも思える。わたしたちはどうやってこの二つを両立させているのだろうか。それを知るにはまず防御システムについて理解する必要があるので、次はそれを見ていこう。

わたしたちの防御システムは三層構造になっている。第一層は基本的に消極的な防御で、物理的要素と化学的要素からなる。物理的要素は感染を食い止める防護壁で、たとえば皮膚の角質層（死んだ細胞でできている最外層）、鼻や口、気管、腸、尿道、膣などの内壁を守る粘液（どんどん新しくなる）、共生細菌が並んだ薄い層（病原菌は通れない）などがある。化学的要素のほうは、細菌の細胞壁と結合して破壊する各種のタンパク質である。細菌壁の構造は動物には作れない細菌特有のもので、動物の側から見れば体の組織を危険にさらすことなく攻撃できる格好の標的である。そこで、動物は細菌壁に致命的な穴を開けることができる酵素やタンパク質をいろいろ作っている。たとえばリゾチームという酵素や**ディフェンシン**というタンパク質は、目などの外表面を守っている。また**補体**系（補体とは体の防衛に関与する血清中のタンパク質の一群）の孔形成タンパク質などは血液や組織間を満たす体液のいたるところに見られ、病原体の表面によって、あるいはこの章のもっとあとで説明する他の方法によって活性化される。これらの要素を使うシステムは古くからある防御の最前線であり、類似のものが動物界に広く見られる。

防御の第二層——食細胞

第二層は**食細胞**〔好中球、マクロファージなど〕と呼ばれる遊走細胞を利用する、積極的な防御である。食細胞は文字通り食作用をもつ細胞で、いくつもの種類があり、いずれも骨髄に由来する〔骨髄は第18章で取り上げる〕。食細胞は血液とともに体内に広がるが、血管壁細胞のあいだに自らを押し込むようにして壁を抜け、血管を離れることもある。血管壁を抜けると組織間隙に入り、食細胞はそこで落ち着くか、あるいは間隙を遊走してパトロールに精を出す。食細胞の遊走メカニズムは、第8章のテーマだった胚の遊走細胞と多くの共通点をもつ。たとえば、食細胞も先導端を形成し、その表面の受容体が起動するシグナル伝達経路の活動によって伸縮を制御している。食細胞がもつ受容体は、大きく分けると二グループのシグナルに反応する。第一グループは細菌の細胞壁や排泄物〔細菌が生きているかぎり放出しつづける〕の分子で、数々の種類がある。食細胞にとってこれらは細菌が近くにいることを教えてくれるシグナルである。第二グループはストレスを受けて死にかけているヒト細胞が分泌する分子で、こちらも種類が多い。

第一グループを認識する受容体は働きがわかりやすい。食細胞がこの受容体を介して細菌分子を感知すると、第8章で胚の細胞がシグナルの発生源のほうへ向かったのと同じように、細菌目がけて遊走する。そしてそこへたどりつくと有毒化学物質を放出したり相手をのみ込んだりして、出合った細菌を片っ端から破壊しようとする。この化学物質は毒性が高く、細菌を排除するだけではなくヒトの組織まで傷つけてしまうことが少なくない。また食細胞は多くのシグナル分子を分泌し、局所的な血流量増加と血管からの体液漏出を促し、さらに多くの食細胞を応援部隊として呼び寄せる。以上の結果、問題の部分が血流の増加などにより赤みと熱を帯び、体液と細胞の蓄積によって腫れ、毒に攻撃された末梢神経が脳に傷みを伝える。つまり「発赤《ほっせき》」「発熱」「疼痛《とうつう》」「腫脹《しゅちょう》」で、二〇〇〇年近く前にローマの著述家ケルススが記した炎症の典型的な兆候である。炎症の中央に白い膿がたまることもあり、これは基本的に食細胞、細菌、ヒト組織の死骸の塊である。これらの兆候がよくわかるのが、思春期に多くの人が悩まされる「にきび」で、ホルモンの影響で皮脂が過剰に産生され、皮脂腺がふさがれて起きる細菌感染が原因である。にきびの場合はただ不快なだけだが、危険な感染症の場合は炎症が命を救うこともある。何しろそれは、体が生体防御のために全力を挙げて戦っている現場なのだから。

第二グループのシグナルを認識する受容体は、ストレスを受けて死にかけているヒト細胞のみならず、すでに死んだ細胞もシグナルとしてとらえる。この受容体による防御の特徴は柔軟性にある。ヒトにとって危険な微生物は細菌だけではない。動物性単細胞生物もあり、これらは格好の標的になる異質の細胞壁をもたず、手がかりになるような特異な排泄物もあまり出さない。蠕虫《ぜんちゅう》や吸虫《きゅうちゅう》などの寄生生物はそれ自体が完全な小動物で、生化学的にはわたしたちの体とよく似ている。ヒトに寄生するなかでもっとも小さいウイルスなどは、ヒトの細胞膜に覆われた寄生性の小ゲノムといったところで〔そのウイルスに感染したヒト細胞の細胞膜の一部をまとうことがある〕、基礎化学の観点からいえばまさにヒトに見える。したがって、第一グループのような特異な化学的特徴の認識だけに頼っていたのでは、そうした特徴をもたない微生物に対して無防備になってしまう。また病原体の種類の増加に合わせて受容体の種類を増やすという方法にも限界がある。病原体の繁殖は非常に速く、しかも不規則で、数も種類も桁外れになり、宿主の進化を簡単に追い越してしまう。わたしたちは進化の上で病原体との一種の軍拡競争を強いられるが、わたしたちのほうが繁殖速度が遅いので、まともに競争していたのでは負けてしまう。したがって、第一グループのシグナルで病原体を直接検出する以外に、もっと広くすべてのものに対処する方法が必要になる。そこで出番となるのが、ストレスを受けたり死んだりしたヒト細胞を検出する受容体である。この受容体があることで、細胞が殺されかけているところではどこでも防御応答が開始される。* 火傷《やけど》でも痛みのある炎症を伴うのはこれが理由である。組織に損傷が生じた場合、興奮した食細胞の毒によって細菌のみならず周囲のヒト細胞も破壊されるが、この過剰暴力にも意味があり、大乱闘のなかでヒト細胞のなかに隠れているウイルスも排除される。そうしたウイルスを食細胞が直接見つけることができない以上、これは有効な手段である。食細胞の活動で問題のない組織まで大量に失われるリスクがあるとはいえ、この方法であれば少なくとも疾病を食い止めることができる。**

*――第14章で取り上げた「選択的細胞死」は通常の発生過程で起きるもので、ストレスシグナルを放出せず、死骸は警報を発しない方法で除去される。したがって発生上の細胞死が防御システムを刺激することはない。

**――通常はこの記述の通りだが、例外もある。疾病によってはこのような体の自己破壊を利用して組織全体に広がっていく。

防御の第三層——適応免疫系

このように、損傷を受けたヒト組織の細胞は、食細胞による積極的な防御応答のいわば汎用制御装置になっている[11]。この第二層でかなりのヒントが得られたが、防御の三層目を知らなければ「一部の微生物と共生しつつ他の微生物を撃退する方法」の全貌が見えたとはいえない。第三層は脊椎動物が身につけた新しい層で、経験から学ぶ能力に支えられている。だが使っているのは補体や食細胞といった古くからの武器であり、また結局のところ、損傷を受けたり感染したりした組織からのシグナルで制御されている。そこにあと少しの細胞と、特殊なタンパク質一式を追加し、かつ学習に十分な時間を与えれば第三層が出来上がる。特殊なタンパク質とは、侵入者があると、そこへ正確かつ迅速に補体と食細胞を差し向けることができるタンパク質で、これが第三層の鍵になる。学習と適応が可能なシステムなので、適応免疫系と呼ばれている。

適応免疫系は互いに短時間しか接触しない遊走細胞で成り立っていて、物理構造としてはもう一つの学習機械である脳とかなり違う。しかしながら、しくみの基本はとてもよく似ている。脳の学習の基本は、まず多くの接続を作っておいて、そのあと経験に照らして適切なものと不適切なものを見極めることにあった（第15章）。経験によって作られるシグナル伝達経路が、不適切な接続を排除し、適切な接続を強化するように働いた。適応免疫系の場合も、受容体を経由する情報伝達経路が脳のニューロン間の接続に似た役割を担っている。そしてその基本は、まず多くの可能性——この場合は受容体——を作っておいて、それらを経由するシグナル伝達経路を使ってどれが適切でどれが不適切かを見極め、前者の産生を強化し、後者を排除することにある。

このように学習の全体方針は似ているが、適応免疫系は液性で、神経系のように個別の二点間接続といった物理構造に頼ることができないので、細部は大いに異なる。今回の学習で重要な役割を果たすのは脊椎動物に固有の細胞種、T細胞（作られてからしばらく胸腺〈thymus〉で過ごすのでこう呼ばれる）である。T細胞にはさまざまな種類があり、他の細胞の活動を制御するものや、感染した組織細胞を酵素で殺す死刑執行人のようなものもいるが、いずれも免疫系の鍵となる受容体、**T細胞受容体**（**TCR**）をもっている。学習システムを機能させるには、そうしたT細胞を何百万個も揃えなければならない。各T細胞は独自のTCRをもち、各TCRはそれぞれ違うものを認識する。

T細胞

しかしそれほど多様なTCRを作るというのは難題である。TCRがそれぞれ特異な分子を認識するのは、TCRのタンパク質のアミノ酸配列が微妙に異なるからで、[12] その配列は他のタンパク質と同様に、遺伝子のなかの塩基配列によって決まる。理論的には、ある動物が特定の遺伝子について塩基配列がごくわずかに異なるバージョンを複数もち、それによって複数種の受容体を作ることは不可能ではない。実際、発生過程で活躍するシグナル受容体の多くのファミリーはその方法で作られる。だが適応免疫系には使えない。ヒトの遺伝子の数がおよそ二万五〇〇〇程度なのに対し、適応免疫系のTCRは何百万というバリエーションを必要とするからである。何百万もの新しい遺伝子をゲノムに追加するなど論外で、それほどたくさんの遺伝子を細胞分裂のたびにコピーしつづけるとなると原料があまりにも高くつくし、DNAの塩基配列がよく似た部位で起こる「相同組み換え」というプロセスでゲノムが不安定になる恐れもある。そもそも、それほどの数の遺伝子は細胞に入らない。

この袋小路を、T細胞は生物の常識を度外視した方法で突破してみせる。TCRは二本のタンパク鎖が組み合わさってできているが、T細胞はそれぞれの鎖について一つの基礎遺伝子しかもたず、その遺伝子を、何と各T細胞が意図的に再編成するのである。T細胞はそのために特別な酵素を一式もっていて、それを使って遺伝子の一部の配列を組み換える。この遺伝子再編成は複雑なステップを踏むが、再編成されるのは遺伝子の一部、TCRが何に結合するかを指定する領域だけであり、その塩基配列が無作為に組み換えられることによって、個々のT細胞のTCRが独自のものになる。

組み換えが無作為なので、TCRの多くは何とも結合できず、防御の役に立たない。一部は危険な微生物の破片を認識でき、防御の役に立つ。また一部は体の正常な組織を認識し、これはよくても無駄、悪ければ危険である。したがって、適応免疫系の学習はまず無駄な、あるいは危険なTCRを取り除くこと、つまりそれをもつT細胞を取り除くことから始まる。[13] ランダムな遺伝子再編成を終えてTCRを作りはじめたばかりの若いT細胞は胸腺のなかにいて、周囲には体タンパク質のかけらをつけた細胞がたくさんいる。つまりTCRが結合できる相手に出合う可能性が高い。この段階でT細胞が生き残れるかどうかは、TCRが刺激を受けているかどうか、受けているとしても強すぎないかどうかにかかってくる。何の結合も報告しないTCRはおそらく無駄なTCRであり、それをもつ細胞は細胞死を選ぶ。また胸腺にいながらすでに強い結合を報告するTCRは、正常な体タンパク質を認識していることがほぼ確実なので、こちらも細胞死を選ぶか、あるいは健康な組織を攻撃してしまうことがないように、認識しているかけらに対する活動を抑制する状態に入る。一方、弱く散発的な結合を報告するTCRは、分子のかけらを認識できることが明らかであり、しかも免疫システムにとって有望である。体タンパク質のかけらを弱く認識するということは、少なくとも機能しているTCRであり、未知の細菌やウイルスの破片に対してもっと強い認識力を発揮する可能性がある。したがってこれをもつT細胞は生き残り、成熟し、やがて体の他の部分へと移動していく。

胸腺でのプロセスが終わるころには、それぞれ異なるTCRをもつT細胞が何百万といて、どのTCRも体の成分に強くは反応せず、だが少なくとも何かに弱く応答していることになる。いよいよ胸腺から出ると、T細胞は各種の食細

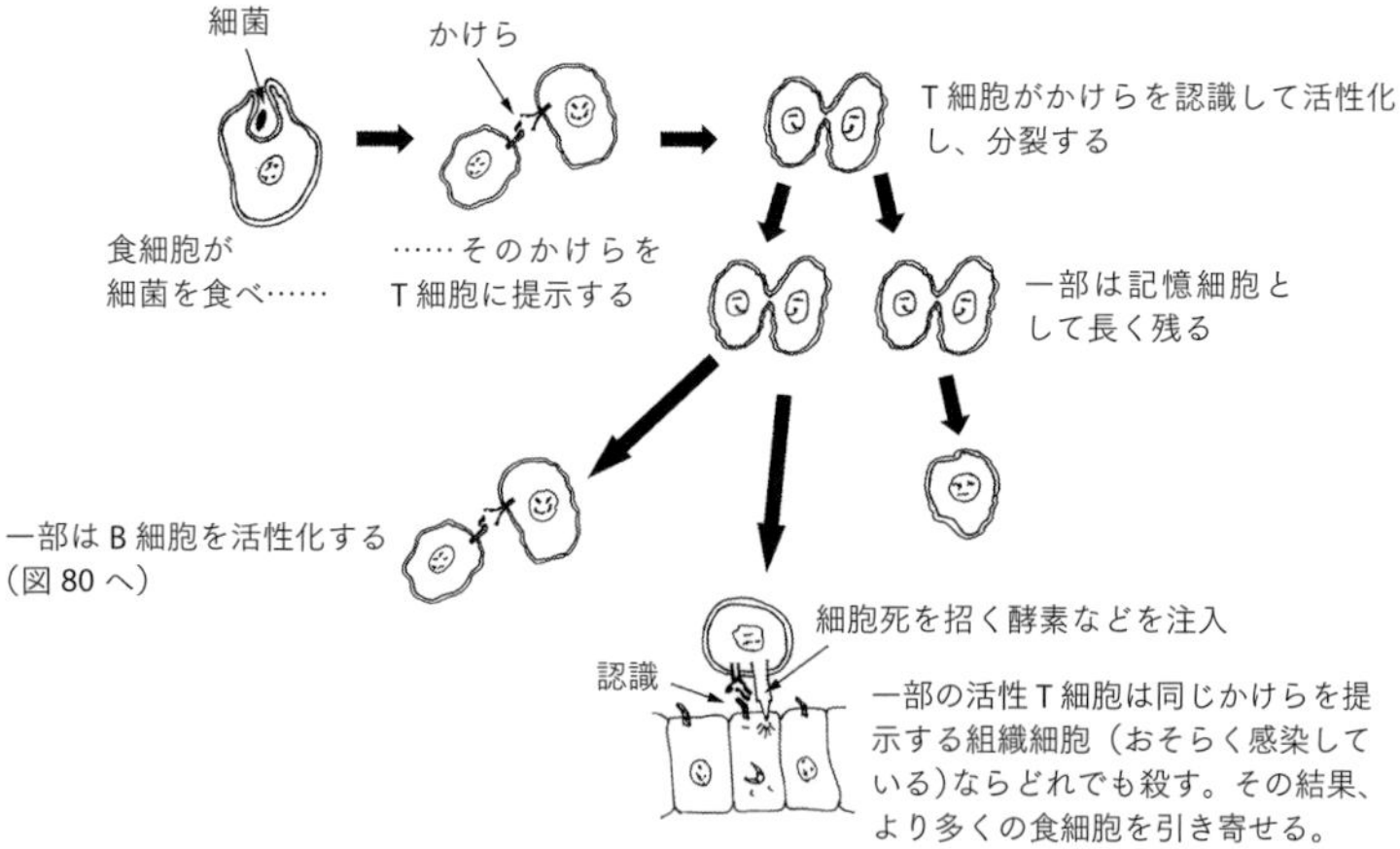

図79　T細胞の防御応答の概略図。T細胞は食細胞が提示するかけらによって自分のTCRが活性化すると、防御応答を組織し、自らもそれに参加する。この図に示された事象（細胞死など）によって、防御の第2層の要素である食細胞が動員されることもある。

胞と頻繁に接触する。食細胞のほうは自分がのみ込んだもののかけらを表面にくっつけていて、それをT細胞に提示する。感染部位から来た食細胞なら微生物の破片もくっつけているだろう。TCRはさまざまなので、ほとんどのT細胞はそれに反応しないだろうが、たまたまそのかけらに反応するT細胞と出合うこともある。T細胞側もそのチャンスを待っていて、かけらを認識するなり一気に活性化する。そしてすばやく増殖して同じTCRをもつ娘細胞の小軍団を作るとともに、シグナル分子を分泌して他のT細胞をその領域に呼び集める。そのなかのどれかが同じ微生物の他のかけらを認識すれば、それもまた活性化する。そしてこれらのT細胞サブセットが同じタンパク小片を提示する細胞、つまり感染したと推定される組織細胞をやっつけていく（図79）。

以上のプロセスが学習につながるのは、一つには細胞増殖が起きるから、つまり同じTCRをもつT細胞が増えるからであり、もう一つにはその一部が長く生き延びるからである。生き延びた細胞は記憶細胞になる。記憶細胞が残ることによって、同じ病原体が再度侵入したとき、それを認識して反応を引き起こす細胞が前回より多くなる。しかも記憶細胞は前回のどのT細胞よりその病原体に敏感であり、免疫系の他の要素とのやりとりも巧みになっている。したがって、同じ病原体の再挑戦は迅速かつ効率的な防御応答を引き起こすことになり、病原体にはまず勝ち目がない。多くの疾病について、わたしたちが初回は苦しめられるもののその後は免疫ができ、患者に接近・接触しても感染しないようになるのはそのおかげである。逆にそうならないもの、たとえば風邪は、同じ疾病のようでも毎回原因となる微生物（風邪の場合はウイルス）が異なり、毎回が初回である。例外はほかにもあり、マラリア病原体をはじめとする一部の微生物は、進化の過程で免疫系を免れるメカニズムを獲得してい

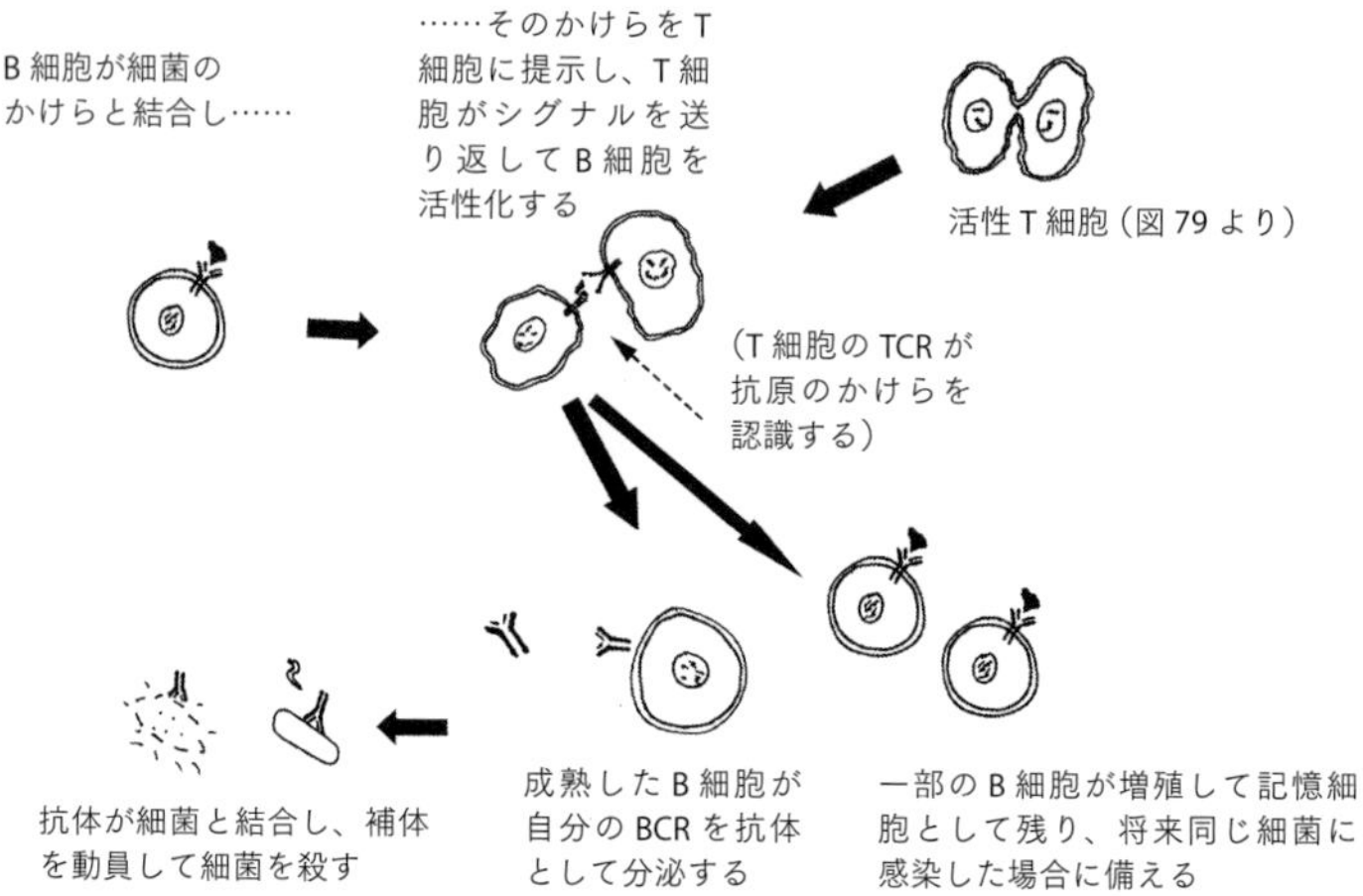

図80　B細胞活性化の概略図。B細胞はBCRが認識した細菌のかけらと結合すると、それをT細胞に提示する。そしてそれを認識するTCRをもつT細胞と出合うと、細胞同士が交信し、B細胞が活性化する。B細胞の一部は増殖して記憶細胞となり、将来の感染に備える。残りは成熟し、自分のBCRを抗体として分泌する。この抗体は細菌との特異的な結合能力を保持していていて、結合すると補体や食細胞を動員できるので、細菌をすばやく殺すことができる。

る。これもまた前述の軍拡競争の一例である。

B細胞と抗体

特定の遺伝子の一部を組み換えて多様な受容体を作る細胞はT細胞だけではない。類似の細胞集団であるB細胞（骨髄 bone marrow で作られる）*も同じ遺伝子再編成のしくみを使って**B細胞受容体**（**BCR**）を作る。BCRもTCRによく似ている。個々のB細胞は独自のBCRをもち、体内をパトロールして回り、BCRが何らかの分子を認識すると、その相手をつかまえて酵素でやっつける。そしてそのかけらを細胞表面にくっつけて提示するのだが、それはT細胞がそのかけらを認識してくれるかもしれないからである。認識できるT細胞に出合うと、T細胞からB細胞にシグナルが送り返され、それに応えてB細胞が増殖し、同じBCRをもつB細胞を増やす。B細胞の娘細胞の一部は記憶細胞になって同じ微生物との将来の戦いに備え、ほかの娘細胞は周囲の体液にBCRを放出しはじめる（図80）。放出されたBCRは**抗体**と呼ばれる。抗体は体内にすばやく広がり、何らかの分子を認識すると、それが漂っていようが、病原菌の表面にいようが、感染細胞の表面にいようが、結合することができる。また古くからの化学的防御（第一層）の要素である補体と食細胞（第二層）を動員できるので、結合される相手にとっては、抗体の存在は死刑宣告も同然である。

予防接種という医療技術はこの適応免疫系の学習を利用している。病原体から精製したタンパク質や、死滅させたり弱めたりした病原体からワクチンを作り、これを投与することで抗体の産生を促す技術である。ワクチンとの戦いが終わったときには、体はT細胞とB細胞の記憶細胞を獲得しているので、次に本当に病原体が侵入してきたとき、迅速かつ効果的な対応ができる。予防接種は純粋なタンパク質を投与するのではなく、効果を高めるように工夫した調合剤を注射するのが普通だが、これは受容体を十分に刺激しないと効果を得にくいからである。つまり、組織にそれなりの損傷を与えられる、あるいは十分認識されるまで抗原が生き残れるなど、ワクチンにそれなりの刺激性がないと効果がないということで、純粋なタンパク質単独ではそのあたりがうまくいかない。このことからもわ

＊――B細胞の「B」はファブリキウス嚢（Bursa of Fabricius）の頭文字である。これは鳥類には存在するが哺乳類には存在しない器官で、鳥類の場合はそこでB細胞が成熟する。哺乳類の場合は骨髄（bone marrow）で成熟するが、こちらも「B」で始まるのはラッキーな偶然である。

かるように、適応型免疫反応の初期活性化も、やはりストレスを受けて死んでいく組織や細菌産物をシグナルとする古くからの防御システムを基礎にしている。

適応免疫系は対決相手の化学情報を事前に必要としない。脳と同じように、適応免疫系も経験によって変わっていくのであり、実際に活性化した受容体をもつT細胞とB細胞が同じ敵の再攻撃に備えるシステムである。これらの細胞は緊急対応部隊となり、次回は組織の損傷が拡大する前に敵を倒せるように待機する。つまり、「わたしたちを殺すことができなかったものが、わたしたちを強くしてくれる」のである。

こちら異常なし

適応免疫系について概略がわかったところで、なぜ共生細菌のほうは受け入れられるのかという問題に戻ろう。最近のことだが、ヒトの腸細胞は共生細菌からのシグナルを受けると、防御システムに対して「こちら異常なし」というシグナルを出すことがわかった[14][15]。そのシグナルは、表面にくっつけたかけらをT細胞に提示するのが専門の食細胞に作用する。この食細胞は*、かけらの提示とともにT細胞に「攻撃開始！」とシグナルを送るか、あるいはかけらの提示とともにT細胞に「鎮まれ」とシグナルを送るか、どちらかの状態に置かれる。共生細菌とだけ接してストレスを受けていない腸細胞は、二種類のタンパク質を分泌し、近くにいる食細胞を後者の状態に置く。つまりその食細胞は細菌や部分消化された食物などの分子を提示しつづけるが、T細胞に攻撃ではなく寛容を促す。一方、攻撃的な細菌と接触した腸細胞は、鎮静シグナルではなく警戒シグナルを出す。すると食細胞は前者の状態に置かれ、T細胞に強い活性化シグナルを送るので、すばやく防御態勢が敷かれる。このシステムでも防御応答の制御の鍵は組織がストレスを受けているかどうかにあり、そこに「異常なし」という肯定的メッセージの要素が追加されたにすぎない。

このように腸の共生細菌はシグナルを出すことで自らの生存を確保するわけだが、共生細菌が免疫システムに及ぼす影響はそこにとどまらず、宿主にとっても重要な意味をもっているようだ。無菌状態で育てられて腸内細菌をもたないマウスは免疫系が異常で不完全なものになり[16]、腸と無関係のものも含め、さまざまな微生物の攻撃に弱い。現在では、一部の腸内細菌（出生時に最初に入ってくる細菌の一つであるバクテロイデス・フラジリスを含む）の細胞膜の破片が、体全体の各種T細胞集団の成熟に深く関与し、免疫応答を活発にするT細胞と抑制するT細胞のあいだのバランスを変えているのではないかと考えられている。わたしたちの免疫系の正常な発達が無害な細菌（おそらく何百種類もある）との接触に依存しているとしたら、衛生状態がよくなればなるほど——一般的には歓迎すべきことだと思われているが——喘息のような疾病の発症率が高くなる理由も説明できるかもしれない。喘息は、免疫系のバランスが崩れ、ほこり、動物の毛、花粉といった無害な物質に過剰に反応してしまうのが原因である。[17]衛生面での変化といえば、腸内の寄生虫による感染症がほぼ克服されたことも挙げられる。これはありがたいことではあるが、その一方で、ヒトと腸内寄生虫は長いあいだともに進化してきた

＊——樹状細胞と呼ばれる特殊な食細胞。

関係にあり、寄生虫感染がヒトの免疫系のバランスをどちらかというといい方向に――基本的に免疫系を鎮めて寄生虫と宿主双方の利益になるように――変えることもわかっている。腸内寄生虫をもたない動物は適度にもつ動物よりも、免疫系の過剰活性化を示すことがはるかに多く、おそらくはヒトも同じだと思われる（もちろん腸内寄生虫が多すぎると問題が生じることはいうまでもない）。

防御の第四層――文化的・科学的防御

以上のように脊椎動物は三層からなる防御システムを身につけたが、ヒトの場合は二つの主要な学習システムである脳と適応免疫系が連携することで、さらに第四の層も備えることができた。脳が防御システムを助ける例は、ヒトにかぎらず他の哺乳類でも見られ、たとえば本能的な習性である身づくろい行動や、腐臭がする食物を避けることなどは、危険な微生物との接触機会を減らすという意味で防御システムの助けになっている。だがヒトの場合は脳の関与がさらに進み、周囲の世界を体系的に調査する能力や、知識を次世代に伝える能力によって、防御行動にまったく新しい一面を加えてきた。ヒトが生きていくのに欠かせない行動のなかで、感染という観点からもっとも危険なのは食べることと飲むことである。食物も水も、そこには常にサルモネラ菌やコレラ菌のような病原体が隠れている可能性がある。だが食物を火で調理し、飲み物を沸騰あるいは発酵させるという古い文化的発明によって、感染リスクは大幅に低下した。多くの人が集まる都市を発展させたすべての文明は、すでにお茶、ビール、その他の同等品を発明していたが、これもおそらく偶然の一致ではないだろう。さらに歴史が進むと、細菌とその感染ルートも発見され、浄水を届けると同時に汚水を遠ざけるために上下水道が整備されるようになり、何百万という人口を擁する巨大都市の建設も可能になった。最近ではワクチン、抗生物質、抗ウイルス化合物の開発によって、個々人のレベルでも集団レベルでも安全性が著しく向上している。しかしながら新たな脅威は次々と現れる。病原体の進化は速く、また人の地球規模での移動が可能になったことで病原体の拡散も速くなる。人口が増えすぎたことで、第一、第二、第三の層では対処しきれない問題が起きつつあり、今やわたしたちは第四層である文化的・科学的防御に頼るしかなくなっている。もしここで、一生物種にすぎないわたしたちが地道な科学的努力に背を向けてしまったら、その代償は恐ろしいものとなるだろう。

この章で説明した免疫系の発達と、最終章で考察する精神の発達は、どちらも出生後に起きる重要な発生事象である。いずれも「新しいヒト」と「予測不可能な環境」との相互作用によるものなのだから、出生後に起きるのは当然である。出生は大きな出来事だが、ヒトの発生は決してそこで終わるわけではなく、実際には精神も免疫系も生涯発達しつづけ、絶えず新たな経験に応答しつづける。そしてもう一つ生涯続くのがメンテナンスである。わたしたちは損傷や摩損に対処して体の構造を維持していかなければならない。そのための維持管理および胎生期とのかかわりが次章のテーマである。

第18章

メンテナンスモード《体の維持と修復》

Maintenance Mode

きみは最悪の部類だね。
自己主張が強《ハイ・メンテナンス》いくせに、
自分じゃ控え目《ロー・メンテナンス》だと思ってる。

ノーラ・エフロン

生物の教師にとっての楽しみの一つは、ゲーム形式で生徒たちに「生命」の定義を考えさせること、つまりある存在物が生きているかいないかを判別できるような、単純明快な基準を考えさせることである。これは小学生から博士課程の学生まで、あるいはもっと上まで、あらゆるレベルで楽しめるゲームで、どのレベルでも同じような基本的議論で盛り上がる（ただし博士課程ともなると、箔をつけようとしてむやみに難解な言葉を使う傾向が見られる。そもそもこの「使う」でさえ、彼らの場合useではなくutilizeになるわけで……）。

たとえば「自分で動くもの」という基準は、小学生でもすぐ、動かないが生物であるサンゴや、動くのに生物ではない雨粒などに気づいて却下する。同様に、突かれると動くといった「刺激に反応する」という基準も、キノコのように反応しない生物や、ネズミ捕りのように反応する非生物に気づけば却下できる。一方、「繁殖能力」は生命の決定的な特徴としてよく持ち出され、大学の教科書にも書かれているほどだが（困ったものである）、これも容易に覆すことができる。この基準を厳密に適用したら、赤血球、子孫を残せない雑種、働きアリ、そして閉経後の女性まで非生物の世界に追いやることになってしまうのだから。生物学を専攻する学生なら「自己組織化」を挙げるかもしれないが、これもまた結晶、対流セル、模様ができる化学反応（たとえばベロウソフ・ジャボチンスキー反応）＊のように、少なくとも若干の自己組織化を見せる非生物が存在するので却下せざるをえない。

維持・再生能力

しかしながら、答えがないわけではない。生物界全体に共通すると思われる特徴が一つあり、それは「外から得たエネルギーを使って内から自分自身を維持・再生する能力をもっている」ことである。この基準はイタリアの生化学者ピエル・ルイジ・ルイージ[1]が提示したものだが、それ以前にソ連の生

＊略してBZ反応とも。硫酸セリウム、クエン酸、マロン酸、硫酸、臭素酸カリウムの混合液のなかで、反応によってセリウム塩の酸化状態が振動する。マロン酸によって還元されてからすぐ臭素酸イオンによって再酸化されるからで、このフィードバックによりシャーレのなかで酸化状態の異なる領域がゆっくり移動していく（酸化状態の片方が黄色でもう片方が無色なので、目で見ることができる）。

化学者アレクサンドル・オパーリンや、フランスの生物学者ジャック・モノーが唱えていた定義を土台にしている（二人とも生命の誕生に関する研究で大きな功績を残した）。生命体が修復を必要とするのは、時に外部から損傷を受けることがあるからだが（どんな生物も傷には弱い）、それだけではなく、体の素材が生命体に固有の脆弱性《ぜいじゃく》をもつからでもある。打たれたり、かまれたり、こすられたり、吹き飛ばされたりしなくても、生きている細胞のなかはさまざまな化学反応でごった返しているので、わたしたちを構成する分子はあまり長生きできない。脆弱性とはそのことで、だからこそどんどん新しいものに置き換えなければならない。同じような脆弱性は人工物にも見られ、製品寿命が尽きる前に一部の部品を何度も交換することがある。だが人工物が自分で新しい部品を作ったり取りつけたりすることはない。車のブレーキシューを交換する必要が出たら、車ではなくわたしが業者から入手して、わたしが取りつける。摩耗材やブレーキシューのセットを車に渡すだけで済めばまだ楽なのだが、残念ながら、車が自分でパーツを取り替えたりはしない。どうやら維持・再生能力こそ、少なくとも今のところ、生物と非生物の決定的な違いだといえそうである。いや、たとえいつか人類が、それ自身で内から維持・再生可能な機械を作ることができたとしても、この基準は生き残るかもしれない。そこまで複雑で、能力が高く、独立した機械なら、もはや「生きているもの」と見なしてもいいかもしれないからだ。

生命体のこの特徴に焦点を当てるなら、体の構造を作り上げること、つまりここまでのすべての章で述べてきた内容は、その後何年も続くメンテナンスの前置きでしかないことになる。いい方を変えれば、発生の段階で作られたものをもっとたくさん作るのがメンテナンスである。では、わたしたちは単に発生のメカニズムを繰り返すことで体を修復しているのだろうか。それともまった違うメカニズムを使っているのだろうか。これはただ知的好奇心を満たすための問いではない。この問いへの明確な答えが得られなければ、損傷を受けた体をもっとうまく修復できるようになれないだろうか、いつの日か「老い」という壁に挑めないだろうかといったわたしたちの願いは一歩も前に進まない。

交換単位

人が作った機械なら、摩耗部品の交換はほぼあらゆる単位で行える。細かいパーツを単体で交換することもあれば、何百ものパーツからなる大きいユニットを丸ごと交換することもある。たとえばわたしの愛車のランドローバーは、これまでロックワッシャーのような小パーツや、オルタネーターやファンモーターのようなモジュール（複数パーツからなる）を交換してきたが、勝手にサードからギアが抜けるという悪癖がこの先も続くなら、いよいよギアボックス（何百というパーツからなる）の丸ごと交換も考えなければならない。ギアボックスともなると、分解してシャフトのゆるみと格闘するより丸ごと交換するほうがずっと楽だ。その場合、新しいギアボックスは最初に車が製造されたときとまったく同じ方法で作られたものになる。だが哺乳類の体のメンテナンスはそうはいかない。細胞のなかでは損傷タンパク質が新しいものに置き換えられ、組織のなかでは損傷した細胞が新しいものに置き換えられるが、交換部品の大きさはそこが限界である。組織や器官全体を丸ごと完成部品と交換することはできないので（移植手術は例外である）、最初に作られた器官を内部の微小スケールの持続的修繕によって維持していくしかない。これには主に三つの理由が考えられる。第一に、多くの器官が胚期ないし胎児期に成体にはない組織から発生しているからである。腸管は卵黄囊を囲む内胚葉の一部から形成されたし、椎骨、筋肉、真皮などは体節から分化した。元の内胚葉も体節も胚期に短期間存在するだけなので、大人になってからこれらの器官や組織を作り直そうとしてももう手立てがない。第二に、たとえば皮膚や腸壁のように、体には損傷を受けやすい部分がたくさんあり、一週間程度で交換が必要になるからである。発生過程でこれらの組織を作るにはもっと時間がかかった。つまり器官を丸ごと作り直していたのでは需要に追いつかない。第三に、体内は混み合っていて、器官を丸ごと運び入れたり交換したりするスペースを確保するのが難しいからである。以上の理由から、体のメンテナンスは胚発生とはまったく異なるメカニズムで進めるしかない。

同等置換

ではどういうメカニズムが考えられるだろうか。まず頭に浮かぶのは、細胞が消耗したら近くの同じ細胞の増殖で置き換えればいいという単純な理屈である。これをとりあえず〈同等置換〉と呼ぶことにしよう。これにも若干ややこしい問題がないわけではなく、たとえば成熟した細胞はとても複雑な形をしていたり、特殊な代謝作用をもっていたりするので、増殖は完全に成熟する前の段階で行う必要がある。とはいえ、かなり単純なほうである。基本的にどの細胞も同じ種類の細胞と入れ換えればいいので、発生段階で常につきまとった「どの種類の細胞になるべきか」という選択に悩まされることもない。必要なのは、ある細胞が消耗していることを近くにいる同種の細胞が感知するメカニズムだけである。

だが、こんな単純な〈同等置換〉でさえ、寿命の長い動物がこれだけに頼ろうとするとすぐ壁にぶつかってしまう。細胞の多くは厳しい環境のなかにいて、細胞に優しくない化学物質に常にさらされている。腸の内壁は細胞成分の消化分解に特化した消化液にさらされているし、皮膚の外層は乾燥した空気や紫外線、風、細菌などの攻撃にさらされる。そのような場所にいる細胞はだいたい皆同じボートに乗っているわけで、一つが損傷を受けて死ぬときには、周囲の細胞もそれなりに損傷を受けている可能性が高い。したがって、死んだ細胞をすでに損傷を受けている細胞の増殖で補うことになり、これではほんの数回の交替で健康な細胞がいなくなってしまう。

この問題を、〈同等置換〉を基本にしたままクリアするには、次の二つの方法のどちらかをとるしかない。一つは生命体としての寿命を短くし、かつストレス環境を避けるという対処法である。非常に小さい動物の多くはこの方法をとってきたと思われる（ただし、少なくともわたしが知るかぎり、〈同等置換〉だけに頼っていると断定はできない）。もう一つは、細胞内部の損傷最小化や修復メカニズムに、大々的に投資することである。実際、そのようなメカニズムは存在する。細胞のなかにはDNAの損傷を感知して修復する酵素やタンパク質があるし、細胞内の毒素を排出する膜ポンプも存在するし、細胞タンパク質の寿命を抑えて早く交換されるようにするタンパク質分解酵素も存在する。こうしたシステムにエネルギーと原料をたっぷり回せるなら、厳しい環境にあっても細胞はより健康な状態でいられて、〈同等置換〉も現実味を帯びてくる。だが残念ながら、個々の細胞をそこまで守ろうとすると投資コストが膨らんで、その動物が調達可能な資源（食物）では賄《まかな》いきれないだろう。賄えるとしても、ほとんどを細胞保護に回すことになり、成長と繁殖のための資源が足りなくなってしまう。

このように〈同等置換〉には無理があり、どうやっても高くついてしまうのだが、それはこのシステムがすべての細胞を同じように守ろうとするからである。そこで考え方を変えて、ほんの一部の細胞だけを守り、その細胞を使って消耗した細胞の交換品を作るとしたらどうだろうか。これならコストを抑えることができる。また、守るべき細胞をどこか比較的安全な場所に置いておけるとしたら、コストはもっと下がる。さらに、守るべき細胞がその組織のどの種類の細胞でも作ることができるとしたら、コストはもっともっと下がる。まさにこの条件に当てはまる細胞がある。そう、第3章や第8章で登場した幹細胞である。幹細胞を利用したメンテナンスは〈同等置換〉よりはるかに多くの利点をもつ。ちょっとした傷の応急処置は〈同等置換〉で何とかなるかもしれないが、マウスやヒトを含む大きな動物が何か月、何年、何十年という単位で組織を維持するとなるとそうはいかず、やはり幹細胞を利用する再生システムこそがふさわしいと思われる。

腸壁のメンテナンス

幹細胞による組織メンテナンスの研究がもっとも進んでいる部位の一つは腸壁である。腸壁の表面は消化酵素と胆汁塩にさらされ、腸内を流れてくる未消化の食物によっても傷つけられる。容易に想像がつくだろうが、いくら粘液で守られていても、表面に露出した細胞は長くもたない。腸について

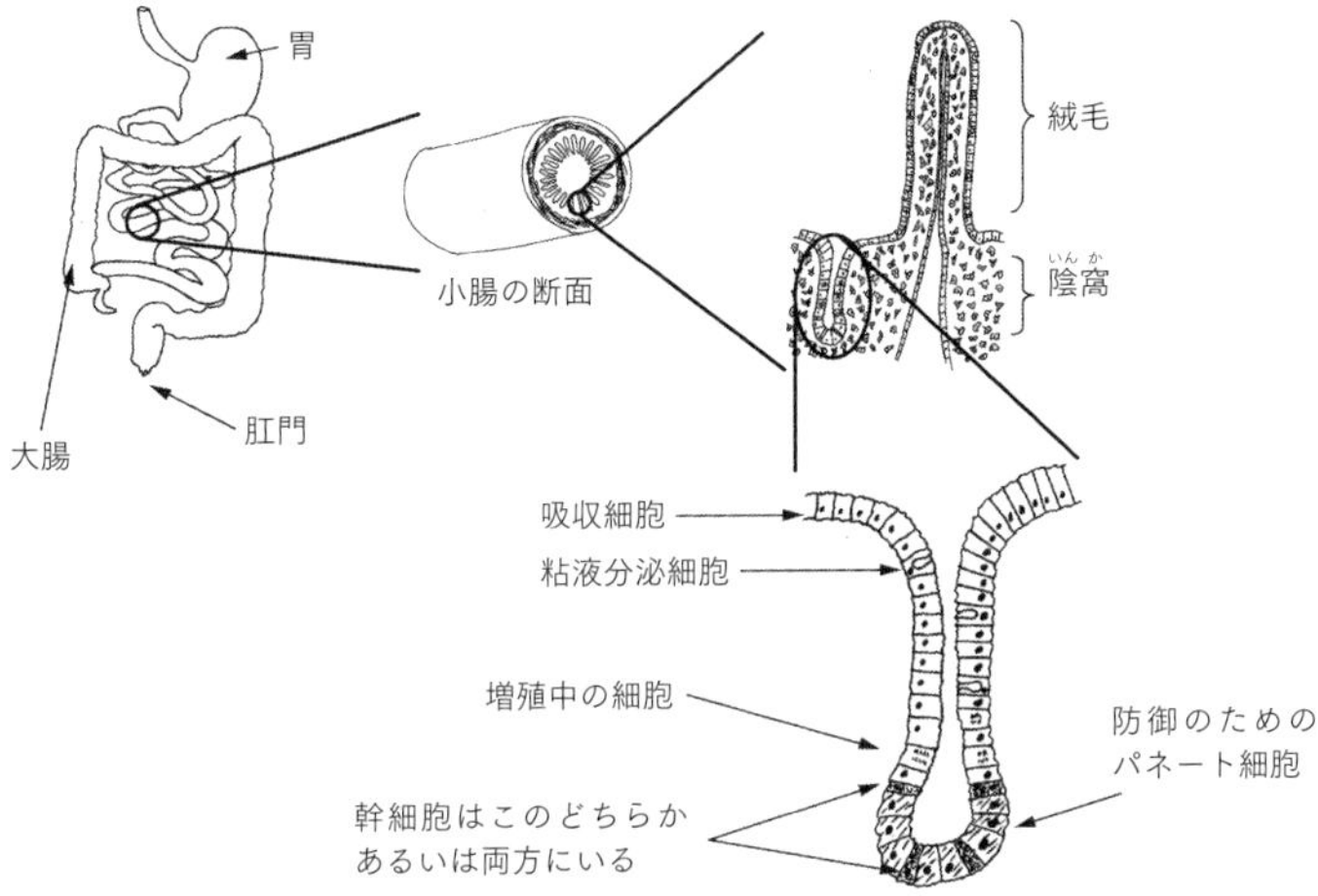

図81　腸壁の構造と、典型的な陰窩の構造。

はマウスでかなり詳しく研究されていて、ほとんどの表面細胞がおよそ五日しかもたないことがわかっている。これはマウスの場合だが、ヒトも似たようなものだろう。このような状況では、理論上でも〈同等置換〉による細胞の入れ換えでいつまでもやっていけるとは思えないが、実際にもその通りで、細胞の入れ換えは〈同等置換〉ではなく、比較的安全な場所に置かれた腸の幹細胞集団によって行われている。腸の幹細胞はどうやってこの仕事をこなしているのだろうか。それを学ぶために、まず腸壁の構造を説明しておこう。

　腸の主な役割は、食物の栄養素を吸収することと、消化液として食物に加えられた水分を再吸収することである。吸収が行われるのは腸の内腔側表面で、その総面積が腸の吸収力を決める要素の一つになる。進化の過程で、脊椎動物は次の二つの方法によって腸の表面積を大きくしてきた。胃と直腸をただまっすぐつなぐのではなく、管にとぐろを巻かせることでできるだけ長い腸を腹部に詰め込む方法と、内壁表面を円柱やひだが並ぶ複雑な構造にして、平面よりはるかに広い面積を確保する方法である。小腸の内壁は絨毛《じゅうもう》と呼ばれる細い指状の円柱に覆われていて、その先端がずらりと並んだところがいわば内壁の表面になっている（図81）。絨毛は出生時にすでにできているが、その後すぐ絨毛のあいだが下方にくぼんで、陰窩《いんか》と呼ばれる狭い陥没ができる。陰窩の底部には、抗菌物質の分泌に特化した**パネート細胞**がいる〔主に分泌するのがディフェンシン〕。それより上の壁にも粘液を分泌する細胞がたくさんいる。つまり陰窩は位置的に物理的損傷を受けにくいうえに、化学攻撃からは粘液で、細菌の攻撃からはディフェンシン（第17章）で守られているので、絨毛よりずっと安全な環境といえる。そして、もうおかわりだろうが、この陰窩の深いところに腸の幹細胞がいる。[2]

正確にいうと、腸の幹細胞が見つかるのは陰窩の底のパネート細胞のあいだか、そのすぐ上、あるいはその両方である。[3]その場所で、幹細胞は四日に一回程度の割合で増殖する。増殖でできた娘細胞は新たな幹細胞となるか、あるいはその場所を離れて壁を上っていくかのどちらかを選択する。だがそれが娘細胞の位置によって決まるのか、それとも逆なのかはまだよくわかっていない。いずれにせよ、幹細胞集団は自分たちの数を維持しつつ、娘細胞を壁の上へと送り出す。壁を上がっていく娘細胞は移動しながら増殖を続け、およそ三日で一つの娘細胞が六四くらいまで増える。またその間に、個々の細胞は各種の腸細胞――吸収細胞、粘液分泌細胞、パネート細胞、ホルモンを作る特殊な細胞など――へと成熟していく。これらの細胞は次々と作られる細胞に押し上げられる形で壁を上がっていくが、完全に受け身の移動というわけではなく、たとえばパネート細胞になる細胞は逆方向に移動し、陰窩の底部を目指す。細胞遊走を制御しているのは、どうやら網膜から上丘への軸索ガイダンス（第13章）にも関係する〈エフリン‐エフリン受容体〉のシグナル伝達系のようだ[4]〔エフリンは第8章の細胞遊走のところでガイダンス因子として登場したが、目から脳への軸索ガイダンス因子としても知られている〕。そして陰窩から外に出るときには、つまり元の幹細胞の分裂から数日後には、どの細胞も十分に成熟し、腸の栄養素吸収活動に参加できるようになっていて、死んだ細胞とスムーズに入れ替わることができる。さらに数日経つと、その一部は絨毛の先端のほうまで押し上げられて厳しい環境にさらされ、やがて損傷を受けて死ぬ。すると今度はその細胞が、陰窩で新たに作られた細胞に置き換えられる。

細胞の入れ換え需要の見極め

腸細胞が失われる速度は、その人の健康状態や栄養状態によって変わる。食事を少ししかとらず、しかもやわらかいものが中心の人は、腸細胞の損失も比較的小さいかもしれない。たくさん食べ、しかも硬く繊維質のものが中心の人、腸管感染症を患っている人、毒素に汚染された食物をとった人などは、腸細胞の損失がもっと大きくなるだろう。ということは、幹細胞とその娘細胞たちはどの程度の細胞交換が求められているかを感知できなければならない。さもないと細胞分裂が遅すぎて腸壁を維持できなくなり、あるいは速すぎて不要な細胞で腸が詰まってしまう。

腸の幹細胞が必要な増殖速度を感知するメカニズムはまだほんの一部しかわかっていないが、WNTタンパク質〔前のほうの章で何度か重要な役を演じたあのタンパク質〕によるシグナル伝達が関係していることはほぼ明らかである。[5]幹細胞の直接の娘細胞が――おそらくは幹細胞自身も――近くのパネート細胞および少し離れた発生源からWNTシグナルを受け取っていることには強力な証拠がある。[6]さらに、関係する細胞がWNTシグナルに応答できないように遺伝子操作したマウスでは、幹細胞がまったく増殖せず、腸壁が維持されないという結果が出ている。[7]その逆の変異をもつマウス、つまりWNTが周囲になくても一種のWNT応答を示すようなマウスでは、必要以上に増殖が速くなって細胞が増えすぎてしまう。

このように、幹細胞を取り巻く細胞がWNTシグナルの発生源になっていることと、幹細胞の増殖がWNTシグナル伝達に制御されていると思われることから、幹細胞が感知できるシグナルの量と必要な細胞修復量のあいだに何らかのつながりがあるものと推測できる。だがそこから先はまだ謎のままである。もう一つ謎のままになっているのは、増殖しながら陰窩を上がっていく細胞がどの種類の細胞に成熟するかを正しく判断できるメカニズム、つまり吸収細胞、防御細胞、粘液分泌細胞の比率を正しく保つためのメカニズムである。可能性として考えられるのは、そこにある種の自己組織化システムができていて、システム内ですでに成熟した細胞が「わたしと同じ種類の細胞になるな」という微量のシグナルを分泌し、成熟前の細胞はそのシグナルに応じて決断する、というものである。そのようなシステムができているとすれば、ある細胞種が多すぎるとその累積シグナルが強くなり、上がってくる若い細胞はほかの種類になっていくだろう。逆にある細胞種が不足すると、その細胞種についてはは「わたしと同じ種類の細胞になるな」というシグナルが少なくなるので、上がってくる若い細胞はその種類になる可能性が高くなり、結果的に不足分が補われる。これは仮説にすぎないが、い

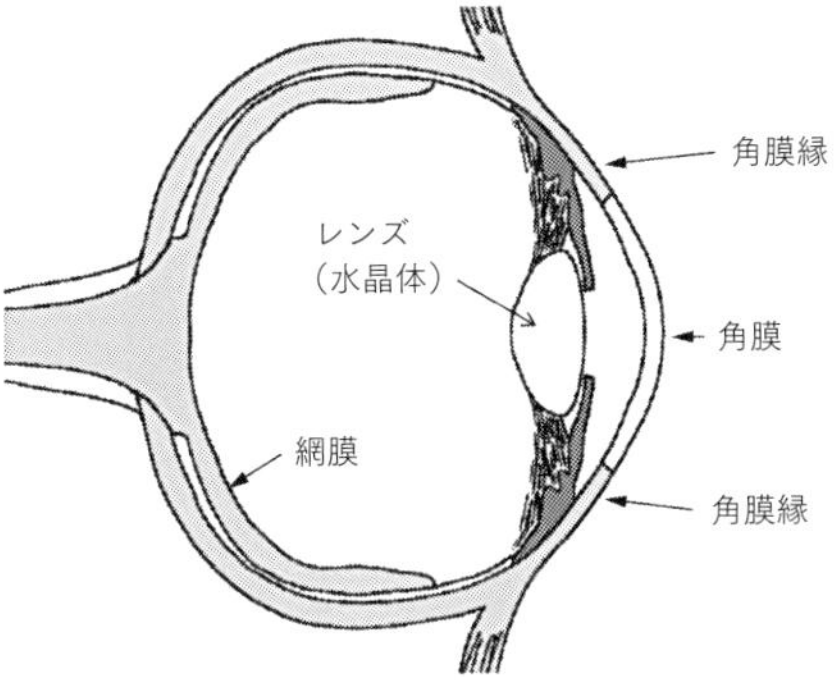

図 82　目の構造と角膜縁の位置

つかは実験で明らかになるだろうから、その結果を楽しみに待ちたい。

角膜のメンテナンス

厳しい環境に置かれているという点では、眼球前面を覆う丈夫な膜――角膜――もそうである。角膜は眼球を保護するだけではなく、入ってきた光が網膜に焦点を結ぶように助けるレンズの役も果たしている。実は目のレンズ機能の三分の二は角膜が担っていて、「目のレンズ」と呼ばれる水晶体は三分の一でしかない。

角膜は紫外線にさらされ（サングラスをかけずに日向に出ていく人は特に）、埃や花粉でこすられ、しかも一分に数十回という瞬きのたびに瞼《まぶた》が表面を通過する。煙草の煙にさらされることもある（喫煙者なら頻繁に）。角膜は透明でなければならないので、多くの組織の健康を支えている豊富な血液供給も受けられない。

角膜は、胚期に目が形成されはじめた段階で、水晶体を直接覆っている外胚葉から作られる。これも一度かぎりの事象であり、作られた角膜が元の外胚葉に取って代わるので、同じ方法で新たな角膜を作ることは二度とできない。そこで、メンテナンスにおいては幹細胞から角膜細胞が作られ、その幹細胞は腸の場合と同じように比較的安全な場所に置かれている。どこかというと、**角膜縁**と呼ばれる角膜の辺縁部である[8](図82)。幹細胞集団は増殖してその数を維持するとともに、娘細胞を送り出し、それが角膜細胞になっていく。腸と同じように娘細胞はかなり速く増殖するので、元の幹細胞の一回の細胞分裂から多くの角膜細胞ができることになる。娘細胞は増殖しながら、角膜縁を出て逆放射状に移動し、幹細胞からもっとも遠い瞳の中心部へと向かう。この移動はキメラマウスではっきり確認することができる[9]。異なる動物が一体化した神話上の動物「キメラ」の名からわかるように、キメラマウスは異なる胚細胞の混合から作られる。正常な胚細胞と、実験的に導入された標識遺伝子をもつ胚細胞の混合で、標識遺伝子はマウスが生きているあいだも、死んでからでも(染色法により)検出できる。幹細胞についても一部が標識遺伝子をもち、他はもたない状態となる。このマウスの成体の目を調べると[10]、車輪のスポークのように角膜の中央に集まる縞模様が見える。中央から放射状に広がったようにも見えるが、実際は角膜縁から細胞が入ってくることによってできる縞模様で、マウスが若いと縞がまだ中央に達していないのでそうだとわかる。

腎臓のメンテナンス

腸と角膜は厳しい環境の例で、成熟細胞の損耗が激しく、幹細胞の増殖が比較的速い。だが他の組織はもっと安全な環境に置かれていて、成熟細胞は何か月も、あるいは何年ももつ。そうした組織の幹細胞はたまにしか増殖しないものの、いざというとき、つまり感染や負傷で大規模な修復が必要になったときには大活躍する。腎臓の幹細胞集団の例を紹介しておこう。

腎臓のネフロンの尿細管では、健康な体であれば細胞が長生きする傾向にあるが、感染や被毒によって著しく損傷することもある。腎臓の発生は第10章で述べた通りで、一群の細胞が凝集して嚢胞状の球体を作り、それが長く伸びたり曲がったりして尿細管が作られる。つまりもともとネフロンの一部ではなかった細胞から新しい尿細管が作られるわけで、胚発生に限定されたプロセスであり、同じようにゼロから新しい尿細管を作ることは二度とできない。その代わり、尿細管の場合も特別な場所――フィルターと尿細管自体のあいだ――に少数の幹細胞

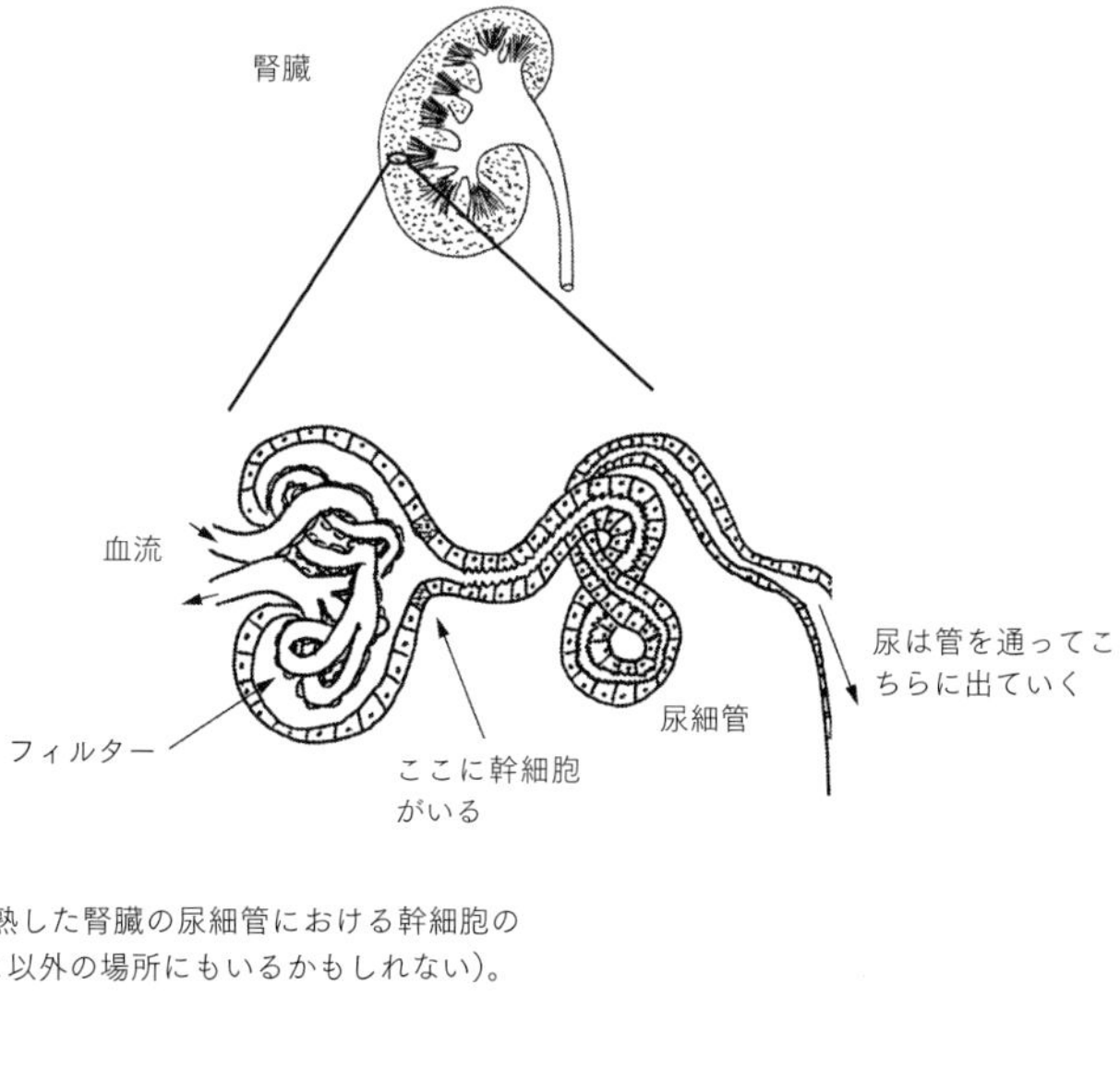

図 83　成熟した腎臓の尿細管における幹細胞の位置（ここ以外の場所にもいるかもしれない）。

が置かれていて、それによって尿細管細胞の交換が行われると考えられる[11](図83)。

健康なとき、これらの幹細胞の増殖頻度は非常に低い。だがフィルターあるいは尿細管がダメージを受けると、それを感知した幹細胞が一気に増殖し、娘細胞が尿細管あるいはフィルターのほうへ移動しながら必要な細胞へと成熟し、損傷によってできた間隙を埋めていく。ただし感知するメカニズムはまだ明らかになっていない。

血液のメンテナンス

一方、関与するシグナルが少なくとも一部わかっている例に、血液のメンテナンスシステムがある。循環する血液は複数種の成熟細胞で構成されている。もっとも数が多いのは赤血球で、酸素を運搬するヘモグロビンという血色素を含んでいる。血液のあの特徴的な色はヘモグロビンの色である。赤血球ほど多くはないが、第17章で出てきた食細胞、T細胞、B細胞といった各種の免疫系細胞や、傷口の血液凝固に重要な役を果たす血小板と呼ばれる細胞の小片なども血液成分である。最初の血液細胞は、発生初期に、仮の腎臓の近くにある諸組織の相互作用によって作られるが(第9章)、それらの組織はやがてなくなり、血液系のメンテナンスもまた幹細胞ベースのメカニズムに移行する。このメカニズムはとりあえず胚期の肝臓に拠点を置くが、長骨が発生するとその中心部の骨髄に移動する。骨髄はそのかなりの部分を幹細胞と発生中の血液細胞が占めている。

腸の幹細胞と同じように、血液の幹細胞——造血幹細胞——も木の幹に当たり、そこから娘細胞の

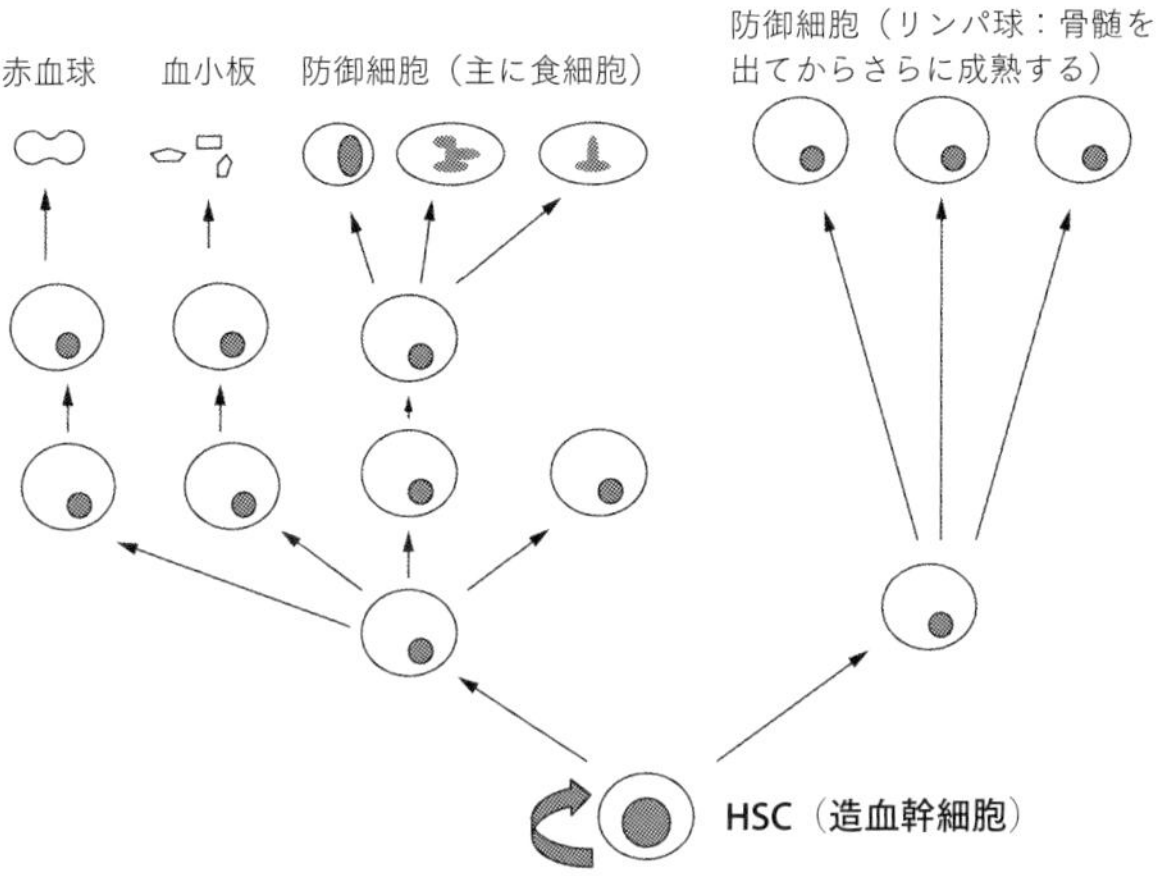

図84　骨髄のなかで造血幹細胞（HSC）から作られる細胞の樹形図。木の幹に当たるHSCは自らの数を維持しつつ、その上の枝に位置する細胞を作り出す。枝に当たる細胞腫もそれぞれ増殖するので、HSCの一度の分裂から多数の成熟細胞ができることになる。

運命の可能性が枝分かれしていく（図84）。造血幹細胞集団はゆっくりと増殖し、自分たちの数を維持しつつ、さまざまな運命を担うことになる娘細胞も作り出す。娘細胞は盛んに増殖して細胞集団を大きくし、その集団のメンバーは図84に示された段階を踏んで各種の血液成分へと成熟していく。そしてここでもやはり、種類ごとの増殖数が需要に合っていて、死んだ細胞をちょうど補うようでなければならない。新しい細胞を作りすぎると、血液が濃くなって危険な状態になるし、逆に新しい細胞が少なすぎると血液が十分な酸素を運べず、また体の防御も手薄になる。細胞種のバランスもとれていなければならず、しかも状況に応じてバランスを変える必要もある（感染時に防御細胞を増やすなど）。

　骨髄の培養細胞の研究によって、骨髄細胞の増殖速度を変えるシグナル分子がいくつも同定され、細胞の種類ごとに応答するシグナルの組み合わせが違うこともわかってきた。たとえば、赤血球の産生に寄与すると決めた細胞は、細胞膜にエリスロポエチン（赤血球生成促進因子）というホルモンのための受容体をもつ。エリスロポエチンの濃度が低ければ、この細胞はのんびりしていてあまり増殖しない。だが濃度が上がると一気に増殖し、その娘細胞が赤血球になっていく。エリスロポエチンは主に腎臓の一部で作られるが、その場所は構造上の理由から健康体であっても酸素供給量がやや少ない。第9章で細胞が血管を呼び寄せるのに使う分子システムを紹介したが、腎臓細胞はそれと同じシステムで周囲の酸素濃度を感じ取っている。そして濃度が低いと感じると、より多くのエリスロポエチンを放出する。エリスロポエチンは体内を旅して骨髄にたどりつき、そこで新しい赤血球の産生を促す。すると血液の酸素供給能力が上がり、組織の酸素濃度が上がる。それを感知した腎臓細胞はエリスロポエチンの産生量を減らす。すると赤血球の産生量も減りはじめ、やがて最適数を維持するところでシステムが落ち着く。

このように、システムはちょうどいい数の赤血球を作るように自らを組織するが、システムの各構成要素はシグナルに単純に応答しているだけで、それ以上の「知識」を必要としていない。ただしこのメカニズムがうまく機能するためには、エリスロポエチンの発生源が健康な組織のなかにいることが条件で、これが崩れるとシステムも揺らいでしまう。たとえば腎動脈に異常や損傷が生じて腎臓への血流が減ると、腎臓細胞は酸素欠乏に陥り、体のそれ以外の組織に問題がなくても大量のエリスロポエチンを放出する。その結果、赤血球が増えすぎてしまう。同様に、体外からエリスロポエチンが投入されると、骨髄がだまされて体内が酸素不足だと思い込み、やはり赤血球を作りすぎてしまう。昨今、エリスロポエチンを使ったドーピング問題が世間を騒がせることが多いが、それはまさに血液の酸素供給能力を高め、筋肉の持久力を最大化しようとしてのことである。

骨髄における防御細胞とその前駆細胞の産生も、やはり体からのシグナルによって制御されている。たとえば微生物に感染すると、既存の防御細胞、つまりすでに体内にあるT細胞や食細胞（第17章）が長距離シグナル伝達物質を作りはじめる。それが血液系を介して骨髄に達すると、刺激を受けた細胞が一連の短距離シグナル伝達物質を作り、それが免疫系の前駆細胞の増殖を促すとともに、増えた細胞の迅速な成熟を促す。こうして骨髄は体のどこかにいる微生物の脅威に応答し、すぐさま増援部隊を送り出すことができる。

骨髄内部の細胞の維持

循環する血液細胞の数は、エリスロポエチンによる赤血球産生調整や他のシグナルによる防御細胞産生調整によって最適数になるとして、骨髄内部の細胞数のほうはどうなのだろう。こちらはまた別問題で、たとえば骨髄にいる赤血球の前駆細胞集団は無尽蔵にあるわけではないので、エリスロポエチンに刺激されて細胞が次々に赤血球になって骨髄を離れると、前駆細胞がいなくなってしまう恐れがある。したがって、前駆細胞もまた補充が必要で、そのためには樹形図でそれより下に位置する細胞が増殖しなければならず、それも足りなくなったらさらに下の細胞が増殖しなければならず……と続いて、最終的には造血幹細胞の増殖が必要になる（図84）。つまり増殖制御の問題は樹形図を下へ下へとおりていく。この全体の制御に関しては、個々の細胞種の増殖制御に異なる分子が使われているのとは対照的に、すべての細胞種に働く比較的単純なシグナル伝達メカニズムが機能しているものと思われる[12]。すなわち、どの細胞も樹形図で自分より下にいる細胞の増殖を抑制する分子を分泌していると考えられる。樹形図で上に位置する細胞が十分あるときは、それら全体が抑制シグナルを作るので、その下の細胞はおとなしくしている。だが上の細胞が減ると（成熟して骨髄を離れていくと）抑制シグナルも減るので、下の細胞は増殖し、その娘細胞が上の細胞を補充する。これが一段ずつ下へ波及し、最終的には造血幹細胞まで下りていく（造血幹細胞は骨髄を離れないので、その下の段階は必要ない）。骨髄システムで働くシグナルがほかにもあることは確かだが、コンピューターによる解析は、この下方向への抑制メカニズムが増殖制御の中心になっていることを示唆している。

骨髄の役割

細部はなお解明途上にあるとはいえ、血液のメンテナンスにとって骨髄が重要であることは何十年も前からわかっていた。だが近年、骨髄が血液だけではなく、骨髄から離れた場所にある固形組織のメンテナンスにも関与していることがわかってきた。どうやら骨髄はあらゆる結合組織を維持する細胞を作ることができるようで、そうわかったことでヒト生物学の理解に革新がもたらされつつある。このメンテナンスを支えるのは間葉系幹細胞と呼ばれる幹細胞で[13]、現時点でこれらは造血幹細胞の娘細胞ではないかと考えられている。間葉系幹細胞を取り出して培養すると、脂肪、軟骨、骨など、驚くほど多様な細胞種に分化する。どの種類の細胞が作られるかは培養条件によって変わる。

もちろん実験室でそうなるからといって、体内でも実際にそうなっているとはいえないのだが、たまたま骨髄移植でわかった事実から、どうやら本当のことと考えてよさそうだ。骨髄移植は、多量の放射線被曝や白血病の化学療法などで骨髄が損傷した患者に、提供者の正常な骨髄細胞を少量注入する治療法である。提供者（ドナー）と受容者（レシピエント）がよく似ていて拒絶反応が起きなければ、移植された骨髄細胞はレシピエントの骨髄のなかで落ち着き、新しい細胞を作りはじめる。よく似ているかどうかの照合には、ドナーとレシピエントの細胞が同種の表面タンパク質を作るかどうかの確認も含まれる（ABO式の血液型の違い〔赤血球表面の糖鎖のごく一部の違い〕に少し似ているが、もっと複雑である）。だが性別は関係しないので、兄と妹、姉と弟、父と娘などのあいだで骨髄が提供される例が少なくない。

　男性の細胞にはすべてY染色体が含まれているが、女性の細胞には含まれていない（第12章）。したがって男性ドナーの骨髄を女性レシピエントに移植した場合、Y染色体はドナー細胞だけがもつ遺伝的特徴ということになる。移植が成功してレシピエントが何年も生き延びることができた場合（そうであってほしい）、レシピエントの体内ではメンテナンスシステムも機能する。骨髄の間葉系幹細胞が結合組織のメンテナンスにも関与するのなら、レシピエントが女性であっても、その結合組織の成熟細胞の一部がY染色体をもつはずであり、それは生検《せいけん》あるいは剖検《ぼうけん》での組織の顕微鏡検査で確認できる。そして実際、そのような検査が行われ、男性ドナーから骨髄移植を受けた女性レシピエントの結合組織の一部がY染色体をもつことがわかった。これまでに心臓、[14] 腸、[15][16] 脳、[17-19] 腎臓[20]の結合組織でY染色体をもつ細胞が見つかった例が報告されていて、いずれの場合も、問題の細胞は完全に組織の一部と考えられる状態だった（たまたまそこにあった血液細胞などではない）。そればかりか、結合組織以外の組織、たとえば肝臓や腎臓の管、腸の内壁、脳の神経細胞などでもY染色体が見つかっている。子宮内膜症で子宮以外の場所にできた細胞塊や、悪性腫瘍の細胞塊など、レシピエント細胞が作る病理学的構造で骨髄由来の細胞が見つかった例もある。さらには、Y染色体をもつドナー細胞がレシピエントの子宮に完全に組み込まれていた例もある。[21][22]第12章で、ほとんどの体細胞はY染色体の有無ではなく、環境やホルモンによって男性の構造を作るか女性の構造を作るかを決めているようだと述べたが、最後の例はこの点の裏づけにもなる。

　これらの報告例をもって間葉系幹細胞が一連の細胞種の源だと断定することはできないが、骨髄にある何らかの幹細胞が源であることは証明できる。今日では、移植とはまったく関係なく、一部の人々の骨髄に自然に起きる遺伝子変化を利用する細胞標識技術（骨髄細胞の一部にマーカーをつける技術）によっても、同様の結果が得られつつある。

　なお、興味深いことに、移植を受けたわけでもないのに、女性の組織からY染色体をもつ細胞が見つかることがある。[23][24]男の子を出産したことがある女性の例で、おそらく胚の幹細胞が胎盤を通って母体に移住したのだろう。何年も経ってから検出される例もあり、ある事例[25]ではあらゆる組織からY染色体をもつ細胞が見つかった。「母の心（心臓）はいつも子供とともにある」というが、単なるたとえではなかったのだ！[26]

　このように、骨髄は離れた場所にある結合組織のメンテナンスにも関与しているようだが、組織のほうにも骨髄と関係のない幹細胞がいて、その組織のメンテナンスをしているわけで、それに比べて骨髄によるメンテナンスがどれほど重要なのかはよくわかっていない。骨髄の関与を検出するのに使われている技術は非常に感度が高いので、ごく小さな貢献を検出しているだけかもしれない。たとえば腸の場合、骨髄の幹細胞の貢献度は陰窩内の幹細胞に比べて非常に低いように思える。しかしながら、骨髄による体のメンテナンスがたとえ二次的なものだとしても、医学的には有用かもしれない。これについては最終章でもう少し詳しく述べる。

幹細胞自身のメンテナンスと変異

幹細胞は基本的に自分で自分の面倒をみている。その多くはかなりのエネルギーと原料を注ぎ込んで毒素を排出するポンプや管を作っているし、DNAの損傷にも非常に敏感である。だが敏感なあまり、損傷が増大すると、苦しむより自ら細胞死を選ぶ。それはおそらく、長い進化の過程で、DNA損傷細胞が増殖した個体が結果的に淘汰されてきたからだろう。自分の面倒をよく見ることも、損傷が大きいとむしろ死を選ぶ傾向にあることも幹細胞の本質的な特徴だが、それがヒトの健康に不都合な結果をもたらすこともある。たとえば「急性放射線症」という放射線障害がそうである。[27] 中程度あるいは重度の放射線被曝のあと、典型的には数日で重度の出血性下痢、嘔吐、脱毛、日和見感染などの症状が出るのだが、この下痢の原因の一つは腸の陰窩にいる幹細胞がDNA損傷を感知していっせいに自殺し、腸の内壁（こちらも損傷を受けている）を維持できなくなるからである。[28] また、どうにかその段階を乗り越えられても数週間後に死に至ることがあり、それは骨髄の幹細胞にも同じことが起きていて、新しい血液細胞（防御細胞を含む）を補給できなくなるからである。患者の体細胞全般としては、損傷は受けていてもそれほど深刻な状態ではないかもしれないのだが、幹細胞が損傷に耐えられないために結果的に体を維持できなくなり、長引く死を招くことになる。これはロスアラモス〔人類初の核実験を主導した米・ニューメキシコ州の研究所〕、広島、長崎、ビキニ環礁、クイシトゥイム〔旧ソ連ウラル地方の核施設の原子力事故〕、ビンカ〔旧ユーゴスラビアの原子物理学研究所での原子炉臨界事故〕、K－19、K－8、K－431〔いずれも旧ソ連の原子力潜水艦事故〕、そしてチェルノブイリがわたしたちに教えてくれたことだ。

なお、幹細胞のDNA損傷検出システムは完璧なものではなく、時には幹細胞自身も変異する。その多くはサイレント変異で、細胞の振る舞いには何の影響もないが、一部の変異は大きな影響を与える。たとえば、すでに述べたように、腸幹細胞とその娘細胞の増殖制御はWNTシグナル経路が担っているが、WNTがなくてもこの経路が「オン」になる変異マウスでは、これらの細胞が増殖しすぎてしまう。ヒトの成人に多い癌の第三位である大腸癌は〔日本では第二位〕、多くの場合WNT経路の異常活性化を示す。[29] 攻撃的でどんどん広がる腫瘍ができるころにはほかの変異も起きるが、WNT変異が高頻度で見られることから、これが大腸癌の根本にあるのではないかと考えられている。

また、少なくとも一部の結腸癌の場合、たとえ癌化しても、幹細胞が自分たちの数を維持しながら娘細胞を増やすというパターンはそのまま残ることがわかっている。[30] となると癌細胞のなかの幹細胞――癌幹細胞――が正常な制御が利かない状態で増殖することになり、その娘細胞も同様である。その際に娘細胞のほうは何度か分裂したところで「力尽きて」死に、後続の娘細胞がこれを補うのだが、幹細胞自身は自分たちの数をしっかり維持する。しかも癌幹細胞は宿主動物の体内で新たな腫瘍を生成することもできる（普通の癌細胞にはできない）。* 癌化によって腸壁の正常な構造が失われるので、幹細胞と娘細胞が増殖してももはや何の解剖学的意味ももたないが、それにもかかわらず癌幹細胞の幹細胞としての基本的特徴はなくならない。「自分で自分の面倒をみる」という特徴も残っていて[31]、化学療法が効きにくい。摘出手術が難しい癌は通常化学療法が治療の中心となり、そこで使われるのは分裂する細胞に対して毒性をもつ化学物質だが、幹細胞はそうした薬物を細胞外に排出するのも、薬物による損傷を修復するのも得意としている。しかも薬物に対して娘細胞より有利な立場にある。通常、幹細胞の分裂頻度は娘細胞よりずっと低く、正常なヒトの腸の場合、幹細胞はほぼ四日に一度分裂するが、陰窩を上がっていく娘細胞のほうはほぼ一二時間ごとに分裂する。つまり分裂する細胞を狙う薬物の場合、幹細胞よりも娘細胞のほうが標的になりやすい。したがって、化学物質で癌細胞をすべて破壊できたと思っても幹細胞だけは生き残ってしまう可能性があり、しかもその幹細胞こそ、新たな癌を作り出すという意味で真っ先に破壊すべき対象だというジレンマが生じる。この考え方に立つならば、いったん治癒してから数年経って癌が再発するのは、幹細胞が復活するからだと説明できるかもしれない。

ただしここで明記しておかなければならないのは、ある種の腫瘍に癌幹細胞が存在することには十

*――この実験をするには、宿主動物の免疫系が外から来る癌細胞に反応できないようにしておく必要がある。ヒトの癌が別の人にうつることはない。

分な証拠があるものの、専門家はこのモデルがすべての癌に当てはまるとは考えていないし、多くの癌に当てはまるかどうかさえまだわからないという点である。[32][33]とはいえこれは喫緊の研究課題であり、その答えが今後の新たな治療法――おそらくは幹細胞そのものをターゲットにした治療法――の開発の助けになることは間違いない。今のところ、癌幹細胞仮説については肯定論にも否定論にもそれなりに確たる証拠があるように見えることから、もしかしたら話は単純で、一部の癌は癌幹細胞によるが、ほかは違うのかもしれない。だとすれば、専門医にとっては患者がどちらのタイプの癌かを見極めることが当面の課題となる。

組織内幹細胞の困った振る舞いに起因する疾病は癌だけではない。たとえ癌化していなくても、幹細胞と娘細胞の過剰増殖によって組織に問題が生じることがある。少し前に腎臓の幹細胞の話をしたが、尿細管幹細胞の発見の直後に、この幹細胞がある重い腎臓病の直接の引き金になっているらしいこともわかった。[34]「半月体形成性糸球体腎炎」と呼ばれる疾病で、尿細管先端の血液を濾過するフィルターユニットが損傷を受け、未分化の（つまりフィルターとして役に立たない）細胞の塊に置き換えられてしまうのが特徴である。これが多くのネフロンで起きると腎不全に陥る恐れがある。細胞塊は半月形をしているので「半月体」と呼ばれるが、その細胞が発現するタンパク質から、尿細管幹細胞の娘細胞があまりにも増えすぎて、フィルター細胞になることなくただ塊になったものかもしれないと考えられている。この過剰増殖は癌とは無関係で、おそらく前述の、その必要もないのに腎臓が大量のエリスロポエチンを産生してしまう疾病と同じ要因が関係しているのではないかと思われる。

逆に幹細胞の増殖不足で組織が維持できなくなる例もある。目の例では「無虹彩症関連角膜症」という、透明な角膜が白濁した瘢痕様《はんこんよう》組織に置き換わってしまう疾病がそうで、失明にもつながる。原因は複数あるものの、角膜縁幹細胞が角膜を維持できないことも一因になっているようだ[35]。ただしこの疾病の場合は幹細胞自体ではなく、角膜縁の環境に問題があって幹細胞が正しく振る舞えないものと思われる。

メンテナンスシステムと老化

以上の幹細胞の障害は比較的少数の患者にかかわるものだが、幹細胞によるメンテナンスシステムにはわたしたち全員にかかわる大きな不具合もある。損傷・消耗した細胞の交換が必ずしも完璧ではなく、徐々にダメージが蓄積してしまうという不具合、要するに「老い」である。小さくて単純な生物のなかには老いないものもあるのに、なぜわたしたちは老いるのだろうか。これについてはさまざまな説があるが、その一つは、わたしたちの体内では放射線、遊離基《ゆうりき》〔対をなさない電子をもつ不安定な原子、フリーラジカルとも〕、毒などによるランダムな損傷が細胞分裂で修復・希釈されるよりも速く蓄積されるから、と説く。多くの幹細胞が元気であっても、大半の組織が劣化してくればメンテナンスにも支障が出る。損傷を受けた細胞がおかしなシグナルを出して修復プロセスを混乱させることもあれば、細胞間にあるタンパク質が架橋結合して邪魔をすることもあり、メンテナンスも完璧にはいかなくなる。しかもこの種の問題はゆっくりと、だが着実に蓄積されていき、最初は小さなつまずきでも、一つのつまずきが次のつまずきを呼ぶので修復は加速度的に難しくなる。つまり時とともに老化は速度を増す。やがて蓄積が深刻な度合いになり、腎臓や心臓といった体の基盤を支えるシステムに影響が出るようになると、体内環境はもはや正常とはいえなくなり、修復はますます困難になり、体は急速に劣化していく。

理屈の上では、メンテナンスにもっと投資し、もっとゆっくり老いていく体のシステムも考えられる。実際、その種の動物実験も増えていて、遺伝子操作によって老化速度を通常よりはるかに落とせることがわかってきている（それでも最終的には死に至るのだが）。ではなぜわたしたちは、そして他の生物種は、できるかぎり長生きするように最適化された遺伝子群をもっていないのだろうか。それを理解するには進化のしくみを振り返る必要がある。

何種類もの動物が生きる世界を想定し、そこから話を始めよう。どの動物も「メンテナンス重視で長生きする」か、それとも「精力的に短く生きる」かという選択肢のあいだでバランスをとるが、そのバランス配分は種ごとに異なっているとする。動物たちの次世代の個体数の比率は、それぞれの種の子供たちが成熟期まで何頭生き残るかによって決まる。単純に考えると長生きする動物のほうが繁殖の機会が多くて有利なようだが、繁殖力は餌、なわばり、そして相手を見つける能力にもかかっている。精力的に短く生きることにすべてを注ぎ込む動物は、メンテナンスに資源を回さないので繁殖年数は限られる。だがその分、餌、なわばり、相手を見つける効率は上がり、それなりの繁殖を遂げられる。ほかに考慮すべき要因がない極めて単純な世界であれば、もっとも長寿な種が個体数を増やし、他の種より優位に立つかもしれないが、捕食者の存在や病気のリスクなどを考えると状況はがらりと変わる。捕食者にいつ襲われるかわからないような状況では、メンテナンスに投資するメリットはぐっと減ってしまう。食い殺される確率が年に五〇パーセントの動物が、一〇〇年生きられるようなメンテナンスシステムをもっていても何の意味もない。だとすれば、別の投資戦略、つまり精力的に生きて繁殖を急ぎ、先のことは考えない生き方にも利があることになる。

似たような動物の比較から、捕食リスクと体内資源配分（メンテナンス用と活力用の配分）の関係がわかる場合もある。たとえばトビイロホオヒゲコウモリ〔北米に広く生息する小型のコウモリ〕は捕食者をあまりもたないので、メンテナンスに大いに投資していて、野生環境で三〇年ほど生きる。一方、体の大きさがほぼ同じマウスは捕食リスクが非常に高く、短期間で繁殖することに注力する。メンテナンスに手をかけないので、ペットとして飼われるなど安全な環境にいてもせいぜい三年しか生きられない。コウモリの一〇分の一である。

ヒトの化石記録によれば、ホモ・サピエンスが他のヒト科の動物とはっきり区別できるようになったのはわずか数十万年前のことで、場所は捕食者だらけのアフリカだった。わたしたちの祖先はその数百万年前からすでに道具を使っていたが、それでも他の類人猿とほぼ同程度の捕食リスクにさらされていたと考えられる。状況が変わったのは一万年前に始まる新石器時代の技術革新以後のことで、一万年といえばわずか五〇〇世代分、進化の上ではごく短い時間でしかない。ということは、わたしたちの活力と長寿への投資配分は、祖先がアフリカの平原でさらされていた捕食リスクから決まったもので、それを今なお受け継いでいるのかもしれない。今日、幸運にも先進国で暮らす人々にとっては捕食リスクなどないようなものだし、病気リスクもかなり低い。だが長寿への選択圧は特に見られず、投資配分は変わっていない。理屈の上では、両親の長寿が子供の生存にかかわるといった状況が長寿への圧力になることも考えられなくはないが、現実には両親以外の大人が子供を育てる例もあり、選択圧として働くほどではない。わたしたちが生まれながらにもつメンテナンスシステムは「一〇〇歳を超える人はごく一部」という仕様であり、それを変えることはできないだろう。したがってもっといいシステム、もっと長い寿命を望むなら、人体の発生と修復のメカニズムについて積極的に学び、その知識を活かして自分たちで何とかするしかない。

第Ⅳ部

全体像

Perspectives

第19章

発生学から見えてくるもの

Perspectives

汝自身を知れ*
ソクラテス

前章までで、誰もがたどってきた驚くべき旅、わたしたちをたった一つの細胞（受精卵）から数十兆の細胞で組織された人体へと導く旅について振り返ることができた。いうまでもないことながら、胚発生という大プロジェクトは一冊の本に収まるようなものではなく、ここに書かれたよりはるかに多くの事象とプロセスを含んでおり、まだわかっていないことまで含めればさらに膨大になるはずである。しかしながら、すべての事象をこと細かく知らなければ発生のしくみがわからないというものでもない。科学という「技」の核心は、限られた事例から一般的真実を読み取る力にあり、科学史はその例に満ちている。ケプラーの法則、次いでニュートンの万有引力の法則が導き出されたのは、ほんのいくつかの惑星の動きからだった。ハットン〔英国の地質学者〕が近代地質学の出発点となる地球観を打ち立てたのは、スコットランドの数か所の岩石層を観察してのことだった。ダーウィンが全生物に通じる進化論を導き出したのも、ある程度限られた数の種に見られる変異を研究してのことだった。発生学も同じことで、これまでに研究されてきた限られた数の発生事象からでも、あるいはこの本で紹介したそのほんの一部からでさえ、人体がたった一つの細胞からどうやって自らを組織するかについて、何らかの全体像をつかむことは可能なはずである。

コミュニケーション

この本で取り上げたさまざまな発生事象を改めて思い返してみると、ほぼすべてに細胞同士のコミュニケーションという大きなテーマが関係していたことがわかる。発生のどの段階においても、細胞はタンパク質でできた分子機械で環境から来るシグナルを感知し、受け取ったシグナルとその時点での細胞内部の状態によって次の振る舞いを決めていた。そうしたシグナルには物理的なもの〔張力や自由表面〕もあれば、生化学的なもの〔他の組織から来る分子〕もある。生物の構成要素が豊かな会話を繰り広げるという点は、人工物の製造工程とはまったく異なる。コンピューター内部のように、完成してスイッチが入ると各要素が膨大な情報のやりとりをする製品は多々あるが、製造工程ではリレーもト

*———γνῶθι σεαυτόν《グノーティ・セアウトン》　ソクラテスの座右の銘。

ランジスタも相手のことなど無視している。このように、発生中の構成要素間の会話は生命ならではのものなので、胚発生の基本モデルを模索するのにふさわしい出発点ではないだろうか。

　これまでに紹介した事例では、細胞間のシグナル伝達の結果、大きく分けて二種類のこと、すなわち「複雑性の増大」と「調整や修正」が成し遂げられていた。生物における複雑性は数字で定義するのが難しいが、*たとえば胚の場合、それは異なる細胞種の数や、解剖学的に異なる構造の数（細胞内部の構造は別として）といった尺度で考えることができる。[1] そうした尺度でいうならば、複雑性は低いところから始まって（一種類の細胞、一つの構造）次第に高くなっていく（何百という細胞種、何千という内部構造）。発生がもっとも活発な段階では、構造の数は指数関数的といってもいいほどの勢いで増える（図85）。

　指数関数的成長は、すでに達成された成長

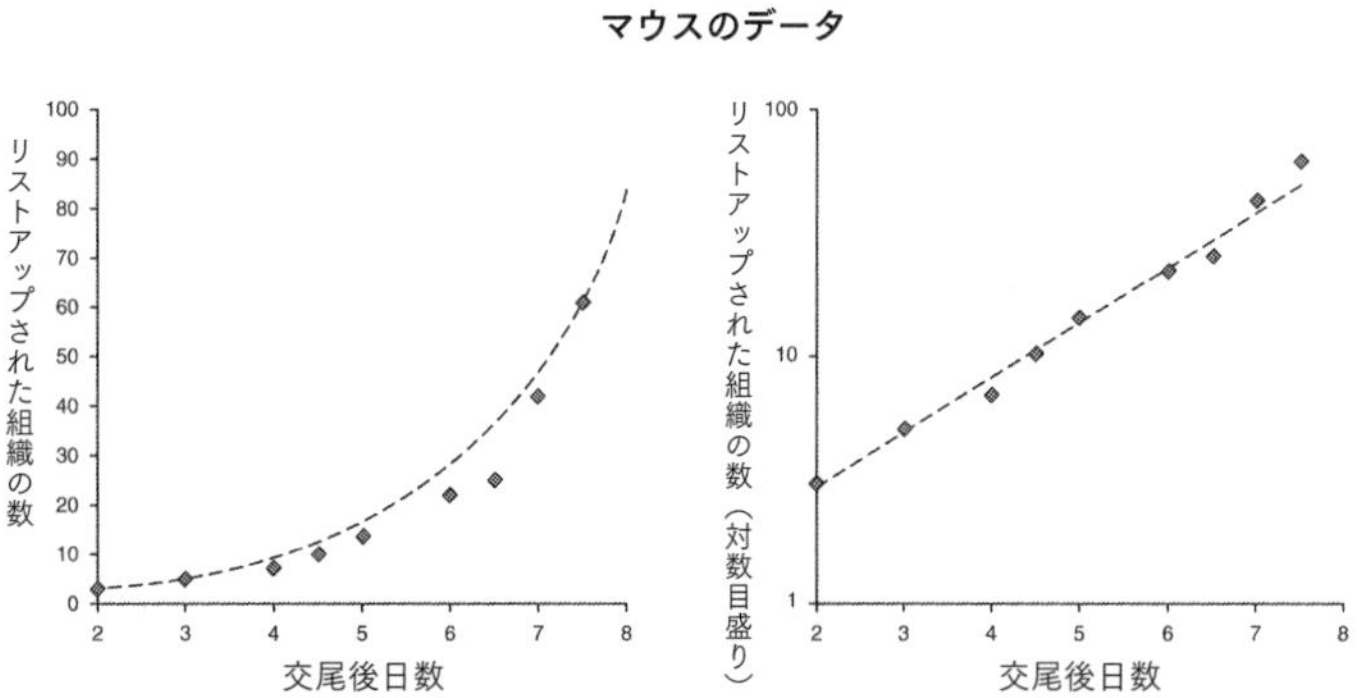

図85　マウスの初期発生においては、組織種の違いが時間とともに指数関数的に増える。左右のグラフは同じデータだが、左の等間隔の目盛りでは指数曲線になり、右の対数目盛りでは直線になる。ただし発生がこの段階を過ぎると、組織種の数の増加率は下がっていく。このグラフのためにカウントされた組織は、Edinburgh Mouse Atlas Projectでリストアップされたものである。〈www.emouseatlas.org〉（2013年7月6日時点）

によって次の段階の成長力が上がるような系《システム》で見られる。液体培養中の細菌の増殖推移がその典型で、一個の細菌が成長して二個に分裂し、それぞれが成長して二個に分裂するので合わせて四個になり、同様に八個、一六個と増えていく。つまり一世代ごとの増加数がどんどん増えていく。胚発生でも同じようなことが起きていて、獲得された複雑さによって胚の能力が高まり、次の段階でさらに多くの複雑さが追加される。細胞間コミュニケーションによってまさにそうした状況が起きることを、わたしたちはすでにいくつもの例で見てきた。胚の細胞が二種類になると、その違いを利用して第三の細胞ができる。細胞が三種類になると、今度は三種類それぞれのあいだの違いを利用して同じしくみが働き、それが繰り返されて細胞の種類はどんどん増えていく。図86はその様子を一組織内の単純な細胞列として図示したものである。具体例は第7章を思い出していただくのがいいだろう。体節や神経管には、外胚葉と脊索から来るシグナルの違いを利用して、異なる細胞種による複雑なパターンが次々と描かれていった。略図も具体例も同じことで、要するに「違いが違いを生んでいく」。胚はこれを

*——生物ほどややこしくない領域では、あるものを正確に特定するのに最低限必要な情報量によって複雑性を測ることができる。たとえば、同じ桁数の単純な数列「1111111」とランダムな数列「1576249」を比べると、前者が「1が7つ」と省略できるのに対し、後者はそのまま全体を記すしかないので、後者のほうが複雑だといえる。同じ理由から、球体より岩の形のほうが複雑である。しかし生物に関して複雑性を測ろうとするのは、単に難しいだけではなく（そもそも何を測ればいいのだろうか。形なのか、細胞の状態なのか、それとも?…)、循環論法に陥りやすいという意味で危険でもある。たとえば、ゲノムを設計図と見なしてそれが体の複雑性を決めるとするなら数字は出せるが（つまりゲノムサイズ）、実際どのようにして複雑性が生じるのか、そこにどのように遺伝子がかかわっているのかといった議論においては、その数字はただ空回りするばかりで何の役にも立たない。そもそも発生の出発点である受精卵からしてすべての情報をもっているのに（第1章）、それを無視することにもなる。

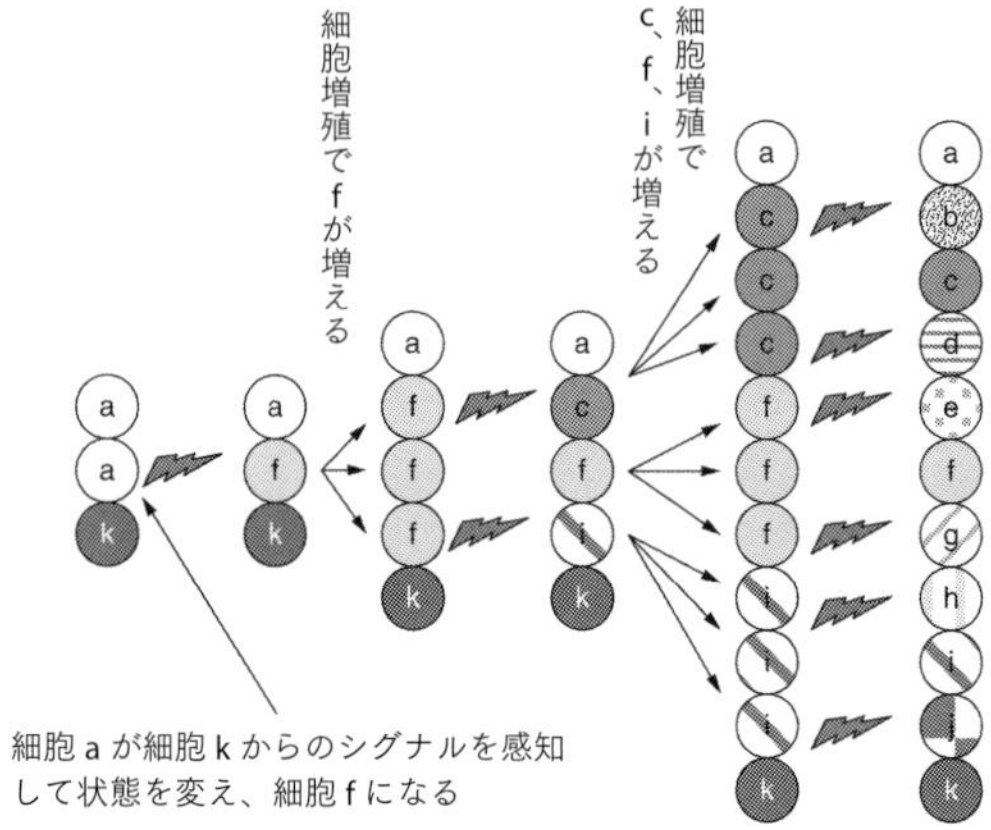

図86　2種類の細胞の境界にある細胞は、第3の種類の細胞に変わることができる。すると今度は境界が2か所になり、どちらも新しい種類の細胞を指定するのに使える。以後も同じことが繰り返されていく。この略図は概念を示したもので、胚の特定の部位を示すものではない。実例は第7章に挙げてある（神経管と体節のパターニングの例）。

利用して、単なる同じ細胞の塊から豊かな多様性へ、精巧な組織へと自力で這い上がっていく。しかもその長いプロセスは、第3章で述べたように、たった一つの物理的差異を利用することから始まった。

フィードバックループと入れ子構造

細胞間のシグナル伝達が成し遂げるのは複雑性の増大だけではない。組織間の分量のバランスをとることや、生体内の熱雑音から不可避的に生じるエラーを修正することもそうであり、どちらも柔軟性と関係がある。人体の発生プロセスがどれほど柔軟であるかは、この本からも十分おわかりいただけたことと思う。ある組織が他の組織に必要な助けを求めたり（第9章、酸素が足りなくなると血管を呼び寄せるなど）、ある組織の大きさが体の大きさに応じて決まったり

(第16章)、間違った場所にいる細胞が自殺したり(第14章)、幹細胞由来の細胞が出すシグナルによって幹細胞自身の増殖が制御されていたりと(第16章と第18章)、発生の柔軟性を示す例には事欠かない。こうした柔軟性の核心にあるのもシグナル伝達である。ただし単なるシグナルではなく「フィードバックループ」になっているシグナル伝達で、あるプロセスの結果がフィードバックされてそのプロセス自体を制御する。第9章にもその例があり、毛細血管が伸びて酸素が供給されると、酸素を求めるシグナルであるVEGFの産生が減少し、毛細血管の伸びが止まるのだった。結果がフィードバックされなければ、酸素不足が解決されても毛細血管は伸びつづけてしまう。このように、結果がフィードバックされることで細胞間コミュニケーションは文字通り「会話」になり、シグナルの結果が別のシグナルとなって直接、あるいは間接的に戻ってくるので、細胞同士の相互依存度が上がる。このループこそが、生体が外部の設計者や工事監理者の手を借りることなく自らを作り上げられる鍵なのだろう。建築現場のレンガは工事の状況を感知できないし、状況に応じて自分を変えたりできないが、細胞にはそれができる。細胞には建築現場の監督が一歩下がって建物全体を見るように胚全体を「見る」ことはできないが、自分が正しく振る舞うために知るべきことは感知できる。

ところで、外部の指示者ないし監督者の代わりに、構成要素間の継続的コミュニケーションが何かを成し遂げるという図式は、実はわたしたちが日常的に経験していることでもある。人間がどういうものか知らない宇宙人が地球を観察し、買い物客でごった返すロンドンのオックスフォード・ストリートを見たら、あるいはカップルでいっぱいのダンスホールを見たら、あるいは音楽ファンが詰めかけた屋外ステージを見たら、誰もひどくぶつかったり押し潰されたりしないのは何者かが全体を動かしているからだと思うだろう。だが群衆のなかにいるわたしたちは、各人がただ周囲の状況に応じて自分の動きを決めているだけだと知っている。つまり、群衆に囲まれたわたしたちにはその場の全体がどうなっているかを知るすべがないが、人間の集合体そのものは自らを安全かつ賢明なやり方で組織している。*もっと時間軸・空間軸を広げて「文明」について考えてみても同じことがいえる。文明の核となるメカニズムは――言語、経済、食物分配などのメカニズム、あるいは科学的探求の方法でさえ――大勢の人間の相互作用の結果として生じるのが一般的だが、そのうちの誰一人として全体像を把握してはおらず（それは外部の観察者にしかできない）、個々人はごく一部の局所的な知識をもとに行動しているだけである。それにもかかわらず、文明はある程度うまく組織されていて、時折大恐慌が発生するとはいえ、比較的堅牢だといっていいだろう。たまに一個人が言語や経済システムを作ろうとすることがあるが、それがどういう結果に終わったかを見れば、昔ながらの大集団による自己組織化のほうがまだしも効率がいいように思える。家庭から社会まで、複数の人間からなる組織はどの規模のものであっても、わたしたちが熱心にコミュニケーションをとらなければ構築できず、その点はアリやハチが社会的コロニーを作るのと変わらない。もちろん正確な比喩ではないが、細胞もまた互いにコミュニケーションをとることによって、自分たちよりはるかに規模の大きい組織を作りうるという意味で、胚発生の理解の助けになるだろう。

発生メカニズムの顕著な特徴にはもう一つ、「入れ子構造」もある。あとからできるメカニズムがそれ以前のメカニズムを内包する構造で、だからこそ細かい事象も滞りなく進んでいく。たとえば、感覚神経系が正常に機能するためには神経の接続強度の調整が必要で、これには正のフィードバックによる学習が使われていた（第15章）。だがそのフィードバックは、その前の段階で十分な量の接続が確保できていることが前提で、そこはまた別のフィードバックが担っていた。つまり軸索ガイダンスがうまくいくかどうかは、細胞先導端の自己組織化フィードバックループにかかっていた（第8章）。さらにそのフィードバックループは、タンパク質ユニットが集まって微小線維を形成するという単純で物理的な自己組織化反応に依存していた（第1章）。この例では「入れ子」をスケールの大きいほうから小さいほうへと説明したが、その逆を考えると、もしかしたら「入れ子」は個々の人体を超えて人間社会にまで続いているのかもしれない。ただしこの点はあまり安易に考えてはならない。なぜなら、人間社会には人体が相当するものをもたない極めて重要な能力が新たに追加されているし（習得知識の世代を超えた伝達など）、逆に人体も人間社会が相当するものをもたない特徴をもっているからである（遺伝情報を次世代に伝えるのが生殖細胞に限られるなど。ちなみに、一部のアリやハチのコロニーは生殖をほんの数匹の個体に限定していて、その個体が事実上コロニーの生殖細胞のような役割を果たしている）。

「これこれのための遺伝子」問題

以上の説明はヒト発生を〈コミュニケーション中心の考え方〉で見たものだが、現在世の中に広く

＊——もちろんいつもうまくいくわけではなく、時には大惨事につながることがある。そこで、わたしたちに馴染みの、本来安全な自己組織化プロセスがなぜ脱線して危険になるのか、安全性を保つにはどうしたらいいのか、といった観点から集団行動を分析する興味深い研究分野も生まれている。

普及しているのは〈遺伝子中心の考え方〉である。この二つをどうまとめたらいいのだろうか。答えは簡単で、「〈コミュニケーション中心の考え方〉の要であるタンパク質装置は、遺伝子がもつ情報に従って組み立てられる（第1章）」――という具合にすんなりつながる。タンパク質は遺伝子の発現を調節し、遺伝子はタンパク質の合成を指定する。適切な表現を使うかぎり、〈遺伝子中心の考え方〉と〈コミュニケーション中心の考え方〉のあいだには何の矛盾も生じない。結局のところ両者はコインの裏表の関係にあるのだから。だが表現を間違うとそこに矛盾が生じてしまう。実際、〈遺伝子中心の考え方〉に立って説明する際によく使われる表現に問題があり、食い違いのもとになっている。その表現は研究者が研究室《ラボ》で使う省略表現に端を発しているのだが、それがそのままラボの外に出てしまったために広く一般の人々の誤解を招くようになり、今や生物学を専攻する学生までもが勘違いしている。この状況は、たとえラボにこもっていても、自分の考えを披露するときは言葉に注意を払えという、わたしたち研究者全員への戒めのようなものである。わたしがいいたいのは、たとえば高い鼻、強い腕、高いIQといった、人体の一部の特性を直接指定する特定の遺伝子が存在するという見方を助長してきた表現、すなわち「これこれのための遺伝子」という表現のことである。

古典的遺伝学は主として相関関係の研究であり、特に遺伝子の変異とその生物への検出可能な影響の相関関係を解析する。発生への影響についていうと、何らかの相関が発見されることは、ある遺伝子が「このように変異すると体のこれこれの部分が正常に形成されなくなる遺伝子」として特定されることを意味する。だがこれは研究会議で繰り返し口にするにはあまりにも長いので、すぐに省略されて「これこれのための遺伝子」となる。そしてその遺伝子が最終的に命名されるときも、たとえば

wingless（wg遺伝子）、thick veins（tkv遺伝子）、small eye（sy遺伝子）といったように省略表現の色合いを帯びたものになってしまう。この省略表現が本来意味するものを誰もが覚えているあいだは問題ない。だがそうでなくなるとすぐ、遺伝子の機能は体のある特定の部位を作ることだというニュアンスを帯びはじめ、やがて遺伝子と体の部位のあいだに一対一の関係が成り立つという誤解まで招くようになり、今やこの誤解が蔓延している。この問題は因果関係の落とし穴に起因し、その落とし穴は次のイギリスの童謡（おそらくリチャード三世の命を奪った出来事を基にしたのだろう）に見事に要約されている。

釘が足りずに蹄鉄打てず
蹄鉄打てずに馬が走れず
馬走れずに騎手が乗れず
騎手が乗れずに戦に敗れ
戦に敗れて国が滅びた
すべてたった一本の釘のせい

ここにはある要素の不在とその悲劇的な結果の因果関係が並べられているが、分別のある人なら釘の役割をボズワースの戦いに勝つことだと考えたりはしない。釘の役割は馬の蹄鉄を固定することでしかないのに、それを教師が「この釘がきっかけでチューダー朝が始まりました」などと教えたら、生徒たちにおかしな歴史観を植えつけることになる。ショウジョウバエの変異していないwg遺伝子の機能は翅を作ることだというのも同じようなもので、誤解のもとである。この遺伝子の役割は、前のほうで登場したヒトのWNTタンパク質に相当するショウジョウバエのシグナル伝達タンパク質を作ることにある。そのタンパク質には複数の機能があり、そのうちの一つが翅を作るうえで重要な役割を果たしている。この遺伝子がある種の変異を起こすと、他の部分はほぼ正常に発生するが、翅だけがうまくいかないという現象が見られ、この遺伝子が特定された。

そんなものは些細な違いでしかないし、「これこれのための遺伝子」という表現に目くじらを立てるなんて単なる衒学趣味じゃないか、と思うかもしれない。だがこれは大きな問題である。なぜ問題かというと、実際は何重もの「入れ子」になったメカニズムがそれ自身のシグナルと環境からのシグナルを統合しながら体を組織していくにもかかわらず、最初から決まった計画があるかのようなイメージを与えるからである。つまり誤った「決定論」的な印象を与える。第8章と第15章で言及した遺伝環境論争の白熱ぶりもこの誤解が蔓延している証拠である。すでに一九〇九年に、植物学者のウィルヘルム・ヨハンセン[2]と動物学者のリヒャルト・ヴォルタレク[3]が別々に、どちらも明白な根拠を示して、動物の発生は遺伝子だけによるのではなく、遺伝子が指定するメカニズムと環境との相互作用によるものだという考えを発表し、しかもその後の数年間でヒトを含む膨大な種についてこの考え方を裏づける研究結果が得られた。それにもかかわらず、多くの人々が「これこれのための遺伝子」といった省略表現を文字通りに受け取ったことから、一部の心理学者、社会学者、教育者、政治家、そして一般の人々のあいだで、誤解に基づく「生まれか育ちか」論争が巻き起こってしまった。このまま誤った科学に基づいて、政治家や医師が教育システム、メンタルケアシステム、刑法などを策定するようになれば、事態はますます深刻になる。

先天異常学の貢献

以上の理由により「正しく使われるかぎり」という条件がつくが、不完全な発生とその結果についての情報は、遺伝によるものも環境によるものも含めて、正常な発生の理解を大いに助けてきたし、その点は今後も変わらない。動植物も含めて広く発生異常を研究する学問は「先天異常学」(teratology)と呼ばれる〔形態異状学という名称への変更も提案されている〕。先天異常学は大きく分けると二つの面で発生学に貢献してきた。一つは、特定の遺伝子や化学的経路と特定の発生事象との関連づけである。たとえば、GDNF(第10章で出てきたシグナル分子)をコードする遺伝子がどちらも(一組二つあるがそのどちらも)突然変異によって不活性化すると、腸に神経系がなく、腎臓もないマウスが生まれる。このような結果が出ると、GDNFによるシグナル伝達がこれらの器官の発生にかかわっているはずだと考えられるので、さっそく実験で検証が行われる。すなわち、遺伝的に正常な胚を使い、人工発生源あるいは阻害物質でGDNFシグナル伝達を局所的に操作する実験である。こうした考え方が非常に有効であることから、ミミズやハエといった単純な生物のほぼすべての遺伝子について、個々に変異の影響を調べようという大がかりな計画も実施されてきた。それぞれの遺伝子がコードするタンパク質と、そのタンパク質を必要とする発生事象を大まかにつないでいく試みである。しかも多くの場合、そこで得られた情報をもっと複雑な動物（マウス胚やヒト胚）にも直接応用することが可能なので、大いに成功を収めてきた。

同様に、化学的毒素と特定の発生不全の関連づけも重要で、その毒素の生物作用がわかれば、体の特定の部位の発生に必要なシグナル伝達経路などの特定に結びつけることができる。これについては第11章でサリドマイドの例を取り上げたが、もう一つシクロパミン（cyclopamine）の例も紹介しておこう。コーン・リリー（バイケイソウの一種）が生えている土地で放牧されていた羊の群れに、しばしば目が中央に一つしかなく、鼻孔も一つしかない子羊が生まれていることがわかった。そこで調べてみると、この植物はシクロパミン（ギリシャ神話の一つ目の巨人サイクロプス Cyclops から命名された）という天然有機化合物を含んでいて、それがヘッジホッグ・シグナル伝達経路（この本にも繰り返し登場したあのＳＨＨ）の強力な阻害因子であることが判明した。こうなれば研究者は当然、ヘッジホッグ・シグナル伝達が顔のパターニングに関与しているのではないかと推測し、それを検証しようとする。このように、この本で紹介したヒト発生に関する知識の多くは、先天異常学（遺伝学を含む広い領域に関係する広義の先天異常学）による推論を手がかりにして紐解かれてきたものである。

先天異常学のもう一つの貢献は、これまた遺伝学を含めた広い意味でのことだが、わたしたちがどうやって今ある姿に至ったかという問題に関するものである。ただし、この本のテーマである発生時の問題（どうやってヒトになるか）ではなく、地質学的タイムスケールの問題（どうやって人類が誕生したか）だ。ウォレスとダーウィンが気づいたように、進化は基本的に二つの要素から成り立っている。混合集団を作り出す突然変異と、そのなかからどれを次世代に残すかにバイアスをかける自然淘汰である。

子孫を残せるかどうかで競合状態に置かれる動物の変異には、当然のことながら体を作る細かい発生事象における変異が含まれる。ほとんどの場合、その変異はごく小さい変化しかもたらさないが（手足がほんの少し長く、あるいは短くなる、肺の分枝がほんの少し多くなる、大脳皮質の皺がほんの少し多くなるなど）、時には大きな変化、ある種の飛躍をもたらすこともある（指のあいだの選択的細胞死が起こらず、水かきができて泳ぎやすくなるなど）。進化生物学者のあいだでは、進化的変化を主にもたらすのはごく小さい変化の積み重ねなのか、それとも突然の飛躍的変化なのかという議論が続いているが、いずれにせよ、発生が変化すれば成体が変化し、それが子孫に受け継がれる。したがって、ある動物の遺伝子の変化がその体にどのような変化（大きい変化でも小さい変化でも）をもたらすのか、また環境の影響（気温から毒物に至るまで）と遺伝子がどのように相互作用して発生を変えるのかを研究することは、進化上重要な変異がどう起きるのかを解明することにもつながる。

今後の展望

ヒトの発生には、わたしたちがまだ知らないことがたくさんある。しかも何を知らないのかがわからないので、自分たちの立ち位置もはっきりしない。今現在の基本的な認識をがらりと覆すような発見がいずれもたらされるのか、それとも重要な原理はすでに発掘済みで、あとは細部を埋めていくだけなのかもわからない。この分野の研究者はだいたい、遺伝子制御、細胞コミュニケーション、細胞遊走といった一般原理はほぼ解明されたのではないかと考えているが、科学史を振り返ればわかるように、誰もがそう考えているからといって実際にそうだとはかぎらない。ヴィクトリア朝後期の科学者たちも、ニュートンの法則、マクスウェルの方程式、熱力学、その他いくつかの原理を得て、自分たちはすでに宇宙の基本メカニズムを知っている、あとは細部の穴埋めだけだと思っていた。だがその後、相対性理論や量子力学が発見されて物理学は根底から変わった。自然はわたしたちを驚かせてばかりいる。では、今後もし発生生物学でも既成の枠組みを壊すような発見があるとしたら、それはどんなところで見つかるだろうか。

わたし個人は、分子レベルの研究の範疇ではそのような発見はないだろうと思っている。もちろん今後も何らかの驚きはもたらされるだろうし、比較的最近の例では「RNA干渉」（siRNAやmiRNA）という、それまで思いも寄らなかった遺伝子制御の発見があった。[4-6] だがそれも、遺伝子が他の遺伝子の発現を制御するという根本概念を覆すものではなく、その際にタンパク質ではなくRNAが使われることもあるとわかったにすぎない。もっと画期的な発見が期待できそうなのは、遺伝子発現パターン全体を眺め、常に一緒に行動すると思われる遺伝子群、すなわち一貫したシステムないし「モジュール」として大事な機能を担っているかもしれない遺伝子群に注目するといった研究である。同様に、細胞が利用するコミュニケーション・ネットワークの接続パターンの研究にも期待できるのではないだろうか。シグナル分子の詳細ではなく、シグナルの全体的なパターン、つまり「ネットワーク」に目を向ける研究である。これまでシグナルは個別に研究される傾向にあったが、最近ではシグナルネットワーク全体を見て、そこに何らかのパターンを見つけようとする動きも見受けられる。細菌をはじめとする単純な生物には、「フィードフォワードループ」といったパターンが何度も繰り返し現れる[7]。胚のなかでも、分子の詳細にかかわりなく、特定のシグナルネットワークのパターンが特定の種類の事象に常に関与しているかもしれない。そうだとすれば発生学の考え方に新たな層が加わることになり、新たな問いや取り組みが生まれてくるだろう。たとえば、生物の個体を超えるスケールの組織体の発生過程も、実は生物そのものの発生と似ているのではないかといった問いが投げかけられるかもしれないし、発生中の生物の細胞をつなぐネットワークと、発生中の生態系の個々の生物をつなぐネットワークを比較するといった取り組みが始まるかもしれない。その結果、さまざまなスケールの生物学に共通する普遍原理が見つかるかもしれない。

再生医療

話が少々先走ったが、現状でも発生学の応用に期待がかかっていることはいうまでもない。胚発生についてこれまでにわかったことだけでも、すでに新種の医療の構築につながりはじめている。体は発育上の何らかの障害、外傷、感染症などで傷つくと、それを修復しようとするが、いつでも組織を再生できるわけではない。組織の一部に無傷の幹細胞が少し残っていたとしても、理屈の上ではそれらが再生に貢献できるはずであっても、炎症や傷で破壊された環境を再び細胞で埋めるのがひどく難しい場合もある。だが半世紀ほど前から、そのような場合でも、患者自身の組織の一部の移植（やけどの場合の皮膚移植から始まった）、あるいはドナーからの組織ないし器官の移植（死体移植あるいは生体移植）によって、患者の命を救うことができるようになってきた。それも腎臓、心臓、肺など、複雑な臓器の移植も含めてのことである。だがこの技術には制約があり、それは手術による外傷で組織が警報シグナルを出して防御応答を引き起こし、食細胞が移植された組織の細胞のかけらを集めてT細胞に提示するからである。T細胞は自分を活性化させるもの、たとえばレシピエントが本来もっていないタンパク質構造――胸腺で若いT細胞を選別するときに存在していなかった構造（第17章）――に出合うと防御応答を組織し、出合った相手を破壊する（つまり移植された組織を「拒否」してしまう）。したがって移植手術を必要とする患者は、自分と同じタイプの組織をもつドナーが見つかるのを待たなければならない。現実にはほとんどの患者が、何らかの生命維持装置（人工透析など）につながれた不自由かつ不安定な状態で何年も待つことになる。これがもしドナーから提供を受けるのではなく、何らかの方法で新しい組織や器官を作れるとしたら、どんなに助かるだろうか。

発生を直線的にとらえる場合、つまり設計図通りの決まった順序で遺伝子が働くという考え方に立つ場合、新しい組織を作るには胚から始める以外に方法がない。だがそれは事実上、新しいヒト胚ないし胎児をただ部品として使うために発生させることになり、文明社会においては倫理上到底受け入れがたく、はなから問題外である。これに対し、設計図ではなく、分子と細胞がコミュニケーションしながら自らを組織していくのが発生で、そのメカニズムを作るために実際の遺伝子の行動とその生成物があるという考え方に立つと、行く手に希望の灯がともる。正常な発生において、細胞が自分の周囲にあるものを見て正しい判断を下しながら、自分たちを組織へと作り上げていくというのなら、人工的に作った環境でも同じことを再現できるかもしれない、細胞をうまく説得して、シャーレのなかでも同じように行動させることができるかもしれないという希望である。果たしてそれは可能なのだろうか。

答えはどうやらイエスのようだ。そう思える証拠が一つ、腎臓の研究から得られている（腎臓の発生については第10章を思い出していただきたい）。消化酵素を使えば、発生中の腎臓の繊細な構造を完全にばらばらにすることができ、試験管のなかを細胞が自由に漂う状態を作り出せる。その状態から改めて細胞を無作為に集めて塊にすると、細胞は自発的に動き回って自分と同じ種類の細胞を探す。そして、実験者が手を貸さなくても、数日で自分たちを組織して、基本的には正常に発生中の腎臓組織と見分けがつかないものになる。[8][9]いささか奇妙で人工的な状況ではあるものの、それが実際に起きるところを顕微鏡でじかに見ると、互いにコミュニケーションをとりながら自らを組織していく細胞の能力をまざまざと見せつけられ、感動を禁じえない。

実験室での初歩的な試みとしては（わたしのラボにかぎらず）、こうした技術が腎臓、肺、その他さまざまな組織に応用できるようになってきている。だがもちろん、腎臓をはじめとする複雑な器官について、実際に患者に移植できるものを作れるようになるのはまだまだ先の話であり、おそらく数十年かかるだろう。とはいえ、胚のなかで細胞群がシグナルとフィードバックを使って自らを組織していくこと、また正しく扱えば同じことが試験管のなかでも起こりうるとわかってきたことで、今後の研究の見通しが開けつつある。なかでも有望なのは、ある組織に必要なあらゆる成熟細胞を作れる幹細胞である。幹細胞の自己組織化メカニズムが活性化するように環境を整えることができれば、新たに組織を作るための効果的手法が見つかるかもしれない。すでに、構造が比較的単純な骨髄については、抗白血病薬で血液細胞や免疫細胞が破壊されてしまう白血病患者に対し、骨髄由来の造血幹細胞を使って補っていく方法が現実のものになっている。また広範囲の熱傷で皮膚幹細胞が破壊された場合には、普段は皮膚細胞と毛髪細胞を新しくするのが仕事の皮膚幹細胞が治療のために使われている。さらに、提供された組織を洗浄してドナー細胞を除去してから、患者自身の間葉系幹細胞を用いて組織を再構築するという技術も生まれている。こうすれば、移植される組織が事実上患者自身の組織であるように見えるので、拒絶反応が出ない。この手法の初期の成功事例で有名なのは、疾病で気管を失った患者への気管支移植手術で、「クラウディアの気管再生」として新聞各紙で大々的に取り上げられた[10]。再生医療に関してはまだまだ学ぶべきこと、なすべきことが多く、知見の現状と大衆紙の紙面に踊る文字のあいだには大きなギャップがある。それでもわたしたちが今まさに医療革命の時代を迎えつつあるのだとしたら、それはヒト発生についての研究が進んだおかげである。しかしながら、このまま進歩が続く保証はない。続くかどうかは、暮らしが厳しいなかで納税者が科学研究への支援を続けてくれるかどうかと、多くの若者がヒトという生物の秘密の発見に人生をかけようと思ってくれるかどうかにかかっている。

片道切符の旅

以上のように発生についての理解が深まることで、けがや疾病による損傷の修復技術が一段と高まる可能性はあるのだが、その一方で、わたしたちの体のメンテナンスシステムが完全なものではないという事実とはしっかり向き合わなければならない。幹細胞はすばらしい仕事をしているが、それでも少しずつエラーがシステムを侵食し、毒素がたまり、やがて混乱を招き、正常な通信回線をブロックし、細胞の正しい応答が阻害されるようになる。性能低下は最初のうち——通常数十年間——は目立たないものの、ちょっとした損傷が積み重なるにつれて、体のメンテナンス能力に徐々に影響が出る。すると生理機能が低下し、その結果修復効率はますます落ちる。これも正のフィードバックだが、わたしたちにとって不都合なフィードバックであり、その結果としてわたしたちは、いくら健康に留意しようとも死を免れることができない。もちろんわたしたちがもつ遺伝子、すなわち「わたしたちを作るタンパク質装置の産生を指定する遺伝子」は次へと受け継がれる。そして他の個体から来た遺伝子と一緒に再び体作りに着手する。自分とは別の、もっと若い個体を作る作業である。だがその個体もまた死を免れない。わたしたちはこれを「生命のサイクル」と呼び、繰り返されるもの、つながっていくものだと自分にいい聞かせるが、実はそうではない。確かに遺伝子の観点からすれば命は循環するものかもしれないが、個々の人間にとってはあくまでも片道切符の旅である。「生命のサイクル」は、闇に怯える裸のサルが自分たちのなぐさめにひねり出したフィクションにすぎない。

わたしたちはこの道が一方通行だと知っている。だからこそ、ここまでの道のりについて、つまり自分で自分の体を作り上げてきた驚くべきプロセスについて知れば知るほど、すべての人に対する畏敬の念が増すのである。それが見知らぬ人であっても、友人であっても、あるいはかけがえのない自分自身であっても、一個の人間の創造というものを敬意と驚きなしにとらえることなどできないはずなのだから。

訳者あとがき

二〇一三年三月一五日の深夜に行われた、東急東横線の地下化切替工事を覚えておられるだろうか。終電後わずか三時間半のあいだに、東京の渋谷駅から代官山駅のあいだの二七三メートルにわたって線路切替が行われ、工事完了から二十分足らずで始発列車がこの区間を走り抜けたという、門外漢から見れば奇跡のような工事のことである。一部始終を記録した早送り映像は、まさに驚きのスペクタクルだった。

あの驚きがなんだったのか改めて考えてみると、そこには三つの理由があったように思う。第一に、終電から始発までの、電車が走っていない四時間足らずのあいだに行われたこと（つまりほぼ平常ダイヤどおり）。第二に、その短時間で一二〇〇人にも上るプロ集団が見事な共同作業を繰り広げたこと。第三に、工事を成功させるためにどれほど緻密な準備が必要だったか容易に想像できること。

その記憶があったからだろうか、この本の原書である *Life Unfolding*（Oxford University Press, 2014）を読んだとき、わたしはそのとき以上に驚いた。なぜなら、人体の発生という大工事においては——このあと書くように発生は工事とは本質的に異なるのだが、そこをあえて喩えるならば——電車は走りっぱなしで、参加する関係者（細胞、タンパク質、遺伝子など）は桁違いに多く、しかも事前につくっておいたものを一気に組み立てるといった方法もとれないとわかったからである。

「いや、複雑なのはわかるけど、ＤＮＡという設計図があって、そのとおりにつくられていくだけなんじゃないの?」と思われる方もいるだろう。生物学や医学を修めていれば別だが、そうでなければ漠然とそんなイメージをもっていても不思議ではない。実際、ゲノムやDNAを比喩的に「生命の設計図」と表現することはよくある。だが、この本を読むとわかるように、DNAはいわゆる設計図ではない。そもそも生物の発生は、わたしたちが普通に思い描く「つくる」とはまったく異質の事象である。そこには詳細な設計図もなければ、現場監督もおらず、既存の機械や工具を使えるわけでもない。たった一つから始まって、最終的に兆の単位まで増えるヒト細胞のどれ一つとして、「人体の完成形はこうです」という全体像を知らないし、どこか外部から指示がくるわけでもない。では人体は、いったいどうやってつくられていくのだろうか?

それを専門外の読者にもわかるように教えてくれるのが本書、『人体はこうしてつくられる』である。

本書はまず第1章で、生体と人工物の構築方法の本質的な違いを説明し、わたしたちの思い込みを取り払ってくれる。そして頭がほぐれたところで、第2章から胚発生の具体的な説明に入る。受精卵からスタートし、時に発生の段階を追いながら、時にテーマでくくりながら、発生の基本的なしくみと特徴を語っていく。

第I部「ラフスケッチ」は初期の基本構造ができるまでで、この段階ではまだ人体のようには見えないが、次の段階への準備は整う。第II部「細部を描き込む」は体の各部分が形をとりはじめ、心臓や血管ができて血液が循環し、各器官、神経系、体肢も発生し、性別も形をとるようになるまでで、ここまでくるとほぼ人体らしくなる。第III部「仕上げ」は人体を完成させる重要な部分だが、完成すなわち出生というわけではない。人体発生の物語は出生後にも及び、脳の学習や免疫系の学習、つくられた体をどう維持するかというメンテナンスの話も出てくる。さらに「老いとはなにか」への言及もあり、発生という枠を超えて生命の本質に迫れそうなほど盛りだくさんである。そして最後の第IV部が発生の本質的な特徴のまとめで、示唆に富み、わたしたちの視野を大いに広げてくれる。

著者のジェイミー・A・デイヴィスは、エディンバラ大学の実験解剖学教授で、哺乳類の形態形成を専門にしている。なかでも胎生期の形態発生に興味をもち、基礎研究とともに、医学への応用研究にも力を注いできた。基礎研究の部分は「発生生物学」の範疇で、細胞集団がどうやって自分たちを組織していくのか、単純なものからどうやって複雑な構造ができるのか、端的にいえば〝体はどうやって自らをつくり上げていくのか〟を解き明かそうとしている。いっぽう応用研究のほうは「組織工学」の範疇で、幹細胞から機能する器官をつくろうとする試みであり、最終的にはヒト幹細胞から移植可能な腎臓をつくることを目指している。さらに、前者の理論を確認するために、あるいは後者の適用範囲を拡大するために「合成生物学」の技術を用いていることから、著者はこの分野にも造詣が深い。世界で評価されているオックスフォード大学出版局の定番入門書、VSI（Very Short Introductions）シリーズでも合成生物学の巻を担当し、今年上梓したところである（*Synthetic Biology: A Very Short Introduction*, Oxford University Press, 2018）。

これらの分野の研究は近年めざましい進展を遂げつつあり、以前は想像もできなかった世界が見えはじめている。しかしながらその成果は主に論文という形で発表され、広く一般の人々の目に留まることはない。そこには誰もが抱く「わたしはどうやって生まれてきたのか」という問いへの答えが、まだ部分的とはいえ、書かれているにもかかわらずである。そこで著者は、これをなんとか平易な本にまとめることはできないだろうかと考えた。

しかしながら、発生はとてつもなく要素が多く、ステップも多く、しかも複数の事象が同時進行するので複雑極まりなく、量的にも質的にも簡単に説明することなどできない。そこで著者は、「適応的自己組織化」をキーワードにし、単純な要素同士の相互作用によって、その要素よりはるかにスケールの大きい、しかも複雑な組織構造がつくられていくという、生命の本質的側面にスポットを当ててまとめていく方法をとった。

発生のあらゆる段階で要素（遺伝子、細胞、器官など）間のコミュニケーションとフィードバックが繰り広げられ、そこから新たな構造、複雑な機能が生まれていく様子は、読んでいて驚きを禁じえない。どの段階をとってみても、なんらかの要素とその周囲の環境との相互作用が重要な鍵を握っている。著者が力説するのもその点で、遺伝子ですべてが決まるわけではなく、あくまでも遺伝子と環境の相互作用の結果だということを忘れてはならないと繰り返し述べている。

この本には「細胞はどうやって分裂するのか」といった基本中の基本を面白く解説した部分もあれば、最新の知見を惜しみなく（今後塗り替えられることを恐れずに）披露した部分もある。また、専門書よりはるかにわかりやすいとはいえ、対象が一筋縄ではいかない人体なので、読むのにそれなりの忍耐を要する読み応えたっぷりの部分もある。だが読みおえてもっとも印象に残るのは、なんといっても「単純から複雑が生まれる不思議」であり、そのダイナミズムである。

ヒトゲノム解読宣言から一五年経ち、いまや世界各地でゲノム編集技術が急速な発展を遂げつつある。生命とはなにかという問いを誰もが突きつけられる日も遠くないだろう。そのとき、生物の、特に人体の発生が本質的にどういうものかを理解しておくことは、大きな意味をもつと思われる。

訳出に当たっては、人体発生学の詳細な定番テキストである次の三冊を主に参考にした。
『ラングマン人体発生学　第一一版』（安田峯生・山田重人訳、メディカル・サイエンス・インターナショナル、二〇一六年）
『カラー版　ラーセン人体発生学　第四版』（仲村春和・大谷浩監訳、西村書店、二〇一三年）
『ムーア人体発生学　原著第八版』（瀬口春道・小林俊博訳、医歯薬出版、二〇一一年）

なお、本書はその目的から、専門用語や遺伝子・タンパク質名を最小限に絞り、また発生の細かいステップを省いているため、こうした網羅的なテキストとは説明の仕方が自ずと異なる。翻訳上もそれに即した工夫をし、と同時に簡略化によって誤解が生じることがないように配慮したつもりだが、うまくいっていない部分があるとすれば、訳者の勉強不足によるものである。

最後に、原書との出会いをつくってくださり、右往左往する訳者を支え、日本語版の完成へと導いてくださった紀伊國屋書店出版部の和泉仁士さんに、心よりお礼申し上げる。

二〇一八年九月　橘　明美

引用について

Sources of Quotations at Heads of Chapters

各章の冒頭に掲げたエピグラフはほぼすべて偉人や賢人の言葉で、胚発生について書かれたものではない。だが偶然にも、発生にそのまま当てはまる個所があり、興味深く思えたのであえて本来の文脈を無視して引用した。出典ならびに本来の文脈は次の通りである。

◎序（一一ページ）

何かがわかったからといって、驚きや不思議がなくなるわけではない。謎が尽きることなどないのだから。

科学者はよくこのような感想をもつが、この文章は科学者ではなく、フランスの作家、随筆家、日記作家のアナイス・ニン（一九〇三〜一九七七）の手によるものである。日記のなかの、精神分析について書かれた個所から引用した。

◎第1章（一二ページ）

人が生まれるまでの九か月の物語は、
その後の七〇年に及ぶ人生よりはるかに面白いだろう。

イギリスの詩人、評論家、随筆家、哲学者のサミュエル・テイラー・コールリッジ（一七七二〜一八三四）の言葉。発生生物学者が白衣に身を包み、人が生まれる前の命の秘密を解き明かそうと日々格闘するのは、まさにその面白さに魅了されてのことである。

◎第2章（三二ページ）

わたしは大きく、多くのものを包含する。

アメリカの詩人で随筆家のウォルト・ホイットマン（一八一九〜一八九二）の代表的な詩集『草の葉』に収められている自由詩「わたし自身の歌（Song of Myself）」からの引用。この詩は初版では無題だったが、一八六〇年版で「一アメリカ人、ウォルト・ホイットマンの詩」と題され、一八六七年版から「わたし自身の歌」となった。元の文脈では、人間が矛盾する考え、感情、意見を同時に抱きうることを意味していて、おそらくそれでかまわないといいたいのだろう。

◎第3章（五一ページ）

率直な意見の相違は健全な進歩のしるしである。

モハンダス・カラムチャンド・ガンディー（一八六九〜一九四八）の言葉。今日では尊称のマハトマ（偉大な魂）あるいはバプ（国家の父）と呼ばれることが多い。さまざまなグループに属する人々が平和に共存するための道を見つけ出すプロセスについての言及である。

◎**第4章（六四ページ）**

出生でも結婚でも死でもなく、

原腸形成こそが、人生で真実もっとも大事な時である。

この本では数少ない例外で、元の文脈通りの引用である。ルイス・ウォルパート（一九二九〜）は英国を代表する発生生物学者の一人で、この分野の研究と教育に多大な貢献をしてきた。また一般読者にも専門家にも読める、面白くて刺激的な本を出しつづけている。

◎**第5章（八七ページ）**

脳――我々が自分は考えていると考えるための器官。

アンブローズ・ビアス（一八四二〜一九一三）の『悪魔の辞典』をきっかけに風刺の効いた辞書パロディが流行し、いまだに収まる気配がない。ほかにも「法律家――法をかいくぐるのに長けた人」などの定義がある。

◎**第6章（一〇三ページ）**

小さい仕事に分けてしまえば、取り立てて難しいことなど一つもない。

流れ作業の組み立てラインを導入したのはヘンリー・フォード（一八六三〜一九四七）が初めてではないが、フォードはそれを利用して大規模な量産に成功し、フォード・モーターをアメリカ屈指の自動車メーカーの座につけた。またこれを手本にして多くの実業家が同じ手法で工場を立ち上げた。高賃金と単純作業を組み合わせた生産システムは当時画期的で、「フォーディズム」と呼ばれて注目された。

◎**第7章**（一二八ページ）

初めに言《ことば》があった。

新約聖書の一般的なテキストでは、「ヨハネによる福音書」はこの一文で始まる。現在に伝わる聖書のラテン語訳は主に、エウセビウス・ソポロニウス・ヒエローニュムス（三四七〜四二〇。聖ヒエロニムス）の手によるものである。

◎**第8章**（一四一ページ）

その道が美しいなら、どこへ向かう道かは問うまい。

第8章の冒頭をフランスの作家アナトール・フランス（一八四四〜一九二四。本名はフランソワーズ＝アナトール・チボー）のこの文章で飾ったのは、細胞が最終目的地を知らずに、ただ周囲の因子に応答して遊走するという点を強調したかったからである。

◎**第9章**（一六二ページ）

人間とは、よくできた移動可能な配管設備である。

アメリカのジャーナリスト、作家、詩人のクリストファー・モーリー（一八九〇〜一九五七）の『人間（*Human*

Being)』(一九三一)に出てくる定義。

◎**第10章**　(**一八五ページ**)

いつもオルガン、オルガンばかり

ディラン・トマス(一九一四〜一九五三)の朗読用の劇『ミルクウッドのもとに』に二回出てくるモーガン夫人のセリフ。夫への不満の表明で、夫が四六時中バッハとパレストリーナの音楽を聴いているのがその原因のようだ。

◎**第11章**　(**二〇二ページ**)

純朴な子供
軽やかに息をし
手足に命が満ちている

ウィリアム・ワーズワース(一七七〇〜一八五〇)の詩「全部で七人よ(We are Seven)」の冒頭部分。明るい出だしだが、次の行は「死など知るはずもない」となり、そのあとこの子供(田舎娘)が、自分の兄弟姉妹六人のうちの二人が墓に眠ることを語る。

◎**第12章**　(**二一六ページ**)

人の生殖は実に驚嘆すべきもので、摩訶不思議です。このことで神から意見を求められていたら、アダムを造られたときのように、人の子孫たちを土で造りつづけていただきたいと進言していたでしょう。

マルティン・ルター（一四八三～一五四六）はプロテスタントの基礎を築いた聖職者、神学者である。この文章には二通りの解釈があり、性という厄介なものなどなければよかったという願望ととらえる人と、これほどすばらしいものを創造するなど、自分の想像力ではとうてい及ばないという告白だと解釈する人がいる。『テーブルトーク』の「結婚と独身」という章からの引用である。

◎第13章（二三八ページ）

ただ結びつけることさえすれば、（……）

もう断片的に生きるのはやめて、結びつけさえすれば（……）

「結びつけること」はE・M・フォースター（一八七九～一九七〇）の小説『ハワーズ・エンド』の中心テーマの一つで、この個所の全文は以下の通りである。「ただ結びつけることさえすれば、というのが彼女が説きたいことの全部だった。ただ詩と散文を結びつけることさえすれば、そのいずれもが光を発し、人間的な愛はその頂点に達することになる。もう断片的に生きるのはやめて、結びつけさえすれば、人間のうちに孤立してしか生きて行けない獣も、修道僧も死ぬのである」〔E・M・フォースター『ハワーズ・エンド』吉田健一訳、池澤夏樹＝個人編集『世界文学全集Ⅰ-07』二〇〇八年、二六一ページより引用〕

◎第14章（二六〇ページ）

われら、生のさなかに死に臨む。

一五四九年の英国国教会の祈祷書（Anglican Book of Common Prayer）にある埋葬式の祈祷文の一部で、カンタベリー大司教トマス・クランマー（一四八九〜一五五六）が書いたものといわれている。

◎第15章（二六八ページ）

システム――システム――システム――そこから逃げることはできない。

なにしろ自然はシステムであり、人は一自然現象であり、人の知性もそうなのだから。

ドナルド・クローハースト（一九三二〜一九六九）は発明家であり実業家で、ヨット乗りでもあり、史上初の単独無寄港世界一周ヨットレースに参加した。だが船体に問題が多くて南極海に入れず、かといってリタイアすれば経済的に破綻し家族が路頭に迷うことになるため引き返すこともできず、仕方なく無線を切り、何か月ものあいだ南大西洋周辺を迷走した。その間クローハーストは航海日誌に神学的ないし哲学的な記述も書きつけていて、なかには示唆に富む文章や美しく印象的な文章があり、一部はあまりにも悲痛で読むのも辛い。クローハーストのヨットが通りかかった船に引き揚げられたとき、そこに残っていたのは航海日誌だけで、もはや乗り手の姿はなかった。

◎第18章（三三六ページ）

きみは最悪の部類だね。自己主張が強いくせに、自分じゃ控え目だと思ってる。

ノーラ・エフロンが脚本を書いたヒット映画『恋人たちの予感』のなかで、ハリー・バーンズがサリー・

オルブライトにいうセリフ。二人は男女の考え方の違いをめぐって口論ばかりしている。

◎**第19章　（三五六ページ）**

汝自身を知れ。

デルフォイのアポロン神殿に刻まれている古代ギリシャの格言。アテナイの哲学者ソクラテス（紀元前四六九〜三九九）の言葉とされてきたが、ソクラテスという人物がそう説いたという歴史的事実を意味しているのかどうかはっきりしない。ソクラテスはプラトンをはじめとするのちの著述家たちが先人の知恵の源として創造した架空の人物だという説もある。

〔第16章と第17章の説明は割愛されている〕

索引

Index

◎「†」が付された項目は、巻末の「用語解説」に収録されていることを示す。

［ア行］

［カ行］

［**サ行**］

用語解説

Glossary

この解説は、明確でありながらも学術的細部に入り込まないことを目指した、
いわば妥協の産物である。この本の内容を理解するには十分だが、
必ずしも完全なものではなく、公式の定義の要件を満たしているわけでもない。

BCR（B細胞受容体） B cell receptor

「B細胞を感知する受容体」ではなく、B細胞の細胞膜の一部をなす分子、すなわち「B細胞がもつ受容体」のことで、抗体と密接な関係がある。細菌のかけらなどの特定の構造を認識し、個々のBCRはそれぞれ異なる構造をターゲットとする。

BMP（骨形成タンパク質） Bone morphogenetic protein

シグナル伝達分子の一種。多くのシグナル伝達分子と同じく、最初にわかった働きにちなんで名づけられたが、今ではこの名前が示すよりはるかに広範囲の事象を制御していることがわかっている。

DNA（デオキシリボ核酸） Deoxyribonucleic acid

ヌクレオチドのポリマー（重合体）で、遺伝子の物理的な実体。

ES細胞 ES cell

→**胚性幹細胞**（Embryonic stem cell）を見よ。

E－カドヘリン E-cadherin

細胞接着分子の一種。

FGF（線維芽細胞増殖因子） Fibroblast growth factor

シグナル伝達分子の一種。多くのシグナル伝達分子と同じく、最初にわかった働きにちなんで名づけられたが、今ではこの名前が示すよりはるかに広範囲の事象を制御していることがわかっている。

GDNF（グリア細胞株由来神経栄養因子） Glial cell derived neurotrophic factor

細胞間シグナル伝達分子の一種。多くのシグナル伝達分子と同じく、最初にわかった働きにちな

んで名づけられたが、今ではこの名前が示すよりはるかに広範囲の事象を制御していることがわかっている。

HIF-1α（低酸素誘導因子 1α） Hypoxia-inducible factor 1α
細胞のなかに存在するタンパク質で、通常は短寿命だが、低酸素状態では寿命がかなり延びる。延びた分だけ特定の遺伝子、特に血管新生に関与する遺伝子が発現する機会が増え、酸素不足が解消される。

HOX コード HOX code
「コード」といっても本来のコードではなく、頭尾軸上の細胞の位置と、その細胞が発現するHOX 遺伝子の組み合わせの関係を意味している。HOX コードの組み合わせが異なると細胞行動も変わるため、頭尾軸上の異なる位置に異なる解剖学的部位が形成される（椎骨でいうと、首のあたりの頸椎と胸のあたりの胸椎が異なるのがその例である）。

HSC（造血幹細胞） Haematopoietic stem cells
さまざまな血液細胞を作り出す幹細胞。

IGF（インスリン様成長因子） Insulin-like growth factor
成長を制御するうえで重要な細胞間シグナル伝達分子。構造はインスリンに似ているが、インスリンのように血糖やエネルギーの流れを直接制御するわけではない。

iPS 細胞（人工多能性幹細胞） Induced pluripotent stem cell
皮膚の結合組織などから取り出した普通の成人細胞に一定の操作を加えることによって、胚性幹細胞（ES 細胞）に近い形質をもつ——つまり体のどのような細胞でも作り出せる——細胞に変えたもの。

L1CAM
細胞接着分子の一種。

mRNA（メッセンジャー RNA） messenger RNA
遺伝子情報の「コピー」である RNA。メッセンジャー RNA は細胞核から送り出され、細胞質でタンパク質合成の鋳型として使われる。

N ―カドヘリン N-cadherin
細胞接着分子の一種。

RNA（リボ核酸） Ribonucleic acid
塩基が連なった長いポリマー（重合体）で、DNAと関係している。さまざまな種類があるが、この本にもっとも多く登場するのはmRNA（メッセンジャーRNA）である。

ROBO Roundabout
細胞シグナル分子であるSLITの受容体。昆虫と哺乳類に見られるROBOの働きの一つは、伸びていく軸索の成長円錐に、SLITを発現している中枢神経系の正中線を認識させることである。この働きがないと、成長円錐が正中線を越えたり戻ったりとロータリー（roundabout）を回るようにぐるぐる回るので、この名がついた。

SHH（ソニックヘッジホッグ） Sonic hedgehog
細胞が分泌する細胞間シグナル分子の一種。

SOX9
性分化（その他）に関与する転写因子。

SRY（Y染色体の性決定域） Sex-determining region of the Y chromosome
女性ではなく男性になるよう胚に命令する遺伝子。

TCR（T細胞受容体） T cell receptor
「T細胞を感知する受容体」ではなく「T細胞がもつ受容体」のこと。細菌のかけらなどの特定の構造を認識し、個々のTCRはそれぞれ異なる構造をターゲットとする。

VEGF（血管内皮増殖因子） Vascular endothelial growth factor
細胞間シグナル伝達分子の一種で、血管新生を促す強力なシグナルとなる。

WNT（ウィント）
初期の遺伝子名の合成語で、頭字語ではない。細胞が分泌する細胞間シグナル伝達分子の一種。

WT1（ウィルムス腫瘍1） Wilms tumor 1
さまざまな方法で特異的な遺伝子の発現を制御するタンパク質（ある遺伝子を読み取るかどうかを決めたり、そのmRNAが編集される方法を変えるなど）。WT1遺伝子の喪失と、ウィルムス腫瘍という小児腎臓癌に関連性があることからこう名づけられた。WT1は性分化にも関係している。

アクチン Actin
細胞タンパク質の一種で、重合して微小線維（マイクロフィラメント）を形成し、細胞骨格の主要な構成要素となる。アクチンとミオシンの複合体は細胞に張力を与える。

アミノ酸　Amino-acid

タンパク質を形成する20種類の小分子の総称。いずれも同じ主鎖をもつが、側鎖は種類ごとに異なり、どの種類がどう並ぶか（アミノ酸配列）によってタンパク質の形や性質（他の分子との相互作用）が決まる。そのアミノ酸配列は、タンパク質をコードする遺伝子のなかの塩基配列によって指定される。

遺伝子　Gene

DNAの一部で、生成されるRNAの分子配列を決める部分。多くの場合、そうして作られたRNAがメッセンジャーRNA（mRNA）となり、合成されるタンパク質の分子配列を決める。時には一つの遺伝子から複数の異なるタンパク質が作られることがあるが、それはmRNAが「編集」されて異なる「転写産物」が生じるからである。この編集を制御するのは細胞タンパク質で、これもまた遺伝子情報によって作られる。

糸状仮足　Filopodium

遊走する細胞の先導端や、ニューロンの成長円錐の先端に形成される細長い突起のこと。細胞はこれを使って周囲を探りながら進んでいく。

インテグリン　Integrin

細胞と周囲の物質との接着に関与する一群のタンパク質。通常は細胞内のタンパク質複合体ともつながっていて、細胞外タンパク質と細胞骨格を機械的に結合する。また細胞内シグナルを発することもある。

ウィトルウィウス　Vitruvian

この本でいう「ウィトルウィウス的」人体とは、体の大きさにかかわりなく、各部が古代ローマの建築家ウィトルウィウスが提唱したような（つまりダ・ヴィンチが「ウィトルウィウス的人体図」に描いたような）平均的比率になっている人体のことをいう。

ウイルス　Virus

遺伝物質とそれを包むタンパク膜ないし外膜からなる寄生性の微生物〔非生物とする考え方もある〕。構造が単純でそれ自体は新陳代謝をしないが、遺伝物質を宿主細胞に取り込ませることによってその細胞を乗っ取り、自分の複製を作らせて増殖する。一部のウイルスは宿主細胞のなかで休眠し、何年もおとなしくしていることがある（たとえば水疱瘡の場合、ウイルスが再び目覚めると帯状疱疹を引き起こす）。

ウォルフ管 Wolffian duct
初期胚の正中線の左右に、初期の腎臓から総排泄腔まで縦に伸びた一対の管。女性の場合は完全になくなるが、男性の場合は残って輸精管を形成する。

運動ニューロン Motor neuron
筋肉細胞に電気信号を送るニューロンで、それによって運動を（腕の動きのような随意運動も、胃腸の蠕動のような不随意運動も）起こさせる役割を担っている。

栄養因子仮説 Trophic hypothesis
発生最初期を過ぎてからの細胞の生存は、他の細胞種が作るシグナル（生存因子）にかかっているとする説。異なる細胞種の数のバランスがとれていること、また間違った場所にいる細胞が最終的に排除されることを説明しようとする一つの考え方。

栄養外胚葉 Trophectoderm
胚盤胞の外層で、その後の過程で胎盤を形成する。

エフリン Ephrin
シグナル伝達分子の一種。

塩基 Base
DNAとRNAの構成単位であるヌクレオチドの一部で、DNAの場合はA、C、G、T、RNAの場合はA、C、G、Uの4種類がある。

外胚葉 Ectoderm
原腸形成後の胚の最外層。ほとんどは皮膚の表皮に、一部は神経管その他の構造になる。

核（細胞核） Nucleus
細胞内部の薄膜で包まれた部分で、染色体を内包する。

角膜縁 Limbus
角膜と強膜（白目の部分の眼球壁）の境。

原始結節 Primitive node
原始線条の先端（頭方）にできる構造。原腸形成の「陥入」はここから始まる。

原始線条 Primitive streak
胚の体軸形成にかかわる最初の兆候で、胚盤葉上層にできる溝として現れ、その位置が体幹部

の正中線になっていく。

原腸形成　Gastrulation

胚盤葉上層の細胞が陥入して内胚葉と中胚葉になり、陥入しない細胞が外胚葉として外側に残るプロセスのこと。

抗体　Antibody

細胞外に放出される分泌タンパク質の一種で、一方の端が細菌などの特異的な分子（抗原）を認識し、もう一方の端が補体、食細胞といった免疫系の要素を活性化させる。抗体はそれぞれが特定の抗原をターゲットとする。

細菌（バクテリア）　Bacterium

典型的なヒト細胞の100分の1程度の大きさの単細胞生物で、外側に細胞壁をもつなど、ヒト細胞にはない独自の特徴を有する。どのような種類か、体内のどこにいるかによって、人体の頼れるパートナーにもなれば危険な病原菌にもなる。

肢芽　Limb bud

体側壁から伸びた突出部で、やがて手足になる。

糸球体　Glomerulus

腎臓にある血液濾過装置。

軸索　Axon

ニューロンの細胞体から発する長い突起で、ニューロンから他のニューロンや筋肉細胞に信号を伝える。

視神経交叉　Chiasm

左右の目の網膜から伸びてきた視神経が交差する脳内の部位。

シナプス　Synapse

ニューロンの神経突起と他のニューロン、あるいは筋肉細胞を接続する構造。シナプスには化学シナプス（送る側の細胞が受ける側の細胞に何らかの神経伝達物質を渡すことによってシグナルが伝達される）と電気シナプス（電気信号が直接伝達される）の2種類がある。

ジャギド　Jagged

細胞表面の一部をなすタンパク質で、隣接細胞の特定の受容体（ノッチ）に情報を送る。

上丘　Superior colliculus
脳内の構造の一つで、目の視覚情報を運ぶ神経がここにつながる。上丘における軸索末端の相対的位置は、網膜における軸索の起点の相対的位置を反映し、そのおかげで目がとらえた世界が電気的映像となって上丘に再現される。

静脈　Vein
組織内の毛細血管から心臓へと血液を戻す血管。

食細胞　Phagocyte
免疫系の細胞で、体内に進入した異物や細胞残屑をのみ込んで破壊するように特殊化したもの。

神経管　Neural tube
背側正中線のすぐ下を頭尾軸に沿って走る管。ここから脊髄、脳、神経堤などができる。

神経堤　Neural crest
神経管のもっとも背側に現れる細胞群で、神経管を離れて遊走し、移動先で神経組織を含むさまざまな組織を作る。

神経堤症　Neurocristopathy
神経堤細胞の発生や振る舞いの欠陥が原因で生じる疾患。

神経伝達物質　Neurotransmitter
化学シナプスにおいてシグナル伝達を仲介する分子。

神経突起　Neurite
ニューロンの細胞体から伸びる突起のこと。つまり軸索と樹状突起の両方を指すが、発生中のニューロンのまだ軸索か樹状突起かわからない突起について使われることが多い。

神経板　Neural plate
正中線上に位置する外胚葉の一片で、陥入して神経管を形成する。

生殖結節　Phallus
発生学においては、phallus は陰茎（雄）と陰核（雌）の共通の——つまりその違いがまだわからない段階の——前駆体を指す（一般的には phallus は陰茎、特に勃起した陰茎を意味し、精神分析などの分野では隠喩としてさまざまな意味をもつ）。

生殖細胞系列 Germ line
最終的に精子と卵子になる細胞群。発生初期には脇に置かれていて、何の働きもしない。

生存因子 Survival factor
（もっとも広義の）シグナル伝達分子の一種で、ある細胞種が分泌し、他の細胞種の選択的細胞死を阻止する。

脊索 Notochord
神経管のすぐ下（腹側）を走る細い棒状の器官。胚を組織するうえで大変重要なシグナルの発信源だが、成体の構造にはあまり貢献しない。

染色体 Chromosome
数千という遺伝子を含むDNAの長い分子が、タンパク質によってまとめられたもの。ヒトの体細胞には46本の染色体がある。

線毛 Cilium
細胞表面から出た短い繊維状の突起で、波打つように動いて細胞表面の液体を動かす。細胞シグナル伝達にかかわることもある。

総排泄腔 Cloaca
胎児期にはあるが出生期までになくなるもので、消化管、輸尿管、生殖輸管の共通の開口部。出生期までに直腸と尿道と膣（女性の場合）に分離される。

体細胞 Somatic cell
生殖細胞以外のすべての細胞を指す。somaは「体」、somaticは「体の」という意味だが、発生学におけるsomaticは「生殖細胞系列ではない体細胞の」を意味する。生殖細胞系列は胚のなかで次世代を生み出すことができる唯一の部分なので、このように分けて考えることがある。

体軸 Axis
体を形作る方向のこと。頭尾軸（縦方向）、背腹軸（前後方向）、左右軸（左右方向）などがある。単に「体軸」というとき、普通は頭尾軸を指す。

体節（1） Segment
体軸に沿って繰り返される、同じテーマのバリエーションのような構造の単位。たとえば椎骨も体幹部の骨格の分節単位と考えることができる。

体節（2） Somite
神経管の両側にできる中胚葉のブロック。発生が進むと（ややこしいプロセスを経て）椎骨の前駆体になるが、それ以外に胴や手足の一部の骨、筋肉、結合組織なども形成する。

大動脈 Aorta
心臓から中・小動脈へ（最終的には組織へ）と血液を運ぶ主要血管。胎生期には2本の大動脈があり、それが何度も改造されて成体の大動脈になる。

タンパク質 Protein
アミノ酸からなるポリマー（重合体）。細胞の主要構成成分であると同時に、細胞の生化学反応のほとんどを触媒する。

中心体 Centrosome
微小管形成の中心となる細胞小器官の一つで、あるメカニズム（第2章に解説あり）によって自動的に細胞の中心に位置する。

中胚葉 Mesoderm
原腸形成でできる3層の胚葉の一つ。外胚葉と内胚葉のあいだに位置する。

チューブリン Tubulin
微小管を形成するタンパク質。

底板 Floor plate
神経管のもっとも腹側に位置する部分。

ディフェンシン Defensin
抗菌性タンパク質の一種。

適応的自己組織化 Adaptive self-organization
単独ではこれといった機能をもたない物質が多数集まり、単純なルールに従ってより大きなシステムを構築するプロセスのことで、これにより個々の要素にはない特徴や振る舞いが生まれる。部分の総和にとどまらない高度な機能が生まれるこのプロセスは「創発」としても知られる。またこれをヒントにしたものに「群知能」がある。

動脈 Artery
高圧の血液を心臓から組織へと運ぶ血管。血液は静脈を通って心臓に戻る。

突然変異体　Mutant

かつては遺伝子の変化によるものか環境の影響かを問わず、異常な構造をもつ生物すべてを意味していたが、現代では、一つあるいは複数の改変遺伝子をもつことによって他と異なる生物を指す。

内胚葉　Endoderm

3層からなる胚葉のうち、もっとも内側に位置する層。消化管とその付属腺である臓器の内壁になる。

二分脊椎　Spina bifida

神経管閉鎖がうまくいかず、脊髄の一部が露出したままになる障害。

ニューロン（神経細胞）　Neuron

神経系の細胞で、電気的な情報を受け、処理し、送る。主に思考と行動を司る。

ヌクレオチド　Nucleotide

塩基と糖が結合したもの〔糖にはリン酸がエステル結合している〕。DNAとRNAではヌクレオチドの糖構造が少し異なる（DNAとRNAの違いはそこから生じる）。

粘液　Mucus

主に水と錯体と炭水化物分子でできたぬるぬるした分泌物で、抗菌分子を含有することも多い。鼻腔や膣などの傷つきやすい表面を洗浄するとともに保護する。

濃度勾配　Concentration gradient

ある空間内における分子濃度のゆるやかな変化のこと。ある分子が一か所で作られ、そこから周辺に広がっていく場合などに生じる。

ノッチ　Notch

ジャギドのような細胞表面結合タンパク質のための受容体。ジャギドは細胞表面の一部なので、ジャギド-ノッチ間のシグナル伝達は隣接細胞同士のものとなる。

胚性幹細胞（ES細胞）　Embryonic stem cell

初期胚から取り出された、培養可能で、体のどの部分の細胞でも作り出すことができる細胞。ES細胞の操作は遺伝子組み換えマウス作成の基本である。

胚盤葉下層　Hypoblast

原腸形成の少し前の胚を構成する2つの細胞層の下側の層。上側の層は胚盤葉上層。

胚盤葉上層　Epiblast

原腸形成の少し前の胚を構成する２つの細胞層の上側の層。下側の層は胚盤葉下層。

パネート細胞　Paneth cell

腸《ちょう》陰《いん》窩《か》の基底部付近に見られる細胞で、幹細胞を含む隣接細胞を細菌の攻撃から守る。

微小管　Microtubule

チューブリンのポリマー（重合体）で、細胞骨格の圧縮力に抵抗する主要素。細胞成分が細胞内を動く際の「レール」の役割も果たす。

微小線維（マイクロフィラメント）　Microfilament

アクチンのポリマー（重合体）で、細胞骨格の張力を維持する主要素（またミオシンと結合すると張力を生成する）。遊走細胞の先導端などで、短い微小線維が密集した状態で使われることもある。

微生物　Microorganism

細菌、単細胞菌類、寄生虫などの微小な有機体。

フィブロネクチン　Fibronectin

細胞が分泌するタンパク質で、細胞を取り巻く主要な結合物質。

フコース　Fucose

糖の一種で、（多くの糖と同じように）タンパク質と結合できる。

ブラウン運動　Brownian Motion

微粒子（たとえば巨大なタンパク質）が水分子に衝突されて生じる不規則な動きのこと。

補体　Complement

補体系を構成する一群のタンパク質で、一般細菌の表面を認識し、そこに穴を開けるとともに、免疫系細胞の応答を呼び起こす。

ホルモン　Hormone

遠距離伝達が可能なシグナル伝達分子で、血液中に放出されて体内をめぐる。

ミオシン　Myosin

アクチン微小線維と結合して機械的張力を生むモータータンパク質。

ミュラー管 Mullerian duct

初期胚の正中線の左右を縦に走る一対の管。女性の場合は輸卵管等になり、男性の場合は消えてなくなる。

無脳症 Anencephaly

頭部の神経管が閉鎖しないために生じる障害。脳や頭蓋骨の大部分が欠損し、部分的に形成された脳が頭頂部から後頭部にかけて露出する。

毛細血管 Capillary

もっとも細い血管。組織ともっとも密接なかかわりをもつ血管で、酸素と栄養素を送り込むとともに、老廃物を取り除く。

羊膜腔 Amniotic cavity

体液（羊水）によって満たされた袋状の内腔で、胚盤葉上層の上に形成され、誕生まで胎児を内包する。

ラミニン Laminin

細胞が分泌するタンパク質で、細胞外マトリックス〔細胞の外側にある構造的なもの〕、特に上皮とその下の結合組織を分ける「基底膜」の主要な構成要素。

レチノイン酸 Rretinoic acid

ビタミン A に近いビタミン A 化合物で、細胞間のシグナル伝達にも使われる小分子。

原注

Technical References

第2章 一から多へ

[1] Inoué S, Salmon ED. Force generation by microtubule assembly/disassembly in mitosis and related movements. *Mol Biol Cell*. 1995; 6: 1619–40.

[2] Schatten H. The mammalian centrosome and its functional significance. *Histochem Cell Biol*. 2008; 192: 667–86.

[3] Reinsch S, Gönczy P. Mechanisms of nuclear positioning. *J Cell Sci*. 1998; 111: 2283–95.

[4] Holy TE, Dogterom M, Yurke B, Leibler S. Assembly and positioning of microtubule asters in microfabricated chambers. *Proc. Natl. Acad. Sci. USA*. 1997; 94: 6228–31.

[5] Grill SW, Hyman AA. Spindle positioning by cortical pulling forces. *Dev Cell*. 2005; 8 :461–5.

[6] Kimura A, Onami S. Local cortical pulling-force repression switches centrosomal centration and posterior displacement in *C. elegans*. *J Cell Biol*. 2007; 178: 1347–54.

[7] Kimura A, Onami S. Computer simulations and image processing reveal lengthdependent pulling force as the primary mechanism for *C. elegans* pronuclear migration. *Dev Cell*. 2005; 8: 765–75.

[8] Vallee RB, Stehman SA. How dynein helps the cell find its center: A servomechanical model. *Trends Cell Biol*. 2005; 15: 288–94.

[9] Grill SW, Howard J, Schäffer E, Stelzer EH, Hyman AA. The distribution of active force generators controls mitotic spindle position. *Science*. 2003; 301: 518–21.

[10] Bornens M. Centrosome composition and microtubule anchoring mechanisms. *Curr Opion Cell Biol*. 2002; 14: 25–34.

[11] Yasuda S, Oceguera-Yanez F, Kato T, Okamoto M, Yonemura S, Terada Y, Ishizaki

T, Narumiya S. Cdc42 and mDia3 regulate microtubule attachment to kinetochores. *Nature*. 2004; 428: 767–71.

[12] Li X, Nicklas RB. Mitotic forces control a cell-cycle checkpoint. *Nature*. 1995; 373: 630–2.

[13] Lampson MA, Renduchitala K, Khodjakov A, Kapoor TM. Correcting improper chromosome-spindle attachments during cell division. *Nat Cell Biol*. 2004; 6: 232–7.

[14] Waters JC, Cole RW, Rieder CL. The force-producing mechanism for centrosome separation during spindle formation in vertebrates is intrinsic to each aster. *J Cell Biol*. 1993; 122: 361–72.

第3章 違いをつくる

[1] Braude P, Bolton V, Moore S. Human gene expression first occurs between the four-and eight-cell stages of preimplantation development. *Nature*. 1988; 332: 459–61.

[2] Van de Velde H, Cauffman G, Tournaye H, Devroey P, Liebaers I. The four blastomeres of a 4-cell stage human embryo are able to develop individually into blastocysts with inner cell mass and trophectoderm. *Hum Reprod*. 2008; 23: 1742–7.

[3] Sasaki H. Mechanisms of trophectoderm fate specification in preimplantation mouse development. *Dev Growth Differ*. 2010; 52: 263–73.

[4] Cohen M, Meisser A, Bischof P. Metalloproteinases and human placental invasiveness. *Placenta*. 2006; 27: 783–93.

[5] Mor G. Inflammation and pregnancy: the role of toll-like receptors in trophoblastimmune interaction. *Ann NY Acad Sci*. 2008; 1127: 121–8.

[6] Shaw JL, Dey SK, Critchley HO, Horne AW. Current knowledge of the aetiology of human tubal ectopic pregnancy. *Hum Reprod Update*. 2010 July–August; 16 (4): 432–44.

[7] Maximow AA. The lymphocyte is a stem cell, common to different blood elements in embryonic development and during the post-fetal life of mammals. Eng. *Trans in Cell Ther Transplant*. 2009; 1: e.000032.01. doi: 10.3205/ctt-2009-en-000032.01.

[8] Evans MJ, Kaufman MH. Establishment in culture of pluripotential cells from mouse embryos. *Nature*. 1981; 292: 154–6.

[9] Pitera JE, Turmaine M, Woolf AS, Scambler PJ. Generation of mice with a con-

ditional null fraser syndrome 1 (Fras1) allele. *Genesis*. 2012 June 22. doi: 10.1002/dvg.22045.

[10] Thomson JA, Odorico JS. Human embryonic stem cell and embryonic germ cell lines. *Trends Biotechnol*. 2000; 18: 53–7.

[11] Takahashi K, Yamanaka S. Induction of pluripotent stem cells from mouse embryonic and adult fibroblast cultures by defined factors. *Cell*. 2006 Aug 25; 126 (4): 663–76. ［高橋和利・山中伸弥「特定の因子によるマウスの胎児および成体の線維芽細胞培養からの多能性幹細胞の作製」、『山中 iPS 細胞・ノーベル賞受賞論文を読もう——山中 iPS 2 つの論文（マウスとヒト）の英和対訳と解説及び将来の実用化展望』西川伸一監修・監訳、一灯舎、2012］

[12] Cockburn K, Rossant J. Making the blastocyst: lessons from the mouse. *J Clin Invest*. 2010; 120: 995–1003.

[13] Gardner RL, Rossant J. Investigation of the fate of 4–5 day post-coitum mouse inner cell mass cells by blastocyst injection. *J Embryol Exp Morphol*. 1979; 52: 141–52.

[14] Lawson KA, Meneses JJ, Pedersen RA. Clonal analysis of epiblast fate during germ layer formation in the mouse embryo. *Development*. 1991; 113: 891–911.

第4章 体の基本構造をつくる

[1] Thomas PQ, Brown A, Beddington RS. Hex: A homeobox gene revealing peri-implantation asymmetry in the mouse embryo and an early transient marker of endothelial cell precursors. *Development*. 1998; 125: 85–94.

[2] Bouwmeester T, Kim S, Sasai Y, Lu B, De Robertis EM. Cerberus is a head-inducing secreted factor expressed in the anterior endoderm of Spemann's organizer. *Nature* 1996; 382: 595–601.

[3] Srinivas S, Rodriguez T, Clements M, Smith JC, Beddington RS. Active cell migration drives the unilateral movements of the anterior visceral endoderm. *Development*. 2004; 131: 1157–64.

[4] Jones CM, Broadbent J, Thomas PQ, Smith JC, Beddington RS. An anterior signalling centre in Xenopus revealed by the homeobox gene XHex. *Curr Biol*. 1999 Sep 9; 9 (17): 946–54.

[5] Migeotte I, Omelchenko T, Hall A, Anderson KV. Rac1-dependent collective cell

migration is required for specification of the anterior-posterior body axis of the mouse. *PLoS Biol*. 2010 Aug 3; 8 (8): e1000442.

[6] Beddington RS, Robertson EJ. Axis development and early asymmetry in mammals. *Cell*. 1999; 96: 195–209.

[7] Idkowiak J, Weisheit G, Plitzner J, Viebahn C. Hypoblast controls mesoderm generation and axial patterning in the gastrulating rabbit embryo. *Dev Genes Evol*. 2004; 214: 591–605.

[8] Martinez-Barbera JP, Beddington RS. Getting your head around Hex and Hesx1: forebrain formation in mouse. *Int J Dev Biol*. 2001; 45: 327–36.

[9] Voiculescu O, Bertocchini F, Wolpert L, Keller RE, Stern CD. The amniote primitive streak is defined by epithelial cell intercalation before gastrulation. *Nature*. 2007 Oct 25; 449 (7165): 1049–52.

[10] Azar Y, Eyal-Giladi H. Interaction of epiblast and hypoblast in the formation of the primitive streak and the embryonic axis in chick, as revealed by hypoblast-rotation experiments. *J Embryol Exp Morphol*. 1981; 61: 133–44.

[11] Martin HE. Chang and Eng Bunker, "The original Siamese twins" : Living, dying, and continuing under the spectator' s gaze. *J Am Cult*. 2011; 34 (4): 372–90.

[12] Chichester P. Eng and Chang Bunker: A hyphenated life. *Blue Ridge Country magazine*. 2009; 17 Feb.

[13] Buffetaut E, Li J, Tong H, Zhang H. A two-headed reptile from the Cretaceous of China. *Biol Lett*. 2007; 3: 80–1.

[14] Oki S, Kitajima K, Meno C. Dissecting the role of Fgf signaling during gastrulation and left-right axis formation in mouse embryos using chemical inhibitors. *Dev Dyn*. 2010; 239: 1768–78.

[15] Weng W, Stemple DL. Nodal signaling and vertebrate germ layer formation. *Birth Defects Res C Embryo Today*. 2003; 69: 325–32.

[16] Vincent SD, Dunn NR, Hayashi S, Norris DP, Robertson EJ. Cell fate decisions within the mouse organizer are governed by graded Nodal signals. *Genes Dev*. 2003; 17: 1646–62.

[17] Tam PP, Behringer RR. Mouse gastrulation: The formation of a mammalian body plan. *Mech Dev*. 1997; 68: 3–25.

[18] Rossant J, Tam PP. Blastocyst lineage formation, early embryonic asymmetries and axis patterning in the mouse. *Development*. 2009; 136: 701–13.

[19] Wittler L, Kessel M. The acquisition of neural fate in the chick. *Mech Dev*. 2004; 121: 1031–42.

[20] Chapman SC, Matsumoto K, Cai Q, Schoenwolf GC. Specification of germ layer identity in the chick gastrula. *BMC Dev Biol*. 2007; 7: 91.

[21] Gerhart J, Neely C, Elder J, Pfautz J, Perlman J, Narciso L, Linask KK, Knudsen K, George-Weinstein M. Cells that express MyoD mRNA in the epiblast are stably committed to the skeletal muscle lineage. *J Cell Biol*. 2007 Aug 13; 178 (4): 649–60.

[22] Streit A, Berliner AJ, Papanayotou C, Sirulnik A, Stern CD. Initiation of neural induction by FGF signalling before gastrulation. *Nature*. 2000; 406: 74–8.

[23] Sausedo RA, Schoenwolf GC. Quantitative analyses of cell behaviors underlying notochord formation and extension in mouse embryos. *Anat Rec*. 1994; 239: 103–12.

[24] Sulik K, Dehart DB, Iangaki T, Carson JL, Vrablic T, Gesteland K, Schoenwolf GC. Morphogenesis of the murine node and notochordal plate. *Dev Dyn* 1994 Nov; 201 (3): 260–78.

[25] Jurand A. Some aspects of the development of the notochord in mouse embryos. *J Embryol Exp Morphol*. 1974; 32: 1–33.

[26] McCann MR, Tamplin OJ, Rossant J, Séguin CA. Tracing notochord-derived cells using a Noto-cre mouse: implications for intervertebral disc development. *Dis Model Mech*. 2012; 5: 73–82.

[27] Lee JD, Anderson KV. Morphogenesis of the node and notochord: The cellular basis for the establishment and maintenance of left–right asymmetry in the mouse. *Dev Dyn*. 2008; 237: 3464–76.

[28] Santos N, Reiter JF. Tilting at nodal windmills: Planar cell polarity positions cilia to tell left from right. *Dev Cell*. 2010; 19: 5–6.

[29] Hirokawa N, Tanaka Y, Okada Y, Takeda S. Nodal flow and the generation of left–right asymmetry. *Cell*. 2006; 125: 33–45.

[30] Shields AR, Fiser BL, Evans BA, Falvo MR, Washburn S, Superfine R. Biomimetic cilia arrays generate simultaneous pumping and mixing regimes. *Proc Natl Acad Sci USA*. 2010; 107: 15670–5.

[1] Bertet C, Sulak L, Lecuit T. Myosin-dependent junction remodelling controls planar cell intercalation and axis elongation. *Nature*. 2004; 429: 667–71.

[2] Rauzi M, Lenne PF, Lecuit T. Planar polarized actomyosin contractile flows control epithelial junction remodelling. *Nature*. 2010; 468: 1110–14.

[3] Wang J, Hamblet NS, Mark S, Dickinson ME, Brinkman BC, Segil N, Fraser SE, Chen P, Wallingford JB, Wynshaw-Boris A. Dishevelled genes mediate a conserved mammalian PCP pathway to regulate convergent extension during neurulation. *Development*. 2006; 133: 767–78.

[4] Lee CC, Liu KL, Tsang YM, Chen SJ, Liu HM. Fetus in fetu in an adult: diagnosis by computed tomography imaging. *J Formos Med Assoc*. 2005; 104: 203–5.

[5] Kinoshita N, Sasai N, Misaki K, Yonemura S. Apical accumulation of Rho in the neural plate is important for neural plate cell shape change and neural tube formation. *Mol Biol Cell*. 2008; 19: 2289–99.

[6] Saucedo RA, Smith JL, Schoenwolf GC Role of nonrandomly oriented cell division in shaping and bending of the neural plate. *J. Comp Neurol*. 1997; 381: 473–88.

[7] Hibbard BM. The role of folic acid in pregnancy, with particular reference to aneamia, abruption and abortion. *J Obstet Gynaecol Br Commonw*. 1964; 71: 529–42.

[8] Pitkin RM. Folate and neural tube defects. *Am. J. Clin. Nutr*. 2007; 85: 285S–8S.

[9] Kibar Z, Capra V, Gros P. Toward understanding the genetic basis of neural tube defects. *Clin. Genet*. 2007; 71: 295–310.

[10] Sano K. Intracranial dysembryogenetic tumors: Pathogenesis and their order of malignancy. *Neurosurg Rev*. 2001; 24: 162–7.

[11] Afshar F, King TT, Berry CL. Intraventricular fetus-in-fetu. *J Neurosurg*. 1982; 56: 845–9.

[12] Lee C, Scherr HM, Wallingford JB. Shroom family proteins regulate gamma-tubulin distribution and microtubule architecture during epithelial cell shape change. *Development* 2007; 134: 1431–41.

第6章 長いお分かれ

[1] Glazier JA, Zhang Y, Swat M, Zaitlen B, Schnell S. Coordinated action of N-CAM, N-cadherin, EphA4, and ephrinB2 translates genetic prepatterns into structure during somitogenesis in chick. *Curr Top Dev Biol*. 2008; 81: 205–47.

[2] Dubrulle J, McGrew MJ, Pourquié O. FGF signaling controls somite boundary position and regulates segmentation clock control of spatiotemporal Hox gene activation. *Cell*. 2001; 106: 219–32.

[3] Naiche LA, Holder N, Lewandoski M. FGF4 and FGF8 comprise the wavefront activity that controls somitogenesis. *Proc Natl Acad Sci USA*. 2011; 108: 4018–23.

[4] Aulehla A, Pourquié O. Signaling gradients during paraxial mesoderm development. *Cold Spring Harb Perspect Biol*. 2010; 2: a000869.5.

[5] J. Cooke, E.C. Zeeman. A clock and wavefront model for control of the number of repeated structures during animal morphogenesis. *J Theor Biol*. 1976; 58: 455–76.

[6] Saga Y. The mechanism of somite formation in mice. *Curr Opin Genet Dev*. 2012; June 26. [Epub ahead of print].

[7] Gomez C, Ozbudak EM, Wunderlich J, Baumann D, Lewis J, Pourquié O. Control of segment number in vertebrate embryos. *Nature*. 2008; 454: 335–9.

[8] Lynch VJ, Roth JJ, Wagner GP. Adaptive evolution of Hox-gene homeodomains after cluster duplications. *BMC Evol Biol*. 2006; 6: 86.

[9] Chambeyron S, Bickmore WA. Chromatin decondensation and nuclear reorganization of the HoxB locus upon induction of transcription. *Genes Dev*. 2004; 18: 1119–30.

[10] Sessa L, Breiling A, Lavorgna G, Silvestri L, Casari G, Orlando V. Noncoding RNA synthesis and loss of Polycomb group repression accompanies the colinear activation of the human HOXA cluster. *RNA*. 2007; 13: 223–39.

[11] Chambeyron S, Da Silva NR, Lawson KA, Bickmore WA. Nuclear re-organisation of the Hoxb complex during mouse embryonic development. *Development*. 2005; 132: 2215–23.

[12] Wellik DM. Hox patterning of the vertebrate axial skeleton. *Dev Dyn*. 2007 Sep; 236 (9): 2454-63.

第7章 運命は会話で決まる

[1] Brown M, Keynes R, Lumsden A. *The developing brain*. 2000; Oxford University Press.

[2] Ulloa F, Briscoe J. Morphogens and the control of cell proliferation and patterning in the spinal cord. *Cell Cycle*. 2007 November 1; 6 (21): 2640–9.

[3] Goulding MD, Lumsden A, Gruss P. Signals from the notochord and floor plate regulate the region-specific expression of two Pax genes in the developing spinal cord. *Development*. 1993; 117: 1001–16.

[4] Yamada T, Pfaff SL, Edlund T, Jessell TM. Control of cell pattern in the neural tube: Motor neuron induction by diffusible factors from notochord and floor plate. *Cell*. 1993 May 21; 73 (4): 673–86.

[5] Dessaud E, McMahon AP, Briscoe J. Pattern formation in the vertebrate neural tube: a sonic hedgehog morphogen-regulated transcriptional network. *Development*. 2008; 135: 2489–503.

[6] Lee KJ, Jessell TM. The specification of dorsal cell fates in the vertebrate central nervous system. *Annu Rev Neurosci*. 1999; 22: 261–94.

[7] Le Dréau G, Martí E. Dorsal-ventral patterning of the neural tube: A tale of three signals. *Dev Neurobiol*. 2012 December; 72 (12): 1471–81.

[8] Geetha-Loganathan P, Nimmagadda S, Scaal M, Huang R, Christ B. Wnt signaling in somite development. *Ann Anat*. 2008; 190 (3): 208–22.

[9] Hirsinger E, Jouve C, Malapert P, Pourquié O. Role of growth factors in shaping the developing somite. *Mol Cell Endocrinol*. 1998; 140: 83–7.

[10] Cairns DM, Sato ME, Lee PG, Lassar AB, Zeng L. A gradient of Shh establishes mutually repressing somitic cell fates induced by Nkx3.2 and Pax3. *Dev Biol*. 2008 November 15; 323 (2): 152–65.

第8章 体内の旅

[1] Mullins RD, Heuser JA, Pollard TD. The interaction of Arp 2/3 complex with actin: nucleation, high affinity pointed end capping, and formation of branching networks of filaments. *Proc Natl Acad Sci USA*. 1998; 95: 6181–6.

[2] Abraham VC, Krishnamurthi V, Taylor DL, Lanni F. The actin-based nanomachine at the leading edge of migrating cells. *Biophys J*. 1999 September; 77 (3): 1721–32.

[3] Maly IV, Borisy GG. Self-organization of a propulsive actin network as an evolutionary process. *Proc Natl Acad Sci USA*. 2001 September 25; 98 (20): 11324–9.

[4] Beningo KA, Dembo M, Kaverina I, Small JV, Wang YL. Nascent focal adhesions are responsible for the generation of strong propulsive forces in migrating fibroblasts. *J Cell Biol*. 2001; 153: 881–8.

[5] Miao L, Vanderlinde O, Stewart M, Roberts TM. Retraction in amoeboid cell motility powered by cytoskeletal dynamics. *Science*. 2003; 302: 1405–7.

[6] Pelham RJ Jr, Wang Y. High resolution detection of mechanical forces exerted by locomoting fibroblasts on the substrate. *Mol Biol Cell*. 1999; 10: 935–45.

[7] Suter DM, Errante LD, Belotserkovsky V, Forscher P. The Ig superfamily cell adhesion molecule, apCAM, mediates growth cone steering by substrate-cytoskeletal coupling. *J Cell Biol*. 1998 April 6; 141 (1): 227–40.

[8] Poliakov A, Cotrina M, Wilkinson DG. Diverse roles of eph receptors and ephrins in the regulation of cell migration and tissue assembly. *Dev Cell*. 2004; 7: 465–80.

[9] Gammill LS, Gonzalez C, Gu C, Bronner-Fraser M. Guidance of trunk neural crest migration requires neuropilin 2/semaphorin 3F signaling. *Development*. 2006; 133: 99–106.

[10] Young HM, Anderson RB, Anderson CR. Guidance cues involved in the development of the peripheral autonomic nervous system. *Auton Neurosci*. 2004; 112: 1–14.

[11] Huber K. The sympathoadrenal cell lineage: Specification, diversification, and new perspectives. *Dev Biol*. 2006; 298: 335–43.

[12] Belmadani A, Tran PB, Ren D, Assimacopoulos S, Grove EA, Miller RJ. The chemokine stromal cell-derived factor-1 regulates the migration of sensory neuron progenitors. *J Neurosci*. 2005; 25: 3995–4003.

[13] Santiago A, Erickson CA. Ephrin-B ligands play a dual role in the control of neural crest cell migration. *Development*. 2002; 129: 3621–32.

[14] Erickson CA, Goins TL. Avian neural crest cells can migrate in the dorsolateral path only if they are specified as melanocytes. *Development*. 1995; 121: 915–24.

[15] Anderson DJ. Genes, lineages and the neural crest: A speculative review. *Philos Trans R Soc Lond B Biol Sci*. 2000; 355: 953–64.

[16] Amiel J, Sproat-Emison E, Garcia-Barcelo M, Lantieri F, Burzynski G, Borrego S,

Pelet A, Arnold S, Miao X, Griseri P, Brooks AS, Antinolo G, de Pontual L, Clement-Ziza M, Munnich A, Kashuk C, West K, Wong KK, Lyonnet S, Chakravarti A, Tam PK, Ceccherini I, Hofstra RM, Fernandez R. Hirschsprung disease, associated syndromes and genetics: A review. *J Med Genet*. 2008; 45: 1–14.

[17] Iso M, Fukami M, Horikawa R, Azuma N, Kawashiro N, Ogata T. SOX10 mutation in Waardenburg syndrome type II. *Am J Med Genet*. 2008; 146A: 2162–3.

[18] Sznajer Y, Coldéa C, Meire F, Delpierre I, Sekhara T, Touraine RL. A de novo SOX10 mutation causing severe type 4 Waardenburg syndrome without Hirschsprung disease. *Am J Med Genet*. 2008; 146A: 1038–41.

[19] Yang SZ, Cao JY, Zhang RN, Liu LX, Liu X, Zhang X, Kang DY, Li M, Han DY, Yuan HJ, Yang WY. Nonsense mutations in the PAX3 gene cause Waardenburg syndrome type I in two Chinese patients. *Chin Med J* (Engl). 2007; 120: 46–9.

[20] Ohtani S, Shinkai Y, Horibe A, Katayama K, Tsuji T, Matsushima Y, Tachibana M, Kunieda T. A deletion in the Endothelin-B receptor gene is responsible for the Waardenburg syndrome-like phenotypes of WS4 mice. *Exp Anim*. 2006; 55: 491–5.

[21] Dixon J, Jones NC, Sandell LL, Jayasinghe SM, Crane J, Rey JP, Dixon MJ, Trainor PA. Tcof1/Treacle is required for neural crest cell formation and proliferation deficiencies that cause craniofacial abnormalities. *Proc Natl Acad Sci USA*. 2006; 103: 13403–8.

[22] Sakai D, Trainor PA. Treacher Collins syndrome: Unmasking the role of Tcof1/treacle. *Int J Biochem Cell Biol*. 2009; 41: 1229–32.

第9章 配管工事

[1] Lucretius, 'On the nature of things', translated by William Ellery Leonard. [『物の本質について』樋口勝彦訳、岩波文庫、1961 年]

[2] Sabin FR. Studies on the origin of blood vessels and of red blood corpuscles as seen in the living blastoderm of the chick during the second day of incubation. *Carnegie Contrib Embryol*. 1920; 9: 213–62.

[3] Xiong JW. Molecular and developmental biology of the hemangioblast. *Dev Dyn*. 2008; 237: 1218–31.

[4] Cleaver O, Krieg PA. VEGF mediates angioblast migration during development of

the dorsal aorta in Xenopus. *Development*. 1998; 125: 3905–14.

[5] Lamont RE, Childs S. MAPping out arteries and veins. *Sci STKE*. 2006; 2006(355): pe39.

[6] Poole TJ, Finkelstein EB, Cox CM. The role of FGF and VEGF in angioblast induction and migration during vascular development. *Dev Dyn*. 2001; 220: 1–17.

[7] Brown LA, Rodaway AR, Schilling TF, Jowett T, Ingham PW, Patient RK, Sharrocks AD. Insights into early vasculogenesis revealed by expression of the ETS-domain transcription factor Fli-1 in wild-type and mutant zebrafish embryos. *Mech Dev*. 2000; 90: 237–52.

[8] Vokes SA, Yatskievych TA, Heimark RL, McMahon J, McMahon AP, Antin PB, Krieg PA. Hedgehog signaling is essential for endothelial tube formation during vasculogenesis. *Development*. 2004; 131: 4371–80.

[9] Bressan M, Davis P, Timmer J, Herzlinger D, Mikawa T. Notochord-derived BMP antagonists inhibit endothelial cell generation and network formation. *Dev Biol*. 2009; 326: 101–11.

[10] Garriock RJ, Czeisler C, Ishii Y, Navetta AM, Mikawa T. An anteroposterior wave of vascular inhibitor downregulation signals aortae fusion along the embryonic midline axis. *Development*. 2010; 137: 3697–706.

[11] Williams C, Kim SH, Ni TT, Mitchell L, Ro H, Penn JS, Baldwin SH, Solnica-Krezel L, Zhong TP. Hedgehog signaling induces arterial endothelial cell formation by repressing venous cell fate. *Dev Biol*. 2010; 341: 196–204.

[12] Marvin MJ, Di Rocco G, Gardiner A, Bush SM, Lassar AB. Inhibition of Wnt activity induces heart formation from posterior mesoderm. *Genes Dev*. 2001; 15: 316–27.

[13] Paige SL, Osugi T, Afanasiev O, Pabon L, Reinecke H, Murry CE. Endogenous Wnt/β-Catenin signaling is required for cardiac differentiation in human embryonic stem cells. *PLoS One*. 2010; 5 (6): e11134.

[14] Forouhar AS, Liebling M, Hickerson A, Nasiraei-Moghaddam A, Tsai HJ, Hove JR, Fraser SE, Dickinson ME, Gharib M. The embryonic vertebrate heart tube is a dynamic suction pump. *Science*. 2006; 312: 751–3.

[15] Vaughan A. *Signalman's morning*. 1981; John Murray.

[16] Makanya AN, Hlushchuk R, Djonov VG. Intussusceptive angiogenesis and its role in vascular morphogenesis, patterning, and remodeling. *Angiogenesis*. 2009; 12: 113–23.

[17] Ribatti D. Hemangioblast does exist. *Leukaemia Research* 2008; 32: 850–4.

[18] Zovein AC, Hofmann JJ, Lynch M, French WJ, Turlo KA, Yang Y, Becker MS, Zanetta L, Dejana E, Gasson JC, Tallquist MD, Iruela-Arispe ML. Fate tracing reveals the endothelial origin of hematopoietic stem cells. *Cell Stem Cell*. 2008; 3: 625–36.

[19] Peeters M, Ottersbach K, Bollerot K, Orelio C, de Bruijn M, Wijgerde M, Dzierzak E. Ventral embryonic tissues and Hedgehog proteins induce early AGM hematopoietic stem cell development. *Development*. 2009; 136: 2613–21.

[20] Yoon MJ, Koo BK, Song R, Jeong HW, Shin J, Kim YW, Kong YY, Suh PG. Mind bomb-1 is essential for intraembryonic hematopoiesis in the aortic endothelium and the subaortic patches. *Mol Cell Biol*. 2008; 28: 4794–804.

[21] André H, Pereira TS. Identification of an alternative mechanism of degradation of the hypoxia-inducible factor-1alpha. *J Biol Chem*. 2008; 283: 29375–84.

[22] Qutub AA, Popel AS. Three autocrine feedback loops determine HIF1 alpha expression in chronic hypoxia. *Biochim Biophys Acta*. 2007; 1773: 1511–25.

[23] Forsythe JA, Jiang BH, Iyer NV, Agani F, Leung SW, Koos RD, Semenza GL. Activation of vascular endothelial growth factor gene transcription by hypoxia-inducible factor 1. *Mol Cell Biol*. 1996; 16: 4604–13.

[24] Djonov VG, Kurz H, Burri PH. Optimality in the developing vascular system: Branching remodeling by means of intussusception as an efficient adaptation mechanism. *Dev Dyn*. 2002; 224: 391–402.

第10章 組織を組織する

[1] Sebinger DD, Unbekandt M, Ganeva VV, Ofenbauer A, Werner C, Davies JA. A novel, low-volume method for organ culture of embryonic kidneys that allows development of cortico-medullary anatomical organization. *PLoS One*. 2010 May 10; 5 (5): e10550.

[2] Davies JA. *Mechanisms of morphogenesis*. 2005; Academic Press.

[3] Sainio K, Suvanto P, Davies J, et al. Glial-cell-line-derived neurotrophic factor is required for bud initiation from ureteric epithelium. *Development*. 1997; 124: 4077–87.

[4] Davies JA, Millar CB, Johnson EM Jr, Milbrandt J. Neurturin: An autocrine regulator of renal collecting duct development. *Dev Genet*. 1999; 24 (3–4): 284–92.

[5] Moore MW, Klein RD, Fariñas I, Sauer H, Armanini M, Phillips H, Reichardt LF,

Ryan AM, Carver-Moore K, Rosenthal A. Renal and neuronal abnormalities in mice lacking GDNF. *Nature*. 1996; 382 (6586): 76–9.

[6] Michael L, Davies JA. Pattern and regulation of cell proliferation during murine ureteric bud development. *J Anat*. 2004; 204: 241–55.

[7] Carroll TJ, Park JS, Hayashi S, Majumdar A, McMahon AP. Wnt9b plays a central role in the regulation of mesenchymal to epithelial transitions underlying organogenesis of the mammalian urogenital system. *Dev Cell*. 2005; 9: 283–92.

[8] Nelson CM, Vanduijn MM, Inman JL, Fletcher DA, Bissell MJ. Tissue geometry determines sites of mammary branching morphogenesis in organotypic cultures. *Science* 2006; 314: 298–300.

[9] Lee WC, Davies JA. Epithelial branching: The power of self-loathing. *Bioessays*. 2007; 29: 205–7.

[10] Tufro A. VEGF spatially directs angiogenesis during metanephric development in vitro. *Dev Biol*. 2000; 227: 558–66.

[11] Davies JA. Inverse correlation between an organ's cancer rate and its evolutionary antiquity. *Organogenesis*. 2004; 1: 60–3.

[12] Vaccari B, Mesquita FF, Gontijo JA, Boer PA. Fetal kidney programming by severe food restriction: Effects on structure, hormonal receptor expression and urinary sodium excretion in rats. *J Renin Angiotensin Aldosterone Syst*. 2015 Mar; 16 (1): 33-46.

[13] Dötsch J, Plank C, Amann K. Fetal programming of renal function. *Pediatr Nephrol*. 2012; 27: 513–20.

[14] Gluckman PD, Hanson MA, Cooper C, Thornburg KL. Effect of in utero and early-life conditions on adult health and disease. *N Engl J Med*. 2008; 359: 61–73.

第11章 手も足も出る

[1] King M, Arnold JS, Shanske A, Morrow BE. T-genes and limb bud development. *Am J Med Genet A*. 2006; 140: 1407–13.

[2] Takeuchi JK, Koshiba-Takeuchi K, Suzuki T, Kamimura M, Ogura K, Ogura T. Tbx5 and Tbx4 trigger limb initiation through activation of the Wnt/Fgf signaling cascade. *Development*. 2003; 130: 2729–39.

[3] Kawakami Y, Capdevila J, Büscher D, Itoh T, Rodríguez Esteban C, Izpisúa Belmon-

te JC. WNT signals control FGF-dependent limb initiation and AER induction in the chick embryo. *Cell*. 2001; 104: 891–900.

[4] Cohn MJ, Izpisúa-Belmonte JC, Abud H, Heath JK, Tickle C. Fibroblast growth factors induce additional limb development from the flank of chick embryos. *Cell*. 1995; 80: 739–46.

[5] Ohuchi H, Nakagawa T, Yamauchi M, Ohata T, Yoshioka H, Kuwana T, Mima T, Mikawa T, Nohno T, Noji S. An additional limb can be induced from the fl ank of the chick embryo by FGF4. *Biochem Biophys Res Commun*. 1995; 209: 809–16.

[6] Kawakami Y, Capdevila J, Büscher D, Itoh T, Rodríguez Esteban C, Izpisúa Belmonte JC. WNT signals control FGF-dependent limb initiation and AER induction in the chick embryo. *Cell*. 2001; 104: 891–900.

[7] Crossley PH, Martin GR. The mouse Fgf8 gene encodes a family of polypeptides and is expressed in regions that direct outgrowth and patterning in the developing embryo. *Development*. 1995; 121: 439–51.

[8] Nikbakht N, McLachlan JC. A proximo-distal gradient of FGF-like activity in the embryonic chick limb bud. *Cell Mol Life Sci*. 1997; 53: 447–51.

[9] Summerbell D, Lewis JH, Wolpert L. Positional information in chick limb morphogenesis. *Nature*. 1973; 244: 492–6.

[10] Wolpert L, Tickle C, Sampford M. The effect of cell killing by x-irradiation on pattern formation in the chick limb. *J Embryol Exp Morphol*. 1979; 50: 175–93.

[11] Galloway JL, Delgado I, Ros MA, Tabin CJ. A reevaluation of X-irradiation-induced phocomelia and proximodistal limb patterning. *Nature*. 2009; 460 (7253): 400–4.

[12] Cooper KL, Hu JK, ten Berge D, Fernandez-Teran M, Ros MA, Tabin CJ. Initiation of proximal-distal patterning in the vertebrate limb by signals and growth. *Science*. 2011; 332: 1083–6.

[13] Roselló-Díez A, Ros MA, Torres M. Diffusible signals, not autonomous mechanisms, determine the main proximodistal limb subdivision. *Science*. 2011; 332: 1086–8.

[14] 最新の知見によれば、レチノイン酸そのものが四肢パターン形成に必要とされるわけではないかもしれない（本文で述べたように、実験でレチノイン酸がパターン形成を促しうることは確かだが）。そうだとすれば、同じように体側から拡散し、同じ経路に影響を及ぼす別の、まだ同定されていないシグナル分子が存在することになる。 Zhao X, Sirbu IO, Mic FA, Molotkova N, Molotkov A, Kumar S, Duester G. Retinoic acid promotes limb induction through effects on body axis extension but is unnecessary for limb patterning. *Curr*

Biol. 2009; 19: 1050–7 を参照。

[15] Vargesson N, Kostakopoulou K, Drossopoulou G, Papageorgiou S, Tickle C. Characterisation of hoxa gene expression in the chick limb bud in response to FGF. *Dev Dyn*. 2001; 220: 87–90.

[16] Abbasi AA. Evolution of vertebrate appendicular structures: Insight from genetic and palaeontological data. *Dev Dyn*. 2011; 240: 1005–16.

[17] Altabef M, Tickle C. Initiation of dorso-ventral axis during chick limb development. *Mech Dev*. 2002; 116: 19–27.

[18] Parr BA, McMahon AP. Dorsalizing signal Wnt-7a required for normal polarity of D-V and A-P axes of mouse limb. *Nature*. 1995; 374: 350–3.

[19] Zeller R, López-Ríos J, Zuniga A. Vertebrate limb bud development: moving towards integrative analysis of organogenesis. *Nat Rev Genet*. 2009; 10: 845–58.

[20] Therapontos C, Erskine L, Gardner ER, Figg WD, Vargesson N. Thalidomide induces limb defects by preventing angiogenic outgrowth during early limb formation. *Proc Natl Acad Sci USA*. 2009; 106: 8573–8.

第12章 Y?《なぜ》 どうして?

[1] Ginsburg M, Snow MH, McLaren A. Primordial germ cells in the mouse embryo during gastrulation. *Development*. 1990; 110: 521–8.

[2] Lawson KA, Hage WJ. Clonal analysis of the origin of primordial germ cells in the mouse. *Ciba Found Symp*. 1994; 182: 68–91.

[3] Bradford ST, Wilhelm D, Bandiera R, Vidal V, Schedl A, Koopman P. A cell-autonomous role for WT1 in regulating Sry in vivo. *Hum Mol Genet*. 2009; 18: 3429–38.

[4] Sekido R, Bar I, Narváez V, Penny G, Lovell-Badge R. SOX9 is up-regulated by the transient expression of SRY specifically in Sertoli cell precursors. *Dev Biol*. 2004; 274: 271–9.

[5] Piprek RP. Genetic mechanisms underlying male sex determination in mammals. *J Appl Genet*. 2009; 50: 347–60.

[6] Barrionuevo F, Bagheri-Fam S, Klattig J, Kist R, Taketo MM, Englert C, Scherer G. Homozygous inactivation of Sox9 causes complete XY sex reversal in mice. *Biol Reprod*. 2006; 74: 195–201.

[7] Vidal VP, Chaboissier MC, de Rooij DG, Schedl A. Sox9 induces testis development in XX transgenic mice. *Nat Genet*. 2001; 2: 216–17.

[8] Kim Y, Kobayashi A, Sekido R, DiNapoli L, Brennan J, Chaboissier MC, Poulat F, Behringer RR, Lovell-Badge R, Capel B. Fgf9 and Wnt4 act as antagonistic signals to regulate mammalian sex determination. *PLoS Biol*. 2006; 4: e187.

[9] Maatouk DM, DiNapoli L, Alvers A, Parker KL, Taketo MM, Capel B. Stabilization of beta-catenin in XY gonads causes male-to-female sex-reversal. *Hum Mol Genet*. 2008; 17: 2949–55.

[10] Detti L, Martin DC, Williams LJ. Applicability of adult techniques for ovarian preservation to childhood cancer patients. *Assist Reprod Genet*. 2012 July 21. [Epub ahead of print]

[11] Jost A. A new look at the mechanisms controlling sex differentiation in mammals. *Johns Hopkins Med J*. 1972; 130: 38–53.

[12] Wagner T, Wirth J, Meyer J, Zabel B, Held M, Zimmer J, Pasantes J, Bricarelli FD, Keutel J, Hustert E. Autosomal sex reversal and campomelic dysplasia are caused by mutations in and around the SRY-related gene SOX9. *Cell*. 1994; 79: 1111–20.

[13] Huang B, Wang S, Ning Y, Lamb AN, Bartley J. Autosomal XX sex reversal caused by duplication of SOX9. *Am J Med Genet*. 1999; 87: 349–53.

[14] Herdt GH, Davidson J. The Sambia 'turnim-man': sociocultural and clinical aspects of gender formation in male pseudohermaphrodites with 5-alpha-reductase deficiency in Papua New Guinea. *Arch Sex Behav*. 1988; 17: 33–56.

[15] Povey AC, Stocks SJ. Epidemiology and trends in male subfertility. *Hum Fertil* (Camb). 2010; 13: 182–8.

[16] Braw-Tal R. Endocrine disruptors and timing of human exposure. *Pediatr Endocrinol Rev*. 2010; 8: 41–6.

[17] Shine R, Peek J, Birdsall M. Declining sperm quality in New Zealand over 20 years. *N Z Med J*. 2008; 121: 50–6.

第13章 配線工事

[1] Sanai N, Nguyen T, Ihrie RA, Mirzadeh Z, Tsai HH, Wong M, Gupta N, Berger MS, Huang E, Garcia-Verdugo JM, Rowitch DH, Alvarez-Buylla A. Corridors of

migrating neurons in the human brain and their decline during infancy. *Nature*. 2011; 478: 382–6.

[2] Lowery LA, Van Vactor D. The trip of the tip: understanding the growth cone machinery. *Nat Rev Mol Cell Biol*. 2009; 10: 332–43.

[3] Bard L, Boscher C, Lambert M, Mège RM, Choquet D, Thoumine O. A molecular clutch between the actin flow and N-cadherin adhesions drives growth cone migration. *J Neurosci*. 2008; 28: 5879–90.

[4] Bateman J, Van Vactor D. The Trio family of guanine-nucleotide-exchange factors: regulators of axon guidance. *J Cell Sci*. 2001; 114: 1973–80.

[5] Davies JA, Cook GM. Growth cone inhibition—an important mechanism in neural development? *Bioessays*. 1991; 13: 11–15.

[6] Long H, Sabatier C, Ma L, Plump A, Yuan W, Ornitz DM, Tamada A, Murakami F, Goodman CS, Tessier-Lavigne M. Conserved roles for Slit and Robo proteins in midline commissural axon guidance. *Neuron*. 2004; 42: 213–23.

[7] Parra LM, Zou Y. Sonic hedgehog induces response of commissural axons to Semaphorin repulsion during midline crossing. *Nat Neurosci*. 2009; 13: 29–35.

[8] Reeber SL, Kaprielian Z. Leaving the midline: how Robo receptors regulate the guidance of post-crossing spinal commissural axons. *Cell Adh Migr*. 2009; 3: 300–4.

[9] Farmer WT, Altick AL, Nural HF, Dugan JP, Kidd T, Charron F, Mastick GS. Pioneer longitudinal axons navigate using floor plate and Slit/Robo signals. *Development*. 2008; 135: 3643–53.

[10] Scicolone G, Ortalli AL, Carri NG. Key roles of Ephs and ephrins in retinotectal topographic map formation. *Brain Res Bull*. 2009; 79: 227–47.

[11] Erskine L, Herrera E. The retinal ganglion cell axon's journey: insights into molecular mechanisms of axon guidance. *Dev Biol*. 2007; 308: 1–14.

[12] Oster SF, Bodeker MO, He F, Sretavan DW. Invariant Sema5A inhibition serves an ensheathing function during optic nerve development. *Development*. 2003; 130: 775–84.

[13] Wang J, Chan CK, Taylor JS, Chan SO. The growth-inhibitory protein Nogo is involved in midline routing of axons in the mouse optic chiasm. *J Neurosci Res*. 2008; 86: 2581–90.

[14] Kuwajima T, Yoshida Y, Takegahara N, Petros TJ, Kumanogoh A, Jessell TM, Sakurai T, Mason C. Optic chiasm presentation of Semaphorin6D in the context of

Plexin-A1 and Nr-CAM promotes retinal axon midline crossing. *Neuron*. 2012; 74: 676–90.

[15] Erskine L, Reijntjes S, Pratt T, Denti L, Schwarz Q, Vieira JM, Alakakone B, Shewan D, Ruhrberg C. VEGF signaling through neuropilin 1 guides commissural axon crossing at the optic chiasm. *Neuron*. 2011; 70: 951–65.

[16] Wynshaw-Boris A, Pramparo T, Youn YH, Hirotsune S. Lissencephaly: mechanistic insights from animal models and potential therapeutic strategies. *Semin Cell Dev Biol*. 2010; 21: 823–30.

[17] Schäfer MK, Altevogt P. L1CAM malfunction in the nervous system and human carcinomas. *Cell Mol Life Sci*. 2010; 67: 2425–37.

[18] Fransen E, Van Camp G, Vits L, Willems PJ. L1-associated diseases: clinical geneticists divide, molecular geneticists unite. *Hum Mol Genet*. 1997; 6: 1625–32.

[19] Jen JC, Chan WM, Bosley TM, Wan J, Carr JR, Rüb U, Shattuck D, Salamon G, Kudo LC, Ou J, Lin DD, Salih MA, Kansu T, Al Dhalaan H, Al Zayed Z, MacDonald DB, Stigsby B, Plaitakis A, Dretakis EK, Gottlob I, Pieh C, Traboulsi EI, Wang Q, Wang L, Andrews C, Yamada K, Demer JL, Karim S, Alger JR, Geschwind DH, Deller T, Sicotte NL, Nelson SF, Baloh RW, Engle EC. Mutations in a human ROBO gene disrupt hindbrain axon pathway crossing and morphogenesis. *Science*. 2004; 304: 1509–13.

第14章 死んでも体をつくる!

[1] Pole RJ, Qi BQ, Beasley SW. Patterns of apoptosis during degeneration of the pronephros and mesonephros. *J Urol*. 2002; 167: 269–71.

[2] Zuzarte-Luís V, Hurlé JM. Programmed cell death in the developing limb. *Int J Dev Biol*. 2002; 46: 871–6.

[3] Zakeri Z, Quaglino D, Ahuja HS. Apoptotic cell death in the mouse limb and its suppression in the hammertoe mutant. *Dev Biol*. 1994; 165: 294–7.

[4] Merino R, Rodriguez-Leon J, Macias D, Gañan Y, Economides AN, Hurle JM. The BMP antagonist Gremlin regulates outgrowth, chondrogenesis and programmed cell death in the developing limb. *Development*. 1999; 126: 5515–22.

[5] Oppenheim RW. Cell death during development of the nervous system. *Annu Rev*

Neurosci. 1991; 14: 453–501.

[6] Hutchins JB, Barger SW. Why neurons die: cell death in the nervous system. *Anat Rec*. 1998; 253: 79–90.

[7] Hamburger V. The effects of wing bud extirpation on the development of the central nervous system in chick embryos. *J Exp Zool*. 1934; 68: 449–94.

[8] Lanser ME, Fallon JF. Development of the lateral motor column in the limbless mutant chick embryo. *J Neurosci*. 1984; 4: 2043–50.

[9] Lamb AH. Target dependency of developing motoneurons in Xenopus laevis. *J Comp Neurol*. 1981; 203: 157–71.

[10] Tanaka H, Landmesser LT. Cell death of lumbosacral motoneurons in chick, quail, and chick-quail chimera embryos: a test of the quantitative matching hypothesis of neuronal cell death. *J Neurosci*. 1986; 6: 2889–99.

[11] Raff MC. Social controls on cell survival and cell death. *Nature*. 1992; 356: 397–400.

[12] Sharifi N, Gulley JL, Dahut WL. An update on androgen deprivation therapy for prostate cancer. *Endocr Relat Cancer*. 2010; 17: R305–15.

[13] Rick FG, Schally AV, Block NL, Nadji M, Szepeshazi K, Zarandi M, Vidaurre I, Perez R, Halmos G, Szalontay L. Antagonists of growth hormone-releasing hormone (GHRH) reduce prostate size in experimental benign prostatic hyperplasia. *Proc Natl Acad Sci USA*. 2011; 108: 3755–60.

[14] Kimmick GG, Muss HB. Endocrine therapy in metastatic breast cancer. *Cancer Treat Res*. 1998; 94: 231–54.

第15章 心を決める

[1] Hebb DO. *The organization of behavior*. 1949; Wiley. [『行動の機構——脳メカニズムから心理学へ』鹿取廣人・金城辰夫・鈴木光太郎・鳥居修晃・渡邊正孝訳、岩波文庫、2011]

[2] Glanzman DL. Associative learning: Hebbian flies. *Curr Biol*. 2005; 15: R416–419.

[3] Xia S, Miyashita T, Fu TF, Lin WY, Wu CL, Pyzocha L, Lin IR, Saitoe M, Tully T, Chiang AS. NMDA receptors mediate olfactory learning and memory in Drosophila. *Curr Biol*. 2005; 15: 603–15.

[4] Feldman DE, Knudsen EI. An anatomical basis for visual calibration of the auditory

space map in the barn owl's midbrain. *J Neurosci*. 1997; 17: 6820–37.

[5] Brainard MS, Knudsen EI. Sensitive periods for visual calibration of the auditory space map in the barn owl optic tectum. *J Neurosci*. 1998; 18: 3929–42.

[6] Tomoda A, Sheu YS, Rabi K, Suzuki H, Navalta CP, Polcari A, Teicher MH. Exposure to parental verbal abuse is associated with increased gray matter volume in superior temporal gyrus. *Neuroimage*. 2010 May 17.

[7] Teicher MH, Samson JA, Sheu YS, Polcari A, McGreenery CE. Hurtful words: association of exposure to peer verbal abuse with elevated psychiatric symptom scores and corpus callosum abnormalities. *Am J Psychiatry*. 2010; 167: 1464–71.

[8] Tomoda A, Suzuki H, Rabi K, Sheu YS, Polcari A, Teicher MH. Reduced prefrontal cortical gray matter volume in young adults exposed to harsh corporal punishment. *Neuroimage*. 2009; 47 Suppl2: T66–71.

[9] Tomoda A, Navalta CP, Polcari A, Sadato N, Teicher MH. Childhood sexual abuse is associated with reduced gray matter volume in visual cortex of young women. *Biol Psychiatry*. 2009; 66: 642–8.

第16章 バランス感覚

[1] Raben MS. Treatment of a pituitary dwarf with human growth hormone. *J Clin Endocrinol Metab*. 1958; 18: 901–3.

[2] Kemp SF. Insulin-like growth factor-I deficiency in children with growth hormone insensitivity: current and future treatment options. *BioDrugs*. 2009; 23: 155–63.

[3] Kemp SF, Frindik JP. Emerging options in growth hormone therapy: an update. *Drug Des Devel Ther*. 2011; 5: 411–19.

[4] Giustina A, Mazziotti G, Canalis E. Growth hormone, insulin-like growth factors, and the skeleton. *Endocr Rev*. 2008; 29: 535–59.

[5] Arman A, Yüksel B, Coker A, Sarioz O, Temiz F, Topaloglu AK. Novel growth hormone receptor gene mutation in a patient with Laron syndrome. *J Pediatr Endocrinol Metab*. 2010; 23: 407–14.

[6] Laron Z. The GH-IGF1 axis and longevity: the paradigm of IGF1 deficiency. *Hormones* 2008; 7: 24–7.

[7] Cawthorne T. Toulouse-Lautrec—triumph over infirmity. *Proc Roy Soc Med*. 1970;

63: 800–5.

[8] Maroteaux P, Lamy M. The malady of Toulouse-Lautrec. *JAMA*. 1995; 191: 715–17.

[9] Maroteaux P. Toulouse-Lautrec' s diagnosis. *Nat Genet*. 1995; 11: 362–3.

[10] Frey JB. What dwarfed Toulouse-Lautrec? *Nat Genet*. 1995; 10: 128–30.

[11] Gelb BD, Shi GP, Chapman HA, Desnick RJ. Pycnodysostosis, a lysosomal disease caused by cathepsin K deficiency. *Science*. 1996; 273: 1236–8.

[12] Toral-López J, Gonzalez-Huerta LM, Sosa B, Orozco S, González HP, Cuevas-Covarrubias SA. Familial pycnodysostosis: identification of a novel mutation in the CTSK gene (cathepsin K). *J Investig Med*. 2011; 59: 277–80.

[13] Chen W, Yang S, Abe Y, Li M, Wang Y, Shao J, Li E, Li YP. Novel pycnodysostosis mouse model uncovers cathepsin K function as a potential regulator of osteoclast apoptosis and senescence. *Hum Mol Genet*. 2007; 16: 410–23.

[14] Boskey AL, Gelb BD, Pourmand E, Kudrashov V, Doty SB, Spevak L, Schaffl er MB. Ablation of cathepsin k activity in the young mouse causes hypermineralization of long bone and growth plates. *Calcif Tissue Int*. 2009; 84: 229–39.

[15] Rothenbühler A, Piquard C, Gueorguieva I, Lahlou N, Linglart A, Bougnères P. Near normalization of adult height and body proportions by growth hormone in pycnodysostosis. *J Clin Endocrinol Metab*. 2010; 95: 2827–31.

[16] Shiang R, Thompson LM, Zhu YZ, Church DM, Fielder TJ, Bocian M, Winokur ST, Wasmuth JJ. Mutations in the transmembrane domain of FGFR3 cause the most common genetic form of dwarfism, achondroplasia. *Cell*. 1994; 78: 335–42.

[17] Rousseau F, Bonaventure J, Legeai-Mallet L, Pelet A, Rozet JM, Maroteaux P, Le Merrer M, Munnich A. Mutations in the gene encoding fibroblast growth factor receptor-3 in achondroplasia. *Nature*. 1994; 371: 252–4.

[18] Richette P, Bardin T, Stheneur C. Achondroplasia: from genotype to phenotype. *Joint Bone Spine*. 2008; 75: 125–30.

[19] Baron J, Klein KO, Colli MJ, Yanovski JA, Novosad JA, Bacher JD, Cutler GB Jr Catch-up growth after glucocorticoid excess: a mechanism intrinsic to the growth plate. *Endocrinology*. 1994; 135: 1367–71.

[20] Chagin AS, Karimian E, Sundström K, Eriksson E, Sävendahl L. Catch-up growth after dexamethasone withdrawal occurs in cultured postnatal rat metatarsal bones. *J Endocrinol*. 2010; 204: 21–9.

[21] Kronenberg HM. PTHrP and skeletal development. *Ann NY Acad Sci*. 2006; 1068:

1–13.

[22] Gafni RI, Baron J. Catch-up growth: possible mechanisms. *Pediatr Nephrol*. 2000; 14: 616–19.

[23] Grumbach MM. Mutations in the synthesis and action of estrogen: the critical role in the male of estrogen on pubertal growth, skeletal maturation, and bone mass. *Ann NY Acad Sci*. 2004; 1038: 7–13.

[24] Chagin AS, Sävendahl L. Genes of importance in the hormonal regulation of growth plate cartilage. *Horm Res*. 2009; 71 Suppl 2: 41–7.

[25] Grumbach MM. Estrogen, bone, growth and sex: a sea change in conventional wisdom. *J Pediatr Endocrinol Metab*. 2000; 13 Suppl 6: 1439–55.

[26] Eastell R. Role of oestrogen in the regulation of bone turnover at the menarche. *J Endocrinol*. 2005; 185: 223–34.

[27] Jones IE, Williams SM, Dow N, Goulding A. How many children remain fracture-free during growth? a longitudinal study of children and adolescents participating in the Dunedin multidisciplinary health and development study. *Osteoporos Int*. 2002; 13: 990–5.

[28] Pietramaggiori G, Liu P, Scherer SS, Kaipainen A, Prsa MJ, Mayer H, Newalder J, Alperovich M, Mentzer SJ, Konerding MA, Huang S, Ingber DE, Orgill DP. Tensile forces stimulate vascular remodeling and epidermal cell proliferation in living skin. *Ann Surg*. 2007; 246: 896–902.

[29] Nelson CM, Jean RP, Tan JL, Liu WF, Sniadecki NJ, Spector AA, Chen CS. Emergent patterns of growth controlled by multicellular form and mechanics. *Proc Natl Acad Sci USA*. 2005; 102: 11594–9.

[30] Ingber DE. Mechanical control of tissue growth: function follows form. *Proc Natl Acad Sci USA*. 2005; 102: 11571–2.

[31] Golde A. Chemical changes in chick embryo cells infected with Rous Sarcoma Virus in vitro. *Virology*. 1962; 16: 9–20.

[32] Grusche FA, Richardson HE, Harvey KF. Upstream regulation of the hippo size control pathway. *Curr Biol*. 2010; 20: R574–82.

[33] Doggett K, Grusche FA, Richardson HE, Brumby AM. Loss of the Drosophila cell polarity regulator Scribbled promotes epithelial tissue overgrowth and cooperation with oncogenic Ras-Raf through impaired Hippo pathway signaling. *BMC Dev Biol*. 2011; 11: 57.

[34] Silber SJ. Growth of baby kidneys transplanted into adults. *Arch Surg*. 1976; 111: 75–7.

[35] Metcalf D. Restricted growth capacity of multiple spleen grafts. *Transplantation*. 1964; 2: 387–92.

[36] Metcalf D. The autonomous behaviour of normal thymus grafts. *Aust J Exp Biol Med Sci*. 1963; 41: 437–47.

第17章 友をつくり、敵と戦う

[1] Xu J and Gordon JI. Honor thy symbionts. *Proc Natl Acad Sci USA*. 2003; 100: 10452–9.

[2] O'Hara AM, Shanahan F. The gut flora as a forgotten organ. *EMBO Rep*. 2006; 7: 688–93.

[3] Scharlau D, Borowicki A, Habermann N, Hofmann T, Klenow S, Miene C, Munjal U, Stein K, Glei M. Mechanisms of primary cancer prevention by butyrate and other products formed during gut flora-mediated fermentation of dietary fibre. *Mutat Res*. 2009 July–August; 682 (1): 39–53.

[4] Salaspuro MP. Acetaldehyde, microbes, and cancer of the digestive tract. *Crit Rev Clin Lab Sci*. 2003; 40: 183–208.

[5] Hill MJ. Intestinal flora and endogenous vitamin synthesis. *Eur J Cancer Prev*. 1997 March; 6 Suppl 1: S43–5.

[6] Lazarenko L, Babenko L, Sichel LS, Pidgorskyi V, Mokrozub V, Voronkova O, Spivak M. Antagonistic action of Lactobacilli and Bifidobacteria in relation to Staphylococcus aureus and their influence on the immune response in cases of intravaginal Staphylococcosis in mice. *Probiotics Antimicrob Proteins*. 2012 June; 4 (2): 78–89.

[7] Barbieri M (Editor). *Biosemiotics: Information, codes and signs in living systems*. 2007; Nova, New York.

[8] Bry L, Falk PG, Midtvedt T, Gordon JI. A model of host-microbial interactions in an open mammalian ecosystem. *Science*. 1996 September 6; 273 (5280): 1380–3.

[9] Stappenbeck TS, Hooper LV, Gordon JI. Developmental regulation of intestinal angiogenesis by indigenous microbes via Paneth cells. *Proc Natl Acad Sci USA*. 2002; 99: 15451–5.

[10] Hooper LV, Stappenbeck TS, Hong CV, Gordon JI. Angiogenins: a new class of microbicidal proteins involved in innate immunity. *Nat Immunol*. 2003 March; 4 (3): 269–73.

[11] Matzinger P. Tolerance, danger, and the extended family. *Annu Rev Immunol*. 1994; 12: 991–1045.

[12] Nikolich-Zugich J, Slifka MK, Messaoudi I. The many important facets of T-cell repertoire diversity. *Nat Rev Immunol*. 2004; 4: 123–32.

[13] Takahama Y, Nitta T, Mat Ripen A, Nitta S, Murata S, Tanaka K. Role of thymic cortexspecific self-peptides in positive selection of T cells. *Semin Immunol*. 2010 October; 22 (5): 287–93.

[14] Davies J, Sheil B, Shanahan F. Bacterial signalling overrides cytokine signalling and modifies dendritic cell differentiation. *Immunology*. 2009; 128: e805–15.

[15] Zeuthen LH, Fink LN, Frokiaer H. Epithelial cells prime the immune response to an array of gut-derived commensals towards a tolerogenic phenotype through distinct actions of thymic stromal lymphopoietin and transforming growth factor-beta. *Immunology*. 2008; 123: 197–208.

[16] Mazmanian SK, Liu CH, Tzianabos AO, Kasper DL. An immunomodulatory molecule of symbiotic bacteria directs maturation of the host immune system. *Cell*. 2005; 122: 107–18.

[17] Von Hertzen LC, Haahtela T. Asthma and atopy—the price of affluence? *Allergy*. 2004; 59: 124–37.

第18章 メンテナンスモード

[1] Luisi PL. *The emergence of life*. particularly pp. 23–6. 2006; Cambridge University Press. [『創発する生命——化学的起源から構成的生物学へ』白川智弘・郡司ペギオ-幸夫訳、NTT出版、2009]

[2] Barker N, van de Wetering M, Clevers H. The intestinal stem cell. *Genes and Development*. 2008; 22: 1856–64.

[3] Potten CS, Gandara R, Mahida YR, Loeffler M, Wright NA. The stem cells of small intestinal crypts: Where are they? *Cell Prolif*. 2009; 42: 731–50.

[4] Batlle E, Henderson JT, Beghtel H, van den Born MM, Sancho E, Huls G, Meeldijk J,

Robertson J, van de Wetering M, Pawson T, Clevers H. Beta-catenin and TCF mediate cell positioning in the intestinal epithelium by controlling the expression of EphB/ephrinB. *Cell*. 2002; 111 (2): 251–63.

[5] Neal MD, Richardson WM, Sodhi CP, Russo A, Hackam DJ. Intestinal stem cells and their roles during mucosal injury and repair. *Surg Res*. 2011; 167: 1–8.

[6] Farin HF, van Es JH, Clevers H. Redundant sources of Wnt regulate intestinal stem cells and promote formation of paneth cells. *Gastroenterology*. 2012 August 22. [Epub ahead of print]

[7] Schuijers J, Clevers H. Adult mammalian stem cells: the role of Wnt, Lgr5 and R-spondins. *EMBO J*. 2012 May 22; 31 (12): 2685–96.

[8] Di Girolamo N. Stem cells of the human cornea. *Br Med Bull*. 2011; 100: 191–207.

[9] Mort RL, Ramaesh T, Kleinjan DA, Morley SD, West JD. Mosaic analysis of stem cell function and wound healing in the mouse corneal epithelium. *BMC Dev Biol*. 2009 January 7; 9: 4.

[10] Collinson JM, Morris L, Reid AI, Ramaesh T, Keighren MA, Flockhart JH, Hill RE, Tan SS, Ramaesh K, Dhillon B, West JD. Clonal analysis of patterns of growth, stem cell activity, and cell movement during the development and maintenance of the murine corneal epithelium. *Dev Dyn*. 2002 August; 224 (4): 432–40.

[11] Romagnani P. Toward the identification of a 'renopoietic system'? *Stem Cells*. 2009 September; 27 (9): 2247–53.

[12] Kirouac DC, Madlambayan GJ, Yu M, Sykes EA, Ito C, Zandstra PW. Cell-cell interaction networks regulate blood stem and progenitor cell fate. *Mol Syst Biol*. 2009; 5: 293.

[13] Abdallah BM, Kassem M. Human mesenchymal stem cells: from basic biology to clinical applications. *Gene Ther*. 2008; 15: 109–16.

[14] Höcht-Zeisberg E, Kahnert H, Guan K, Wulf G, Hemmerlein B, Schlott T, Tenderich G, Körfer R, Raute-Kreinsen U, Hasenfuss G. Cellular repopulation of myocardial infarction in patients with sex-mismatched heart transplantation. *Eur Heart J*. 2004; 25: 749–58.

[15] Matsumoto T, Okamoto R, Yajima T, Mori T, Okamoto S, Ikeda Y, Mukai M, Yamazaki M, Oshima S, Tsuchiya K, Nakamura T, Kanai T, Okano H, Inazawa J, Hibi T, Watanabe M. Increase of bone marrow-derived secretory lineage epithelial cells during regeneration in the human intestine. *Gastroenterology*. 2005; 128: 1851–67.

[16] Brittan M, Hunt T, Jeffery R, Poulsom R, Forbes SJ, Hodivala-Dilke K, Goldman J, Alison MR, Wright NA. Bone marrow derivation of pericryptal myofibroblasts in the mouse and human small intestine and colon. *Gut*. 2002; 50: 752–7.

[17] Sostak P, Theil D, Stepp H, Roeber S, Kretzschmar HA, Straube A. Detection of bone marrow-derived cells expressing a neural phenotype in the human brain. *Neuropathol Exp Neurol*. 2007; 66: 110–16.

[18] Crain BJ, Tran SD, Mezey E. Transplanted human bone marrow cells generate new brain cells. *J Neurol Sci*. 2005; 233: 121–3.

[19] Mezey E, Key S, Vogelsang G, Szalayova I, Lange GD, Crain B. Transplanted bone marrow generates new neurons in human brains. *Proc Natl Acad Sci USA*. 2003; 100: 1364–9.

[20] Poulsom R, Forbes SJ, Hodivala-Dilke K, Ryan E, Wyles S, Navaratnarasah S, Jeffery R, Hunt T, Alison M, Cook T, Pusey C, Wright NA. Bone marrow contributes to renal parenchymal turnover and regeneration. *J Pathol*. 2001; 195: 229–35.

[21] Du H, Taylor HS. Contribution of bone marrow-derived stem cells to endometrium and endometriosis. *Stem Cells*. 2007; 25: 2082–6.

[22] Ikoma T, Kyo S, Maida Y, Ozaki S, Takakura M, Nakao S, Inoue M. Bone marrowderived cells from male donors can compose endometrial glands in female transplant recipients. *Am J Obstet Gynecol*. 2009; 201: 608.e1–8.

[23] O'Donoghue K, Chan J, de la Fuente J, Kennea N, Sandison A, Anderson JR, Roberts IA, Fisk NM. Microchimerism in female bone marrow and bone decades after fetal mesenchymal stem-cell trafficking in pregnancy. *Lancet*. 2004; 364: 179–82.

[24] Lepez T, Vandewoestyne M, Hussain S, Van Nieuwerburgh F, Poppe K, Velkeniers B, Kaufman JM, Deforce D. Fetal microchimeric cells in blood of women with an autoimmune thyroid disease. *PLoS One*. 2011; 6 (12): e29646.

[25] Soldini D, Moreno E, Martin V, Gratwohl A, Marone C, Mazzucchelli L. BM-derived cells randomly contribute to neoplastic and non-neoplastic epithelial tissues at low rates. *Bone Marrow Transplant*. 2008; 42: 749–55.

[26] Bayes-Genis A, Bellosillo B, de la Calle O, Salido M, Roura S, Ristol FS, Soler C, Martinez M, Espinet B, Serrano S, Bayes de Luna A, Cinca J. Identification of male cardiomyocytes of extracardiac origin in the hearts of women with male progeny: Male fetal cell microchimerism of the heart. *J Heart Lung Transplant*. 2005; 24: 2179–83.

[27] Mettler FA, Gus' kova AK, Gusev I. Health effects in those with acute radiation sick-

ness from teh Chernobyl accident. *Health Physics*. 2007; 93: 462–9.

[28] Somosy Z, Horváth G, Telbisz A, Réz G, Pálfia Z. Morphological aspects of ionizing radiation response of small intestine. *Micron*. 2002; 33 (2): 167–78.

[29] Burgess AW, Faux MC, Layton MJ, Ramsay RG. Wnt signaling and colon tumorigenesis—a view from the periphery. *Exp Cell Res*. 2011 November 15; 317 (19): 2748–58.

[30] Ricci-Vitiani L, Fabrizi E, Palio E, De Maria R. Colon cancer stem cells. *J Mol Med*. 2009; 87: 1097–104.

[31] Frosina G. The bright and the dark sides of DNA repair in stem cells. *J Biomed Biotechnol*. 2010; 2010: 845396.

[32] Frank NY, Schatton T, Frank MH. The therapeutic promise of the cancer stem cell concept. *J Clin Invest*. 2010; 120: 41–50.

[33] Rosen JM, Jordan CT. The increasing complexity of the cancer stem cell paradigm. *Science*. 2009; 324: 1670–3.

[34] Lasagni L, Romagnani P. Glomerular epithelial stem cells: the good, the bad, and the ugly. *J Am Soc Nephrol*. 2010 October; 21 (10): 1612–19.

[35] Secker GA, Daniels JT. Corneal epithelial stem cells: deficiency and regulation. *Stem Cell Rev*. 2008 September; 4 (3): 159–68.

第19章 発生学から見えてくるもの

[1] Burger A, Davidson D, Baldock R. Formalization of mouse embryo anatomy. *Bioinformatics*. 2004; 20: 259–67.

[2] Johannsen W. *Elemente der Exakten Erblichkeitslehre*. 1909; Gustav Fisher, Jena.

[3] Wolterek R. Weitere experimentelle Untersuchingen über Artveränderung, speziell über das niden. Versuch. Deutech. Zool. Ges. 1909: 110–72.

[4] Kittler R, Buchholz F. RNA interference: Gene silencing in the fast lane. *Semin Cancer Biol*. 2003; 13: 259–65.

[5] Bosher JM, Labouesse M. RNA interference: Genetic wand and genetic watchdog. *Nat Cell Biol*. 2000; 2: E31–6.

[6] Plasterk RH, Ketting RF. The silence of the genes. *Curr Opin Genet Dev*. 2000; 10: 562–7.

[7] Mangan S, Alon U. Structure and function of the feed-forward loop network motif. *Proc Natl Acad Sci USA*. 2003; 100: 11980–5.

[8] Unbekandt M, Davies JA. Dissociation of embryonic kidneys followed by reaggregation allows the formation of renal tissues. *Kidney Int*. 2010; 77: 407–16.

[9] Ganeva V, Unbekandt M, Davies JA. An improved kidney dissociation and reaggregation culture system results in nephrons arranged organotypically around a single collecting duct system. *Organogenesis*. 2011; 7: 83–7.

[10] Macchiarini P, Jungebluth P, Go T, Asnaghi MA, Rees LE, Cogan TA, Dodson A, Martorell J, Bellini S, Parnigotto PP, Dickinson SC, Hollander AP, Mantero S, Conconi MT, Birchall MA. Clinical transplantation of a tissue-engineered airway. *Lancet*. 2008; 372: 2023–30.

参考図書

Further Reading

以下にご紹介する書物は、
基本的に本書『人体はこうしてつくられる』と同じく一般読者を対象としている。
本文で触れたテーマの一部について問題を掘り下げ、視野を広げるのに役立つ本ばかりである。

◎適応的自己組織化と創発の概念

Davies JA (2005) *Mechanisms of morphogenesis*. San Diego, CA: Elsevier Academic Press.
専門書ではあるが、第 1 章と第 2 章は生物学における適応的自己組織化と創発を理解するのにまさにうってつけの内容で、しかも平易な文章で書かれている。

Holland JH (1998) *Emergence: From chaos to order*. Oxford University Press.
コンピュータサイエンス寄りの視点で書かれている。

Johnson S (2001) *Emergence: The connected lives of ants, brains, cities and software*. London: Penguin. ［『創発——蟻・脳・都市・ソフトウェアの自己組織化ネットワーク』山形浩生訳、ソフトバンクパブリッシング、2004］

Kelly K (1994) *Out of control: The new biology of machines*. London: Fourth Estate. ［『「複雑系」を超えて——システムを永久進化させる9つの法則』服部桂監修、福岡洋一・横山亮訳、アスキー、1999］
この本の内容は多岐にわたるが、第 2 章が適応的自己組織化の格好の手引きになっている。

◎細胞内の動き

Kratz RF (2009) *Molecular and cell biology for dummies*. Hoboken, NJ: Wiley.

Rose S (1999, first published in 1966) *The chemistry of life*. London: Penguin Press Science. ［『生命の化学——現代生物学の基礎』丸山工作訳、講談社、1981］

◎人体構造の概要

Baggaley A (Ed) (2001) *Human body*. London: Dorling Kindersley.
安価で、子供向けのようにも見える本だが、内容はすばらしい。高校までは人体内部の構造についてほとんど学ばないので、医学部１年生にも大いに役立つと思う。

◎出生前の胚発生

Piontelli A (2002) *Twins: From fetus to child*. London: Routledge.

Sadler TW (2009) *Langman's medical embryology*. Philadelphia: Lippincott Williams and Wilkins. ［『ラングマン人体発生学』安田峯生・山田重人訳、メディカル・サイエンス・インターナショナル、2016（第11版、原書第13版）］
医学生向けのテキストで、文章が簡潔でやや味気ないものの、図解がじつに巧みで一般読者にもわかりやすい。

Wolpert L (2008) *The triumph of the embryo*. Mineola, NY: Dover.

◎人の先天性異常

Bondeson J (2006) *Freaks: The pig-faced lady of Manchester square and other medical marvels*. Stroud, Gloucestershire: NPI media group.

Leroi A (2005) *Mutants: On the form, varieties and errors of the human body*. New York: Harper Perennial.

◎出生後の発育

Meggitt C (2006) *Child development*. London: Heinemann.
主に子をもつ親を対象にして書かれている。

◎性決定

Dreger AD (2000) *Hermaphrodites and the medical invention of sex*. Cambridge, MA: Harvard.

Jones S (2003) *Y: The descent of men*. London: Abacus. ［『Yの真実——危うい男たちの進化論』岸本紀子・福岡伸一訳、化学同人、2004］

Karzakis KA (2008) *Fixing sex: Intersex, medical authority and lived experience*. Durham, North Carolina: Duke University Press.

◎**脳と神経系**

Carter R (1998) *Mapping the mind*. London: Phoenix. ［『新·脳と心の地形図——思考·感情·意識の深淵に向かって』養老孟司監修、藤井留美訳、原書房、2012］

Carter R (2009) *The brain book*. London: Dorling Kindersley.

Gibb B (2007) *The rough guide to the brain*. New York: Rough guides.

Greenfield S (1997) *The human brain*. Phoenix, AZ: Phoenix Mass Market Publications. ［『脳が心を生みだすとき』新井康允訳、草思社、1999年］

Sacks O (2009) *The man who mistook his wife for a hat*. London: Picador. ［『妻を帽子とまちがえた男』高見幸郎・金沢泰子訳、ハヤカワ文庫NF、2009］

Pinker S (2003) *The language instinct: The new science of language and mind*. London: Penguin Science. ［『言語を生みだす本能』椋田直子訳、NHK出版、1995］

◎**微生物とそれに対する防御**

Crawford DH (2002) *The invisible enemy: A natural history of viruses*. Oxford: Oxford University Press. ［『見えざる敵ウイルス：その自然誌』寺嶋英志訳、青土社、2002］

Crawford DH (2009) *Deadly companions: How microbes shaped out history*. Oxford: Oxford University Press.

◎**幹細胞**

Goldstein SB (2010) *Stem cells for dummies*. Hoboken, NJ: Wiley.

Scott CT (2006) *Stem cell now: A brief introduction to the coming medical revolution*. New York: Plume. ［『ES細胞の最前線』矢野真千子訳、河出書房新社、2006］

Weinberg RA (1999) *One renegade cell: The quest for the origin of cancer*. New York: Basic Books. ［『裏切り者の細胞がんの正体』中村桂子訳、草思社、1999］

◎生物コミュニケーションと通信コード

Barbieri M (2007) *Biosemiotics: Information, codes and signs in living systems*. New York: Nova.

◎単純から複雑性が生まれること

Buchanan M (2002) *Small world*. London: Weidenfeld & Nicholson.

Holland JH (1998) *Emergence: From chaos to order*. New York: Oxford University Press.

Noble D (2008) *The music of life: Biology beyond genes*. New York: Oxford University Press. ［『生命の音楽——ゲノムを超えて：システムズバイオロジーへの招待』倉智嘉久訳、新曜社、2009］

◎昆虫社会

Hölldobler B, Wilson EO (2009) *The super-organism*. New York: Norton.

◎氏と育ち

Ridley M (2004) *Nature via nurture: Genes, experience and what makes us human*. London: Harper Perennial. ［『やわらかな遺伝子』中村桂子・斉藤隆央訳、ハヤカワ文庫 NF、2014］

[著者] **ジェイミー・A.デイヴィス**　Jamie A. Davies

エディンバラ大学実験解剖学教授。同大学統合生理学センター長。専門は哺乳類の形態形成。「ひとつの細胞からいかに複雑な生物形態に発達するか」の解明を同研究室の目標として掲げ、発生生物学から、細胞や生体器官の組織工学的研究、コンピュータシミュレーションによる理論の検証など、さまざまなアプローチを駆使してその果てしなき謎に挑んでいる。哺乳類の発生関連で100以上の論文を発表しており、著書に、*Synthetic Biology: Very Short Introductions* (Oxford University Press, 2018) や *Mechanisms of Morphogenesis* (Academic Press, 2nd edition, 2013) などがある。英国王立医学協会フェロー。

[訳者] **橘 明美**　（たちばな・あけみ）

翻訳家。訳書に、ルメートル『その女アレックス』『悲しみのイレーヌ』『傷だらけのカミーユ』（以上、文春文庫）、シドニウス・ファルクス『奴隷のしつけ方』、ヌーデルマン『ピアノを弾く哲学者』、ボンド『ラカンの殺人現場案内』（以上、太田出版）、マレー『階級「断絶」社会アメリカ』（草思社）、ラルゴ『図説 死因百科』（監訳、紀伊國屋書店）など多数。

人体はこうしてつくられる
ひとつの細胞から始まったわたしたち

2018年11月15日　第1刷発行
2019年 9月 2日　第4刷発行

発行所　株式会社紀伊國屋書店
東京都新宿区新宿 3-17-7

出版部（編集）電話　03-6910-0508
ホールセール部（営業）電話　03-6910-0519
〒153-8504　東京都目黒区下目黒 3-7-10

装丁　中垣信夫＋中垣呉（中垣デザイン事務所）
印刷・製本　中央精版印刷

ISBN978-4-314-01164-8 C0040 Printed in Japan
Translation copyright © Akemi Tachibana, 2018
定価は外装に表示してあります

紀伊國屋書店

利己的な遺伝子 40周年記念版
リチャード・ドーキンス
日高敏隆、他訳
すべての生物は遺伝子を運ぶための生存機械だ――世界の見方を一変させた革命の書。新たなあとがきを付した世界的ベストセラーの最新版。
四六判／584頁・本体価格2700円

脳はいかに治癒をもたらすか
神経可塑性研究の最前線
ノーマン・ドイジ
高橋洋 訳
脳卒中、自閉症、ADHD、パーキンソン病などは神経の可塑性を用いた治療で改善し得る。驚異の療法と回復例を豊富に収録。
四六判／594頁・本体価格3000円

身体はトラウマを記録する
脳・心・体のつながりと回復のための手法
B・V・デア・コーク
柴田裕之 訳
杉山登志郎 解説
トラウマの臨床と研究を牽引する著者が、薬物療法や従来の心理療法の限界を示し、身体志向の様々な治療法の効果を最新の脳科学で立証。
四六判／688頁・本体価格3800円

〈わたし〉はどこにあるのか
ガザニガ脳科学講義
マイケル・S・ガザニガ
藤井留美 訳
脳科学の歩みを振り返りつつ、自由意志と決定論、社会と責任、倫理と法など、自身が直面してきた難題の現在と展望を第一人者が総括する。
四六判／304頁・本体価格2000円

意識と脳
思考はいかにコード化されるか
スタニスラス・ドゥアンヌ
高橋洋 訳
意識の解明は夢物語ではない――認知神経科学の世界的研究者が、膨大な実験をもとに究極の謎に挑んだ野心的論考。
四六判／472頁・本体価格2700円

腸と脳
体内の会話はいかにあなたの気分や選択や健康を左右するか
エムラン・メイヤー
高橋洋 訳
腸と腸内の微生物と脳が交わす緊密な情報のやりとりが心身に及ぼす影響を、腸と脳のつながりを40年間研究し続けた第一人者が解説する。
四六判／328頁・本体価格2200円